Oracle

数据库从入门到运维实战

甘长春　孟　飞　编著

U0261411

中国铁道出版社有限公司

CHINA RAILWAY PUBLISHING HOUSE CO., LTD.

内 容 简 介

Oracle 数据库是一种高效率、高可靠性、适应高吞吐量的数据库解决方案；本书系统地介绍了 Oracle 体系结构，并在此基础上展开，讲解了 SQL 语言、用户权限和对象管理以及实践编译开发，最后介绍了 Oracle 数据库导入导出和闪回技术。

本书内容实用，结构合理，实例丰富，可以帮助 Oracle 初学者系统地了解 Oracle 体系架构以及开发实践；除此之外，书中嵌入大量来自作者的实战经验，可以帮助有一定资历的 Oracle 数据库开发者在面对具体问题时找到打开思路的方法。

图书在版编目（ＣＩＰ）数据

Oracle 数据库从入门到运维实战/甘长春, 孟飞编著. —北京：中国铁道出版社有限公司，2021.1

ISBN 978-7-113-27363-7

Ⅰ. ①0… Ⅱ. ①甘… ②孟… Ⅲ. ①关系数据库系统 Ⅳ. ①TP311.138

中国版本图书馆 CIP 数据核字(2020)第 203562 号

书　　名：**Oracle 数据库从入门到运维实战**
Oracle SHUJUKU CONG RUMEN DAO YUNWEI SHIZHAN

作　　者：甘长春　孟　飞

责任编辑：荆　波　　　　　编辑部电话：（010）51873026　　　　　邮箱：the-tradeoff@qq.com
封面设计：MXK DESIGN STUDIO
责任校对：孙　玫
责任印制：赵星辰

出版发行：中国铁道出版社有限公司（100054，北京市西城区右安门西街 8 号）
印　　刷：国铁印务有限公司
版　　次：2021 年 1 月第 1 版　2021 年 1 月第 1 次印刷
开　　本：787 mm×1 092 mm 1/16　印张：28　字数：579 千
书　　号：ISBN 978-7-113-27363-7
定　　价：79.00 元

前　言

　　Oracle 数据库一直是大型应用项目首选的数据库产品，其事务控制能力以及内核机制是其他同类产品无法比拟的。随着 Web 应用开发的兴起，对于小型或中型项目，MySQL 数据库受到开发者的青睐，但对于大型项目或超大项目，MySQL 是不能与 Oracle 抗衡的。

　　笔者自 Oracle 7 时开始接触它，如今 Oracle 已发展到 19c（Oracle 12.2 或更高版本）。在这二十几年间阅读了大量的 Oracle 书籍，遇上一些好书，从中获益匪浅。然而，初学时也遇见一些不是很好的书，为此踩了很多不必要的坑。作者的切身体会是：一本好书，尤其是首本，对于初学者至关重要，能让你少走很多弯路。更重要的是，它能帮你建立起正确有效的数据管理和运维开发思路，让你的工作事半功倍。

　　本书侧重实战，融入大量的示例或实例。在由浅入深、循序渐进的过程中，适时地引入生产系统中的一些东西，尤其是其中的 SQL 范本，将其提炼出来供读者参考和借鉴。

　　本书写作宗旨概括如下。

　　（1）贴近实战。书中所用实例以及数据均来自真实环境中的系统，其目的是让读者切身感受如何在真实环境中使用 SQL 语句操作数据库，在实战中掌握 Oracle 的运维技能。

　　（2）兼顾初学者和进阶者的需要。本书涵盖了从基础知识到 Oracle 开发运维在内的大部分内容，确保初学者和进阶者各取所需。

　　（3）用示例或实例来验证所学知识点。书中每个知识点至少使用一个示例或实例进行验证和测试，以确保知识点的正确性和结果的可再现性。

本书组织结构

　　本书涵盖了 Oracle 数据库大部分开发技术以及实用运维技术，全书共分为 4 篇。首篇对 Oracle 体系结构及 SQL 语言（查询语句和 over()函数）的讲解可帮助读者夯实从事数据库开发的理论基础。接下来的用户权限及对象管理篇是从事 Oracle 工作的必由之路，它承上启下而且要求透彻理解。拾级而上，读者可以通过 Oracle 的 PL/SQL 编程学到数据库开发技能，为从事数据库开发工作铺就上升的阶梯。最后是 Oracle 数据库导入/导出与闪回篇，它与数据库运维相关，读者可以了解到常用的数据库维护技术，这也是从业者必须掌握的技能。

作者简介

　　笔者毕业于北京交通大学电气工程及自动化专业，当前供职于中国铁路北京局集团有限公司。

　　参加工作以来，一直致力于计算机应用系统的研发和建设，先后参与了多个铁路应用项目的研发工作，如《铁道物资管理信息系统平台》《机车（含机动车）汽柴油及油卡信息系统平台》等。也曾与多家 IT 企业合作开发项目，如《通用商城（含商场）营运系统平台》《华北大区国家电厂营运系统平台》等。在这些项目中，主要承担 Oracle 数据库架构设计和必要的数据库应用开发等工作。

从 2014 年起，在天津大学、天津民航大学、天津工业大学等学校从事兼职教学工作，所授课程为 PHP 和 Oracle。在教学工作中，笔者积累了较为丰富的经验，也了解到了用何种方式能将 Oracle 开发运维技能更有效地表达出来，让读者轻松学会。

孟飞老师目前是天津农学院电子信息专业的在读研究生。他曾参与内蒙古自治区博士自然科学基金"混合微电网综合协调控制与能量分配策略研究"和"风光储混合分布式发电系统协调控制与能量分配策略研究"项目研发。除此之外，孟飞老师曾与多家 IT 企业合作研发数据库应用项目，积累了丰富的数据库维护与开发经验，尤其是 Oracle 和 MySQL，擅长数据库内嵌程序的开发。

配套资源

为了让读者切实学习好本书，随书提供下列配套资料。

（1）书中源代码。下载包中源代码的代码编号与书中的代码编号是一一对应的；这样就省去了读者敲写的麻烦，通过复制粘贴操作就可在自己的环境下执行了。

（2）Oracle 数据库实验环境。该环境是从一个在用的生产系统中通过 exp 导出的 dmp 文件，实实在在的真实环境而非模拟虚构（其中的敏感数据已处理），对于从事 Oracle 数据库开发的读者具有很好的借鉴和参考价值，是非常难得的资料。

读者需要通过 imp 命令将该 dmp 文件导入到自己数据库中，具体的导入操作，请参阅下载包中的使用说明。

（3）一套完整的 Oracle 数据库学习题库。笔者根据书中的内容，特地为读者整理出一套带有翔实讲解答案的题库，可帮助读者更加扎实地夯实本书所学内容。

读者可通过下面的下载链接获取本书配套资源。

http://www.m.crphdm.com/2020/1202/14300.shtml

备用网盘链接：https://pan.baidu.com/s/1BWXrkymVYAiQQUZPFJNYDw

提取码：23qz

适用人群

笔者在写作本书时，力求做到内容实用，实例丰富，希望能帮助 Oracle 数据库初学者夯实体系架构和 SQL 语言基础，并拾级而上，稳步提升开发和运维技能。与此同时，笔者将大量实践案例融入其中，除帮助初学者缩短理论到实践的距离外，也期望为具备一定经验的开发者找到解决具体问题的思路和方法。

致谢

特别感谢中国铁道出版社有限公司在本书写作中对笔者的帮助，借此向中国铁道出版社有限公司的所有工作人员表示感谢！

面对当今信息科技的日新月异，笔者也深感追赶不上时代的脚步，书中难免有疏漏和不足的地方，敬请读者朋友批评指正。

甘长春

2020 年 6 月

目　录

第一篇　Oracle 体系结构及 SQL 语言

第 1 章　Oracle 体系结构

第 2 章　Oracle 数据库 SQL 语言基础

第 3 章　Oracle 查询语句

第 4 章　Oracle over()函数的使用

第二篇　Oracle 用户权限及数据库对象管理

第 5 章　用户与权限管理

第 6 章　基本数据库对象管理

第三篇　Oracle 数据库编程开发

第 7 章　PL/SQL 编程

第四篇　Oracle 数据库的卸出与复原

第 8 章　Oracle 数据库的导入/导出及闪回

第1章　Oracle 体系结构

作为一个关系数据库产品，Oracle 占据了关系数据库市场的最大份额。与同类产品（SQL SERVER、SYBASE ASE、MySQL 等）比较，Oracle 提供了一套独有的机制，确保用户快速、安全地访问数据库，同时确保数据库安全、稳定地运行。在用户的评价中，Oracle 具有性能稳定、运行高效等特点。

Oracle 的特点是显而易见的，然而它的体系结构非常复杂。作为一名数据库管理员，为了使数据库高效、安全地运行，并且在出现故障时能够快速进行恢复等，了解 Oracle 的体系结构是必要的。

数据库中的数据是以文件的形式存储在磁盘上的，数据库就是指这些存储。数据库的数据文件是一个静态的概念，对数据库的访问则是一个动态的过程，必须通过数据库服务器来进行。数据库服务器不仅包括数据文件，还包括一组用来访问数据文件的内存结构和后台进程，这些内存结构和后台进程构成 Oracle 实例。换句话说，实例是区分不同数据库的唯一标识，是外部访问该数据库的入口及接口，它凌驾于整套数据库之上。

实例是 Oracle 体系结构中最重要的概念。除此之外，读者还应该了解数据在逻辑上和物理上的组织形式。

Oracle 体系结构如图 1-1 所示。

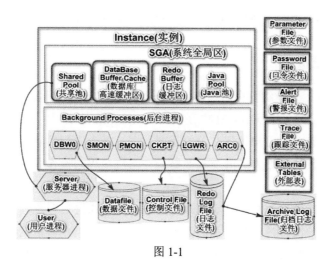

图 1-1

Instance（实例）包含 SGA（系统全局区）和 Background Processes（后台进程）两部分。SGA（系统全局区）则由 Shared Pool（共享池）、DataBase Buffer Cache（数据库高

速缓冲区）、Redo Buffer（日志缓冲区）以及 Java Pool（Java 池）等构成。其中，Shared Pool（共享池）与 Server（服务器进程，主要是 PGA，程序全局区）交互，而 Server（服务器进程，主要是 PGA，程序全局区）又与 User（用户进程）交互。Background Processes（后台进程）则由 DBW0（数据库写进程）、SMON（系统监视进程）、PMON（监控和管理进程）、CKPT（检查点进程）、LGWR（日志写进程）以及 ARC0（归档进程）等进程构成。其中，DBW0（数据库写进程）负责将内存数据写入 Datafile（数据库物理数据文件）；CKPT（检查点进程）与 Control File（控制文件）交互；LGWR（日志写进程）负责将内存数据写入 Redo Log File（重做日志文件）；ARC0（归档进程）负责将 Redo Log File（重做日志文件）归档到 Archive Log File（归档日志文件）。

除 Oracle 实例外，Oracle 数据库还包含 Parameter File（参数文件）、Password File（口令文件）、Alert File（警报文件）、Trace File（跟踪文件）以及 External Tables（外部表）等辅助管理。

接下来详细介绍 Oracle 的体系结构。

1.1 实例的体系结构

当用户访问数据库时，需要在操作系统中运行相关的应用程序，如 SQL*Plus，启动用户进程。用户进程通过实例访问数据库。实例和数据库组成了数据库服务器，一个数据库服务器中至少有一个实例。在单机环境中，实例和数据库是一一对应的，一个实例只能和一个数据库建立关联关系，一个数据库也只能被一个实例加载。在 RAC 环境中，一个数据库可以对应多个实例，用户进程可以通过任何一个实例访问数据库。

在本节将主要介绍"实例的概念"及"实例的构成"。

1.1.1 实例的概念

实例（Instance）是一组内存结构和后台进程的集合。当用户访问数据库时，在数据库服务器端首先要启动一个实例，在内存中分配一定的存储空间，并启动一些后台进程。内存空间的作用是存储与用户访问有关的重要数据，后台进程的功能是监视系统的运行状态，并负责在实例和数据库之间交换数据。在支持线程的操作系统中，这些后台进程以线程的方式运行。

用户访问数据库的操作是通过实例来完成的。实例通过后台进程与数据库中的文件进行交互，将用户修改过的或新增加的数据写入文件，而用户对数据的所有访问都是在实例的内存结构中进行的。引入实例的好处是显而易见的：数据位于内存中，用户读/写内存的速度要比直接读/写磁盘快得多，而且内存中的数据可以在多个用户之间共享，从而提高了数据访问的并发性。

Oracle 适用于大型的应用系统，如果有成千上万个用户同时访问数据库时，采用并发能力不强的数据库是件不可思议的事情。由此可见，Oracle 的实例对于数据库的性能是多么的重要。

1.1.2　实例的构成

当数据库服务器启动时，首先启动实例，然后加载并打开数据库。当用户访问数据库时，数据库服务器便为用户进程启动一个服务器进程，负责处理用户进程的所有请求，例如，将用户访问的数据从数据文件读到内存中。

在计算机的内存中不仅要存储数据库中的数据，还要存储数据字典的信息、重做日志以及经过解析的 SQL 代码等。实例中的这部分内存结构叫作系统全局区（System Global Area，SGA）。

SGA 是实例中最重要的组成部分，一个实例只有一个 SGA。SGA 中的数据可以在多个用户进程之间共享。SGA 由若干个缓存和缓冲池组成，不同类型的数据存储在不同的缓存和缓冲池中。SGA 的大小可以定制，通过在参数文件中为各个缓存和缓冲池分别指定大小，可以确定 SGA 的大小。

用户对数据的操作实际上是在 SGA 中进行的，当启动数据库服务器时，首先启动实例，然后数据库被打开。当用户进程向服务器进程发出请求时，服务器进程将用户请求的数据读到 SGA 中，用户对数据的所有访问直接在 SGA 中完成，其他用户进程也可以在 SGA 中访问相同的数据。当关闭实例时，未保存的数据写入数据文件中，SGA 被撤销，所有的数据从 SGA 中清除。

当用户访问数据库时，实例为用户进程启动一个服务器进程，并分配一段内存区，用来保存用户进程的私有信息和控制信息，这段内存区叫作程序全局区（Program Global Area，PGA）。

SGA 是所有用户进程共享的，只要实例被启动，无论是否有用户访问数据库，SGA 都存在。而 PGA 是用户进程私有的，当用户进程向数据库服务器发出请求时，实例为用户进程分配 PGA，当用户进程结束时，PGA 自动释放。

由此可见，实例中的内存结构包括 SGA 和 PGA 两部分。SGA 是所有用户共享的，它在实例的运行过程中一直存在。严格地说，PGA 并不属于实例，它是服务器进程的一部分，是用户进程私有的，是一种临时的内存结构。Oracle 允许成千上万个用户同时访问数据库，并提供了一种巧妙的机制来确保用户对数据的安全、高效访问。在 Oracle 实例中包含一组后台进程，它们负责完成复杂的数据访问和维护工作。在 Oracle 实例中可以启动以下后台进程：SMON（系统监视进程）、DBWR（数据库写进程）、PMON（监控和管理进程）、CKPT（检查点进程）、LGWR（日志写进程）、ARCH（归档日志进程）、RECO（恢复进程）。其中有些进程是必须启动的，而另外一些是可选的。在默认情况下，实例将启动 SMON（系统监视进程）、DBWR（数据库写进程）、PMON（监控和管理进程）、CKPT（检查点进程）、LGWR（日志写进程）和 ARCH（归档日志进程）6 个后台进程（参照图 1-1）。

实例的组成如图 1-2 所示。在接下来的几节中，本书将分别对实例的内存结构和后台进程进行详细的介绍。

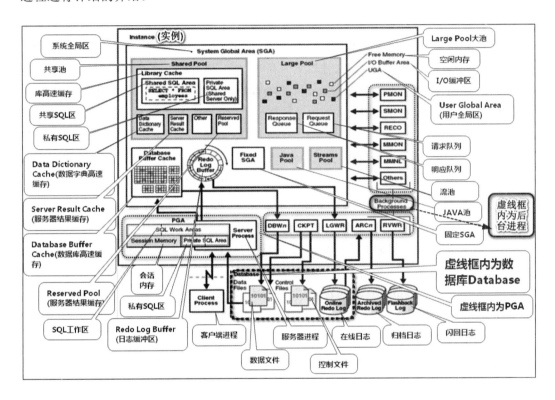

图 1-2

1.2 实例的内存结构

当实例启动时，系统为实例分配了一段内存空间，并启动若干后台进程。内存空间分成不同的部分，分别用来存储不同的信息。具体来说，在这段内存空间中存储以下信息：

- 程序代码：Oracle 的可执行代码；
- 缓冲数据：用户要访问的数据、重做日志等。这部分内存叫作 SGA；
- 与会话有关的信息；
- 与进程间通信有关的信息，如加锁的信息。

在上述内存区域中，最重要的是 SGA。SGA 是由多个缓存和缓冲池组成的，在这些内存结构中存储不同类型的数据。根据存储数据的类型，SGA 中主要包含以下类型的内

存结构:

- 数据库高速缓存;
- 重做日志缓冲区;
- 共享池;
- Java 池;
- 大池。

其中,数据库高速缓存由许多缓冲区组成,共享池由数据字典缓存和库缓存两部分组成。在这里之所以使用了缓存和缓冲区两个概念,是因为它们来自不同的英文单词,缓存是从单词 cache 翻译过来的,而缓冲区来自单词 buffer。

当实例运行时,可以通过命令查看 SGA 的大小。SGA 由不同的内存结构组成,所以查看的结果是分别列出了不同组成部分的大小。例如,在 SQL*Plus 中执行 SHOW 命令可以查看当前 SGA 的大小,如图 1-3 所示。

SGA 更详细的信息可以从动态性能视图 v$sga、v$sgainfo、v$sgastat 中获得。从这些视图中可以获得每种缓冲区和缓存的大小信息。

下面开始介绍实例内存结构的"数据库高速缓存""重做日志缓冲区""共享池""Java池"及"PGA(程序全局区)"。

图 1-3

1.2.1　数据库高速缓存

数据库高速缓存是 SGA 中的一段存储区域,用来存放用户最近访问的数据。当用户访问数据文件中的数据时,服务器进程首先查看这样的数据是否已经存在于数据库高速缓存中。如果是,则直接在数据库高速缓存对数据进行访问,并将处理结果返回给用户,这次数据访问叫作"命中",这样的读操作称为"逻辑读(Logical Reads)"。否则,服务器进程将数据从数据文件的数据块中读到数据库高速缓存中,然后在数据库高速缓存对数据进行访问,这次数据访问叫作"未命中",这样的读操作称为"物理读(Physical Reads)"。显然,如果直接在数据库高速缓存访问数据,要比从数据文件中读数据快得多。所以,访问数据的命中率越高,数据库的性能就越高。对数据库进行性能优化的一个重要方面就是提高逻辑读在所有读操作中所占的比例。

数据库高速缓存的大小通过初始化参数 DB_CACHE_SIZE 来指定。提高数据访问命中率最直接的方法是增加数据库高速缓存的大小,但它的大小不能无限制地增加,它要受到物理内存大小的限制。

用户访问的数据都存储在数据文件中,数据文件被划分为许多大小相同的数据块。数据块是 Oracle 进行读/写的基本单位,也就是说,即使用户只希望访问一个字节的数据,那么数据所在的整个数据块也将被读到数据高速缓存中。同样，在写数据时，也是以数据块为单位的。这样做的好处是提高了数据库服务器的吞吐量。

数据库高速缓存是由一个个的缓冲区组成的，数据从数据文件中被读到数据库高速缓存中之后，就放在这些缓冲区中。缓冲区的大小与数据块的大小一致，一个数据块的内容恰好放在一个缓冲区中。数据块的大小由初始化参数 db_block_size 指定，并且在数据库创建后不能被修改，那么缓冲区的大小也由这个参数决定。所有缓冲区大小的总和由初始化参数 DB_CACHE_SIZE 指定。假设在参数文件中定义了以下两个初始化参数：

- DB_BLOCK_SIZE=8192
- DB_CACHE_SIZE=25165824

这说明每个缓冲区的大小为 8 192 字节，即 8KB，而所有缓冲区总的大小为 25 165 824 字节，即 24MB，这也是整个数据库高速缓存的大小。由此可以计算组成整个数据库高速缓存的缓冲区个数，即 25 165 824/8 192=3 072 个。

前面已经提到，提高数据访问命中率的一个有效方法是增加数据库高速缓存的大小。但是由于受到物理内存的限制，数据库高速缓存不可能无限大。如果将数据库高速缓存设置得过大，操作系统可以使用的内存将减少，这样就要使用虚拟内存，反而会降低系统性能。所以数据访问的命中率不可能达到 100%。如果用户访问的数据不在数据库高速缓存中，就需要把数据读到某个缓冲区中。一个数据块的内容到底放在哪个缓冲区中，如果没有足够的空闲缓冲区该怎么办呢？有必要分析一下缓冲区的使用情况。

根据缓冲区的使用情况，可以把缓冲区分为空闲缓冲区、脏缓冲区和忙缓冲区 3 种类型。如果一个缓冲区中存放的是由 SELECT 命令检索的数据，而且这样的数据没有被修改过，这样的缓冲区就是空闲缓冲区。如果缓冲区中存放的是由 DML 命令处理过的数据，而且这样的数据已经被写入数据块中，这样的缓冲区也是空闲缓冲区。空闲缓冲区的内容与对应数据块中的内容完全一致，这样的缓冲区可用来存放用户即将访问的数据。如果用户执行了 INSERT、UPDATE 或者 DELETE 命令，相应的访问将在缓冲区中进行。如果数据被修改后还没有写入数据块，这时缓冲区中的内容与数据块不一致，这样的缓冲区就是脏缓冲区。脏缓冲区中的数据必须写入数据文件的数据块中，这个任务由后台进程 DBWR（数据库写进程）完成。脏缓冲区中的数据被写入数据块后，脏缓冲区又成为空闲缓冲区。

忙缓冲区是指正在被访问的缓冲区，两个用户进程不能同时访问同一个忙缓冲区。如果用户进程要访问的数据不在缓冲区中，服务器进程将把对应数据块中的数据读入数据库高速缓存的空闲缓冲区中，这个缓冲区中以前的数据将被覆盖。现在考虑一种情况：假设一个缓冲区中的内容被覆盖，恰在这时，另一个用户进程要再一次访问这个缓冲区中以前的数据，服务器进程将不得不把数据所在的数据块重新从数据文件读到另一个缓冲区中，这种情况显然会降低数据库的性能。为了确保数据访问的命中率，Oracle 采用

LRU（Least Recently Used，最近最少使用）算法，确定每次使用的空闲缓冲区。LRU 算法的思想是基于这样一个假设：在最近一段时间内使用最少的缓冲区，在以后的一段时间内也将使用最少，而最近一段时间被频繁访问的缓冲区，在以后的一段时间也将被频繁访问，这个缓冲区中的数据就不应该被覆盖。基于这个思想，每次将数据读到缓冲区中时，服务器进程总是选择那些最近访问次数最少的空闲缓冲区。这种方法虽然不能完全杜绝，但是可以尽量减少上述情况的发生。

　　在实例中维护了一个 LRU 队列，在这个队列中记录了各个缓冲区的使用情况。队列的操作遵循"先进先出"的原则，那些最近访问最频繁的缓冲区位于队列尾部，而那些最近最少被访问的缓冲区则位于队列头部。

　　如果用户访问的数据恰好在缓冲区中，则该缓冲区被标志为"最近访问"，并被移动到队列尾部。如果用户访问的数据不在缓冲区中，服务器进程将在队列头部寻找合适数量的空闲缓冲区，将数据读到这些缓冲区中，并将它们标志为"最近访问"，然后将它们移动到队列尾部。

　　如果在搜索 LRU 队列的过程中遇到一个忙缓冲区，服务器进程将忽略它。如果找到一个脏缓冲区，服务器进程将这个脏缓冲区写入另外一个"脏队列"中，然后继续查找 LRU 队列，直到找到足够数量的空闲缓冲区。在脏队列中记录了数据库高速缓存中的脏缓冲区，实例中的 DBWR（数据库写进程）后台进程在一定的时机下将这个队列中的缓冲区写入数据文件中。

　　上面考虑了缓冲区的一种使用情况，即在数据库高速缓存总有足够数量的空闲缓冲区。一种经常发生的情况是，在搜索 LRU 队列时没有找到足够数量的空闲缓冲区，这时服务器进程将激活实例中的 DBWR（数据库写进程）后台进程，将脏队列中的脏缓冲区内容写入数据文件中，这些脏缓冲区重新成为空闲缓冲区，它们将被从脏队列中清除，而重新被写入 LRU 队列，服务器进程将继续在 LRU 队列中搜索。

　　当用户进程执行事务时，将在数据库高速缓存中产生脏缓冲区，这些脏缓冲区并不是立刻被写入数据文件，而是在一定的时机下，由 DBWR（数据库写进程）进程一起写入，这样做的好处是减少了磁盘 I/O，从而提高了数据库的性能。

　　前面说过，数据块的大小由初始化参数 DB_BLOCK_SIZE 指定，而且不能改变。设置数据块大小的一个基本原则是：如果在数据库中主要执行 SELECT 语句，如在数据仓库中，这个参数可以设置得大一些；如果主要执行 DML（insert、update、delete）语句，这个参数可以设置得小一些。但是在一个数据库中，可能会对一部分数据主要执行 SELECT 语句，对另一部分数据主要执行 DML（insert、update、delete）语句。在这种情况下，可以在数据库中定义不同的数据块大小，根据数据的不同访问要求，把它们放在不同的数据块中，从而在整体上提高数据库的性能。

　　由初始化参数 DB_BLOCK_SIZE 指定的数据块称为标准块，在数据库中还可以定义其他大小的非标准数据块，非标准数据块的大小可以是 2KB、4KB、8KB、16KB、32KB 等。为了访问非标准块中的数据，在 SGA 中也需要为它们定义相应的数据库高速缓存，而缓存中缓冲区大小与非标准块的大小也是一致的。Oracle 提供了一套新的初始化参数 DB_nK_CACHE_SIZE，用于定义与 nKB 的非标准数据块对应的数据库高速缓存大小，例如：

- DB_2K_CACHE_SIZE 为 2KB 的数据块定义缓存大小，缓存由 2KB 的缓冲区组成；
- DB_4K_CACHE_SIZE 为 4KB 的数据块定义缓存大小，缓存由 4KB 的缓冲区组成；
- DB_8K_CACHE_SIZE 为 8KB 的数据块定义缓存大小，缓存由 8KB 的缓冲区组成；
  ……

例如，假设在参数文件中有以下初始化参数。

- DB_BLOCK_SIZ=8192
- DB_CACHE_SIZE=25165824
- DB_2K_CACHE_SIZE=48M
- DB_16K_CACHE_SIZE=56M

这说明标准数据块的大小为 8KB，由 8KB 的缓冲区组成的数据库高速缓存为 24MB，同时定义了两种大小的非标准块和对应的缓存，由 2KB 的缓冲区组成的数据库高速缓存大小为 48MB，由 16KB 的缓冲区组成的数据库高速缓存大小为 56MB，总的数据库高速缓存大小为三者之和。

注意：在上面这种情况下使用初始化参数 DB_8K_CACHE_SIZE 是非法的，因为标准块的大小为 8KB。

为了使用非标准数据块，首先需要定义对应的数据库高速缓存，然后在创建表空间时为数据文件指定数据块大小。当用户访问标准数据块中的数据时，数据将被读入与标准块大小一致的缓冲区中。同样，非标准数据块中的数据将被读入与非标准块大小一致的缓冲区中。

在 SQL*Plus 中可以通过 SHOW 命令查看数据块的大小和每种缓冲区的大小，默认缓冲区的大小与标准数据块的大小一致。例如，下面的命令将显示标准数据块的大小。

```
SQL>SHOW PARAMETER DB_BLOCK_SIZE NAME TYPE VALUE                    [代码编号 0001]
```

运行结果如图 1-4 所示。

图 1-4

下面的命令将显示 16KB 缓冲区的大小：

```
SQL>SHOW PARAMETER DB 16K CACHE SIZE NAME TYPE VALUE               [0002]
```

1.2.2　重做日志缓冲区

重做日志是对用户事务所产生的记录，通过重做日志能够重新产生数据，它是确保数据安全的一种重要方法。当用户执行 DML（Data Manipulation Language，数据操纵语言，主要包括 INSERT、UPDATE 和 DELETE），或者 DDL（Data Defination Language；数据定义语言，主要包括 CREATE、DROP、ALTER 等）操作时，服务器进程首先将这些操作记录在重做日志缓冲区中，然后才去修改相应的数据。重做日志缓冲区中的内容在一定的时机下，被 LGWR（日志写进程）后台进程写入重做日志文件。如果数据库系统出现故障，可以根据重做日志文件中的重做日志对数据库进行恢复。

引入重做日志缓冲区的好处是显而易见的：将日志记录在重做日志缓冲区中，比直接写入重做日志文件要快得多。另外，LGWR（日志写进程）并不是在每次用户访问数据之后，都要将重做日志缓冲区中的日志写入重做日志文件，而是将最近一段时间产生的重做日志一起写入，这样可以减少访问磁盘的次数，从而提高系统的性能。

重做日志缓冲区的大小由初始化参数 LOG_BUFFER 指定。在一定的时机下，LGWR（日志写进程）后台进程会将重做日志缓冲区中的内容写入重做日志文件。例如，在重做日志缓冲区被消耗了三分之一时。由此可见，重做日志缓冲区越大，就可以记录越多的用户操作，写重做日志文件的次数也就越少，这样也可以提高数据库的性能。当然，重做日志缓冲区的大小是受物理内存大小的限制的。

1.2.3　共享池

数据库中的数据是以表的形式组织在一起的。当用户访问数据时，数据库服务器首先检查对应的表是否存在，然后检查指定的列是否存在，还要检查权限和加锁等信息。当这些检查都通过时，数据库服务器将对用户的命令进行分析，产生分析代码和执行计划，然后按照这样的执行计划访问数据，并将执行结果返回给用户。

为了提高数据库的性能，Oracle 在 SGA 中开辟了一个共享池，用于存放与 SQL 语句的执行有关的信息。共享池主要由 3 部分组成，即数据字典高速缓存、库高速缓存和服务器结果缓存。共享池的大小由初始化参数 SHARED_POOL_SIZE 指定。总的来说，共享池几乎和数据库中的所有操作都有关。

当用户访问数据库中的数据时，数据库服务器首先要查询相关的数据字典，确定要访问的对象是否存在，如表、视图等，以及表和视图上的列等。然后检查权限等信息，最后才执行这样的命令。数据字典信息存储在 SYSTEM 表空间中，也就是说，存储在磁盘上的数据文件中。如果数据库服务器进程每次都要从磁盘上读数据字典信息，那么 SQL 语句的执行效率很低。

为了加快这个 SQL 语句的执行速度，Oracle 在共享池中开辟了数据字典缓存，用来存放最近访问的数据字典的信息。这样，在查询相关的数据字典时，可以直接在数据字典缓存中进行。

库高速缓存用于存放最近执行的 SQL 命令的相关信息。数据库服务器在执行 SQL 命令时，首先要对 SQL 命令进行解析，产生分析代码，并生成执行计划，然后才按照执行计划执行 SQL 命令，最后把命令的执行结果返回给用户。在整个执行过程中，分析阶段所用的时间最长。如果能减少分析所用的时间，那么整个 SQL 命令的执行效率将大大提高。Oracle 的做法是：在执行一条 SQL 命令时，服务器进程对它进行分析，然后把 SQL 命令文本、解析结果和执行计划存储在库高速缓存中。

服务器进程在执行一条 SQL 命令时，首先要到库高速缓存中查看是否存在这条 SQL 命令的信息，如果发现 SQL 语句相关信息已经存储在库高速缓存中，就直接取出执行计划并执行它，这样就省去了分析所用的时间，可以大大加快 SQL 命令的执行速度。否则，服务器进程需要按部就班地对 SQL 命令进行解析，然后生成执行计划，并将这些信息存储在库高速缓存中。

当两条 SQL 命令的文本完全相同时，认为它们是同一条命令，这时它们可以共享库高速缓存中的信息。如果命令文本中的大小写、空格个数或参数的数值不同，就认为是两条不同的命令，它们在执行时需要单独进行分析，最终将生成不同的分析代码和执行计划。例如，考虑以下两条命令：

```
SELECT ename,sal FROM emp WHERE eno=7902
SELECT ENAME, SAL FROM EMP WHERE ENO=7902                    [0003]
```

这两条命令看似相同，实际上是有差别的。首先，命令中的大小写不同。其次，两个列之间的空格个数不同，所以它们将生成不同的分析代码和执行计划。由此可见，命令的书写风格对命令的执行结果没有什么影响，但对命令的执行效率却大有影响。

在这里，给程序员一个建议：开发程序时要考虑编程的风格和程序的执行效率。虽然每个程序员都会编程，但是不同的程序员编写的程序的执行效率是大不一样的。实践证明，在很多生产系统中，程序员编写的程序就是整个系统性能的瓶颈，这样的系统在提交用户后，管理员对此是无能为力的。

1.2.4　Java 池

Java 池是 SGA 中两段可选的存储区域。如果要在数据库中运行 Java 应用程序，那么对用户的每个会话来说，都需要一个单独的 Java 虚拟机。实际情况是，每个 Java 虚拟机仅仅需要很小的一段内存空间，大约 35KB。Java 虚拟机为什么能在这么小的内存空间中运行呢？

在实例启动时，可以在 SGA 中分配一个 Java 池，用来存放运行 Java 所必需的共享代码和共享数据。多个 Java 应用程序可以共享 Java 池中的代码和数据。在有些情况下，每个用户的 Java 会话信息也存储在 Java 池中。

Java 池的大小由初始化参数 JAVA_POOL_SIZE 指定，默认大小为 20MB，在运行 Java 应用程序时，每个类需要 4～8KB 的 Java 池空间，这样可以根据 Java 应用程序中类的个数来估计一下所需的 Java 池空间。

另外，还可以通过查询动态性能视图 v$sgastat 来了解 Java 池的使用情况。例如：

SQL>SELECT * FROM v$sgastat WHERE pool=' java pool' ;　　　　　　　[0004]

运行结果如图 1-5 所示。

图 1-5

1.2.5　PGA（程序全局区）

PGA（Program Global Area，程序全局区）是内存中一段特殊的区域，它包含了服务器进程的数据和控制信息，它是一段非共享的内存区域。当服务器进程启动时，数据库服务器为它分配一段 PGA，这个 PGA 只能由当前服务器进程访问。实际上，PGA 并不属于实例，而是属于服务器进程私有的。

PGA 包括两个部分：私有 SQL 区和会话内存区。

（1）私有 SQL 区

在私有 SQL 区中保存了 SQL 语句的绑定信息和运行时的内存结构。当用户执行一条 SQL 语句时，服务器进程即为这条语句分配一段私有 SQL 区。如果两个用户执行了相同的 SQL 语句，那么这两段私有 SQL 区就被映射为一个共享的 SQL 区。

当用户执行 SQL 语句时，将显式或隐式地使用游标，每个游标都有一段私有 SQL 区。私有 SQL 区由持久区和运行时区组成，其中持久区保存 SQL 语句的绑定信息，仅当游标关闭时它才被释放。运行时区是在服务器进程接收到 SQL 语句的执行请求时才产生的，在语句执行结束时被释放。

私有 SQL 区的位置与会话的连接方式有关。如果会话以专用方式与数据库服务器连接，那么它位于服务器进程的 PGA 中。如果会话以共享方式连接数据库服务器，那么它将位于 SGA 中。

（2）会话内存区

会话内存区保存会话变量和其他会话信息。对于共享服务器，这部分内存区是共享的，而不是私有的，这些信息被所有的共享服务器进程所共享。

对于复杂的查询操作，私有 SQL 区中的运行时区大部分被用作排序、位图的创建、位图的合并等特殊操作，这部分特殊区域叫作"SQL 工作区"。例如，用户执行排序操作时，要用到排序区，排序区就位于 SQL 工作区中。

SQL 工作区的大小是可以控制的。这部分内存区域越大，数据库的性能就越高。如果这部分内存区域的大小不足以执行排序等操作，那么将使用临时表空间中的临时段。

在以前的 Oracle 版本中，用于排序、位图索引的创建等操作的内存区域分别由初始化参数 SORT_AREA_SIZE、CREATE_BITMAP_AREA_SIZE、BITMAP_MERGE_AREA_SIZE 等指定。在 Oracle 11g 中，可以对这部分内存区域进行自动管理。首先通过设置初始化参数 WORKAREA_SIZE_POLICY，将 SQL 工作区的管理方式设置为自动方式，然后设置初始化参数 PGA_AGGREGATE_TARGET，指定 SQL 工作区的大小。用户在进行排序等操作时，使用的内存区域的总和不能超过 SQL 工作区的大小，服务器进程将根据用户操作的需求，自动分配所需的内存区域。

初始化参数 WORKAREA_SIZE_POLICY 的值有两个：AUTO 和 MANUAL。如果设置为 AUTO，则 SQL 工作区的管理自动进行，这时就不需要通过 SORT_AREA_SIZE 等初始化参数为不同的操作分别指定内存区域，只要通过初始化参数 PGA_AGGREGATE_TARGET 指定 PGA 的大小即可。如果设置为 MANUAL，那么需要分别为用户的各种操作指定所需内存区域的大小。

1.3　实例中的后台进程

在一个大型数据库系统中，每时每刻都可能处理大量的用户请求，在数据库服务器中需要执行非常复杂的处理。例如，将脏缓冲区中的内容写入数据文件，将重做日志缓冲区中的重做日志写入重做日志文件，发出检查点以维护数据文件、控制文件和重做日志文件间的一致状态，在数据库服务器重新启动时进行实例恢复，进行重做日志归档等，这些任务都由实例中的后台进程来完成。

当实例启动时，这些后台进程将自动启动。每个进程都有特定的功能，同时，这些进程之间也会相互协作。例如，LGWR（日志写进程）用于把重做日志缓冲区中的重做日志写入重做日志文件，当重做日志文件被写满后，LGWR（日志写进程）将向 ARCH（归档日志进程）发信号，由 ARCH（归档日志进程）对重做日志文件进行归档。

需要注意的是，并不是所有的后台进程都需要启动。常用的后台进程及其功能如表 1-1 所示。

表 1-1

进程名称	功　　能
DBWR	将数据库高速缓存中的脏缓冲区内容写入数据文件
LGWR	将重做日志缓冲区中的内容写入重做日志文件
CKPT	发出检查点，维护数据文件、控制文件和重做日志文件的一致状态
SMON	在数据库服务器重新启动时进行实例恢复
PMON	当用户进程执行失败时，释放服务器进程所占用的资源
ARCH	对重做日志进行归档

实例启动后，可以查看正在运行的后台进程。例如，在 SQL*Plus 中查询动态性能视图 V$BGPROCESS，可以获得正在运行的后台进程：

```
SQL>SELECT name FROM v$bgprocess WHERE paddr<>'00';          [0005]
```

其中，条件 paddr<>'00'限定了"正在运行的后台进程"。

实例中的后台进程与 SGA、数据文件、控制文件和重做日志文件的关系如图 1-6 所示。

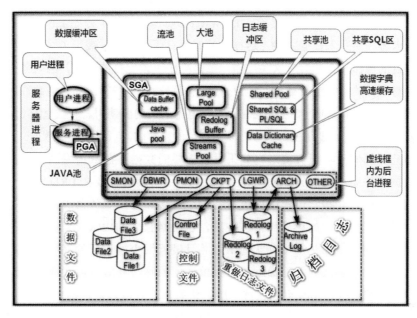

图 1-6

图 1-6 主要说明了 Oracle 的后台进程（Background Processes）的主要动作，具体如下。

DBWR（DBW0～n，数据库写进程）负责将内存数据写入 DataFile（数据库物理数据文件）。

CKPT（检查点进程）负责检查 Control File（控制文件）、DataFile（数据库物理数据文件）及 Redo Log File（日志文件）。

LGWR（日志写进程）负责将内存数据写入 Redolog（重做日志），在必要时通知 ARCH（归档日志进程）进行归档操作。

ARCH（ARC0～n，归档日志进程）负责将 Redolog（重做日志）归档到 Archive Log（归档日志）。

在本节将主要介绍"DBWR（数据库写进程）""LGWR（日志写进程）""CKPT（检查点进程）""SMON（系统监视进程）""PMON（监控和管理进程）"及"ARCH（归档日志进程）"。

1.3.1 DBWR（数据库写进程）

DBWR（数据库写进程）的功能是将数据库高速缓存中的脏缓冲区内容写入数据文件中的数据块。当用户执行 DML 命令时，服务器进程在数据库高速缓存中的缓冲区中修改数据，并将修改后的缓冲区标志为"脏缓冲区"。DBWR（数据库写进程）将在一定的条件下将脏缓冲区的内容写入数据文件。

用户执行 DML 命令后，被修改的缓冲区并不是被立即写入数据文件，而是保留一段时间，即使用户执行了 COMMIT 操作。DBWR（数据库写进程）开始工作时，它将把一批脏缓冲区的内容一块写入数据文件。这样做的好处有两点：一是减少了写磁盘的次数，因为多次写磁盘的操作被合并为一次写操作；二是减少了读磁盘的次数，因为如果另一个用户正好也要对同样的数据进行处理，便可直接在脏缓冲区中进行。如果脏缓冲区被写入数据文件，它将成为空闲缓冲区，并且可能马上被其他的访问所使用。一旦空闲缓冲区被再次使用，那么当另一个用户要访问这个缓冲区中以前的内容时，只好重新从数据文件中读取。

用户访问数据库时，服务器进程如果发现需要的数据不在数据库高速缓存中，它将把数据从数据文件读到空闲缓冲区中，在此之前，服务器进程要在 LRU 队列中搜索合适数量的空闲缓冲区，在搜索过程中如果遇到一个脏缓冲区，服务器进程将把它记录在脏队列中，然后继续搜索。如果遇到忙缓冲区，将忽略它。DBWR（数据库写进程）工作时，将扫描脏队列，把那些位于脏队列中，并且最近很少被访问的脏缓冲区写入数据文件。而那些虽然位于脏队列，但最近仍被频繁访问的脏缓冲区，或者那些还没有被记录在脏队列中的脏缓冲区，仍然可以保持"脏"状态，直到被写入数据文件。

在一个实例中，可以启动多个 DBWR（数据库写进程），在默认情况下只启动一个。如果用户的事务很频繁，那么在数据高速缓存中将瞬间产生大量的脏缓冲区，对于一个 DBWR（数据库写进程）来说，要把这些脏缓冲区写入数据文件，负载是很重的。这时可以考虑启动额外的 DBWR（数据库写进程），以提高写数据的效率。DBWR（数据库写进程）的数目由初始化参数 DB_WRITER_PROCESSES 指定，最多可以启动 20 个（DBW0～DBW9 以及 DBWa～DBWj）。

DBWR（数据库写进程）并不是越多越好，一个基本的原则是，这个进程的数目不要超过 CPU 的数目，如果计算机中只有一个 CPU，多个 DBWR（数据库写进程）在 CPU 中只能以串行方式运行。而且计算机中如果只有一个硬盘，对数据库的写操作也只能以串行方式进行，如果多个 DBWR（数据库写进程）同时写数据文件，将发生磁盘访问冲突。

DBWR（数据库写进程）在以下几种情况执行写操作：

- 固定的时间间隔（如每隔 3 秒）；
- 当数据库服务器发出检查点时；
- 当脏队列中的缓冲区数目达到一定值时，也就是说，在数据库高速缓存中不能有太多的脏缓冲区；

- 当用户执行了某操作，需要在数据库高速缓存中搜索一定数量的空闲缓冲区时，空闲缓冲区的数量不能满足要求，这时 DBWR（数据库写进程）将把脏队列中的一部分脏缓冲区写入数据文件，这部分脏缓冲区将重新成为空闲缓冲区。

1.3.2　LGWR（日志写进程）

LGWR（日志写进程）的功能是将重做日志缓冲区中的重做日志写入重做日志文件，这是 Oracle 确保数据库一致性的一种重要手段。

当用户执行 DML 或 DDL 语句时，服务器进程首先在重做日志缓冲区中生成重做日志，然后才修改数据库高速缓存中相应的缓冲区。在一定的条件下，LGWR（日志写进程）将重做日志缓冲区中的重做日志写入重做日志文件，而 DBWR（数据库写进程）也将在一定的条件下，把数据库高速缓存中的脏缓冲区写入数据文件，这两个进程并不是同步的。

LGWR（写日志进程）被启动执行的时机有以下几种情况：

- 固定的时间间隔（如每隔 3 秒）；
- 用户执行了 COMMIT 操作；
- 重做日志缓冲区已经有 1/3 的空间被写满；
- DBWR（数据库写进程）将脏缓冲区写入数据文件之前。

由此可见，如果脏缓冲区中的数据被写入数据文件，那么重做日志一定被写入重做日志文件。而用户数据还没有被写入数据文件时，重做日志也可能被写入重做日志文件，也可能没有。

SGA 中的重做日志缓冲区是一段可循环使用的存储区域。一方面，服务器进程将生成的重做日志写入重做日志缓冲区，占用一部分空间。另一方面，LGWR（日志写进程）将重做日志写入重做日志文件，释放一部分空间。由于 LGWR（日志写进程）将重做日志写入重做日志文件的速度高于服务器生成重做日志的速度，所以在任何情况下重做日志缓冲区中始终都有足够的空闲空间。重做日志缓冲区的使用情况如图 1-7 所示。

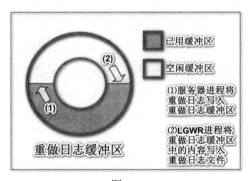

图 1-7

当用户执行事务时，服务器进程一方面在重做日志缓冲区中产生重做日志；另一方面，在数据高速缓存中修改数据。对重做日志缓冲区和重做日志文件是按顺序写的，效率很高，而对数据高速缓存和数据文件都是随机写的，因为数据的分布并没有什么规律，所以效率较低。如果写日志和写数据是同步进行的，那么整个数据库的性能就不可能很高。

为了提高处理事务的效率，Oracle 采取了"快速提交"的机制。当用户执行一个事务时，这个事务将获得一个 SCN，同时产生重做日志，重做日志被写入重做日志缓冲区。在此之后，服务器进程才在数据高速缓存中修改数据。如果用户提交了事务，SCN 也将被写入重做日志缓冲区，然后 LGWR（日志写进程）立即开始工作，将这个事务的重做日志和 SCN 一起写入重做日志文件，这个事务就算成功地执行结束了。而与这个事务有关的脏缓冲区这时并没有写入数据文件，而是由 DBWR（数据库写进程）在适当的时候写入。

在这里向大家介绍一个概念，即 SCN（System Change Number，系统改变号）。SCN 是用于记录数据库变化的一个数字，它是一个正整数。当一个事务执行之后，便获得一个新的 SCN，每个 SCN 在整个数据库中都是唯一的，而且所有 SCN 的值是递增的，随着数据库的运行，SCN 不断增大，并且永远不会重复，也没有消耗完的时候。SCN 被同时记录在数据文件、控制文件和重做日志文件中，如果这 3 个文件的 SCN 完全一致，数据库就达到了一个完全一致的状态。

现在考虑一个非常复杂的问题，Oracle 如何利用重做日志确保数据库的一致性？如果发生了系统断电，用户执行的事务是否有效？Oracle 如何利用重做日志进行数据库的恢复？

假设用户执行了一条 DML 命令，如 UPDATE。假设在执行这条命令之前数据库的 SCN 值为 2 000，在执行这条 DML 命令之后，这个事务获得的 SCN 是 2 010。现在来分析两种常见的情况。

（1）用户没有提交事务的情况

根据 DBWR（数据库写进程）、LGWR（日志写进程）的工作时机可知，这次事务带来的变化可能已经被写入数据文件和重做日志文件，也可能没有。但是无论是否写入，这次事务都是无效的，因为新的 SCN 没有被写入数据文件、控制文件和重做日志文件，这 3 种文件中记录的还是原来的 SCN 值，即 2 000。如果此刻系统突然断电，那么数据库服务器在重新启动时，将检查这 3 种文件中记录的 SCN，并且回退最后一个 SCN 之后的所有事务。也就是说，用户执行了一条 DML 命令，但是因为没有提交该事务，系统发生断电等故障时，数据将丢失，无法恢复。

（2）事务被提交的情况

当用户执行 COMMIT 命令提交事务时，重做日志缓冲区中的重做日志和新的 SCN 将被写入重做日志文件。尽管这个事务所产生的脏缓冲区可能还没有被 DBWR（数据库写进程）写入数据文件，但这个事务已经有效。考虑上面提到的 UPDATE 命令，这时重做日志文件记录的是新的 SCN 值，即 2 010，但是这个 SCN 值还没有被写入数据文件和控制文件。如果这 3 个文件的 SCN 不一致，那么重做日志文件中记录的 SCN 一定大于数据文件和控制文件中的 SCN。如果此刻系统突然断电，那么数据库服务器在重新启动时，将检查这 3 种文件中记录的 SCN，并且重新执行两个 SCN 之间的所有事务，然后将其中未提交的事务回滚，这样 3 种文件中的 SCN 将达到一致，然后才打开数据库，这时数据库达到了一致的状态。数据库的这种操作称为"实例恢复"，实例恢复是根据重做日志文件的内容进行的，这个过程由后台进程 SMON（系统监视进程）完成。SMON（系统监视进程）将重做日志文件中记录的事务重新执行一次，从而确保了数据不会因为系统故障而丢失。

那么在系统运行过程中，3 种文件中的 SCN 能不能达到一致呢？答案是肯定的，这要依赖于后台进程 CKPT（检查点进程）。当 CKPT（检查点进程）开始工作时，SCN 将被写入数据文件和控制文件，使 3 种文件的 SCN 完全一致。同时 CKPT（检查点进程）通知 DBWR（数据库写进程）开始工作，把脏缓冲区中的数据写入数据文件。这时数据库将达到完全一致的状态，系统断电时数据库将不受任何影响，也不需要进行实例恢复。

由此可见，只有当事务被提交后，才有可能进行实例恢复，用户的数据才不至于丢失。如果事务没有提交，数据是无法进行恢复的。

1.3.3　CKPT（检查点进程）

CKPT（检查点进程）的功能是发出检查点。检查点是一种数据库事件，当数据库服务器发出检查点时，SCN 将被写入数据文件和控制文件，而且数据库高速缓存中的脏缓冲区将被 DBWR（数据库写进程）写入数据文件，这时数据库达到完全一致的状态。

数据库服务器是依靠 SCN 来维护数据文件、控制文件和重做日志文件之间的一致状态的。如果一个事务没有提交，脏缓冲区及重做日志缓冲区中的内容可能已经被写入数据文件和重做日志文件。这时如果数据库服务器发出检查点，3 种文件的 SCN 达到一致，数据库达到一种一致状态。但这 3 种文件中记录的是该事务之前的 SCN。数据库服务器如果重新启动，这个事务将被回滚，因为它处于最后一个 SCN 之后。

如果事务被提交，新的 SCN 将首先被写入重做日志文件，这时数据库服务器如果发出检查点，新的 SCN 被写入数据文件和控制文件，3 种文件的 SCN 完全相同，数据库达到一致状态。在这种情况下，数据库服务器在重新启动时就不需要进行实例恢复。相反，如果没有发出检查点，那么在数据文件和控制文件中保持原来的 SCN。如果系统断电，数据库服务器在重新启动时，将进行实例恢复，两个 SCN 之间的所有事务将被重新执行一次，使数据库达到一致状态。

CKPT（检查点进程）的任务有两个：一是通知 DBWR（数据库写进程），将数据库高速缓存中所有脏缓冲区写入数据文件；二是发出检查点，将 SCN 的值写入数据文件和控制文件的头部。可见，当数据库服务器发出检查点时，将带来大量的磁盘 I/O，因此，应尽量减少检查点的发生。

CKPT（检查点进程）在以下几种情况下被启动执行：

（1）正常关闭数据库服务器时；

（2）进行日志切换时；

（3）手工发出检查点（执行 ALTER SYSTEM CHECKPOINT 命令）；

（4）由初始化参数 LOG_CHECKPOINT_TIMEOUT 和 LOG_CHECKPOINT_NTERVAL 指定的时机来到时。

与检查点的发生时机有关的两个初始化参数为：

- LOG_CHECKPOINT_TIMEOUT：用于指定两个检查点之间的时间间隔（以秒为单位）。Oracle 11g 中这个参数的默认值为 1 800，即 30 分钟。如果设置为 0，将取消固定时间间隔方式的检查点；

- LOG_CHECKPOINT_NTERVAL：该参数指定了一个操作系统块的数目，可以看作是检查点在空间上发生的间隔。当往重做日志缓冲区中写入指定块数的重做日志时，将发出检查点。

在管理数据库时，应为检查点设置合理的时间、空间间隔。如果间隔太大，对数据文件的写操作次数将减少，数据文件与重做日志文件的 SCN 将相差较大，在系统断电时，进行实例恢复的时间将加长。反之，如果间隔太小，磁盘写操作将被频繁执行，数据库的性能将降低。但这样做的好处是，在系统断电时实例恢复的时间将被缩短。

现在以一个不合理的检查点间隔的例子来说明如何消除不必要的检查点。假设操作系统块的大小为 1 024 字节，初始化参数 LOG_CHECKPOINT_INTERVAL 的值为 4 608，重做日志文件的大小为 10MB。那么每当向重做日志文件中写入 1 024×4 608=4.5MB 的重做日志时，数据库服务器将发出检查点。这样在两个检查点之后，重做日志文件将被写满 9MB。如果再写入 1MB，就会进行日志切换，并自动发出一个检查点。这样最后两个检查点的间隔仅为 1MB，显然间隔太短。所以在设置 LOG_CHECKPOINT_INTERVAL 参数时要考虑重做日志文件的大小，尽量将一些检查点与切换日志时发出的检查点合并。

1.3.4　SMON（系统监视进程）

SMON（系统监视进程）的功能是监视数据库服务器的运行状况，并执行一些必要的清理工作。在数据库服务器启动时，SMON（系统监视进程）将检查数据文件、控制文件和重做日志文件，并根据这 3 个文件的 SCN 值进行实例恢复，或者回滚未提交的事务。

另外，SMON（系统监视进程）还可以对数据库的存储空间进行一些常规的管理。具体的功能如下：

- 回收临时表空间中不再使用的临时段；
- 在字典管理表空间中合并相邻的空闲存储空间。

在数据库服务器重新启动时，SMON（系统监视进程）负责进行实例恢复，并对数据库的存储空间进行管理。在实例正常运行时，SMON（系统监视进程）也会经常工作，或者被其他进程调用，这时它的功能仅限于对存储空间进行管理。

1.3.5　PMON（监控和管理进程）

PMON（监控和管理进程）的功能是定期检查用户进程，并进行回收资源的操作。

当用户访问数据库时，用户进程与服务器进程建立连接。当用户进程断开连接时，PMON（监控和管理进程）负责回收为其服务的服务器进程所占用的资源。

如果由于某种原因使连接非正常断开，如用户进程异常终止，或网络发生故障，用户进程所占用的资源还没有释放。PMON（监控和管理进程）负责检查所有用户进程的状态，清除非正常终止的用户进程，并回收它们所占用的资源，如锁、存储区域等，终止相应的子进程，并释放对应服务器进程所占用的资源。

PMON（监控和管理进程）还有一个功能，就是将实例和调度器注册到网络监听器中。当实例启动时，PMON（监控和管理进程）负责将实例的信息注册到监听器中。如果监听器没有启动，PMON（监控和管理进程）将周期性地察看它的状态。

1.3.6　ARCH（归档日志进程）

ARCH（归档日志进程）的功能是对重做日志文件进行归档。

数据库的重做日志记录在重做日志文件中。在一个数据库中往往需要若干组重做日志文件，这些文件是循环使用的。当一组重做日志文件被写满时，数据库服务器自动进行日志切换，重做日志接着被写入下一组重做日志文件。当数据库服务器再一次使用一组重做日志文件时，文件中以前的内容将被覆盖，而且永远无法恢复。

随着数据库服务器的运行，重做日志文件不断被覆盖。可以想象，如果系统发生故障，造成数据丢失，这时要对数据进行恢复。数据恢复需要用到对数据库所进行的备份，以及重做日志。如果重做日志缺失，那么最后一段时间的数据将无法恢复。为了防止这种情况的发生，Oracle 提供了一种归档日志模式。在这种模式下，数据库服务器将自动对重做日志文件进行归档。如果数据库处于归档日志模式下，ARCH（归档日志进程）将自动启动，当一个重做日志文件被写满时，要进行日志切换，ARCH（归档日志进程）将对刚刚写满的重做日志文件进行归档，将重做日志文件的内容保存在归档日志文件中。

有了归档日志文件，数据库管理员再也不用担心重做日志文件被覆盖的事情发生了。由于日志归档是自动进行的，所以数据库服务器可以顺利地进行日志切换，无须人工干预。

如果数据库处于非归档日志模式下，重做日志文件是不会被归档的。只有数据库处于归档日志模式下，并且启动了 ARCH（归档日志进程），数据库服务器才会自动对重做日志进行归档。在一个实例中可以启动多个 ARCH（归档日志进程），默认情况只启动 4 个。

与 ARCH（归档日志进程）有关的初始化参数如表 1-2 所示。

表 1-2

ARCH（归档日志进程）初始化参数	描　　述
LOG_ARCHIVE_MAX_PROCESSES	指定可以启动的 ARCH 的最大数目
LOG_ARCHIVE_FORMAT	指定归档日志文件的名称
LOG_ARCHIVE_DEST_n	指定归档日志文件的存储路径，其中 n 的取值范围为 1～31
LOG_ARCHIVE_DEST_STATE_n	指定对应的归档路径是否可用

如果数据库服务器写重做日志文件的速度比日志归档的速度要快，那么将发生数据库服务器被阻塞的现象。所以在服务器写重做日志的操作非常频繁的情况下，可以启动多个 ARCH（归档日志进程），以加快日志归档的速度。

1.4　实例的内存结构管理

内存结构管理主要涉及对 SGA 中的各种缓冲区进行最佳设置，使实例对内存的利用率达到最高，从而提高数据库的性能。从 Oracle 11g 开始，可以对 SGA 和 PGA 进行完全的自动管理，也就是说，只要分别指定 SGA 和 PGA 的最大值，实例将自动确定每种缓冲区以及每个服务器进程的 PGA 大小。随着数据库服务器的运行，实例可以根据需要随时调整这些内存区域的大小。

我们可以通过 3 种方法对实例的内存结构进行管理，分别为自动内存管理、自动共享内存管理和手动共享内存管理。

- 自动内存管理就是完全自动的内存管理方式，即完全由数据库自身进行控制，无须人工干预。
- 自动共享内存管理就是半自动化的内存管理方法，用来对 SGA 进行自动设置且允许部分进行人工干预。
- 手动共享内存管理，就是 SGA 中每种缓冲区的大小都需要手动设置，即完全依赖于人工干预。

这 3 种方法对实例的内存结构进行管理详细介绍如下。

1.4.1　自动内存管理

自动内存管理是一种完全自动的内存管理方式，只要通过初始化参数 MEMORY_TARGET 和 MEMORY_MAX_TARGET 指定实例可用的最大内存大小，实例就可以自动确定 SGA 和 PGA 的大小，SGA 中的每种缓冲区大小也根据需要自动确定。随着数据库服务器的运行，实例将根据需要，在指定的范围内自动调整 SGA 和 PGA 的大小。

MEMORY_TARGET 参数可以动态修改，管理员可以随时修改该参数的值，而不用重新启动实例。 MEMORY_MAX_TARGET 是不能动态修改的，它的作用是为实例指定可用内存的上限，也就是说，指定了 MEMORY_TARGET 参数的最大可取值。设置初始化参数 MEMORY_MAX_TARGET 的目的是防止管理员将 MEMORY_TARGET 参数设置过大，从而给操作系统留下太少的内存。

为了使用自动内存管理方法，需要对以下初始化参数进行适当的设置：

- SGA_TARGET（SGA 的目标值）应设置为 0；
- PGA_AGGREGATE_TARGET（所有 session 总计可以使用最大 PGA 内存）应设置为 0；
- LOCK_SGA（是否把 SGA 都锁定在物理内存中，默认值为 False）应设置为 False。

如果希望了解 SGA 和 PGA 目前的实际大小，以及 SGA 中每种缓冲区的实际大小，可以查询动态性能视图 v$memory_dynamic_components。例如，下面的 SQL 语句用于查看 PGA 以及 SGA 中每种缓冲区目前的大小，以及可以调整的范围：

```
SQL>SELECT component,current_size,min_size,max_size FROM v$memory_dynamic_
components;                                                    [0006]
```

1.4.2　自动共享内存管理

自动共享内存管理用来对 SGA 进行自动设置。只要通过初始化参数 SGA_TARGET 和 SGA_MAX_SIZE 指定 SGA 的最大大小，那么 SGA 中的各种缓冲区大小就可以根据需要自动确定，可以说，这是一种半自动化的内存管理方法。需要注意的是，重做日志缓冲区、非标准块对应的高速缓存、KEEP 缓冲池和 RECYCLE 缓冲区的大小仍需自己设置。

为了使用自动共享内存管理，首先为初始化参数 SGA_TARGET 和 SGA_MAX_SIZE 指定适当的大小，然后把相关初始化参数的值设置为 0，如表 1-3 所示。将相关参数设置为 0，是数据库对实现自动共享内存管理的规定。

表 1-3

Oracle 初始化参数	含　义	设　置　值
SGA_MAX_SIZE	SGA 的最大值	需手动指定合适的大小。注：具体设置值多少为合适，请参阅作者的另一本书《Oracle 数据库的存储管理与性能优化》

Oracle 初始化参数	含　义	设　置　值
SGA_TARGET	SGA 的目标值，一般目标值和最大值相同，后期允许调整 SGA 的目标值，如果超过 SGA 的最大值，则 SGA 的最大值由数据库自动调整为 SGA 的目标值	需手动指定合适的大小，一般和 SGA 的最大值相同
MEMORY_TARGET	操作系统的角度上 Oracle 11g 所能使用的最大内存值	0
MEMORY_MAX_TARGET	不能超过 MEMORY_TARGET 设定的值，非动态可调。含义是设定 Oracle11g 能占操作系统 OS 多大的内存空间，即 Oracle11g 的 SGA 区最大能占多大内存空间	0
SHARED_POOL_SIZE	共享池大小	0
LARGE_POOL_SIZE	大池大小	0
JAVA_POOL_SIZE	Java 池大小	0
DB_CACHE_SIZE	数据库高速缓存大小	0
STREAMS_POOL_SIZE	流池大小	0

以下 Oracle 数据库初始化参数需要根据实际情况进行合适的设置，具体设置值是多少为合适，可参阅作者的另一本书《Oracle 数据库存储管理与性能优化》

LOG_BUFFER	日志缓冲区大小	需要手动设置
DB_KEEP_CACHE_SIZE	数据库保持缓冲池的大小	需要手动设置
DB_RECYCLE_CACHE_SIZE	数据库回收缓冲池的大小	需要手动设置
DB_nK_CACHE_SIZE	定义非标准块大小，用于为 nK 的非标准数据块设置高速缓存大小，而标准块大小由 DB_BLOCK_SIZE 指定，在定义非标准块大小与标准块大小时，二者不能重复，即标准块为 8K，则非标准块不能为 8K。	需要手动设置

如果需要了解 SGA 中每种缓冲区的实际大小，可以查询动态性能视图 v$sgainfo。

```
SQL>select * from v$sgainfo;                            [0007]
```

1.4.3　手动共享内存管理

手动共享内存管理方法很好理解，SGA 中每种缓冲区的大小都需要手动设置，SGA 的总大小就是这些缓冲之和。如果 SGA 设置过大，操作系统可用的内存将减少，这时将使用交换空间，把 SGA 的一部分数据放到交换空间中，这样会降低数据库的性能。可以把初始化参数 LOCK_SGA（是否把 SGA 都锁定在物理内存中，默认值为 False）的值设置为 TRUE，这样就可以把 SGA 锁定在物理内存中。

为了使用手动共享内存管理，需要把相关初始化参数的值设置为 0，这是数据库对实现手动共享内存管理的规定，如表 1-4 所示。

表 1-4

Oracle 初始化参数	含　　义	设 置 值
MEMORY_TARGET	操作系统的角度上 Oracle 11g 所能使用的最大内存值	0
MEMORY_MAX_TARGET	不能超过 MEMORY_TARGET 设定的值，非动态可调。含义是设定 Oracle 11g 能占操作系统 OS 多大的内存空间，即 Oracle11g 的 SGA 区最大能占多大内存空间	0
SGA_TARGET	SGA 的目标值	0
PGA_AGGREGATE_TARGET	所有 session 总计可以使用最大 PGA 内存	0

以下 Oracle 数据库初始化参数需要根据实际情况进行合适的设置，具体设置值多少为合适，这里一两句话说不清楚，如读者对这个问题感兴趣，可参阅作者的另一本书《Oracle 数据库的存储与性能优化》

SHARED_POOL_SIZE	用于设置共享池的大小	需要手动设置
DB_CACHE_SIZE	用于设置数据库高速缓存的大小	需要手动设置
LOG_BUFFER	用于设置重做日志缓冲区的大小	需要手动设置
LARGE_POOL_SIZE	用于设置大池的大小	需要手动设置
JAVA_POOL_SIZE	用于设置 Java 池的大小	需要手动设置
DB_KEEP_CACHE_SIZE	用于设置保持缓冲池的大小	需要手动设置
DB_RECYCLE_CACHE_SIZE	用于设置回收缓冲池的大小	需要手动设置
DB_nK_CACHE_SIZE	定义非标准块大小，用于为 nk 的非标准数据块设置高速缓存大小，而标准块大小由 DB_BLOCK_SIZE 指定，在定义非标准块大小与标准块大小时，二者不能重复，即标准块为 8K，则非标准块不能为 8K	需要手动设置

1.5　Oracle 数据库的连接模式

当用户需要访问数据库时，在用户端要建立一个用户进程，在服务器端需要为用户进程分配一个服务器进程，两个进程之间建立连接，服务器进程处理用户进程的请求。用户端应用程序可以是 SQL*Plus、EM、RMAN，或者用户自己开发的 Java 应用程序。

用户进程必须通过服务器进程才能访问数据库实例。服务器进程接受用户进程的请求，解析并执行用户进程发送的 SQL 命令，然后检查数据库高速缓存。如果用户访问的数据恰好就存储在缓冲区中，那么服务器进程直接在缓冲区中对数据进行处理，并将执行结果返回给用户进程。否则，服务器进程将从数据文件中读取所需的数据，并将数据复制到数据库高速缓存中，然后在数据库高速缓存对数据进行处理。

一个服务器进程可以仅为一个用户进程服务，也可以同时为多个用户进程服务。根据用户进程是否可以共享服务器进程，Oracle 提供了两种数据库连接模式：专用数据库连接模式和共享数据库连接模式。

1.5.1 专用数据库连接模式

在专用数据库连接模式下，服务器进程与用户进程是一一对应的。每当有一个用户进程试图与数据库服务器建立连接时，数据库服务器便启动一个服务器进程为用户进程服务。而当用户进程访问结束，断开连接时，服务器进程也自动终止。图 1-8 所示为数据库连接模式中的专用连接模式。在这里要注意区分数据库、数据库服务器和服务器进程的概念。

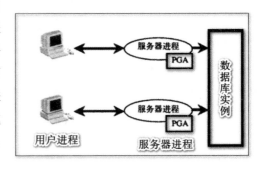

图 1-8

在专用数据库连接模式下，各个服务器进程之间完全独立，它们之间并不共享数据。当用户进程连接数据库服务器时，服务器进程便被启动，而且在一直运行，直到用户进程断开连接。

对于单个用户进程而言，专用连接模式的效率很高，因为一个服务器进程只为一个用户进程服务。但是对一个大型的数据库系统而言，这种连接模式未必合适，一方面，在服务器端需要启动大量的服务器进程，以处理众多的用户进程的请求，这对整个系统来说，负载很重。另一方面，当用户进程和服务器进程建立连接后，服务器进程的大部分处理时间都在等待用户的输入/输出，处理用户的请求只需很短的时间。

如果用户进程数目较少，或者用户进程需要对数据库进行大量的访问，那么可以考虑将数据库连接模式设置为专用模式。

1.5.2 共享数据库连接模式

专用数据库连接模式在处理大批量用户连接时效率并不高，因为需要为每个用户进程启动一个服务器进程，这样会消耗大量的系统资源。如果用户进程的大部分连接时间都处于空闲状态，服务器的资源就会被白白浪费。如在银行系统中，计算机处理一次存取款的时间为几毫秒，而工作人员输入相关信息却需要几分钟的时间。

Oracle 提供了一种共享数据库连接模式,这种模式允许一个服务器进程同时为多个用户进程服务，多个用户进程共享一个服务器进程。当一个用户进程处于空闲状态时，如正在等待用户输入数据，服务器进程就可以处理其他用户进程的请求。在这种情况下，服务器进程的工作效率得到了很大的提高。

在数据库服务器中可以启动多个共享服务器进程，每个服务器进程都可以处理多个用户请求，在数据库服务器中只需少量的服务器进程就可以处理大量的用户请求。

Oracle 推荐在以下情况采用共享数据库连接模式：

- 在联机事务处理（OLTP）环境中访问数据库。可能有大量用户进程需要连接到数

据库服务器,这种模式可以使用户进程有效地使用系统资源;

● 计算机的内存有限。与专用服务器相比,当用户进程数量增加时,共享服务器进程的数量并不需要增加,或者增加很少,这就减少了对内存的要求;

● 如果需要使用 Oracle Net 的特性,如连接共享、连接集中和负载均衡。

共享数据库连接模式的工作原理如图 1-9 所示。

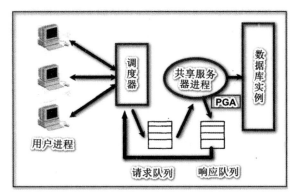

图 1-9

在图 1-9 中,调度器、共享服务器进程、请求队列和响应队列共同完成共享数据库连接模式的功能。其中,请求队列和响应队列是 SGA 的一部分,为了更清楚地表示这几部分之间的关系,在图中将这两个队列从 SGA 中分离出来。

调度器负责接收用户的请求,并将用户请求传递给适当的共享服务器进程。在一个数据库服务器中可以启动多个调度器,而且至少要为 Oracle 支持的每一种网络协议启动一个调度器(如 TCP/IP、IPX/SPX、命名管道等)。可以通过初始化参数 DISPATCHERS 和 MAX_DISPATCHERS 来指定调度器的数目。其中,参数 DISPATCHERS 指定为某类网络协议启动的调度器,而 MAX_D1SPATCHERS 用来设置数据库服务器中可以启动的最大调度器的数目。例如:

```
DISPATCHERS=(PROTOCOL=TCP)(DISPATCHERS=3)
MAX_DISPATCHERS=20
```

上面的两个参数规定为 TCP/IP 协议启动 3 个调度器,而总的调度器数目为 20。

当用户进程向数据库服务器发出请求时,监听器在指定的端口监听用户的请求,并将请求传递给一个负载较轻的调度器,调度器将这个请求以及自己的 ID 一起放到请求队列中。

共享服务器进程从请求队列中取出一个请求,并对其中的 SQL 命令进行解析和执行,然后,将执行的结果放到响应队列中。解析和执行的过程与专用服务器相同。

在一个数据库服务器中可以启动多个共享服务器进程,这些进程可以处理任何一个用户进程发出的请求,而不是处理一个确定的请求。共享服务器进程的数目由初始化参数 SHARED_SERVERS 和 MAX_SHARED_SERVERS 指定。其中,参数 SHARED_SERVERS

指定在初始情况下需要启动的共享服务器进程数目，而参数 MAX_SHARED_SERVERS 指定了允许启动的最大共享服务器进程数目。当用户请求较多时，数据库服务器将启动更多的共享服务器进程，而当用户请求较少时，服务器将关闭不必要的共享服务器进程，但在任一时刻，共享服务器进程的数目将保持在两个参数 SHARED_SERVERS 和 MAX_SHARED_SERVERS 的值之间。

调度器除了负责将用户进程的请求传递给共享服务器进程外，还负责将共享服务器进程处理的结果返回给用户进程。调度器周期性地检查响应队列，如果发现与自己 ID 一致的处理结果，调度器将取出这个结果，并将它返回给用户进程。这个处理结果就是在此之前，由该调度器传递给共享服务器进程的某个用户请求的处理结果，调度器根据其中的 ID 判断它是否属于自己。

值得注意的是，在共享数据库连接模式下也可以启动专用服务器进程。有些用户请求是不适合以共享数据库连接模式处理的。例如，当用户以 DBA 身份登录数据库服务器时，用户进程无法与调度器通信。当数据库服务器监听到这样的用户请求时，它将为用户进程启动一个专用服务器进程，以处理该用户的所有操作。

1.5.3 如何设置共享连接模式

要将数据库服务器的连接模式从专用模式改为共享模式其实很简单，只要将初始化参数 SHARED_SERVERS 的值设置为一个大于 0 的整数即可，其余几个初始化参数都不是必须设置的。在共享模式中至少需要一个调度器，因此，当把连接模式改为共享模式之后，在数据库服务器中将自动启动一个调度器。

如果把初始化参数 SHARED_SERVERS 的设置放在参数文件中，那么当数据库服务器启动时就处于共享连接模式。如果在参数文件中没有对这个参数进行设置，但是，通过初始化参数 DISPATCHERS 至少设置了一个调度器，那么数据库服务器启动时也处于共享连接模式。

如果数据库是通过 DBCA 创建的，在数据库中将有一个为 XDB 协议配置的调度器，而且初始化参数 SHARED_SERVERS 的值为 1。只要用户访问 Oracle 的 XMLDB 服务，就连接到一个共享服务器进程上。这并不意味着数据库服务器目前就使用了共享连接模式，这时还需要设置更多的共享服务器进程和调度器。

Oracle 推荐的共享服务器进程数目设置原则为：每 10 个用户端进程对应一个服务器进程。数据库管理员可以根据用户端进程的大致数目，设置共享服务器进程的数目，而且在数据库服务器运行的过程中，可以根据实际情况，随时调整服务器进程的数目。例如：

```
SQL>ALTER SYSTEM SET shared_servers=5;                           [0008]
```

共享服务器进程的相关信息可以从动态性能视图 v$shared_server 中获得。服务器的命名规则是 Snnn，其中 nnn 是从 000 开始的 3 位整数。例如，下面的 SELECT 语句用于查询共享服务器进程的名称和状态：

```
SQL>SELECT name,status FROM v$shared_server;                    [0009]
```

如果将数据库服务器的连接模式设置为共享模式，那么至少需要设置一个调度器。在默认情况下，数据库服务器将为 TCP 协议设置一个调度器。根据用户端与服务器端通信的实际情况，需要为每种通信协议设置一个调度器。对于 TCP/IP 协议，需要指定调度器所监听的 IP 地址和端口号。例如，下面的语句将使 TCP/IP 协议的调度器的数目设置为 3。

```
SQL>ALTER SYSTEM SET DISPATCHERS="(ADDRESS=(PROTOCOL=TCP)(HOST=localhost))
(DISPATCHERS=3)";                                              [00010]
```

运行结果如图 1-10 所示。

图 1-10

调度器的相关信息可以从动态性能视图 v$dispatcher 中获得。调度器的命名规则是 Dnnn，其中 nnn 是从 000 开始的 3 位整数。例如，下面的 SELECT 语句用于查询调度器的名称、所用协议、状态等信息：

```
SQL>SELECT name,network,status FROM v$dispatcher;              [00011]
```

运行结果如图 1-11 所示。

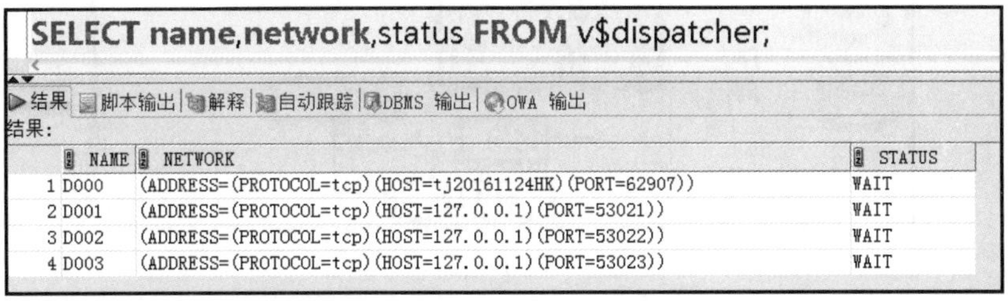

SELECT name,network,status FROM v$dispatcher;		
▶结果 ■脚本输出 ✎解释 ✎自动跟踪 ▦DBMS 输出 ◉OWA 输出		
结果:		
NAME	NETWORK	STATUS
1 D000	(ADDRESS=(PROTOCOL=tcp)(HOST=tj20161124HK)(PORT=62907))	WAIT
2 D001	(ADDRESS=(PROTOCOL=tcp)(HOST=127.0.0.1)(PORT=53021))	WAIT
3 D002	(ADDRESS=(PROTOCOL=tcp)(HOST=127.0.0.1)(PORT=53022))	WAIT
4 D003	(ADDRESS=(PROTOCOL=tcp)(HOST=127.0.0.1)(PORT=53023))	WAIT

图 1-11

1.6　数据库的逻辑结构

前面已经提到，数据库服务器包括实例和数据库两部分。其中，数据库用来存储数据，而实例用来访问数据库中的数据。实例包括一组内存结构和后台进程，而数据库的结构需要从逻辑结构和物理结构两个方面来理解。数据库的逻辑结构是指数据的逻辑组织形式，是 Oracle 内部用来管理数据的机制。数据库的物理结构是从用户角度感觉到的结构，是在操作系统中存储和管理数据的机制。

从逻辑结构上来讲，一个数据库包含若干个表空间，不同类型的数据存储在不同的表空间中，如系统数据、用户数据、临时数据和回滚数据等分别存储在不同的表空间中。

表空间中包含若干个段，同一个表空间中的数据又可进一步根据类型不同而存储在不同的段中，如数据段、索引段、临时段等。一个段中又可以包含若干个区，区是 Oracle 分配存储空间和回收存储空间的基本单位。区是由连续的多个数据块组成的，数据块是 Oracle 读/写数据库的基本单位。表空间、段、区和数据块组成了数据库的逻辑结构。

逻辑结构是指数据的组织形式，而从物理形式上讲，数据是以数据文件的形式存储在磁盘上的。在操作系统中，能使用户真正感觉到数据库存在的是数据文件。数据文件存储在磁盘上，它需要占用若干个操作系统块。

逻辑结构和物理结构并非毫无关系，而是紧密联系的。表空间中的数据存放在数据文件中，因此一个表空间对应一个或多个数据文件。数据块是 Oracle 中存储数据的基本单位，一个数据块对应若干个操作系统块，数据最终是存储在操作系统块中的，Oracle 对数据块的访问最终转化为对操作系统块的访问。

数据库的逻辑结构与物理结构之间的关系如图 1-12 所示。

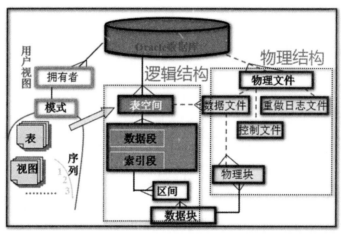

图 1-12

1.6.1　表空间（TABLESPACE）

表空间是数据库中数据的逻辑组织形式，一个数据库在逻辑上由多个表空间组成。表空间用于将不同类型的数据组织在一起，就像一个公司里的员工是按照不同部门组织在一起一样。表空间中的数据在物理上是存储在数据文件中的，一个表空间对应一个或多个数据文件，就像一个部门对应若干个办公室一样。当表空间中的存储空间紧张时，可以向表空间中添加数据文件，一个数据文件只能属于一个表空间。

如果表空间中只包含一个数据文件，那么所有数据都将存储在这个数据文件中。如果表空间对应多个数据文件，那么数据将被分割成几部分，分别存放在这些数据文件中。表空间与数据文件的关系如图 1-13 所示。

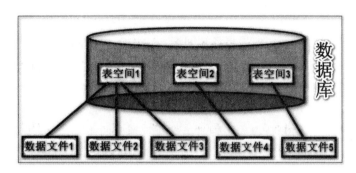

图 1-13

在数据库中引入表空间的好处有以下几点：

- 将系统数据和用户数据分开，有利于保护重要的数据；
- 可以限制用户对磁盘存储空间的使用；
- 将临时数据与用户数据分开，从而减少用户数据存储区的碎片，提高数据库的性能；
- 能够将不同类型的数据分别存放在不同的磁盘上，以减少磁盘的读/写冲突。可以将访问频繁的数据存储在速度相对较快的磁盘上，从而在整体上提高数据库的性能；
- 各个表空间可以被单独设置为联机或脱机状态，这样可以在数据库正常运行的情况下，将单个表空间置于脱机状态，并对其进行备份或恢复。

在一个数据库中有 5 种类型的表空间，即 SYSTEM 表空间、SYSAUX 表空间、UNDO 表空间、临时表空间和普通表空间。其中前 4 种表空间必不可少，在创建数据库时就需要创建它们，普通表空间是根据需要才创建的。

（1）SYSTEM 表空间

SYSTEM 表空间是数据库中一个必需的表空间。在创建数据库时，SYSTEM 表空间将被自动创建。在 SYSTEM 表空间中存储着数据库的系统信息，如数据字典、数据库对象的定义、PL/SQL 存储程序的代码、SYSTEM 回滚段等。

（2）SYSAUX 表空间

SYSAUX 表空间也是数据库中一个必需的表空间，它是在创建数据库时自动被创建的。SYSAUX 表空间是对 SYSTEM 表空间的辅助表空间，以前存储在 SYSTEM 表空间中的数据现在存储在 SYSAUX 表空间中，从而减轻了 SYSTEM 表空间的负担。另外，许多以前需要单独表空间的数据现在都可以存储在 SYSAUX 表空间中，从而减少了需要维护的表空间的数目。

（3）UNDO 表空间

UNDO 表空间是用来存储回滚数据的。回滚数据是被事务修改的数据，例如，假设用户执行语句"DELETE FROM bmb WHERE ID=8902"，被 DELETE 命令访问的数据就是回滚数据。在事务尚未提交之时，这一行数据被存放在 UNDO 表空间中。此时，假设另一个用户执行语句"SELECT * FROM bmb WHERE ID=8902"，那么他将得到从 UNDO 表空间中返回的这一行数据。如果事务被回滚，UNDO 表空间中的数据被写回原来的存储空间，就好像原来的 DML 操作没有被执行一样。

由此可见，UNDO 表空间是为了回滚事务而设计的。在以前版本的数据库中，回滚数据只能存放在回滚段中。回滚段位于某一个表空间中，或者某些特定的表空间中。回滚段的管理比较复杂，需要数据库管理员手动执行烦琐的命令。目前版本的数据库都使用 UNDO 表空间来管理回滚数据。在 UNDO 表空间中只能存放回滚段，而不能存放其他类型的段，如数据段、索引段等。使用 UNDO 表空间的好处是可以对回滚数据进行自动管理，从而减轻了数据库管理员的负担。

（4）临时表空间

临时表空间用于存放用户访问数据库时所产生的临时数据。例如，当用户执行语句"SELECT * FROM bmb ORDER BY id"时，将对表中的数据进行排序并产生排序结果。

排序操作一般是在 PGA 的排序区中进行的。如果排序区的大小不足以容纳这些数据，将使用临时表空间。在临时表空间中只能建立临时段。临时段也不是永久存在的，当用户第一次在数据库中执行排序等操作时，临时段将自动产生，而当数据库关闭时，临时段的空间将被释放。正因如此，在临时表空间不允许创建永久性的数据库对象，如表、索引等。

在一个数据库中可以创建多个临时表空间。如果没有临时表空间，那么用户在执行排序等操作时可能需要使用 SYSTEM 表空间存储临时数据。如果在 SYSTEM 表空间中频繁地存储临时数据，将产生大量的存储碎片，从而降低数据库的性能。

在使用 CREATE USER 命令创建用户时，可以通过 TEMPORARY TABLESPACE 子句为该用户指定临时表空间。用户在创建之后，也可以通过 ALTER USER 命令为其指定临时表空间。这样，用户访问数据库时产生的临时数据将被存储在指定的临时表空间中。

（5）普通表空间

普通表空间是用户真正关心的表空间，在数据库中可以创建多个普通表空间。普通表空间用来存放用户的数据。

1.6.2 段（Segment）

表空间将数据按照类型从逻辑上分离开来，如将用户数据与系统数据分别组织在一个表空间中。在同一个表空间中，可能存在不同类型的数据库对象，如表、索引。Oracle 将不同数据库对象中的数据以段的形式组织在一起。一个表空间包含多个段，但一个段只能属于一个表空间。

当用户在数据库中创建一个数据库对象时，在表空间中将自动创建一个段，以存储该对象的数据。例如，在默认情况下，一个表对应一个表段，一个索引对应一个索引段。

段中存储空间的分配是以区为单位进行的。在一个段中包含若干个区。在分配段时需要指定初始的区个数。随着段中数据的增加，数据服务器将会扩充该段，为段分配所需的区，而当段中数据被删除时，空闲的区可以被回收。

在表空间中主要可以创建 4 种主要类型的段，它们是数据段、索引段、临时段和回滚段。在每个段中存储不同的数据库对象。

（1）数据段

数据段用来保存表中的数据，默认情况下一个表对应一个表段。在一个表段中只能存储一个表中的数据。当用户在表空间中创建一个表时，数据库服务器将自动在这个表空间中为该表创建一个段，段的名字与表的名字相同。

（2）索引段

索引段用来存储索引中的数据，当用户为一个表创建索引时，数据服务器将自动为该索引创建一个索引段，索引段与索引的名字相同，并且它们之间是一一对应的。当在表上创建主键约束或唯一性约束时，也将产生相应的索引段。

（3）临时段

临时段用于存放临时数据，当用户执行排序等操作时，将产生大量的临时数据，这些临时数据存储在临时段中。当然，临时数据是优先存储在 PGA 的排序区中的，这样可以提高排序的速度。如果排序区的大小不足以存放这些临时数据，才会用到临时段。临时段不是必需的，如果没有创建专门的临时段，用户的排序操作将使用 SYSTEM 表空间中的临时段。由于 SYSTEM 表空间存储着重要的系统数据，频繁地使用 SYSTEM 表空间将产生大量的碎片，从而降低数据库的性能，所以 Oracle 建议尽量创建专门的临时段，并将它存放在专门的临时表空间中。

（4）回滚段

回滚段用于存储回滚数据。当用户执行 DML 语句时，数据库服务器将修改后的数据存储在表段中，而将修改前的数据作为回滚数据存储在回滚段中。当用户回滚事务时，数据库服务器将回滚段中的数据重新写入表段，该事务所做的修改将取消。当用户提交事务时，回滚段中的数据将变为无效，这时用户将无法回滚该事务。在数据库中可以创建多个回滚段。当用户执行 DML 操作时，数据库服务器将自动为当前事务指定一个回滚段，用户也可以通过命令指定一个回滚段。在创建数据库时，系统在 SYSTEM 表空间中自动创建一个 SYSTEM 回滚段，SYSTEM 回滚段用于维护 Oracle 内部的事务。数据库管理员可以通过命令创建其他的回滚段。

值得注意的是，Oracle 11g 提供了两种管理回滚数据的方法，一种是手动管理方式，这种方法利用回滚段维护事务。另一种方法称为自动管理方式，这种方式利用专门的 UNDO 表空间管理回滚数据。由于回滚段的管理太复杂，Oracle 建议大家使用自动管理方式，在以后的 Oracle 版本中，可能会取消手动管理方式。

注：Oracle 12c 增加了 Temporary UNDO（临时回滚段），可以减少存储在 UNDO 表空间的生成量和重做日志的生成频率，这是 Oracle 12c 的新特性。

1.6.3　区（Extent）

区是 Oracle 分配存储空间的最小单位，一个段由多个区组成，一个区由若干个连续的数据块组成，区的大小是数据块大小的整数倍。在创建一个数据库对象时，数据库服务器为该对象分配若干个区，以存储该对象的数据。数据库对象至少占用一个区，随着数据的增加，数据库服务器将不断为该对象分配所需的区，这些区的大小可能相等，也可能不相等。

1.6.4　数据块（Block）

数据块是 Oracle 中的最小存储单位，也是数据库服务器读/写数据的最小逻辑单位。数据库服务器在为段分配空间或回收存储空间时，是以区为单位进行的，而在读/写数据时，是以数据块为单位进行的。

数据库中的数据最终是存储在硬盘上的，所以数据块与操作系统中的块必然有着密切的联系。一个数据块由若干个操作系统块组成，它的大小是操作系统块的整数倍。数据库服务器在读/写数据时以数据块为单位进行，这种访问最终转化为对操作系统块的读/写。

在 Oracle 数据库中，有两种形式的数据块，一种是标准块，另一种是非标准块，自 9i 开始支持两种块的并存。标准块的大小由初始化参数 DB_BLOCK_SIZE 指定，所有标准块的大小都相同。非标准块的大小可以有多种情况，如 2KB、4KB、8KB、16KB、32KB（但是不能与标准块的大小相同），等等。在数据库中可以使用一系列初始化参数 DB_nK_CACHE_SIZE，其中 n 为 2、4、8、16、32 等。这些初始化参数系列用来为非标准块指定数据库高速缓存大小。如果在数据库中定义了非标准块，那么必须在 SGA 中为它定义相应的数据库高速缓存。无论是哪种数据块，它的大小在数据库创建之后就不能再修改。

数据库服务器在读/写数据时，数据块中的数据将首先被调入 SGA 的数据库高速缓存中，在缓存中必须为每一种大小的数据块定义缓冲区，缓存区的大小与数据块相同。当用户访问数据库时，数据块的内容被读/写到与之大小相同的缓冲区中。

1.7　Oracle 数据库的物理结构

数据库中的数据在逻辑结构上是以表空间、段、区、数据块的形式组织的，而在物理上则表现为存储在磁盘上的文件。数据库的物理结构是指数据在操作系统中的存储方式，是对用户可见的组织形式。数据库的物理结构包括数据文件、控制文件和重做日志文件，这 3 类文件是数据库正常运行所必需的。另外，数据库中还包括口令文件、参数文件、警告文件和跟踪文件等，这些文件也是 Oracle 数据库物理结构的组成部分。

1.7.1　数据文件

顾名思义，数据文件是用来存储数据的。在数据文件中存储所有数据库对象的结构和数据，包括表、视图、索引、触发器、存储程序等数据库对象。用户对数据库的访问实际上就是对数据文件的访问，只不过这些文件不能由操作系统直接访问，而必须通过数据库服务器才能访问。

数据文件与一般的文件有所不同。一般的操作系统文件的初始大小可能比较小，随着文件中内容的增加，它的大小也随着增加，同样，它的大小也将随着内容的减少而减少，在任何时候，它的大小与其内容的多少是一致的。数据文件更像是一个空的容器，在创建数据文件时，就按照指定的大小分配了存储空间。在文件被写满之前，无论文件中包含多少数据，它的大小总是固定不变的。

既然数据文件是一种操作系统文件，它在磁盘上必然占用一定数量的操作系统块。在数据库服务器内部，数据读/写的基本单位是数据块，一个数据块对应多个操作系统块。在数据库中读/写一个数据块时，在操作系统中对应着对多个操作系统块的读/写。

数据文件在逻辑上属于表空间，一个表空间可以包含一个或多个数据文件，而一个数据文件只能属于一个表空间。用户在创建数据库对象时，只能指定所属的表空间，而不能指定存储在哪个数据文件上。数据库对象被创建后，它的结构和数据就存储在一个或多个数据文件中。

随着数据库的运行，数据文件中的数据可能越来越多，并最终耗尽数据文件的存储空间。为了存储更多的数据，数据文件的存储空间必须能够扩展。Oracle 提供了 3 种扩展数据文件存储空间的方法。

- 在当前表空间中增加新的数据文件，新数据将被存储在新的数据文件中。
- 手动扩展表空间中的数据文件，在原来的存储空间的基础上，增加一定数量的存储空间。
- 激活数据文件的自动扩展功能，数据库服务器将自动为数据文件分配新的存储空间。

1.7.2　控制文件

控制文件是数据库中另一种重要的文件，它的功能是记录数据库的结构和状态。这是一个二进制文件，用户无法查看和修改文件的内容。数据库在启动时需要根据控制文件的内容，查找数据文件并打开它们。在数据库运行的过程中，对数据库结构所做的任何修改都将记录在控制文件中。

在启动数据库服务器时，首先启动实例，然后才能打开数据库。数据库服务器是通过控制文件在实例和数据库之间建立对应关系的。在控制文件中记录了数据文件的路径、重做日志文件的路径、当前日志序列号、SCN 等信息。

如果控制文件丢失或损坏，数据库服务器将无法正常运行。由于控制文件的特殊重要性，对它的存储有特殊的要求。在一个数据库中至少需要一个控制文件，Oracle 建议至少创建两个控制文件，并将它们分别存储在两个磁盘上，这两个文件互相镜像，如果一个文件损坏，数据库服务器可以使用另外一个文件。在正常情况下，这两个文件的内容是完全一样的，数据库服务器只需从其中一个文件中读取信息，但是对数据库结构所做的任何修改都必须同时写入两个控制文件。

1.7.3　重做日志文件

重做日志文件是确保数据库安全的一种重要手段。在重做日志文件中记录的是用户对数据库所做的修改，即一条条的 DML（Data Manipulation Language，数据操纵语言，主要包括 INSERT、UPDATE 和 DELETE）和 DDL（Data Defination Language，数据定义语言，主要包括 CREATE、DROP、ALTER 等）命令。当数据库服务器发生故障时，数据库管理员可以根据重做日志的内容对数据进行恢复，从而确保数据不会因为故障而丢失。

用户在执行 DML 或 DDL 操作时，实际的数据处理是在 SGA 中进行的。服务器进程首先生成一条重做日志，并将它存储在重做日志缓冲区中，然后在数据库高速缓存中修改相应的缓冲区。

在一定的时机下，DBWR（数据库写进程）将数据库高速缓存中脏缓存区的内容写入数据文件中，LGWR（日志写进程）将重做日志缓冲区中的内容写入重做日志文件。在一般情况下，LGWR（日志写进程）总是先于 DBWR（数据库写进程）将重做日志写入重做日志文件。

在重做日志文件中不仅记录重做日志，还记录 SCN。如果用户提交事务，SCN 将随着重做日志一起被 LGWR（日志写进程）写入重做日志文件。这样，如果数据库服务器发生了故障，数据库管理员可以将数据库恢复到最后一个 SCN 处。如果用户没有提交事务，重做日志也可能被写入重做日志文件，但如果这个事务被回滚，对数据库将不产生任何影响。

在数据库中至少需要两个重做日志文件，数据库服务器以循环的方式将重做日志写入这些文件。当第一个文件写满后，数据库服务器自动进行日志切换，将重做日志写入下一个文件。当最后一个文件被写满时，数据库服务器重新将重做日志写入第一个文件。如此循环往复进行，重做日志文件中以前的内容将被覆盖。

由于重做日志文件的特殊重要性，Oracle 建议为每一个重做文件至少建立一个镜像文件。互为镜像的重做日志文件归为一个日志组，同一个日志组中所有文件的内容和大小完全相同。这些文件应尽量分布在不同的磁盘上，以免磁盘发生故障时丢失所有的重做日志。数据库服务器在写重做日志时，必须将重做日志同时写入同一个日志组的所有文件。

为了确保重做日志的安全，应及时对重做日志文件进行归档，产生归档日志文件。归档日志文件可以被备份到磁盘等存储介质上。归档操作必须在数据库的归档模式下进行，并且需要启动一个或多个 ARCH（归档日志进程）。在 LGWR（日志写进程）向一个重做日志文件写入重做文件之前，该文件必须被归档，否则 LGWR（日志写进程）将被挂起，所有的事务都停止执行。

1.7.4　跟踪文件和警告文件

当数据库服务器运行不正常时，将与警告文件和跟踪文件产生一些有用的信息，数据库管理员可以查看这些文件的内容，根据其中记录的信息判断故障发生的原因。跟踪文件用于记录服务器进程和后台进程发生的内部错误信息，每个服务器进程和后台进程都有自己的跟踪文件。后台进程的跟踪文件名为<SID><process>.TRC，其中 SID 为实例名称，process 为后台进程名称。例如，实例 TEST 中的 LGWR（日志写进程）的跟踪文件名为“TESTLGWR.TRC”。服务器进程的跟踪文件名为<SID>_<PID>_ORA.TRC，其中 SID 为实例名称，PID 为服务器进程的进程号。根据文件名称，数据库管理员就可以判断跟踪文件是由哪个进程产生的。

警告文件用于记录实例内部的错误消息以及数据库管理员对数据库所做的维护，另外，在警告文件中还记录非默认的初始化参数。警告文件的名称为 ALERT_<SID>.LOG，其中 SID 为实例名称。

跟踪文件和警告文件都有默认的存储路径，它们的路径由初始化参数指定。如初始化参数 USER_DUMP_DEST 指定了服务器进程跟踪文件的存储路径，而初始化参数 BACKGROUND_DUMP_DEST 指定了后台进程跟踪文件和警告文件的存储路径。

1.8　特权用户与口令文件

在创建数据库时，自动创建了一个特殊的用户 SYS，这个用户就是平常所说的数据库管理员，它具有两种特殊系统权限：SYSDBA 和 SYSOPER，对整个数据库具有所有权限。对数据库的管理基本上是以这个用户的身份来完成的。

SYS 用户在登录实例时，需要指定 SYSDBA 或者 SYSOPER 权限。例如，通过 SQL*Plus 以以下方式登录：

```
sqlplus SYS/1234 AS SYSDBA
```

或者：

```
sqlplus SYS/1234 AS SYSOPER                                    [00012]
```

其中，"1234" 是 SYS 用户的口令。在登录之前需要在系统中设置一个环境变量 ORACLE_SID。在 Windows 中，只有当一个系统中运行多个实例时，才需要设置这个变量。在 UNIX/Linux 中设置环境变量的命令如下（其中 ORCL 是实例的名称）：

```
ORACLE_SID=orcl
export ORACLE_SID
```

在 Windows 中设置环境变量的命令如下：

```
set ORACLE_SID=orcl
```

在 UNIX/Linux 中安装 Oracle 软件之前，需要在系统中创建一个 Oracle 用户，这个用户属于 DBA 用户组（在 Windows 中这个用户一般是系统管理员 Administrator，属于 ORA_DBA 用户组），以后对数据库的所有管理任务，都是以 Oracle 用户登录到系统中来完成的。只要以 Oracle 用户登录到系统中，就能以下面的方式登录到数据库实例中，而不用提供 SYS 用户的口令：

```
sqlplus / as ssydba                                            [00013]
```

实际上是把系统中的 Oracle 用户映射为数据库中的 SYS 用户。在 Oracle 中把这种验证方式称为操作系统验证。实际上，在操作系统中任何用户只要属于 DBA 用户组，就能以上面的方式登录到数据库实例中。同样，任何系统用户只要数据 OPER 用户组（或者 DBA 用户组），就能以下面的方式登录数据库实例：

```
sqlplus / AS SYSOPER                                           [00014]
```

如果 SYS 用户以远程方式登录实例，如通过 EM，就需要提供口令。SYS 用户的口令一方面同普通用户一样，存储在数据库中；另一方面，SYS 用户的口令存储在一个操作系统文件中，这个文件就是口令文件。在 UNIX/Linux 中，口令文件存放在 Oracle 安装目录的 DBS 子目录下，文件命名规则是：orapwd<sid>.ora，其中<sid>是指实例名称。在 Windows 中，口令文件存储在 DATABASE 子目录下，文件的命名规则是：PWD<sid>.ora。

SYS 用户的远程登录，是通过口令文件进行验证的。如果口令文件丢失，或者口令输入错误，验证就会失败。在这种情况下，可能需要重新创建口令文件，指定新的口令。Oracle 提供了一个命令，名称是 orapwd，通过这个命令对口令文件进行管理。这个命令由 Oracle 用户在操作系统 shell 下执行。例如：

```
c:\>orapwd file = D:\app\Administrator\product\11.2.0\dbhome_1\database\
orapworcl.ora  password="1234"  force=y;                       [00015]
```

这个命令的各个参数的含义如下：

- file：用来指定口令文件的路径和名称，如果不指定路径，将在当前目录下产生；
- password：用来指定 SYS 用户的新口令；
- force：如果口令文件已经存在，则覆盖。

1.9　数据字典视图与动态性能视图

在 Oracle 数据库中，与用户有关的表有三种，一是用户自己创建的表，二是数据字典视图，三是动态性能视图。在后两种视图中，用户（主要是 DBA）可以查询自己关心的信息。

关于后两种视图，即数据字典视图和动态性能视图，其中"数据字典视图"用于记录数据库自身当前信息，包括数据库安装后最原始的基础信息，如 SYSTEM 表空间里的那些东西和随着时间的延续，由用户对数据库所做的维护信息，如新建表、索引、序列及存储程序（过程、函数及触发器）等这些数据库的模式对象，这些信息统称为数据字典基本表。换句话说，数据字典基本表就是给 Oracle 看的，只有 Oracle 自己才能看懂，而数据字典视图是为了方便用户查看而将基本表简化而来的，登录到数据库的用户，只要有权限都可以看，而且二者（数据字典基本表和数据字典视图）的内容应该是一样的；而"动态性能视图"则记录的是在数据库运行期间产生的与性能相关的信息，这些信息是动态的，由数据库自身生成。比如，V$SYSSTAT 动态性能视图（Oracle 的负载间档性能视图），该视图中的数据时刻变化。这样的视图还有很多，在此不再赘述。

尤其是动态性能视图，是 DBA 们最关心的，依据这些信息可以找出数据库可能存在的性能瓶颈等问题。

1.9.1　数据字典视图

数据字典是一种系统表，它在数据库被创建时自动产生，并且由数据库服务器本身进行维护和更新。在数据字典中包含了数据库的相关信息。在数据字典中存储了以下信息：

- 数据库的物理结构和逻辑结构信息；
- 用户和权限信息；
- 数据库对象的信息，如表、视图、索引、存储程序、约束等；
- 审计信息。

由于数据字典是一个非常大且非常复杂的表，用户不方便对其进行直接访问，而且这样做也不安全。为了用户访问方便，Oracle 提供了许多数据字典视图，这些视图就建立在数据字典基本表上，平常所说的数据字典就是指这些数据字典视图。数据字典视图的结构可以通过在 SQL*Plus 中执行 DESC 命令来查看。对一个用户而言，可以访问的数据字典视图很多，如果按照所包含的信息的范围大小来划分，有 3 类主要的数据字典视图，这些视图的名称分别以下列标识符开始：

- "user_"打头的，存储当前用户所拥有的某类对象的信息；
- "all_"打头的，存储当前用户有权访问的某类对象的信息；
- "DBA_"打头的，存储数据库中所有的某类数据对象的信息，仅管理员可以访问。

例如，从数据字典视图 user_objects 中可以查询当前用户所拥有的所有对象的信息，包括表、视图、索引、存储程序等。如果要查询当前用户所拥有的所有对象的名称、类型、创建时间、状态等信息，可以执行下列 SELECT 语句：

```
SQL>SELECT object_name,object_type,created,status  FROM  user_objects;
```
[00016]

在数据字典视图 user_tables 中存储了当前用户所拥有的表的信息。例如，要查询当前用户所拥有的表的名称和所在的表空间名称，可以执行下列 SELECT 语句：

```
SQL>SELECT table_name,tablespace_name FROM user_tables;
```
[00017]

从数据字典视图 all_tables 中可以查询当前用户可以访问的表的信息，包括用户自己创建的表，以及其他用户授权该用户可以访问的表。例如，通过执行下面的 SELECT 语句，可以了解当前用户可以访问的表的名称：

```
SQL>SELECT table_name FROM all_tables;
```
[00018]

从数据字典视图 user_tab_columns 中可以查询当前用户所拥有的表的各个列的定义。例如，通过执行下列的 SELECT 语句，可以了解表 DEPT 的各个列的定义：

```
SQL>SELECT table_name,column_name,data_type ,data_length FROM user_tab_
columns WHERE table_name= 'LBKP';
```
[00019]

这里的表名必须用大写。

从数据字典视图 dba_tables 中能够查询当前数据库中所有表的信息，这类以 "DBA_" 开始的视图只能由 SYS 用户查看。例如，下面的 SELECT 语句用于查询数据库中所有表的名称、所在表空间的名称、所有者等信息：

```
SQL>SELECT table_name ,tablespace_name,owner FROM dba_tables;
```
[00020]

一个用户可以访问的数据字典有很多，这些数据字典的名字与所存储的对象信息有关。例如，数据字典视图 user_indexes 可以查询当前用户所创建的索引的信息，在 dba_users 中，可以查询当前数据库中所有用户的信息。在以后的章节中，将陆续介绍很多有用的数据字典视图。

1.9.2　动态性能视图

如果说数据字典视图反映了数据库的信息，那么动态性能视图则主要反映了实例的信息。数据字典视图中的信息是静态的，来自数据字典基本表，它反映的是数据库的信息，这些信息不会因为数据库服务器的关闭而消失。动态性能视图中的信息则是动态变化的，它反映了实例的实际运行情况，这些信息来自 SGA 或者控制文件，随着实例的关闭和重新启动，这些信息将重新产生。

动态性能视图的名称基本上是以 "v$" 开始的。从这些视图中可以获得一些有用的统计信息，这些信息主要用于对数据库的性能进行调优。例如，执行下面的 SELECT 语句可以了解数据库中一些等待事件的发生情况：

```
SQL>SELECT event,total_waits,time_waited,average_wait from v$SYSTEM_event;
                                                              [00021]
```

下面的语句用于查看 SGA 中每种缓冲区的大小：

```
SQL>SELECT  name,round(bytes/1024/1024,0)  as  MB  from  v$sgastat  WHERE
round(bytes/1024/1024,0)>0;                                    [00022]
```

1.10　Oracle 数据库初始化参数

Oracle 提供了许多的初始化参数，通过这些参数可以对数据库及实例进行设置。管理员可以查看这些参数的设置，也可以修改这些参数的值。初始化参数具有以下功能：

- 对实例进行设置，如设置 SGA 中每种缓冲区的大小；
- 设置数据库的属性，如设置数据块的大小；
- 对用户进程进行设置，如设置最大的并发用户进程数；
- 指定数据库中一些重要文件的路径；
- 对数据库资源的使用进行限制。

1.10.1　参数文件

初始化参数的值存储在参数文件中。Oracle 提供了许多初始化参数，但是在参数文件中只对少量的初始化参数进行了设置，其他大部分参数都采用默认值。在下面的有关章节中将介绍如何创建参数文件。

在 Oracle 数据库中有两种参数文件：一种称为服务器参数文件，这是一个二进制文件，文件的命名规则是 Spfile<sid>.ora，其中<sid>代表实例的名称；另一种文件称为文本参数文件，这是一个文本文件，用户可以直接修改文件内容，文件的命名规则是 init<sid>.ora。这两个文件默认都存放在 Oracle 安装目录的 dbs 子目录（UNIX/Linux 平台）或 DATABASE 子目录（Windows 平台）中。

在启动实例时，Oracle 将在指定目录下先查找服务器参数文件，如果这个文件不存在，就继续查找文本参数文件。如果这两个文件都不存在，用户就需要在命令行中指定参数文件的路径。例如，在 SQL*Plus 中通过以下命令启动实例：

```
SQL>startup pfile='/gchch/home/oracle/init.ora'              [00023]
```

其中 pfile 用于指定一个文本参数文件。也可以通过以下命令在启动实例时指定一个服务器参数文件：

```
SQL>startup spfile='/gchch/home/oracle/spfile.ora'           [00024]
```

需要注意的是，如果用户通过 SQL*Plus 远程登录，并且希望通过文本参数文件启动实例，那么必须通过 pfile 指定参数文件的路径，而这个文件是存储在执行 SQL*Plus 命令的用户端，而不是存储在服务器端。

1.10.2　初始化参数的查看

管理员可以通过 EM 或 SQL*Plus 查看初始化参数的设置。例如，在 SQL*Plus 中通过执行以下命令查看数据块的大小：

```
SQL>show parameter db_block_size;                                    [00025]
```

如果不知道某个初始化参数的具体名称，但是知道这个参数的某一部分，也可以通过这种方式查看初始化参数的值。例如，以下命令用于查看包含字符串 "db_block_" 的所有参数：

```
SQL>show parameter db_block;                                         [00026]
```

也可以通过执行 SELECT 命令，从动态性能视图 v$parameter 查看初始化参数的信息。例如：

```
select name,value from v$parameter WHERE name like '%db_block%';
```

1.10.3　初始化参数的修改

根据作用范围的不同，把初始化参数分为 3 种类型，包括静态参数、实例参数、会话参数。其中，静态参数不能修改，自从数据库创建之后这些参数就一直保持某个特定值，如表示数据块大小的 db_block_size。实例参数和会话参数可以修改，其中实例参数在整个实例范围内有效，这样的参数只能由 SYS 用户修改。会话参数只在当前会话范围内有效，会话结束后参数就失去作用，每个用户都可以修改自己的会话参数。

为了查看初始化参数的详细信息，可以在 SQL*Plus 或 SQL Developer 中执行以下 SELECT 命令：

```
SELECT name,value,isdefault as 是否默认值,isses_modifiable as 会话中是否可
修改,isSYS_modifiable  as 实例范围内是否可修改,ismodified as 参数是否修改过 FROM
v$parameter;                                                         [00027]
```

以上代码中各列含义如表 1-5 所示。

表 1-5

列　　名	描　　述
isdefault	指定当前参数是否采用了默认值
isses_modifiable	指定当前参数是否可以在一个会话中进行修改
isSYS_modifiable	指定当前参数是否可以在实例范围内进行修改
ismodified	指定自动实例最近启动以来，当前参数是否被修改过

有两种方法可以用来修改初始化参数，一种方法是直接编辑文本参数文件，然后重新启动实例，这样，新的参数值就会起作用；另一种方法是在 EM 或 SQL*Plus 动态修改。Oracle 推荐使用后一种方法，因为这种方法可以把对数据库系统的影响减到最小。

有些参数修改后立即起作用，有些参数修改后必须重新启动实例才能起作用。在 SQL*Plus 中修改初始化参数的命令是 ALTER SYSTEM。例如：

```
SHOW GRANTS FOR 'jack' @'localhost';
SQL>ALTER SYSTEM SET utl_file_dir= '/gchch/oracle/dict';            [00028]
```

这条命令在执行时将产生错误信息，原因是这个参数的值不能立即起作用，必须把实例重新启动后参数才能生效。在修改参数时，可以通过 SCOPE 关键字指定参数什么时候生效。例如：

```
SQL>ALTER SYSTEM SET utl_file_dir= '/gchch/oracle/dict1 SCOPE=SPFILE;
                                                                  [00029]
```

SCOPE 有 3 个可选值，其含义如表 1-6 所示。

表 1-6

可 选 值	描　　述
MEMORY	参数值立即起作用，但是实例重新启动后新的参数值将失效
SPFILE	将参数值记录在服务器参数文件中，重新启动实例后参数值将生效
BOTH	一方面参数值立即生效，另一方面把参数值记录在服务器参数文件中，这样就可以永久起作用。这个值是默认值

1.11　本章小结

学习 Oracle，不了解 Oracle 体系结构是不行的，无论是初学者还是资深 DBA，都要对数据库的体系结构有一个清晰的认识。在 Oracle 数据库体系结构中，实例是最重要的概念之一，必须了解和掌握。另外，Oracle 数据库的物理结构和逻辑结构也很重要，务必透彻理解，其他内容如进程结构及工作机制、内存管理模式等，了解即可。

接下来，进入 Oracle 数据库的开发与实战，首先介绍 Oracle 数据库的"SQL 语言基础"。

第 2 章　Oracle 数据库 SQL 语言基础

SQL（Structured Query Language，结构化查询语言）是目前关系数据库系统中通用的标准语言。

SQL 早在 20 世纪 70 年代由 Boyce 和 Chamberlin 提出，并首先在 IBM 公司的数据库管理系统上实现，随后又在 IBM 的 DB2 上实现，并获得了巨大的成功。后来美国标准化组织和国际标准化组织先后将 SQL 作为关系数据库系统的标准语言，从此，SQL 得到发展的机会。到目前为止，包括 Oracle、Sybase 等在内的几乎所有大型数据库系统都支持 SQL。

SQL 在字面上虽然称为结构化查询语言，实际上它还包括数据操纵、数据定义、事务控制、安全控制等一系列命令。SQL 操作的基本对象是表，也就是关系。它可以对表中的数据进行查询、增加、删除、修改等常规操作，还可以维护表中数据的一致性、完整性和安全性，能够满足从单机到分布式系统的各种应用需求。

SQL 是一种非过程化的语言，用户在使用 SQL 操作数据时，只需告诉系统做什么，而不需要关心怎么做，系统会根据用户的意图自动完成相应的操作。由于 SQL 的这一特点，它被称为"第四代语言（4GL）"，以区别于面向过程的高级语言。

用 SQL 语言编写的 SQL 语句有两种执行方式：一种是联机交互方式，SQL 语句在一定的平台上执行，例如数据库管理系统提供的实用程序。这个执行平台将 SQL 语句提交给数据库服务器，并将从数据库服务器返回的执行结果显示给用户；另一种方式是嵌入方式，用户在用 C/C++、Java 等高级语言编写应用程序时，可能需要操作数据库中的数据，这时 SQL 作为一种嵌入式语言，嵌入到高级语言程序中，通过数据库接口如 ODBC、JDBC 访问数据库中的数据。

SQL 包括一系列命令，可以满足对数据的各种访问。按照通用的分类标准，SQL 命令类型如表 2-1 所示。

表 2-1

命令类型	描　　述
查询命令	SELECT 命令
DML	英文 Data Manipulation Language 的缩写，翻译为中文是——数据操纵语言，其命令包括 INSERT、DELETE、UPDATE
DDL	英文 Data Definition Language 的缩写，翻译为中文是——数据定义语言，其命令包括 CREATE、DROP、ALTER、RENAME、TRUNCATE

命令类型	描　　述
TCL	英文 Transaction Control Language 的缩写，翻译为中文是——事务控制语言，其命令包括 COMMIT、ROLLBACK、SAVEPOINT、SET TRANSACTION 等
DCL	英文 Data Control Language 的缩写，翻译为中文是——数据控制语言，其命令包括 ALTER、GRANT、REVOKE、CREATE 等

命令和相关的参数一起构成了 SQL 语句。本章将对这些命令分别进行详细的介绍。

声明：本书中的 SQL 指令只限于 SQL*Plus 及 SQL Developer 环境。为了显示数据直观的需要，有些 SQL 指令会放在 SQL Developer 中执行；有些则在 SQL*Plus 中执行，特此声明！

2.1　Oracle 数据类型

Oracle 内定的数据类型如表 2-2 所示。

表 2-2

数据类型	描　　述
字符型	包括 char 和 varchar2
数值型	包括 number
日期时间型	包括 date 和 timestamp
时间间隔类型	包括 interval year to month 和 interval day to second
伪列类型	包括 ROWID
大对象类型	包括 blob、clob、nclob 和 bfile 等

Oracle 数据库除内定的数据类型外，还支持自定义数据类型，包括对象类型（Object Type）、嵌套类型（Nested Table Type）和可变数组类型（Varray Data Type）3 种。其中，对象类型（Object Type）主要是：记录数据类型（Record）和记录表类型（Table），记录数据类型（Record）存储的是一条记录，记录表类型（Table）用来存储多条记录。如果记录数据类型（Record）是一维数组，那么，记录表类型（Table）就是二维数组。

关于 Oracle 数据库内定的这些数据类型中，最不好把握的是 4 个大对象类型：blob、clob、nclob 和 bfile。在这 4 个大对象类型中，存储文章（Office 文件或 PDF 文件等）、存储图片（jpg、png 及 bmp 等）、存储音频（MPEG 或 MP3 等）以及存储视频（MP4 或 AVI）等，建议使用 blob（与字符集无关的数据类型，最大数据量为 4GB）；对于存储富文本（网站上的文章等），建议使用 clob（与字符集有关的数据类型，最大数据量为 4GB）。其他两个，nclob 和 bfile，建议不要使用。blob 和 clob 基本可满足任何需求。

2.1.1 字符型

Oracle 数据库中常用的字符型数据主要包括两个，一个是 char，另一个是 varchar2；除此之外，还有一个不常用到的字符型数据是 raw，但是它在数据字典中非常有优势，可提高数据库的效率，本小节中我们也会一并介绍。

1. char

char 字符类型：固定长度的字节（byte）数据或字符（char）数据，长度由语法格式中的 size 指定，当实际数据长度小于定义的长度时，实际存储长度仍为定义的长度，末尾不足的部分使用空格字符补齐到定义的长度，其最大允许长度是 2 000 字节或字符，默认长度和最小长度为 1 字节。

注：nchar 也是 Oracle 数据库的字符类型，Oracle 11g 下，其最大允许长度是 1 000 字节或字符，与 char 的差异是支持 Unicode 格式的数据。

Unicode 是为了解决传统字符编码方案的局限而产生的一个编码方案，它为每种语言中的每个字符设定了统一并且唯一的二进制编码，以满足跨语言、跨平台进行文本转换和处理的要求。Unicode 编码共有三种具体实现，分别为 utf-8、utf-16 和 utf-32，其中 utf-8 占用 1~4 字节，utf-16 占用 2~4 字节，utf-32 占用 4 字节。Unicode 编码在全球范围的信息交换领域均有广泛的应用

char 字符类型语法格式如下：

```
char[(size [byte | char])]
```

上面语法格式中，byte 表示字节，char 表示字符。

查看当前数据库字符长度是采用 byte 还是 char，可以通过 " show parameter NLS_LENGTH_SEMANTICS; " 查看。一般默认是 byte，即按照 byte（字节）来计算字符长度。如 char(2000)，表示 2 000 字节长。如果打算以字符或字节计长，而不管数据库采用的是什么字符计长标准，可以这样来写，字节计长：char(2000 byte)，字符计长：char(2000 char)。

注：在 SQL 中如果定义了 char(2000) 的表字段，而实际存储的内容超过了 2 000 字节或字符，则报错。

另外，经测试，即便表字段定义为 char(2000 char)，即最多存储 2 000 字符,在数据库字符集为 NLS_CHARACTERSET=ZHS16GBK 的情况下（一个汉字占 2 字节），该字段最多可以存储 1 000 个汉字而非 2 000 个汉字。如果表字段定义为 char（2000）或 char（2 000 byte）那么它最多可以存储多少个汉字就要视数据库字符集编码而定。如果当前数据库采用的是 GBK（NLS_CHARACTERSET=ZHS16GBK）字符集，即一个汉字占 2 个字节，最多可存 1 000 个汉字；如果是 UTF8 字符集编码，即一个汉字占 3 个字节，则最多可存储 2000/3=666 个汉字。具体情况可通过 length() 函数求得占用字符数，通过 lengthb() 或者 vsize() 函数求得占用字节数。如下面的例子代码：

```
drop table idb_char;
create table idb_char (id number,name char(2000)) /*数据库默认以 byte 字节
计长，即 2000 个字节*/;
insert into idb_char values(1,lpad('春',2000,'春')) /*1000 个字符春*/;
commit;
select length(name) from idb_char where id = 1 /*查看 name 字段的字符数，该
值应该是 1000，即 1000 个汉字字符*/;
select lengthb(name) from idb_char where id = 1 /*查看 name 字段的字节数，
该值应该是 2000，即 2000 个字节，说明数据库字符集中的每个汉字占 2 个字节*/;
select vsize(name) from idb_char where id = 1 /*同上*/ ;                    [00030]
```

2. varchar2

varchar2 字符类型：长度可变的字节（byte）数据或字符（char）数据，长度由语法格式中的 size 指定，最大长度是 4 000 字节或字符，最小长度为 1 字节或 1 字符。与 char 不同，必须为 varchar2 指定 size。

注：varchar2 也是 Oracle 数据库的字符类型，Oracle 11g 下，其最大允许长度是 2 000 字节或字符，与 Varchar2 的差异是，支持 Unicode 格式的数据。Unicode 说明同上。

Oracle 12c 的 Varchar2 字符类型，其最大可支持到 32 767 字节。

其语法格式如下：

```
varchar2(size [byte | char]).
```

查看当前数据库字符长度是采用 byte 还是 char，可以通过 " show parameter NLS_LENGTH_SEMANTICS; " 查看。一般默认是 byte，如 varchar2(4000)，表示 4 000 字节长。如果打算以字符或字节计长，而不管数据库采用的是什么字符计长标准，可以这样来写，字节计长：varchar2(4000 byte)，字符计长：varchar2(4000 char)。

注：varchar2 在 Oracle 的 SQL 和 PL/SQL 中都有使用，前者中 varchar2 的最大支持长度为 4 000 字节；而后者中最大支持长度为 32 767 字节。这就是有读者问，在 PL/SQL 中定义了 32 767(字符/字节)，为什么在表的字段中不能定义大于 4 000 字节的原因了。

另外，在 SQL 中如果定义了 varchar2(4000)的表字段，如果实际存储的内容超过 4 000 字节或字符，多余的部分将自动去除而不会报出任何错误信息。

另外，经测试，即便表字段定义为 varchar2 (4000 char)，在数据库字符集为 NLS_CHARACTERSET=ZHS16GBK 的情况下（一个汉字占 2 个字节），该字段最多可以存储 2 000 个汉字而非 4 000 个汉字。如果定义字段为 varchar2（4000）或 varchar2（4000 byte）那么它最多可以存储多少个汉字就要视数据库字符集编码决定。如果当前数据库采用的是 GBK（NLS_CHARACTERSET=ZHS16GBK）字符集，即一个汉字占 2 个字节，则最多可存 2 000 个汉字；如果是 UTF8 字符集编码，即一个汉字占 3 个字节，则最多可存储 4000/3=1333 个汉字。具体情况可通过 length()函数求得占用字符数，通过 lengthb()或者 vsize()函数求得占用字节数。如下面的例子代码：

```
drop table idb_varchar2;
```

```
create table idb_varchar2 (id number,name varchar2(4000))  /*数据库默认以
byte 字节计长，即 4000 个字节*/;
insert into idb_varchar2 values(1,lpad('春',32767,'春'))  /*32767 个春，多
于的自动去除*/;
commit;
select length(name) from idb_varchar2 where id = 1  /*查看 name 字段的字符
数，该值应该是 2000，即 2000 个汉字字符*/;
select lengthb(name) from idb_varchar2 where id = 1  /*查看 name 字段的字节
数，该值应该是 4000，即 4000 个字节，说明数据库字符集中的每个汉字占 2 个字节*/;
select vsize(name) from idb_varchar2 where id = 1  /*同上*/ ;        [00031]
```

3. raw

raw 数据类型也属于字符型，很少被使用，但笔者认为这个数据类型很不错，有它的优势且在 Oracle 数据字典里面有很多地方用到这个数据类型，如 v$process 的 addr 字段等。

raw 用于存储二进制格式的数据，但是这样的存储有什么好处呢？主要是：在传输 raw 数据时或者将 raw 数据从一个数据库移到另一个数据库时，Oracle 服务器不执行字符集转换，存储实际列值所需要的字节数完全依赖于值本身的大小，最多为 2 000 字节。这样一来，在数据库效率上会提高，而且对数据由于字符集的不同而导致不一致的可能性就通过 raw 给排除了。

raw 类似于 char，声明方式 raw(L)，L 为长度，以字节为单位，作为表列最大 2 000，作为 PL/SQL 变量，最大 32767 字节，示例代码如下：

```
drop table idb_raw;
create table idb_raw (id number,name raw(2000));
insert into idb_raw values(1,utl_raw.cast_to_raw(lpad('春',2000,'春')))
/*这里必须使用 utl_raw.cast_to_raw()*/;
commit;
select length(name) from idb_raw where id = 1  /*name 列字符个数*/;
select lengthb(name) from idb_raw where id = 1  /*name 列字节个数*/;
select vsize(name) from idb_raw where id = 1  /*name 列字节个数*/;
select utl_raw.cast_to_varchar2(name) from idb_raw where id = 1  /*这里必
须使用 utl_raw.cast_to_varchar2()*/;                              [00032]
```

2.1.2　数值型

Oracle 数值型主要是 number，但其不同的定义将导致输出结果不一样，希望读者重点关注这一问题。

1. number 类型定义

number 数值类型：变长度数字类型，可以用来存储 0，正负定点或者浮点数。其语法格式如下：

```
number[(precision [, scale])]
```

其中 precision 指定精度，即最大的数字位数（小数点前和后的数字位数的总和），最大位数为 38 位；scale 指定小数点右边的数字位数。

2. number 类型定义数据举例

下面来看使用 number 类型定义数据的例子，首先创建一张名为 testnumber 的表，然后向这个新建的表中添加一些数据，最后输出这些数据。具体步骤如下。

（1）在 SQL*Plus 里创建表，表名为 testnumbers，SQL 语句如下：

```
SQL>CREATE TABLE testnumbers(n1 number(8),n2 number(8),n3 number(8, 1),n4
number(8, 2),n5 number(8, 8),n6 number(8, 10),n7 number(8, -2),n8 number(8,
-2),n9 number(*, 2));                                                    [00033]
```

（2）向表中加入数据，代码如下：

```
SQL>INSERT  INTO  testnumbers  VALUES(1215678,1231.5678,1231.5678,1231.
5678,0.12315,0.00123156789, 1215.5678,1250.5678,12315678912.315);
COMMIT;                                                                  [00034]
```

（3）输出数据，将下面的语句放在 SQL Developer 环境下运行：

```
SELECT n1 as "number(8): 1215678", n2 as "number(8): 1231.5678", n3
as  "number(8,1): 1231.5678", n4 as "number(8,2): 1231.5678",n5  as
"number(8,8): 0.12315", n6  as  "number(8,10): 0.00123156789", n7  as
"number(8,-2): 1215.5678",n8  as  "number(8,-2): 1250.5678", n9  as
"number(*,2): 12315678912.315" FROM testnumbers;                        [00035]
```

3. number 类型原始值与实际存储值对照

不同的数值类型定义对于同一个原始数据值，其实际存储在数据库中的数据值是不一样的，如表 2-3 所示。

表 2-3

原始值	类型定义	实际存储值
1289	number	1289
1289	number(3)	错误，超过允许的精度
1289	number(6,2)	1289
1289	number(6,1)	1289
1289	number(1,2)	错误，超过允许的精度
1289	number(6,-2)	1300
.01231	number(1,5)	错误，超过允许的精度
.00012	number(1,5)	错误，超过允许的精度
.000127	number(1,5)	错误，超过允许的精度
.0000012	number(2,7)	.0000012
.00000123	number(2,7)	.0000012
0.00012	number(2,5)	0.00012
0.000012	number(2,5)	0.00001

续上表

原始值	类型定义	实际存储值
122561	number	122561
1231.9876	number(6,2)	1231.99
12315.12315	number(6,2)	错误，超过允许的精度。精度为 4 位
1231.9876	number(6)	1232
12315.315	number(5,-2)	12300
1231567	number(5,-2)	1231600
12315678	number(5,-2)	错误，超过允许的精度。整数精度为 7 位
123156789	number(5,-1)	错误，超过允许的精度。整数精度为 6 位
1231567890	number(5,-1)	错误，超过允许的精度。整数精度为 6 位
12315.58	number(*,1)	12315.6
0.1	number(1,5)	错误，超过允许的精度
0.01231567	number(1,5)	错误，超过允许的精度
0.09999	number(1,5)	错误，超过允许的精度

2.1.3 日期时间型

日期时间型主要有 3 个：date、timestamp 和 interval。其中，timestamp 及 interval 类型的日期数据相对 date 复杂一些，希望读者能花点儿时间按照书中的内容研究一下这两个数据类型。

1．date 类型

date 类型用于存储日期和时间信息，包括世纪、年、月、日、时、分、秒，最小精度为秒。其语法格式如下：

```
date
```

下面通过两个小示例来说明 date 日期型数据。

【示例 2-1】使用 SYSDATE 函数获取当前服务器的时间。

为了使日期显示格式符合中国传统习惯，需将当前会话的日期显示格式调整为'年、月、日时、分、秒'，通过 ALTER SESSION SET NLS_DATE_FORMAT='yyyy-mm-dd hh24:mi:ss'命令实现，命令中还涉及 TO_CHAR()转换函数，将日期或数值型数据转换为字符型数据，DUAL 为 Oracle 伪表，它们的用法在后面有关章节介绍。语句如下：

```
SQL>ALTER SESSION SET NLS_DATE_FORMAT='yyyy-mm-dd hh24:mi:ss'; -- 修改当
前会话日期格式，后面章节详细说明。
SQL>SELECT SYSDATE AS now1, TO_CHAR(SYSDATE, 'YYYY/MM/DD HH24:MI:SS') AS
now2 FROM DUAL; --DUAL 为伪表，TO_CHAR()为转换函数，将日期或数值型数据转换为字符型
数据。
```
[00036]

【示例 2-2】分别使用 SYSDATE 函数和 SYSTIMESTAMP 函数获取当前服务器的

时间。

```
SQL>SELECT SYSDATE, SYSTIMESTAMP FROM dual;                    [00037]
```

运行结果如图 2-1 所示。

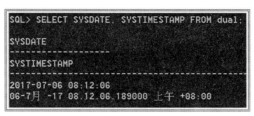

图 2-1

图 2-1 说明：SYSTIMESTAMP()函数输出的当前日期时间比 SYSDATE()多出小数秒的部分 ".189000"。

2．timestamp 类型

timestamp 日期类型是 date 类型的扩展，可以存储年、月、日、小时、分钟、秒，同时还可以存储秒的小数部分。timestamp 日期类型包含时区，关于时区在此重点说明一下。

数据库默认时区，可以在 CREATE DATABASE 命令中设置，也可以使用 ALTER DATABASE SET time_zone=...来修改。如果没有特别的指定，数据库默认将遵从主机操作系统时区设置。所有支持的时区记录在 V\$timezone_names 动态性能表中（SELECT * FROM V\$timezone_names;）。

时区有 3 种表示方法，全名、缩写和相对于标准时间（格林尼治时间）的固定偏移，如格林尼治标准时间相应的 3 种表示方法分别为：Etc/Greenwich、GMT 和+00:00（格林尼治）。

关于数据库时区和会话时区，如果读者在大型的全球组织中工作，那么访问的数据库所在的时区就可能与本地时区不同。数据库的时区称为数据库时区（DATABASE TIME ZONE），数据库会话的时区设置称为会话时区（SESSION TIME ZONE）。

数据库时区由数据库参数 TIME_ZONE 控制，DBA 可以在数据库的 init.ora 或 spfile.ora 文件中修改 TIME_ZONE 参数的设置，也可以使用 ALTER DATABASE SET TIME_ZONE = offset | region（例如，ALTER DATABASE SET TIME_ZONE = '-8:00' 或 ALTER DATABASE SET TIME_ZONE = 'PST'）来修改 TIME_ZONE 参数的设置。DBTIMEZONE 函数用于查看数据库时区。

例如，获得数据库的时区：SQL>SELECT DBTIMEZONE FROM DUAL;，可以看到输出结果为'+00:00'，这说明数据库使用操作系统设置的时区，在计算机上设置为 PST（太平洋标准时间）。

会话时区是针对特定会话的时区。默认情况下，会话时区与操作系统时区相同。可以使用 ALTER SESSION 语句设置 TIME_ZONE 参数来修改会话时区（例如，ALTER SESSION SET TIME_ZONE = 'PST'，将本地时区设置为太平洋标准时间）。也可以将 TIME_ZONE 参数设置为 LOCAL，将时区设置为运行 ALTER SESSION 语句的计算机的操作系统所用的时区。还可以将 TIME_ZONE 参数设置为 DBTIMEZONE，这就将时区设置为数据库所用的时区。SESSIONTIMEZONE 函数用于查看会话时区。

例如，得到当前会话的时区：SQL>SELECT SESSIONTIMEZONE FROM DUAL;，输出结果为'+08:00'，说明会话时区比 UTC 早 8 小时。

如何查看会话时区中的当前日期，SYSDATE 函数得到数据库的日期设置，这个函数可以得到数据库时区中的日期。CURRENT_DATE 函数用于查看会话时区中的日期。例如，SELECT CURRENT_DATE FROM DUAL;。

timestamp 的 3 种语法格式为：

```
timestamp[(fractional_seconds_precision)]
timestamp[(fractional_seconds_precision)] with time zone
timestamp[(fractional_seconds_precision)] with local time zone
```

其中，fractional_seconds_precision 为可选项，指定秒的小数部分的精度，取值范围为 0～9，默认值为 9。

下面，分别介绍 timestamp3 种语法的使用。

（1）timestamp[(fractional_seconds_precision)]

下面通过一个小示例从实践角度讲解 timestamp[(fractional_seconds_precision)] 语法的使用。

【示例 2-3】timestamp 日期类型在默认精度为 9 的情况下输出日期和时间。

```
SQL>SELECT  TIMESTAMP '2017-07-06 08:14:15.1231567' from dual;  [00038]
```

运行结果如图 2-2 所示。

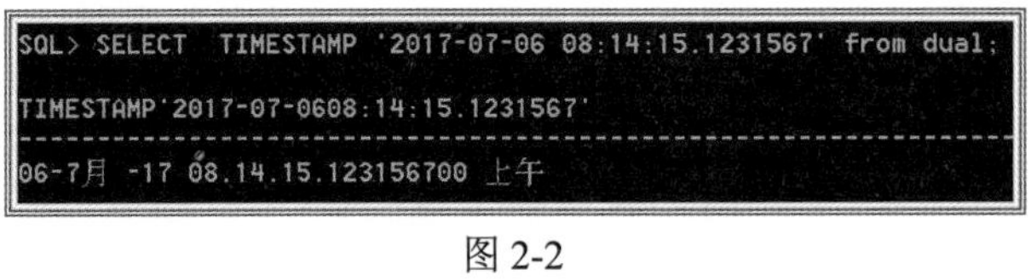

```
SQL> SELECT  TIMESTAMP '2017-07-06 08:14:15.1231567' from dual;

TIMESTAMP'2017-07-0608:14:15.1231567'
--------------------------------------------------
06-7月 -17 08.14.15.123156700 上午
```

图 2-2

图 2-2 所示为在小数秒默认精度为 9 的情况下输出的结果，假如改变默认精度，我们看下面这个语句序列，该语句序列为 Oracle 的匿名块，目的是定义一个小数秒精度为 7 的变量，如 v_inteval timestamp(7);，然后输出这个变量值，查看输出结果。将下面的语句放在 SQL Developer 环境下执行。

```
declare
v_inteval timestamp(7);
begin
v_inteval := TIMESTAMP '2017-07-06 08:16:15.1231567';
```

```
dbms_output.put_line(v_inteval);
end;                                                        [00039]
```

运行结果如图 2-3 所示。

图 2-3

图 2-3 说明：如果小数秒精度为 7，则结果为 06-7 月-17 08.16.15.1231567 上午；如果精度为 8，则结果为 06-7 月-17 08.16.15.12315670 上午；最大精度为 9，是默认值。

（2）timestamp[(fractional_seconds_precision)] with time zone

示例 2-3 是在没有指定时区的情况下执行的，即采用当前数据库默认时区。而 timestamp with time zone 数据类型是可以指定时区的 timestamp。时区的偏移是指本地时间和格林尼治（UTC）时间之间的差异（小时和分钟）。因此，它不会存储数据库时区，但是有一个指示用来说明该时间所使用的时区。其语法为：

```
timestamp [(fractional_seconds_precision)] with time zone
```

如果两个 timestamp with time zone，相对于 UTC 代表相同的时间，则认为这两个 timestamp with time zone 是相等的，而不管这 2 个 timestamp with time zone 所代表的具体时间。例如，timestamp '2017-07-06 8:00:00 -8:00'和 timestamp '2017-07-06 11:00:00 -5:00' 是相等的，虽然它们分别表示当地的 8 点和 11 点，其中-8:00 以及-5:00，表示相对 UTC 的偏移量。

timestamp 如果没有使用时区元素，并且 Oracle 的 ERROR_ON_OVERLAP_TIME SESSION 参数设置为 TRUE，则 Oracle 会返回错误。如果 ERROR_ON_OVERLAP_TIME SESSION 参数设置为 FALSE，则 Oracle 认为该 TIMESTAMP WITH TIME ZONE 为标准时间。通过 ALTER SESSION SET ERROR_ON_OVERLAP_TIME=FALSE;命令修改当前会话（SESSION）的 ERROR_ON_OVERLAP_TIME 参数值。

【示例 2-4】timestamp 日期类型在设置精度为 7 且加入时区的情况下输出日期和时间。代码如下：

```
SQL>set serveroutput on -- 在 SQL*Plus 里开启 DBMS 输出
SQL>declare
v_inteval timestamp(7) with time zone;
begin
v_inteval := timestamp '2017-05-05 23:31:15.1231567 '; -- 没有使用时区元素
dbms_output.put_line(v_inteval);
end;
/                                                          [00040]
```

运行结果为：05-5 月-17 11.31.15.1231567 下午 +08:00，如图 2-4 所示。

说明：该结果多了一个时区偏移量+08:00，说明该时间为北京时间。

图 2-4

接下来我们再来看一下两个时区时间的比较，将下面的语句序列放在 SQL Developer 环境下运行。

```
set serveroutput on -- 开启 DBMS 输出
declare
v_inteval_1 timestamp (3) with time zone;
v_inteval_2 timestamp (3) with time zone;
begin
v_inteval_1 := TIMESTAMP '2017-07-06 8:00:00 -8:00';
v_inteval_2 := TIMESTAMP '2017-07-06 11:00:00 -5:00';-- 两个时区差 3 小时
8 + 3=11
  if(v_inteval_1=v_inteval_2)  then
    dbms_output.put_line('2017-07-06 8:00:00 -8:00 等于（＝） 2017-07-06
11:00:00 -5:00');
  else
    dbms_output.put_line('2017-07-06 8:00:00 -8:00 不等于（!=） 2017-07-06
11:00:00 -5:00');
  end if;
end;
/                                                                    [00041]
```

运行结果如图 2-5 所示。

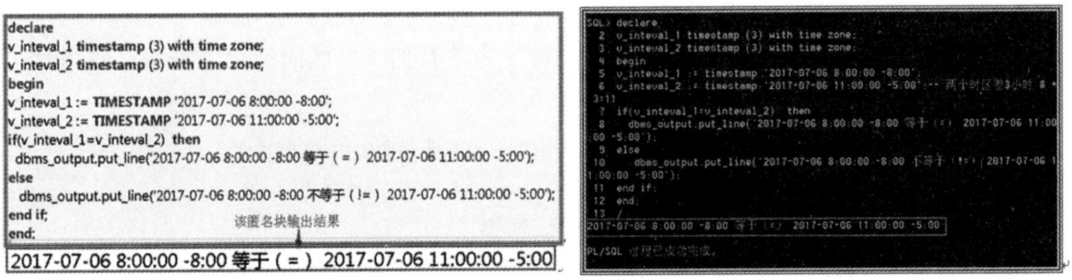

图 2-5

图 2-5 说明：两个时间是一致的，-8:00 与-5:00 时区差（8-5）3 小时，即-5:00 时区

的 11 点相当于-8:00 时区的 8 点，时差 3 小时。

（3）timestamp with local time zone

timestamp with local time zone 数据类型也是可以指定时区的 timestamp，和 timestamp with time zone 不同的是，它存储的是数据库的时区，时区偏移量并不存储，并且会根据查询用户端的时区进行相应的转换。当用户提交数据，Oracle 返回的是用户所在的本地时区。时区的偏移是指本地时间和格林尼治（UTC）时间之间的差异（小时或分钟）。timestamp with local time zone 主要用于 C/S 二层系统应用。其语法如下：

```
timestamp [(fractional_seconds_precision)] with local time zone
```

下面，我们通过一个较为完整的示例说明 timestamp with local time zone 的用法。

【示例 2-5】本地时区（即数据库时区）的 timestamp with local time zone 的用法。

验证 timestamp with time zone 类型数据的时区是否被存储，判断的依据是该类型的数据输出结果是否包含时区元素（偏移量），若包含则说明被存储，否则未存储。对于 timestamp with local time zone 类型的数据，其时区元素是不被存储的。下面的验证过程分为几步实施。

（1）为了验证 timestamp with time zone 类型数据的时区是否被存储，先创建一张表，分别定义：date、timestamp with time zone 和 timestamp with local time zone 类型的 3 个字段，依次对应的 3 个字段分别为：date_std、date_tz 和 date_ltz，在最后数据输出时，主要看 date_tz 字段值，这个字段值就是要验证其时区是否被存入数据库。

创建表的命令如下：

```
SQL>CREATE  TABLE  times(date_std date, date_tz timestamp  with  time
zone,date_ltz timestamp with local time zone);          [00042]
```

（2）得到当前数据库的默认时区，代码如下：

```
SQL>select property_value from database_properties where property_name
='DBTIMEZONE';
```

或

```
SELECT DBTIMEZONE FROM DUAL;                            [00043]
```

运行结果如图 2-6 所示。

图 2-6

图 2-6 说明：当前数据库的时区为 00:00，数据库使用操作系统设置的时区，计算机上设置为 PST，即标准时间。

（3）修改当前会话时区为中国所在时区（Asia 亚洲/shanghai 上海 +08:00），代码如下：

```
SQL>ALTER SESSION SET time_zone='Asia/shanghai'; /*修改当前的时区为中国所在
时区 +08:00，事实上默认就是+08:00，Oracle 默认会话时区为操作系统所采用的时区，即
+08:00*/
```

或

```
ALTER SESSION SET time_zone='-8:00';                              [00044]
```

查询当前会话时区，代码如下：

```
SELECT SESSIONTIMEZONE FROM DUAL;
```

（4）修改当前会话时区默认日期格式，代码如下：

```
SQL>ALTER  SESSION  SET  nls_timestamp_tz_format='YYYY-MM-DD  HH24:MI:SS
TZD:TZR';
```

或

```
SQL>ALTER SESSION SET nls_timestamp_tz_format='YYYY-MM-DD HH24:MI:SS TZH';
                                                                  [00045]
```

（5）修改当前会话日期格式（不含时区的日期），代码如下：

```
SQL>ALTER SESSION SET nls_timestamp_format='YYYY-MM-DD HH24:MI:SS';
SQL>ALTER SESSION SET NLS_DATE_FORMAT='YYYY-MM-DD HH24:MI:SS'; [00046]
```

（6）向表中加入一条数据：

```
SQL>INSERT INTO times VALUES('2017-07-06 09:46:22', '2017-07-06 09:46:22',
'2017-07-06 09:46:22');
COMMIT;                                                           [00047]
```

（7）输出数据

注意：当前的时区为中国所在时区。

```
SQL>select * from times;                                          [00048]
```

输出结果如图 2-7 所示。

图 2-7

（8）转换当前会话时区到数据库默认时区，代码如下：

```
SQL>ALTER SESSION SET time_zone=DBTIMEZONE;                       [00049]
```

查询当前会话时区，代码如下：

```
SELECT SESSIONTIMEZONE FROM dual;                                    [00050]
```

输出结果如图 2-8 所示。

（9）输出表数据。

```
SQL>select * from times;                                            [00051]
```

输出结果如图 2-9 所示。

图 2-8　　　　　　　　　　　　　　　　　　　　图 2-9

图 2-9 说明：timestamp with time zone 类型的 date_tz 字段，其数据包含了时区元素，说明时区被存入表中，而其他两个字段数据没有包含时区元素，因此，其时区并没有被存储。

最后得出的结论是：timestamp with time zone 类型数据，其时区元素连同日期时间一并被存入数据库。而 timestamp with local time zone 类型数据，其时区不被存入数据库。另外，date 类型是不含时区的。

2.1.4　关于日期时间型 timestamp 和 data 以及字符串数据类型之间的转换与处理

1. 将字符型转成 timestamp

在实际开发过程中，有时需要将字符型的日期格式数据转换成 timestamp，需通过 to_timestamp() 函数实现，命令如下：

```
SQL>SELECT TO_TIMESTAMP('2017-07-06 10.06.11.123456789 上午','YYYY-MM-
DD HH:MI:SS.FF AM')FROM DUAL;                                       [00052]
```

输出结果如图 2-10 所示。

图 2-10

2．将 timestamp 转成 date 型

在实际开发过程中，有时需要将 timestamp 类型数据转换成 date 类型，需通过 cast()函数实现，命令如下：

```
SQL>SELECT cast(to_timestamp('2017-07-06 10.06.11.123456789 上午','yyyy-mm-dd hh:mi:ss.ff AM') as date) timestamp_to_date from dual;        [00053]
```

输出结果如图 2-11 所示。

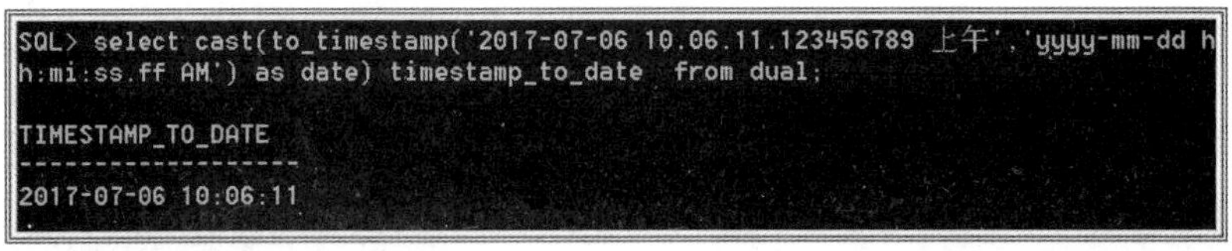

```
SQL> select cast(to_timestamp('2017-07-06 10.06.11.123456789 上午','yyyy-mm-dd h
h:mi:ss.ff AM') as date) timestamp_to_date  from dual;

TIMESTAMP_TO_DATE
-------------------
2017-07-06 10:06:11
```

图 2-11

3．date 型转成 timestamp

在实际开发过程中，有时需要将 date 类型数据转换成 timestamp 类型，同样也需要通过 cast()函数实现，命令如下：

```
SQL>select cast(SYSDATE as timestamp) date_to_timestamp from dual;[00054]
```

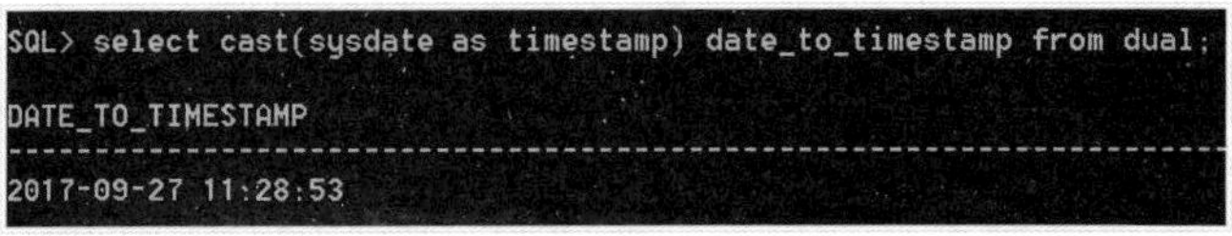

```
SQL> select cast(sysdate as timestamp) date_to_timestamp from dual;

DATE_TO_TIMESTAMP
---------------------------------------------------------------------------
2017-09-27 11:28:53
```

图 2-12

4．将一个时区的时间转换到另一个时区

此应用场景一般是跨时区的数据访问，如阿里巴巴，其应用范围遍布全球，像这样的应用，少不了用到跨时区数据的访问。时区转换需通过函数 new_time()实现。

下面的语句首先将日期格式的字符串'2017-07-07 08:27:12'转换为日期型，通过函数 TO_DATE()实现，然后，通过 new_time()函数将这个日期从'PST'（太平洋标准时间）时区转换到'EST'（东部标准时间）时区。关于时区标识，请读者查阅相关资料。最后通过 TO_CHAR()函数再将这个新时区的时间转换回字符型，命令如下：

```
SQL>SELECT TO_CHAR(NEW_TIME(TO_DATE('2017-07-07 08:27:12','yyyy-mm-dd hh24:mi:ss'),'PST', 'EST'), 'yyyy-mm-dd hh24:mi:ss') FROM dual;      [00055]
```

输出结果如图 2-13 所示。

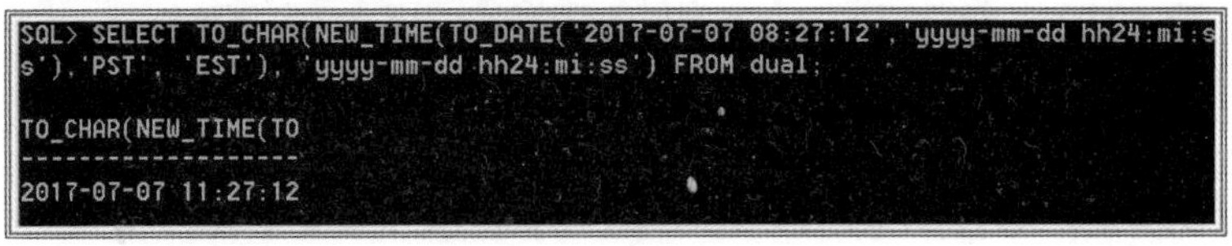

```
SQL> SELECT TO_CHAR(NEW_TIME(TO_DATE('2017-07-07 08:27:12','yyyy-mm-dd hh24:mi:s
s'),'PST', 'EST'), 'yyyy-mm-dd hh24:mi:ss') FROM dual;

TO_CHAR(NEW_TIME(TO
-------------------
2017-07-07 11:27:12
```

图 2-13

5．获取 timestamp 格式的系统时间

timestamp 格式的系统时间通过 SYSTIMESTAMP 函数实现，命令如下：

```
SQL>SELECT SYSTIMESTAMP FROM DUAL;                                    [00056]
```

6．日期时间型相加减

两个 date 的日期相减得出的是天数，而两个 timestamp 的日期相减得出的是除天数外，还包括时分秒小数秒。

```
SQL>select (systimestamp - to_timestamp('2017-07-03 10.06.11.123456789 上
午 ','yyyy-mm-dd hh:mi:ss.ff AM')) as  两 timestamp 日期相减 from dual;   [00057]
```

输出结果如图 2-14 所示。

图 2-14

```
SQL>select sysdate - to_date('2017-07-03','yyyy-mm-dd') from dual; [00058]
```

运行结果如图 2-15 所示。

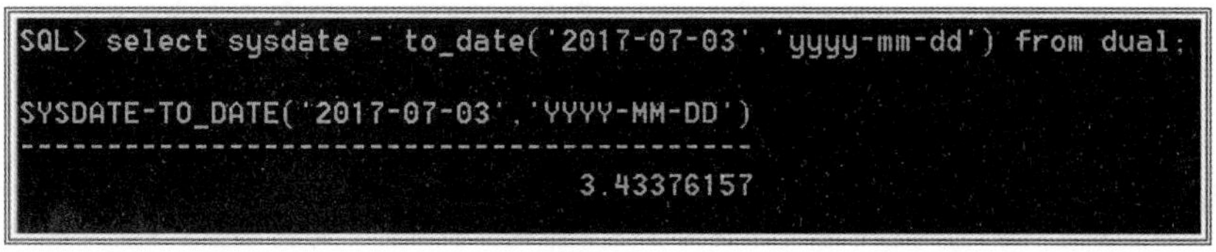

图 2-15

注：TO_CHAR 函数支持 date 和 timestamp，但是 TRUNC 则不支持 timestamp 数据类型。

7．让 timestamp 只支持秒的小数点后面 6 位

```
SQL>select to_char(systimestamp, 'yyyymmdd hh24:mi:ss xff6') FROM dual;
                                                                     [00059]
```

注：xff6（小数点后 6 位）也可以为 xff7（小数点后 7 位）xff8（小数点后 8 位）xff9（小数点后 9 位），但只到 6 是有效的。

运行结果如图 2-16 所示。

图 2-16

8. 获取系统时间

```
SQL>SELECT sysdate,systimestamp,to_char(systimestamp,'yyyymmdd hh24:mi
:ss xff6') FROM dual;                                           [00060]
```

运行结果如图 2-17 所示。

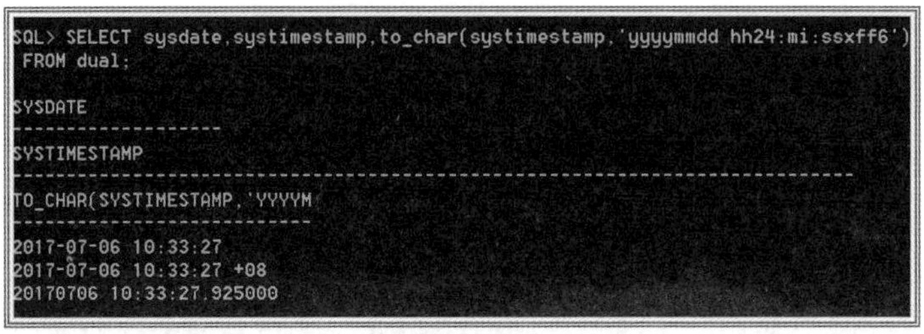

图 2-17

2.1.5 interval 时间间隔数据类型

所谓时间间隔就是指日期的间隔数量，如 2 年 3 个月、2 天 3 小时、2 小时 3 分钟、2 分钟 3 秒等，这些数据就是时间间隔。

nterval 类型主要包括两个：一个是 interval year to month；另一个是 interval day to second。

该数据类型同 timestamp 一样，不太容易理解，希望读者按照下面的内容在自己的电脑上反复试验，才能真正理解其含义。下面我们分别介绍这两个数据类型。

1. interval year to month 数据类型

interval year to month 类型用来存储由"年"到"月"构成的时间间隔，其语法格式如下：

```
interval 'integer [- integer]' {year | month} [(precision)][to {year |
month}]
```

该数据类型的时间差只精确到年和月，不含日（day）。precision 为年或月的精确域，有效范围是 0 到 9，默认值为 2。

下面给出几个简单的小例子，说明其用法。

```
interval '123-2' year(3) to month  /*表示：123 年 2 个月，"year(3)" 表示年的
精度为 3，可见"123"刚好为 3 位有效数值，如果该处 year(n)，n<3 就会出错，注意默认是 2。*/
interval '123' year(3) /*表示：123 年 0 个月*/
interval '300' month(3) /*表示：300 个月，注意该处 month 的精度是 3。*/
interval '1' year /*表示：1 年，同 interval '1-0' year to month 是一样的。*/
interval '50' month /*表示：50 个月，同 interval '1-2' year to month 是一
样。*/
interval '123' year /*表示：该处表示有错误，123 精度是 3 了，但系统默认是 2，所
以该处应该写成 interval '123' year(3) 或"3"改成大于 3 小于等于 9 的数值是可以的。*/
interval '5-3' year to month + interval '20' month =interval '6-11' year
```

```
to month /*表示：5 年 3 个月 + 20 个月 = 6 年 11 个月*/
```

（1）与 interval 类型相关的函数

- numtodsinterval(n, 'interval_unit')：将 n 转换成 interval_unit 所指定的值，interval_unit 可以为：DAY、HOUR、MINUTE、SEConD。注意，该函数不可以转换成 year 和 month。
- numtoyminterval(n, 'interval_unit')：将 n 转换成 interval_unitinterval_unit 所指定的值，interval_unit 可以为：YEAR、MONTH。

例如下面的示例：

```
SELECT numtodsinterval(100,'day') FROM DUAL; /* 100 00  表示 100 天 0 小时 0
分 0 秒 */
SELECT numtodsinterval(1000,'HOUR') FROM DUAL; /* 41 16:00:00  表示 41 天
16 小时 0 分 0 秒*/
SELECT numtodsinterval(100000,'MINUTE') FROM DUAL; /* 69 10:40:00  表示
69 天 10 小时 40 分 0 秒*/
SELECT numtodsinterval(1000000,'second') FROM DUAL; /* 11 13:46:40  表示
11 天 13 小时 46 分 40 秒*/
SELECT numtoyminterval(10,'year') FROM DUAL; /*10-00 表示 10 年 0 个月*/
SELECT numtoyminterval(100,'month') FROM DUAL; /*08-04 表示 8 年 4 个月*/
```
[00061]

（2）interval year to month 用法

为了验证 interval year to month 的用法，需创建一张表，表名为'bb'，字段为 a、b、c，数据类型依次为'date'、'date'、'interval year(9) to month'，然后，向 bb 表中插入一条数据，最后将 a 减 b 的结果转化为时间间隔并存入 c 字段。

第一步：创建表 bb，命令如下：

```
SQL>CREATE  TABLE  bb(a date, b date, c interval year(9) to month);
SQL>desc bb;
```
[00062]

第二步：向 bb 表中插入数据，命令如下：

```
SQL>INSERT  INTO  bb  VALUES(TO_DATE('2017-07-06',  'yyyy-mm-dd'),
TO_DATE('2017-01-01','yyyy-mm-dd'), null);
COMMIT;
```
[00063]

第三步：将 a-b 的结果转化为时间间隔后存入 c，命令如下：

```
SQL>UPDATE bb set c = numtoyminterval(a-b, 'month');
或
SQL>UPDATE bb set c = numtoyminterval(MONTHS_BETWEEN(a,b), 'month');
COMMIT;
```
[00064]

第四步：输出 bb 表内容，命令如下：

```
SQL>select a-b,c from bb;或 SELECT MONTHS_BETWEEN(a,b), c FROM bb;
```
[00065]

运行结果如图 2-18 所示。

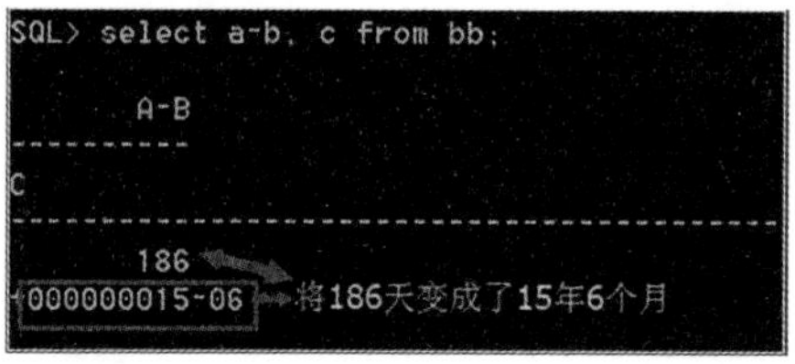

图 2-18

图 2-18 说明：将 a 减 b=186 天变成了 15 年 6 个月（相当于 186 个月，函数 numtoyminterval 并不把 186 当成"天"来处理，而是当成"月"来处理，这一点请读者注意。最合理的做法是将 a 减 b 变成"月"后再加入 numtoyminterval 函数。将 a 减 b 变成月的函数是 MONTHS_BETWEEN(a,b)）。

2. interval day to second 数据类型

interval day to second 类型用来存储由"天"到"秒"构成的时间间隔，其语法格式如下：

```
interval '{ integer | integer time_expr | time_expr }'
{ { day | HOUR | MINUTE } [ ( leading_precision ) ]
| second [ ( leading_precision [, fractional_seconds_precision ] ) ] }
[ to { day | HOUR | MINUTE | second [ (fractional_seconds_precision) ] } ] }
```

其中：

- leading_precision 值的范围为 0~9，默认为 2。
- time_expr 的格式为 HH[:MI[:SS[.n]]] or MI[:SS[.n]] or SS[.n]，n 表示微秒。
- 范围值是：HOUR: 0 to 23、MINUTE: 0 to 59、second: 0 to 59.999999999。

下面说明其用法。

（1）INTERVAL '1 5:12:10.222' DAY TO SECOND(3)表示 1 天 5 小时 12 分 10.222 秒。

```
SQL>select INTERVAL '1 5:12:10.222' DAY TO SECOND(3) from dual;    [00066]
```

运行结果如图 2-19 所示。

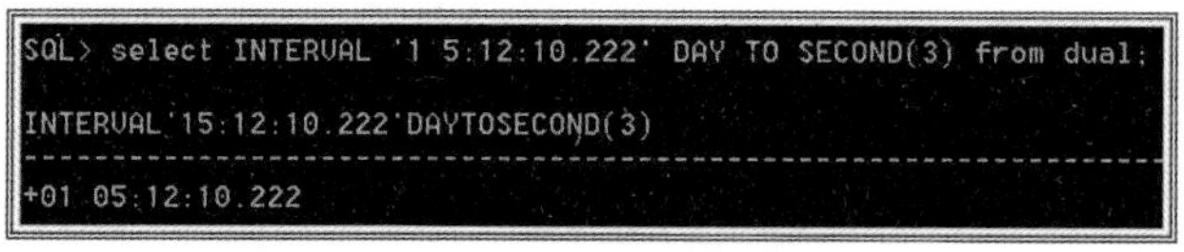

图 2-19

（2）INTERVAL '1 5:12' DAY TO MINUTE 表示 1 天 5 小时 12 分。

```
SQL>select INTERVAL '1 5:12' DAY TO MINUTE from dual;              [00067]
```

运行结果如图 2-20 所示。

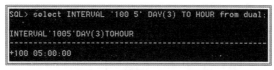

图 2-20

（3）INTERVAL '100 5' DAY(3) TO HOUR 表示 100 天 5 小时，100 为天，5 为小时，day(3)为天的精度，默认值为 2。

SQL>select INTERVAL '100 5' DAY(3) TO HOUR from dual;　　　　　[00068]

运行结果如图 2-21 所示。

```
SQL> select INTERVAL '100 5' DAY(3) TO HOUR from dual;

INTERVAL'1005'DAY(3)TOHOUR
--------------------------
+100 05:00:00
```

图 2-21

（4）INTERVAL '100' DAY(3)表示 100 天。

SQL>select INTERVAL '100' DAY(3) from dual;　　　　　[00069]

运行结果如图 2-22 所示。

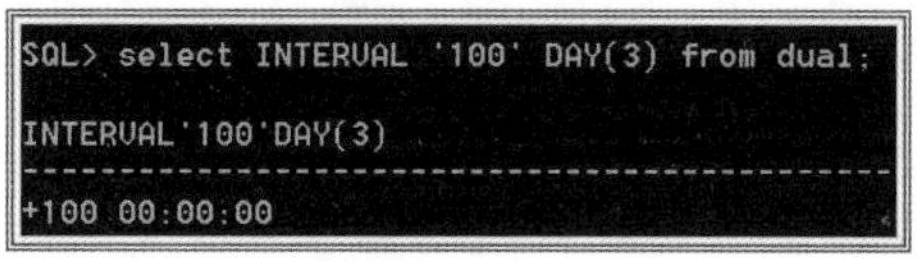

```
SQL> select INTERVAL '100' DAY(3) from dual;

INTERVAL'100'DAY(3)
-------------------
+100 00:00:00
```

图 2-22

（5）INTERVAL '11:12:10.2222222' HOUR TO SECOND(7)表示 11 小时 12 分 10.2222222 秒。

SQL>select INTERVAL '11:12:10.2222222' HOUR TO SECOND(7) from dual;[00070]

运行结果如图 2-23 所示。

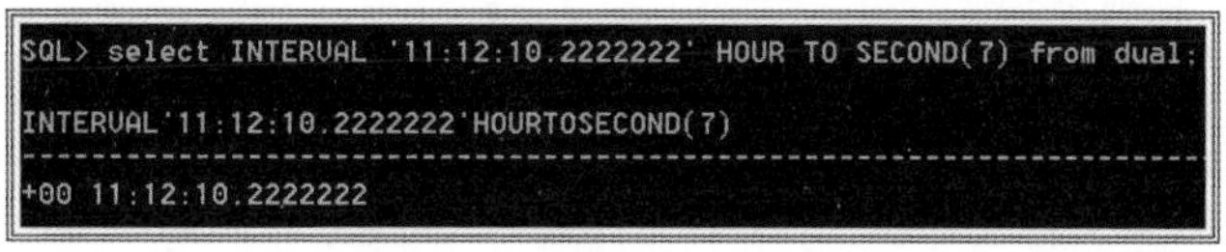

```
SQL> select INTERVAL '11:12:10.2222222' HOUR TO SECOND(7) from dual;

INTERVAL'11:12:10.2222222'HOURTOSECOND(7)
-----------------------------------------
+00 11:12:10.2222222
```

图 2-23

（6）INTERVAL '11:20' HOUR TO MINUTE 表示 11 小时 20 分。

SQL>select INTERVAL '11:20' HOUR TO MINUTE from dual;　　　　　[00071]

运行结果如图 2-24 所示。

图 2-24

（7）INTERVAL '10' HOUR 表示 10 小时。

SQL>select INTERVAL '10' HOUR from dual;   [00072]

运行结果如图 2-25 所示。

（8）INTERVAL '10:22' MINUTE TO SECOND 表示 10 分 22 秒。

SQL>select INTERVAL '10:22' MINUTE TO SECOND from dual;   [00073]

图 2-25

运行结果如图 2-26 所示。

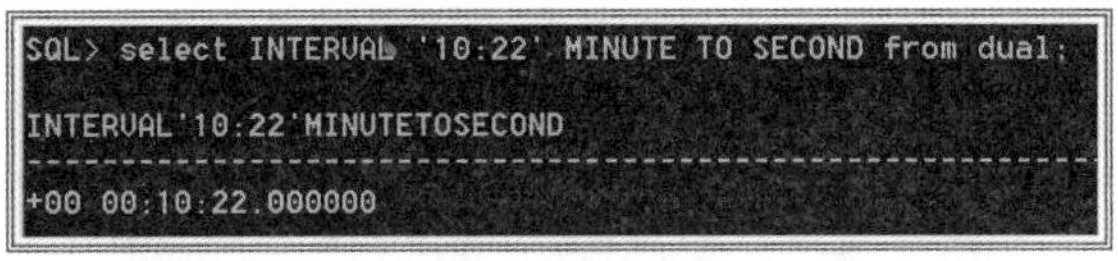

图 2-26

（9）INTERVAL '10' MINUTE 表示 10 分。

SQL>select INTERVAL '10' MINUTE from dual;   [00074]

运行结果如图 2-27 所示。

图 2-27

（10）INTERVAL '120' HOUR(3)表示 120 小时。

SQL>select INTERVAL '120' HOUR(3) from dual;   [00075]

运行结果如图 2-28 所示。

图 2-28

（11）INTERVAL '30.15315' SECOND(2,1)表示 30.2 秒，因为该地方秒的后面精度设置为 1，要进行四舍五入。

```
SQL>select  INTERVAL '30.12315' SECOND(2,1)  from dual;           [00076]
```

运行结果如图 2-29 所示。

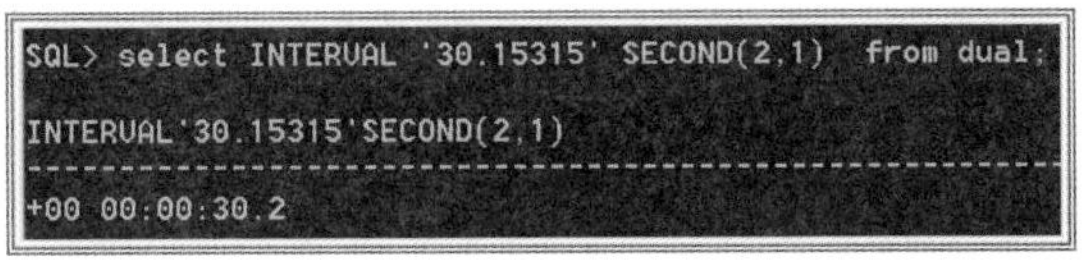

图 2-29

（12）INTERVAL '20' DAY 减去 INTERVAL '210' HOUR 等于 interval '11 06:00:00'
day to second，表示 20 天-210 小时=10 天 0 秒。

```
SQL>select  INTERVAL '20' DAY - INTERVAL '210' HOUR  from dual; [00077]
```

运行结果如图 2-30 所示。

图 2-30

```
SQL>select  INTERVAL '11 06:00:00' DAY TO SECOND  from dual;       [00078]
```

运行结果如图 2-31 所示。

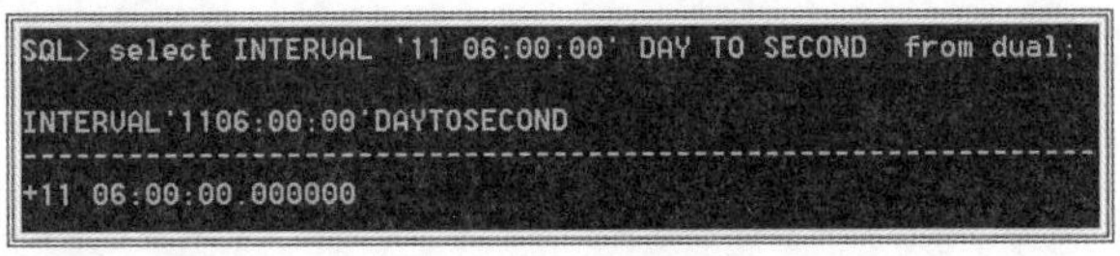

图 2-31

（13）interval day to second 类型存储两个 timestamp 之间的时间差异，用日期、小时、
分钟、秒.小数秒形式表示。

语法格式为：

day hh:mi:ss.xxxxxxxxx

或

hh:mi:ss.xxxxxxxxx

或

mi:ss.xxxxxxxxx

或

ss.xxxxxxxxx

其中 xxxxxxxxx 为小数秒。

第一步：创建表，代码如下：

```
SQL>CREATE  TABLE tt1(a date,b date,c interval year(9) to month,d interval
```

```
day(9) to second);                                                    [00079]
```

第二步：插入数据，代码如下：

```
SQL>INSERT    INTO    tt1    VALUES(TO_DATE('2017-06-01',    'yyyy-mm-dd'),
TO_DATE('2017-01-01','yyyy-mm-dd'),null,null);
COMMIT;                                                               [00080]
```

第三步：更新数据，代码如下：

```
SQL>UPDATE tt1 set c = numtoyminterval(MONTHS_BETWEEN(a,b), 'month');
UPDATE tt1 set d = numtodsinterval((a-b)*24*3600,'second');
COMMIT;                                                               [00081]
```

第四步：输出数据。

```
select months_between(a,b) "a、b 间隔月数",c "年-月",(a-b)*24*3600 "a、b 间
隔秒数",d "天、小时、分钟、秒.小数秒" from tt1;                          [00082]
```

运行结果如图 2-32 所示。

（14）系统当前日期加上 1 年零 2 个月。

```
SQL>SELECT SYSDATE + interval '1-2' year to month FROM DUAL;    [00083]
```

（15）系统当前日期减去 2011 年 1 月。

```
SQL>SELECT (SYSDATE - TO_DATE('2011-01-01')) year to month FROM DUAL;
                                                                     [00084]
```

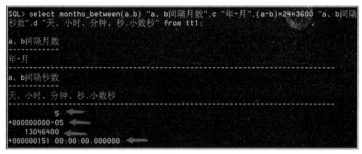

图 2-32

（16）系统当前日期减去 2011 年 1 月 1 日。

```
SQL>SELECT (SYSDATE - TO_DATE('2011-01-01')) day(9) to second FROM DUAL;
                                                                     [00085]
```

（17）系统当前日期加上 12 年。

```
SQL>SELECT SYSDATE + interval '12' year(3) FROM DUAL;          [00086]
```

（18）系统当前日期加上 3 个月。

```
SQL>SELECT SYSDATE + interval '3' month(2) FROM DUAL;          [00087]
```

（19）时间间隔具体表示方法及比较。

```
interval '300' month(3) /*表示 300 个月，注意该处 month 的精度是 3。*/ [00088]
interval '1' year /*表示 1 年，同 interval '1-0' year to month 是一样的。*/
                                                                     [00089]
```

```
interval '20' month /*表示 20 个月, 同 interval '1-8' year to month 是一样
的。*/                                                                      [00090]
    interval '5-3' year to month + interval '20' month =  interval '6-11' year
to month  /*表示 5 年 3 个月 + 20 个月 = 6 年 11 个月*/                        [00091]
```

2.1.6　ROWID 伪列数据类型

关于 ROWID 伪列数据类型说明如下。

（1）ROWID 是一种特殊类型的列，又称 ROWID 伪列。ROWID 伪列可以像正常列一样使用 SQL 的 SELECT 语句访问。Oracle 数据库每一行都有一个 ROWID 伪列。ROWID 表示特定行的特定地址。ROWID 伪列可以用 ROWID 数据类型来定义。

（2）ROWID 与磁盘驱动器中的特定位置相关。因此，ROWID 是获取某个行最快速的方法。然而，一个行的 ROWID 会随着数据库的卸载和重新加载而发生变化。基于这一点考虑，不推荐在多个事务代码中使用 ROWID 伪列的值。

（3）Oracle 的 ROWID 用来唯一标识表中的一条记录，是这条数据在数据库中存放的物理地址。

（4）Oracle 的 ROWID 分为两种：物理 ROWID 和逻辑 ROWID。索引组织表使用逻辑 ROWID，其他类型的表使用物理 ROWID。物理 ROWID 在 Oracle 11g 版本中又得到进一步扩展。下面描述物理扩展 ROWID，由于约束 ROWID 仅仅是为了兼容早期版本，因此不做说明。

（5）用户可以定义 ROWID 类型的列或者变量，但是 Oracle 并不确保存在这些列或者变量中的数值就是有效的 ROWID。

（6）ROWID 就是表记录存在于文件系统中的物理位置，索引结构中包含 ROWID，因此通过索引能快速定位表中的记录。

（7）数据库不允许通过 SQL 语句来改变标准的 ROWID 伪列的值。

关于 ROWID 值的物理扩展，一共有 18 位，每位采用 64 位编码，分别用 A～Z、a～z、0～9、+、/共 64 个字符表示。A 表示 0，B 表示 1，……Z 表示 25，a 表示 26，……z 表示 51，0 表示 52，……9 表示 61，+表示 62，/表示 63。

我们通过下面的具体例子来看一下，代码如下：

```
SQL>CREATE TABLE t_rowid (id number, row_id ROWID);
INSERT INTO t_rowid VALUES (1, null);
UPDATE t_rowid set row_id = ROWID WHERE id = 1;
COMMIT;
SELECT ROWID, row_id FROM t_rowid;                                          [00092]
```

运行结果如图 2-33 所示。

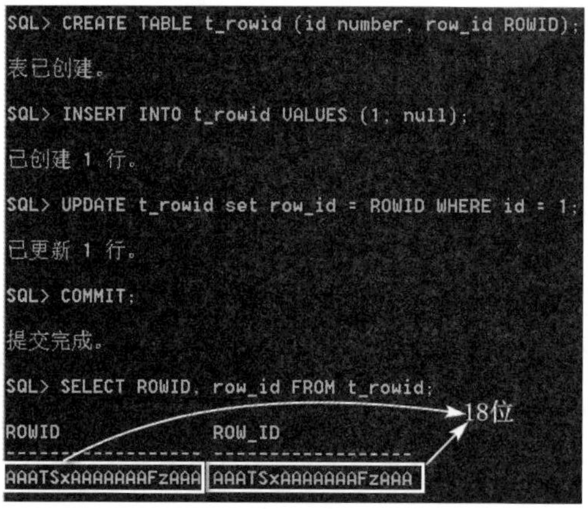

图 2-33

2.1.7　blob、clob、nclob 及 bfile 数据类型

关于 Oracle 的 blob、clob、nclob、bfile 数据类型，说明如下：

- blob 和 clob 都是大字段类型，blob 全称为二进制大型对象（Binary Large Object）。它用于存储数据库中的大型二进制对象。可存储的最大大小为 4GB 字节。而 clob 全称为字符大对象（Character Large Object）。它与 LONG 数据类型类似，clob 用于存储数据库中的大型单字节字符数据块，可以直接存储文字，不支持宽度不等的字符集。可存储的最大大小为 4GB 字节。为了更好地管理 Oracle 数据库，通常像图片、文件、音乐等信息就用 blob 字段来存储，先将文件转为二进制再存储进去。而像文章或者是较长的文字，就用 clob 存储，这样对以后的查询更新存储等操作都提供很大的方便；
- nclob：基于国家语言字符集的 nclob 数据类型，用于存储数据库中的固定宽度单字节或多字节字符的大型数据块，不支持宽度不等的字符集。可存储的最大大小为 4GB 字节；
- bfile：当大型二进制对象的大小大于 4GB 字节时，bfile 数据类型用于将其存储在数据库外的操作系统文件中；当其大小不足 4GB 字节时，则将其存储在数据库内部的操作系统文件中，bfile 列存储文件定位程序，此定位程序指向服务器上的大型二进制文件。

2.1.8　不同数据类型之间的转换约定

Oracle 数据库的数据类型在没有人工干预的情况下是可以自动转换的（不是所有数据库都这样），下面说明自动转换的约定及依据原则。

1．Oracle 数据库可以自动进行如下的类型转换

- 字符类型（char、Nchar、varchar2、Nvarchar2）与数值类型（number）之间的相互转换。
- 字符类型与日期时间类型（date）之间的相互转换。
- 字符类型与 ROWID 类型之间的相互转换。
- 字符类型与 clob 和 nclob 类型之间的相互转换。

2．在转换时所依据的基本原则

（1）进行算术运算时，Oracle 数据库会自动将字符型转换为数值型或日期时间型。

（2）使用连接操作符（‖）时，Oracle 数据库会把非字符类型的数据转换为字符类型。

（3）对于查询语句，当查询条件中进行比较的是字符型和数值型的数据时，如果数据列是字符型，则 Oracle 数据库会自动将数据列的数据转换为数值型的数据。如果数据列是数值型，则 Oracle 数据库会自动将条件值的数据转换为字符型的数据。当进行比较的是字符型和日期时间型的数据时，Oracle 数据库会自动将字符型的数据转换为日期时间型的数据。

在本节，主要讲解了 Oracle 数据库数据类型的"字符型""数值型""日期时间型""关于日期时间型 timestamp 和 data 以及字符串数据类型之间的转换与处理""interval 时间间隔数据类型""ROWID 伪列数据类型""blob、clob、nclob 及 bfile 数据类型"及"不同数据类型之间的转换约定"等。本节属于 Oracle 数据库的基础，要求务必掌握。接下来，讲解 Oracle 数据库 DML 语句的使用与操作。

2.2　DML 语句

DML 是（Data Manipulation Language，数据操纵语言）的缩写。如果说 SELECT 语句对数据进行的是读操作，那么 DML 语句对数据进行的是写操作。DML 语句的操作对象是表中的行，这样的语句一次可以影响一行或多行数据。DML 语句包括 3 种操作：插入（INSERT）、删除（DELETE）、修改（UPDATE）。

2.2.1　INSERT 语句（插入操作）

INSERT 语句的作用是在表中插入一行，它的语法格式为：

```
INSERT INTO 表（列1,列2,...）VALUES(表达式1,表达式2,...);
```

在向表中插入一行时，INSERT 语句将表达式的值作为对应列的值，列的排列顺序、数据类型和数量应该与表达式一致，否则可能会出错。如果没有指定某个列，那么在插入数据时这个列的值将为空。在表达式中，字符串类型数据的大小写是敏感的，日期型数据的格式在不同系统中是有区别的。例如，要往 dept 表中插入一行，部门号为 50，部

门名称为 NETWORK，部门地址为 BEIJING，相应的 INSERT 语句为：

```
SQL>INSERT INTO dept(deptno,dname,loc) VALUES(50, 'NETWORK', 'BEIJING');
                                                                    [00093]
```

在 INSERT 语句中如果指定了列名，那么它们的顺序可以随意，只要与 VALUES 子句中的表达式一一对应即可。如果要为所有的列都提供数据，则可以省略列名，但是 VALUES 子句中表达式的顺序、数据类型和数量必须与表中列的定义一致。例如，上面的 INSERT 语句为所有的 3 个列都提供了数据，所以可以简写为：

```
SQL>INSERT INTO dept VALUES(50,'NETWORK' ,'BEIJING');               [00094]
```

在 INSERT 语句中为各列指定数据时，可以指定一个常量，或者指定一个表达式，如函数、算术运算表达式等。例如，当公司新来一名员工时，可以将当前时间作为它的受聘日期，作为表 emp 中列 hiredate 的值：

```
SQL>INSERT INTO emp(empno,ename,deptno,sal,hiredate) VALUES(9999,'Hello',
30,1000,SYSDATE);                                                   [00095]
```

利用 INSERT 语句中还可以从另一个表中复制数据，这时要在 INSERT 语句中使用子查询，对应的语法格式为：

```
INSERT INTO 表1(列1,列2,...) SELECT列1,列2,... FROM 表2  WHERE 条件表达式
```

这里的 SELECT 子句实际上是一个子查询。执行这样的语句时，首先执行 SELECT 子句，将返回的查询结果作为指定列的值，插入表 1 中。用这种方法可以一次向表中插入多行，但是需要注意的是，表 1 的指定各列要与 SELECT 子句中的各列在排列顺序、数据类型和数量上保持一致。例如，假设有一个表 empl，它的结构与 emp 相同，现在希望从表 emp 中将部门 10 和部门 20 的员工数据复制到表 empl 中，相应的 SELECT 语句为：

```
SQL>INSERT INTO empl(empno,ename,deptno,sal,hiredate) SELECT empno,ename,
deptno,sal,hiredate FROM emp WHERE deptno=10 or deptno=20;          [00096]
```

2.2.2　DELETE 语句（删除操作）

DELETE 语句用来从表中删除指定的行，它一次可以删除一行，也可以删除多行。DELETE 语句的语法格式为：

```
DELETE FROM 表名 WHERE 条件
```

在默认情况下，DELETE 语句可以不使用 WHERE 子句，这时将删除表中的所有行。例如，下面的 DELETE 语句将删除表 emp 中的所有行：

```
SQL>DELETE FROM emp;                                                [00097]
```

如果希望只删除表中的一部分数据，需要通过 WHERE 指定条件。例如，要从表 emp 中删除部门 30 的工资低于 1 000 元的员工数据，相应的 DELETE 语句为：

```
SQL>DELETE FROM emp WHERE deptno=30 AND sal<1000;                   [00098]
```

在 DELETE 语句的 WHERE 子句中也可以使用子查询，子查询与 SELECT 语句中的

子查询用法相同。例如，要从表 dept 中删除这样的部门数据，它在表 emp 中没有所属的员工，即空部门，相应的 DELETE 语句为：

```
DELETE FROM dept WHERE deptno NOT in(SELECT distinct deptno FROM emp);[00099]
```

2.2.3　UPDATE 语句（修改操作）

UPDATE 语句的作用是对表中已经存在的数据进行修改。它可以一次修改一行，也可以修改多行。这条语句的语法格式为：

```
UPDATE 表名
SET 列表达式 1，列 2 =表达式 2
WHERE 条件
```

UPDATE 语句通过 SET 子句为指定列指定新值，将列值修改为指定的表达式。在 SET 子句中指定所有需要修改的列。在默认情况下，UPDATE 语句不需要 WHERE 子句，这时 UPDATE 语句将修改表中的所有行。例如，下面的 UPDATE 语句将 emp 表中所有员工的工资增加 10%，奖金增加 100 元：

```
SQL>UPDATE emp SET sal=sal*1.1,comm=nvl(comm,0)+100;          [000100]
```

如果通过 WHERE 子句指定了条件，那么 UPDATE 语句只修改满足条件的行。例如，如果要为部门 10 和 20 中工资高于 2 000 元的员工增加工资和奖金，增加幅度与上一条 UPDATE 语句相同。相应的 UPDATE 语句为：

```
SQL>UPDATE emp SET sal=sal*1.1,comm=nvl(commr,0)+100 WHERE deptno=10 OR
deptno=20 AND sal>2000;                                        [000101]
```

在 UPDATE 语句的 WHERE 子句中，也可以使用子查询。这时的条件并不是一个确定的条件，而是依赖于对另一个表的查询。例如，要对与员工 BLAKE 同在一个部门的员工增加工资和奖金，增加幅度与上一条 UPDATE 语句相同。相应的 UPDATE 语句为：

```
SQL>UPDATE emp SET sal=sal*1.1,comm=nvl(comm,0)+100 WHERE deptno=(SELECT
deptno FROM emp WHERE ename='BLAKET');                         [000102]
```

2.3　事务控制语句

事务是对数据库操作的逻辑单位，在一个事务中可以包含一条或多条 DML（数据操纵语言）、DDL（数据定义语言）和 DCL（数据控制语言）语句，这些语句组成一个逻辑整体。事务的执行只有两种结果：要么全部执行，把数据库带入一个新的状态；要么全部不执行，对数据库不做任何修改。对事务的操作有两个：提交（COMMIT）和回滚（ROLLBACK）。提交事务时，对数据库所做的修改便永久写入数据库。回滚事务时，对数据库所做的修改全部撤销，数据库恢复到操作前的状态。事务可用于操作数据库的任何场合，包括应用程序、存储过程、触发器等。

举个现实生活中的一个例子来说明事务的概念。在两个银行账号之间转账时，首先从第一个账号中减去转账金额，然后在第二个账号中加上相等数量的金额，这两个操作必须作为一个整体来完成，不允许只进行第一个操作而不进行第二个操作，也不允许只进行第二个操作而不进行第一个操作。如果这两个操作都顺利完成，那么这个事务可以提交，这次转账成功。否则，如果有一个操作失败，那么这个事务必须回滚，这次转账失败，两个账号的状态都恢复到操作以前的状态。在数据库系统中，类似这样可以看作一个整体的多个操作就是一个事务。

事务具有 4 个属性，这 4 个属性的英文单词首字母合在一起就是 ACID。这 4 个属性如表 2-4 所示。

表 2-4

事务属性	描　　述
原子性（Atomicity）	事务要么全部执行，要么全部不执行，不允许部分执行
一致性（Consistency）	事务把数据库从一个一致状态带入另一个一致状态
独立性（Isolation）	一个事务的执行不受其他事务的影响
持续性（Durability）	一旦事务提交，就永久有效，不受关机等情况的影响

一个事务中可以包含多条 DML 语句，或者包含一条 DDL 语句，或者包含一条 DCL 语句。事务开始于第一条 SQL 语句，在下列之一情况下结束：

- 遇到 COMMIT 或 ROLLBACK 命令；
- 遇到一条 DDL 或者 DCL 命令；
- 系统发生错误、退出或者崩溃。

总之，事务是一系列可以把系统带入一个新的状态的操作，如果事务被提交，则数据库进入一个新的状态，否则数据库恢复到事务以前的状态。在数据库中使用事务的好处是，首先可以确保数据的一致性，其次在对数据做永久修改之前可以预览以前的数据改变，还可以将逻辑上相关的操作进行分组。

控制事务的方式有两种：一种是隐式控制，数据库管理系统根据实际情况决定提交事务还是回滚事务；另一种是显式控制，在事务的最后放置一条 COMMIT 或 ROLLBACK 命令，将事务提交或回滚。

如果是隐式控制，那么事务在遇到一条 DDL 语句，如 CREATE，或者遇到一条 DCL 命令，如 GRANT 或者从 SQL*Plus 正常退出，即使没有发出 COMMIT 或 ROLLBACK 命令，这个事务将被自动提交。如果从 SQL*Plus 非正常退出或发生系统崩溃，那么系统将自动回滚事务。

如果是显式控制，那么在事务的最后就要通过 COMMIT 命令提交事务，或者通过一条 ROLLBACK 命令回滚事务。

如果事务被提交，那么对数据库所做的修改将写入数据库。如果回滚事务，一般情况下将回滚到事务的开始，即对数据库不做任何修改。在 Oracle 中，允许部分回滚事务，即可以将事务有选择地回滚到中间的某个点。部分回滚是通过设置保存点（SAVEPOINT）来实现的。在事务中可以通过 SAVEPOINT 命令设置若干个保存点，这样可以将事务有选择地回滚到某一个保存点。图 2-34 所示为对事务的提交、回滚和保存点操作。

在图 2-34 所示的事务中，有一条 INSERT 语句，一条 UPDATE 语句和一条 DELETE 语句，并设置了两个保存点。如果在事务的最后执行了 COMMIT 命令，则这 3 条语句都将对数据库产生影响。如果在事务的最后执行了 ROLLBACK 命令，则事务回退到事务的开始，这 3 条语句都对数据库不产生任何影响。如果执行了命令 ROLLBACK TO B，则事务回退到保存点 B，这时仅有 INSERT 和 UPDATE 语句对数据库产生影响，DELETE 语句的执行结果被撤销。如果继续执行命令 ROLLBACK TO A，则事务回退到保存点 A，这时 UPDATE 和 DELETE 语句的执行结果被撤销。如果继续执行 COMMIT 命令，则只有 INSERT 语句的执行结果被写入数据库。

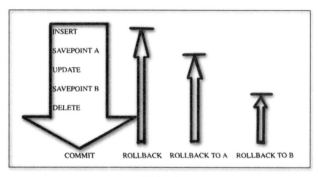

图 2-34

用户访问数据库时，数据库中的数据是放在缓冲区中的，当前用户可以通过查询操作，浏览对数据操作的结果。如果没有提交事务，其他用户看不到事务的修改结果。当一个用户修改表中的数据时，将对被修改的数据加锁，其他用户无法在此期间对该行数据进行修改，直到这个用户提交或回滚这个事务。

如果在事务的最后执行了 COMMIT 命令，则对数据的修改将被写入数据库，以前的数据将永久丢失，无法恢复，其他用户都可以浏览修改后的结果，在数据上加的锁被释放，其他用户可以对数据执行新的修改，在事务中设置的所有保存点将被删除。

下面的语句序列演示了在 SQL*Plus 中执行一条 DML 语句,然后执行 COMMIT 命令的情况，并显示了执行的结果。

```
SQL>INSERT INTO dept VALUES(60,'HHHHH','HHHHHH');
已创建 1 行。
SQL>COMMIT;
提交完成。                                                    [000103]
```

如果在事务的最后执行了 ROLLBACK 命令，那么所有未提交的修改将被丢弃，对数据所做的修改将被取消，数据恢复到修改以前的状态，在行上加的锁被释放，其他用户可以对这样的数据进行新的修改。下面的语句序列演示了在 SQL*Plus 中执行一条 DML 语句,然后执行 ROLLBACK 命令的情况,并显示了执行的结果。

```
SQL>DELETE FROM dept WHERE deptno=60;
已删除 1 行。
SQL>ROLLBACK;
回退已完成。                                            [000104]
```

如果在事务中设置了保存点,并且在事务的最后执行 ROLLBACK 命令回滚到某个保存点,那么在此保存点之后的 DML 语句所做的修改将被丢弃,但是在此保存点之前的 DML 语句所做的修改仍然没有写入数据库,还可以进行提交或回滚。

下面的语句序列是在 SQL*Plus 中执行的两条 DML 语句,以及在两条 DML 语句之间设置的保存点,然后是回滚到这个保存点,最后提交这个事务的情况。

```
SQL>DELETE FROM dept WHERE deptno=60;
已删除 1 行。
SQL>SAVEPOINT a;
保存点已创建。
SQL>DELETE FROM dept WHERE deptno=40;
已删除 1 行。
SQL>ROLLBACK to a;
回退已完成。
SQL>COMMIT;
提交完成。                                              [000105]
```

注意:关于 Oracle 的事务控制,在这里说明 3 个概念,第 1 个是"不可重复读(nonrepeated read)",第 2 个是"幻读(phantom read)",第 3 个是"脏读(dirty read)"。这 3 个"读"是任何支持事务控制的数据库都有可能发生的现象。

"不可重复读(nonrepeated read)",是指在一个事务内,多次读取同一数据,当在这个事务还没有结束时,另一个事务也访问该同一数据且进行了修改(update)或删除(delete)。这样一来,导致第一个事务两次读取的数据可能不一样,即在一个事务内每次(两次以上)读到的数据是不一样的,把这种现象称为"不可重复读"。

出现"不可重复读",对于一个未结束的事务来说是不被允许的,有可能导致的结果是:数据库数据的一致性以及业务规则上数据之间的逻辑性遭到破坏,一旦出现这种情况,将是一个非常严重的问题,意味着应用系统无法再继续使用。

"幻读(phantom read)":假如第一个事务对一个表中的某列数据进行全部数据行的修改,同时,第二个事务也访问这个表并向表中插入(insert)新数据。在第一个事务还未结束时,发现表中还有没有修改的数据行,即第一个事务每次查询都返回了不同的结果集,就好像发生了幻觉一样,把这种现象称为"幻读"。

"幻读"现象导致的结果和"不可重复读"一样,即:数据库数据的一致性以及业务规则上数据之间的逻辑性有可能遭到破坏。

"脏读（dirty read）"：当一个事务读取另一个事务未提交的修改时，产生脏读。

因此，在应用中要绝对避免这"3 读"现象的发生，在 Oracle 中可通过"Set transaction isolation level serializable;"设置最高隔离级别来加以防止，但这又会引发一个问题，就是数据库死锁或长时间等待的问题。对于高并发的应用场景且存在大量 DML 操作，尤其是 OLTP 系统，不建议这样做。如果这样做了，极易导致数据库死锁或长时间等待现象的发生。因此，如何在"高并发"与这"3 读"之间做出平衡是一件有难度的事情。作为 Oracle 数据库，其自身有一套平衡机制，但也不是万能的，仍需要通过优化应用系统设计来实现"高并发"与这"3 读"之间的平衡，这个问题在此不做详细阐述，下面给出 COMMIT 和 ROLLBACK 的使用建议。

（1）对于嵌入到循环体内的 DML 操作，在循环体内不宜加入 COMMIT 命令。当循环体内的任意一个 DML 操作失败或出现异常，应立即终止循环并发出 ROLLBACK 命令，这样做的目的是确保数据的一致性；如果循环体内的 DML 操作全部正常完成且循环结束，在循环体外应立即发出 COMMIT 命令。

（2）对同一时刻高并发的 DML 操作，这种情况属于典型的 OLTP 系统，应适当加大 COMMIT 的频率。

（3）在任何情况或场景下，一旦某个 DML 操作失败，应立即毫不犹豫地发出 ROLLBACK 命令。

2.4　DDL 语句

DDL 包含 CREATE、ALTER、DROP、RENAME 及 TRUNCATE 等命令，用来对数据库对象进行创建、修改、删除、重命名等操作。其中 CREATE、ALTER 和 DROP 命令的功能十分强大，几乎可以对所有的数据库对象进行管理，例如表、视图、索引及存储程序等。在本节仅介绍与表操作有关的 DDL 语句，与其他数据库对象有关的 DDL 语句会在后面的章节中陆续介绍。

2.4.1　表的创建：CREATE 语句

CREATE 语句可用来创建表。创建表时要确定表的结构，即确定表中各列的名字和类型。在关系数据库中，表被看作是一个关系，表中的每个列是关系中的属性，是一个不可再分割的基本单位。表中的行对应关系中的一个元组。表的结构确定以后，就可以通过 INSERT 语句向表中插入数据。用来创建表的 CREATE 语句格式为：

```
CREATE TABLE 表名(
列 1 数据类型,
列 2 数据类型,
...
);
```

如果已经存在同名的表，则应先删除原来的表，然后再创建。表名是代表这个数据库对象的名称，对表名的要求必须是以字母开头，长度为 1～30 个字符而且只能包含 A～Z、a～z、0～9、_、$、#等字符，不能使用 Oracle 的保留字（已被 Oracle 使用的任何东西），在同一个账户模式下，表名不能重复。

表中的每一列都有一个名字，在同名的表中不能有同名的列，列的数据类型可以是系统预定义的类型，也可以是用户自定义数据类型。表 2-5 列出了系统预定义的数据类型。

表 2-5

数据类型	描　　述
VARCHAR2(n)	可变长度的字符串，最大长度可达 4 000KB
CHAR(n)	固定长度的字符串，最大长度可达 2 000KB
NUMBER	浮点类型的数据
NUMBER(m,n)	可表示整数和小数，m 和 n 分别为精度和小数位数
DATE	日期型数据
LONG	可变长度的字符串，最大长度可达 2GB
RAW 或 LONG RAW	存储二进制数据的可变长度字符串
BLOB、CLOB	大对象类型，存储大型的无结构的数据，如图形图像、文本等数据，最大可达 4GB

在创建表时，可以通过 default 关键字为列指定一个默认值，这样，当用 INSERT 语句插入一行时，如果没有为该列指定值，就以默认值填充，而不是空值（null）。

例如，创建一个学生表，表中包括学号、姓名、性别、出生日期、所在学校等列，可以用下列的 CREATE 语句：

```
SQL>CREATE TABLE students( sno number(S)r sname char(8), birthday date r
school varchar(40));                                           [000106]
```

如果要验证表的结构是否与期望的结果一致，可以在表创建之后通过 DESC 命令查看表的结构。这个命令只能列出表中各列的列名、数据类型以及是否为空等属性。

在创建表时，还可以以另一个表为模板确定当前表的结构。一般情况下，可以从一个表复制它的结构，从而快速创建一个表。复制表的结构是通过子查询来实现的，即在 CREATE 语句中可以嵌套 SELECT 语句。这时的 CREATE 语句格式为：

```
CREATE TABLE 表名 AS SELECT 语句。
```

CREATE 语句将根据 SELECT 子句中指定的列，确定当前表的结构，然后将子查询返回的数据插入当前表中，这样在创建表的同时向表中插入了若干行。例如，现在要根据表 emp 的结构创建表 emp_1，仅复制表 emp 中的 empno、deptno 和 sal 三个列，同时复制部门 30 的数据。相应的 CREATE 语句为：

```
SQL>CREATE TABLE emp_l AS SELECT empno,deptno,sal FROM emp WHERE deptno=30;
                                                              [000107]
```

一般情况下，在通过这种方式创建的表中，列名和列的定义与原来的表一致。如果希望在创建一个新表时指定与原来的表不同的列名，可以在 CREATE 语句中的表名之后指定新的列名。如果只希望复制表的结构，而不复制表中的数据，可以将 SELECT 子句中的条件指定为一个永远为假的条件。例如，现在希望根据表 emp 创建表 enip_2，为复制的 3 个列指定新的列名，并且不复制表 emp 中的数据，相应的 CREATE 语句为：

```
SQL>CREATE TABLE emp_2(empno_2 fdeptno_2,sal_2) AS SELECT empno,deptno,
sal FROM emp WHERE 1<0;                                        [000108]
```

实际上，创建表的语句非常复杂，在表上可以定义约束，可以指定存储参数等属性。

在这里，向读者介绍两个概念，一个是模式（Schema），另一个是数据字典（Data dictionary）。模式是指一个用户所拥有的所有数据库对象的逻辑集合。在创建一个新用户时，同时创建了一个同名的模式，这个用户创建的所有数据库对象都位于这个模式中。用户在自己的模式中创建表，需要具有 CREATE TABLE 系统权限，如果需要在别人的模式中创建表，则需要具有 CREATE ANY TABLE 权限。在访问其他用户的数据库对象时，要指定对方的模式名称，例如，通过 SCOTT.EMP 引用 SCOTT 用户的 emp 表。

数据字典是一些视图，从这些视图中可以查看一些重要的系统数据，如数据库中的表、索引、权限、表空间等信息。这些视图是在创建数据库时自动创建的，它们的内容也是由数据库服务器自动维护的。用户可以查看以下几种形式的数据字典视图：

- 以 USER_开始的视图；
- 以 ALL_开始的视图；
- 以 DBA_开始的视图。

从 USER_视图中可以查看当前用户所创建的某类数据库对象，如在 USER_TABLES 中可以查看当前用户所创建的任何一个表的信息。从 ALL_视图中可以查看当前用户有权限访问的某类数据库对象，如在 ALL_TABLES 中可以查看当前用户有权限的任何一个表的信息。在 DBA_视图中可以查看当前数据库中所有的某类对象的信息，如在 DBA_TABLES 中可以查看当前数据库中所有的表。DBA_视图只能由数据库管理员（一般是 SYS 用户）查看。

2.4.2　修改表的结构：ALTER 语句

表在创建以后，如果在使用的过程中发现表的结构不合理，可以通过执行 ALTER 命令修改它的结构。修改表结构的操作包括增加列、修改某个列的定义、删除列、增加约束、修改约束、表的重命名等。

ALTER 语句可以使用若干个子句，通过这些子句可以完成修改表结构的操作。可以使用的子句包括 ADD、DROP、MODIFY 和 RENAME 等。

如果要在表中增加一个列，通过 ADD 子句指定一个列的定义，至少要包括列名和列的数据类型。增加列的语法结构为：

```
ALTER TABLE 表名 ADD (列1, 数据类型, 列2, 数据类型, ...);
```

例如，要在 students 表中增加两个列，一个是性别，另一个是家庭地址，对应的 ALTER 语句为：

```
SQL>ALTER TABLE student ADD(gender char(2) DEFAULT '男',address
varchar2(50));                                                     [000109]
```

值得注意的是，如果一个表中已经有数据，这时增加一个列时，不能将该列约束为"非空（NOT NULL）"，因为不能一方面要求该列必须有数据，而另一方面又无法在增加列的同时向该列插入数据。例如，要向 dept 表中增加一个非空的列，语句的执行将出错：

```
SQL>ALTER TABLE dept ADD (alias char(20) NOT NULL );              [000110]
```

ORA-01758：要添加法定（NOT NULL）列，则表必须为空。

也就是说，要向一个表中增加一个非空列时，这个表必须是空的。如果表中已经有数据，单独使用"NOT NULL"约束是不行的。一种好的解决办法是为该列指定默认值，这样在增加一个非空列的同时，为这个列填充了指定的默认值。

例如，上面的 ALTER 语句如果修改为下面的形式，就可以确保这个列能够顺利加入表中：

```
SQL>ALTER TABLE dept ADD (alias char(20) default 'NOT KNOWN' NOT NULL );
                                                                  [000111]
```

利用 ALTER 语句还可以从表中删除一个列。用来完成这个操作的子句是 DROP。用于删除列的 ALTER 语句格式为：

```
ALTER TABLE 表名 DROP COLUMN 列名
```

例如，要删除表 student 中的 gender 列，对应的 ALTER 语句为：

```
SQL>ALTER TABLE student DROP COLUMN gender;                        [000112]
```

删除一个列时，这个列将从表的结构中消失，这个列的所有数据也将从表中被删除。原则上可以删除任何列，但是一个列如果作为表的主键，而且另一个表已经通过外键在两个表之间建立了关联关系，这样的列是不能被删除的。例如，如果要删除表 dept 中的列 deptno，系统将会发生错误：

```
SQL>ALTER TABLE dept DROP COLUMN deptno;                           [000113]
```

如果要修改表中一个列的定义，可以使用 ALTER 语句的 MODIFY 子句。通过 MODIFY 子句可以修改列的长度、非空等属性。使用了 MODIFY 子句的 ALTER 语句格式为：

```
ALTER TABLE 表名 MODIFY (
列1 新数据类型  非空属性,
列2  ,新数据类型  非空属性,
... );
```

例如，要将表 student 中的 s_gender 列由原来的 char (1)改为 char (2)，非空，将 address
列由原来的 varchar2 (50)改为 char (40)，相应的 ALTER 语句为：

```
SQL>ALTER  TABLE  student  ADD(gender char(2)  DEFAULT  '男',s_address
varchar2(50));
SQL>ALTER TABLE student MODIFY (gender char(4) NOT NULL,address char(40));
```
[000114]

值得注意的是，如果表中目前没有数据，那么可以将一个列的长度增加或减小，也
可以将一个列指定为非空。如果表中已经有数据，那么只能增加列的长度，如果该列有
空值，不能将该列指定为非空。

通过 ALTER 语句，还可以为表进行重命名，也就是将表的名字改为另一个名字。为
表重命名的 ALTER 语句格式为：

```
ALTER  TABLE 表名 RENAME  to 新表名
```

例如，要将表 student 重命名为 stu，相应的 ALTER 语句为：

```
SQL>ALTER TABLE Student RENAME to stu;
SQL>ALTER TABLE Stu RENAME to student;
```
[000115]

2.4.3　对象的删除和重命名操作

除了 CREATE 和 ALTER 两条主要的命令语句外，DDL 还包括 DROP、TRUNCATE
RENAME 等命令语句。

（1）DROP 语句

DROP 语句的功能是删除一个对象，通过这条命令几乎可以删除任何类型的数据库对
象。用来删除表的 DROP 命令的格式为：

```
DROP TABLE 表名
```

例如，要删除表 stu，相应的 DROP 语句为：

```
SQL>DROP  TABLE  stu;
```
[000116]

数据库对象删除后，它的有关信息就从相关的数据字典中删除。

（2）TRUNCATE 语句

TRUNCATE 语句的作用是删除表中的数据。与 DELETE 语句不同的是，TRUNCATE
命令将删除表中的所有数据，不需要指定任何条件，而且数据被删除后无法再恢复。这
条命令的语法格式为：

```
TRUNCATE TABLE 表名;
```

例如，要删除表 student 中的所有数据，可以执行下面的语句：

```
SQL>TRUNCATE TABLE student;
```
[000117]

TRUNCATE 命令作用的结果是删除所有的数据，而且不可恢复，所以这条命令要慎
用。从执行结果来看，一条 TRUNCATE 语句相当于下列两条语句的组合：

```
DELETE FROM 表名;
COMMIT;
```

（3）RENAME 语句

RENAME 语句的作用是对数据库对象重新命名。对表进行重新命名的命令格式为：

```
RENAME 表名 to 新表名;
```

例如，要将表 STUDENT 重新命名为 STU，相应的 RENAME 语句为：

```
SQL>RENAME student to stu;                                        [000118]
```

表被重新命名以后，它的信息就会在相关的数据字典中更新。

2.5 Oracle 数据库的约束

约束是加在表上的一种强制性的规则，是确保数据完整性的一种重要手段。当向表中插入数据或修改表中的数据时，必须满足约束所规定的条件。例如，员工的性别必须是"男"或"女"，部门号只能是已经存在的部门的编号等。在设计表的结构时，应该充分考虑在表上需要施加的约束。

确保数据完整性的方法有 3 种，即应用程序代码、触发器和约束。其中约束是一种更为灵活的方式，它不仅维护更加方便，而且性能也比较高，是确保数据完整性的最佳选择。

约束可以在创建表时指定，也可以在表创建之后再指定。如果在表创建之后再指定约束，可能会因为表中已经存在一些数据不满足这个约束条件而使得新约束无法施加，因此最好的做法是在建表时将该加的约束全部加上。

2.5.1 约束的类型

在介绍 Oracle 数据库约束类型之前，先介绍约束的作用及实践意义。约束，一方面保证了数据的合法性、逻辑性以及完整性。另一方面，也简化了代码开发。假如不在数据库中通过各种约束来验证数据，而完全通过编程来实现数据的合法性、逻辑性以及完整性验证，那将是多么"笨"的验证方式。当然，在实践中没有这样干的，特殊情况例外，比如，对于存储于 clob 类型字段的富文本数据检查，通过数据库提供的这些约束，往往不能满足需求，只有通过编程对这样的数据进行必要验证和检查。

在实践中，几乎不存在没有任何约束的表。施加约束的目的就是确保存入数据库的数据都是合法的（合法的规则由开发者来定）且符合业务逻辑（业务逻辑规则由开发者来定），从而确保数据的统一和完整。

在表上可以施加的约束，Oracle 数据库提供了 5 种，其名称与具体描述如表 2-6 所示。

表 2-6

序号	约束名称	描　述
1	NOT NULL	非空约束
2	UNIQUE	唯一性约束
3	PRIMARY KEY	主键约束
4	FOREIFN KEY	外键约束
5	CHECK	检查约束

下面详细介绍这 5 种约束。

1．NOT NULL 约束

NOT NULL 约束规定一个列上的值不能为空。当使用 INSERT 语句向表中插入一行数据，或者使用 UPDATE 语句修改一行数据时，必须为该列指定值，不能使其为空。例如，在表 dept 中，在列 deptno 上施加了 NOT NULL 约束，其余各列都没有，所以在向这个表中插入数据时，必须为这个列指定数据。向这个表中插入数据的 INSERT 语句为：

```
SQL>INSERT INTO dept(deptno) VALUES(70);                    [000119]
```

2．UNIQUE 约束

UNIQUE 约束规定一个列上的数据必须唯一，不能有重复值，但是允许为空值。例如，在表 dept 中，可以在部门名称 dname 列上施加 UNIQUE 约束，这样可以确保部门的名称不会重复。当在某个列上指定了 UNIQUE 约束时，在该列上将自动生成一个唯一性索引。

3．PRIMARY KEY 约束

PRIMARY KEY 约束是主键约束。主键用来唯一地标识表中的一行数据，它规定在主键列上的数据不能重复，并且不能为空。每个设计合理的表都应该有一个主键。主键可以是一个列，也可以是多个列的组合。如果在某个列上指定了主键约束，那么就不需要在该列上再指定 NOT NULL 约束和 UNIQUE 约束。

在一个表上只能创建一个主键。当创建主键时，在主键列上将自动建立一个唯一性索引，索引的名字与约束的名字相同。

4．FOREIFN KEY 约束

FOREIFN KEY 约束为外键约束。外键用来与另一个表建立关联关系。两个表之间的关联关系是通过主键和外键来维持的。外键规定该列中的数据必须是另一个与之关联的表中的主键列中的数据。外键可以是一个列，也可以是多个列的组合。在一个表中只能有一个主键，但是可以有多个外键。例如，在表 dept 中 deptno 列是主键列，在表 emp 中，empno 列是主键列，deptno 列是外键列，这个外键规定 deptno 列的数据必须是表 dept 中 deptno 列中的数据。假设要向表 emp 中插入一行数据，其中 deptno 列的值为 100，而在表 dept 的 deptno 列中根本就不存在这样的数据，所以这行数据就违反了外键约束。

5．CHECK 约束

CHECK 约束是检查约束，它是一个关系表达式，它规定了一个列必须满足的条件。例如，员工的性别只能是"男"或"女"，员工的工资必须为 1 000~8 000 等。当向表中插入一行，或者修改某一行时，都要检查指定列的值是否满足这个条件，如果满足，这个操作才能成功执行。

2.5.2　如何在创建表时指定约束

约束可以在创建表的同时指定，也可以在表创建之后再指定。如前述，如果在表创建之后再指定约束，可能会因为表中已经存在一些数据不满足这个约束条件而使得新约束无法施加，因此最好的做法是在建表时将该加的约束全部加上。如果与表同时创建，那么在创建表的 CREATE 语句中通过 CONSTRAINT 关键字指定约束的名称和约束类型。同时创建表和约束的 CREATE 语句格式为：

```
CREATE TABLE 表名（
列 1 数据类型 CONSTRAINT  约束名 1 约束类型，
列 2 数据类型 CONSTRAINT  约束名 2 约束类型，
...
）；
```

其中，约束名是为约束指定的唯一的名称。约束名可以由用户自己指定，也可以自动产生。如果省略关键字 CONSTRAINT 和约束名称，那么约束名称将自动产生。如果约束名称是自动产生的，那么根据这样的名称无法判断约束所在的表以及约束类型。如果用户自己指定约束名称，则可以在名称中包含表名、约束类型等有用信息。

如果在一个列的定义之后指定该列上的约束时，这种定义约束的方法称为列级约束。例如，下面的 CREATE 语句用来创建一个表，名为 student2，在各个列上都指定了约束。

```
SQL>CREATE TABLE student2(
sno number(8) PRIMARY KEY,
sname char(8) NOT NULL,
gender char(2) CHECK(gender in ('男','女')),
birthday date,
school varchar(40));                              [000120]
```

在创建表 student2 时指定了 3 个约束，第一个约束指定学号 sno 列为主键，第二个约束指定姓名 sname 列不为空，第三个约束指定性别 gender 列的值只能是"男"或"女"，这些约束都是列级约束。在创建表时没有为这几个约束指定名字，系统将自动为它们指定各自的名字。下面的 CREATE 语句在创建表时指定约束，并为每个约束指定了名字。

```
SQL>CREATE TABLE student3(
sno number(8) CONSTRAINT pk_student3_sno PRIMARY KEY,
sname char(8) CONSTRAINT notn_student3_sname NOT NULL,
gender char(2) CONSTRAINT check_student3_gender CHECK(gender in('男','女')),
```

```
birthday date,
school varchar(40));                                            [000121]
```

约束可以在每个列的定义之后分别指定，也可以在所有列的定义之后一起指定。如果一个约束在表定义的最后才指定，这样的约束定义方法称为表级约束。如果一个约束涉及多个列的组合，那么就不能在每个列之后指定约束，而只能定义为表级约束。例如，若表 student3 的主键列不是 sno 列，而是 sno 列和 sname 列的组合，这样的约束就不能在 sno 列或 sname 列之后指定，而只能在所有列的定义之后再指定。定义表级约束的 CREATE 语句格式为：

```
CREATE TABLE 表名 (
列 1 数据类型，
列 2 数据类型，
CONSTRAINT 约束名 1 约束类型（列名），
CONSTRAINT 约束名 2 约束类型（列名），
...
);
```

在 5 种约束中，NOT NULL 约束只能以列级约束的形式定义，其余 4 种既可以以列级约束的形式定义，也可以以表级约束的形式定义。因为表级约束是在所有列之后定义的，而不是在某个具体的列之后定义，所以在表级约束中要指定相关的列名。

例如，上面的创建表的 CREATE 语句也可以改为下面的形式：

```
SQL>CREATE TABLE student4(
sno number(8),
sname char(8) CONSTRAINT nn_student4_sname NOT NULL,
gender char(2),
birthday date,
school varchar(40),
CONSTRAINT pk_student4_sno PRIMARY KEY(sno,sname),
CONSTRAINT check_student4_gender CHECK(gender in ('男','女'))
);                                                             [000122]
```

外键约束的定义形式比较复杂，因为外键要与另一个表的主键进行关联，所以不仅要指定约束的类型和有关的列，还要指定与哪个表的哪个列进行关联。

如果在列级定义外键约束，定义的格式为：

```
CONSTRAINT   约束名   [FOREIGN KEY]   REFERENCES   表名(列名)
```

其中约束名是为这个外键约束起的名字。FOREIGN KEY 为约束类型，即外键约束。REFERENCES 关键字指定与哪个表的哪个列进行关联。例如，在表 emp 中，外键列为 deptno，它与表 dept 的 deptno 列进行关联。这个外键的定义语句为：

```
CONSTRAINT fk_deptno REFERENCES dept(deptno)                   [000123]
```

这条代码放置在 emp 表的 deptno 列定义之后。如果要在表级定义外键约束，那么外键的定义代码放置在所有列的定义之后，它的格式为：

CONSTRAINT 约束名 FOREIGN KEY (外键列) REFERENCES 表名(列名)

例如，在表 emp 中的 deptno 列上施加的外键约束也可以通过下面的形式定义。

CONSTRAINT fk_emp_deptno FOREIGN KEY(deptno) REFERENCES dept(deptno)[000124]

约束作为一种附加在表上的数据库对象，它的信息也被记录在数据字典中。与约束有关的数据字典有两个，一个是 user_constrairmi，另一个是 user_cons_columns。其中在数据字典 user_constraints 中记录当前用户所拥有的约束的信息，如约束名、约束类型、约束所在的表、约束的状态等。如果是外键，还记录了与之关联的主键名称。例如，下面的 SELECT 语句用来查询表 STUDENT4 上的约束信息：

SQL>SELECT constraint_name AS 名称,constraint_type AS 约束类型,status AS 状态 FROM user_constraints WHERE Table_name='STUDENT4';   [000125]

如果要进一步查询约束施加在哪个列上，就需要查询另一个数据字典，它就是 USER_ConS_COLUMNS。

例如，下面的 SELECT 语句查询表 STUDENT4 中的各个约束是在哪个列上定义的：

SQL>SELECT constraint_name,Table_name,column_name FROM user_cons_columns WHERE Table_name= 'STUDENT4';   [000126]

2.5.3　如何在创建表之后指定约束

约束可以在创建表的同时指定，也可以在表创建之后再指定。不过在表创建之后再指定约束可能会带来这样的问题，如果表中已经有数据，而这样的数据不满足将要添加的约束条件，那么约束是无法指定的。例如，要为表的某个列指定 NOT NULL 约束，但是这个表中这个列本来就有很多空值，这种情况导致这个约束无法添加。因此最好的做法是在创建表之前充分考虑需求。什么样的约束，在创建表的同时定义约束。

添加约束实际上也是对表结构的修改，因此添加约束也是通过执行 ALTER 语句完成的。因为表的结构已经确定，所以无法采用列级约束的形式在某个列名之后指定约束，而只能采用表级约束的形式。添加约束的 ALTER 语句格式为：

ALTER TABLE 表名 ADD (CONSTRAINT 约束名 约束类型(列名))

其中，CONSTRAINT 关键字和约束名是可省略的，如果没有为约束指定名称，那么名称将自动产生。如果要添加多个约束，在 ADD 子句的括号中指定多个用逗号分隔的约束即可。现在假设表 student5 上没有任何约束，为这个表添加几个约束，具体的语句为：

```
SQL>CREATE TABLE student5(
sno number(8),
sname char(8),
gender char(2),
birthday date,
school varchar(40));
SQL>ALTER  TABLE  student5  ADD(CONSTRAINT  pk_student5_sno  PRIMARY
```

KEY(sno),CONSTRAINT check_student5_gender CHECK(gender in('男','女')));[000127]

除 NOT NULL 约束以外，其余 4 种约束都可以通过 ADD 子句添加。NOT NULL 约束比较特殊，只能通过 ALTER 命令的 MODIFY 子句来添加。添加 NOT NULL 约束的语法格式为：

ALTER TABLE 表名 MODIFY(列名 CONSTRAINT 约束名 NOT NULL);

同样，如果要为多个列施加 NOT NULL 约束，那么在 MODIFY 子句之后的括号中指定多个约束项，相互之间用逗号分隔开即可。假设表 student5 中的 birthday、school 列上没有 NOT NULL 约束，可以通过下面的 ALTER 语句在该列上增加 NOT NULL 约束：

SQL>ALTER TABLE student5 MODIFY (birthday CONSTRAINT nn_student5_birthday NOT NULL, school CONSTRAINT nn_student5_school NOT NULL);[000128]

2.5.4 约束的维护

约束是不能被修改的，如果在表上已经建立了一个约束，现在希望把它改为另一类型的约束，或者希望把它施加在另一个列上，只能先将这个约束删除，然后重新创建。

删除约束是通过执行 ALTER 命令的 DROP 子句来完成的。删除约束的 ALTER 命令的语法格式为：

ALTER TABLE 表名 DROP CONSTRAINT 约束名;

例如，要删除表 student5 上的约束 nn_student5_birthday，可以执行下面的 ALTER 命令：

SQL>ALTER TABLE student5 DROP CONSTRAINT nn_student5_birthday; [000129]

如果要删除一个主键约束，首先要考虑这个主键列是否已经被另一个表的外键列关联，如果没有关联，那么这个主键约束可以被直接删除，否则不能直接删除。例如，在表 dept 中，在列 deptno 上定义了主键，在表 emp 中的 deptno 上定义外键约束，两个表之间通过主键和外键建立了关联，那么主键约束是不能被直接删除的。要删除主键约束，必须使用 CASCADE 关键字，连同与之关联的外键约束一起删除。删除主键的 ALTER 命令语法格式为：

ALTER TABLE 表名 DROP CONSTRAINT 主键约束名 CASCADE;

例如，要删除表 dept 上的主键约束 pk_dept，可以执行下面的 ALTER 语句：

SQL>ALTER TABLE dept DROP CONSTRAINT pk_dept CASCADE;   [000130]

约束被删除后，加在表上的限制条件被取消，在此之后写入的数据或修改的数据再也不用考虑这些限制条件。例如，将表 student5 上的约束 check_student5_gender 删除后，员工的性别可以是'男'和'女'以外的其他数据。

SQL>ALTER TABLE student5 DROP CONSTRAINT check_student5_gender;[000131]

在表中建立主键约束或 UNIQUE 约束时，在相关的列上将自动建立唯一性索引。当从表中删除主键约束或 UNIQUE 约束时，与它们相关的索引也被一起删除。

如果一个表被删除了，那么依附于它的约束也就没有意义了，这个表上的约束也将被一起删除。

如果希望一个约束暂时不起作用，可以使其无效。使约束无效的操作是通过 ALTER 命令的 DISABLE 子句实现的。使约束无效的 ALTER 命令格式为：

```
ALTER TABLE 表名 DISABLE CONSTRAINT 约束名;
```

例如，要使表 student5 上的约束 nn_student5_school 无效，相应的语句为：

```
SQL>ALTER TABLE student5 DISABLE CONSTRAINT nn_student5_school;[000132]
```

一个约束无效后，它的状态就变为 disabled，这时通过查询数据字典，可以了解约束的当前状态。例如，下面的 SELECT 语句查询表 STUDENT5 上的约束及其状态：

```
SQL>SELECT constraint_name AS 约束名, constraint_type AS 约束类型, status AS
状态 FROM user_constraints WHERE Table_name='STUDENT5';          [000133]
```

当一个约束无效后，这个约束并没有从数据库中被删除，只是暂时不起作用。这时要向表中插入数据或修改已有数据时，就不必满足这个约束条件了。如果希望一个约束重新有效，可以执行带 ENABLE 子句的 ALTER 命令。这时 ALTER 命令的格式为：

```
ALTER TABLE 表名 ENABLE CONSTRAINT 约束名;
```

例如，要使刚才已经无效的约束 nn_student5_school 重新有效，可以执行下面的 ALTER 语句：

```
SQL>ALTER TABLE student5 ENABLE CONSTRAINT nn_student5_school; [000134]
```

约束重新有效后，它在数据字典中的状态就变为 ENABLED。需要注意的是，在一个约束无效到重新有效的这段时间内，用户可能向表中插入了一些数据，或者修改了一些数据，这些数据可能恰好不满足这个约束条件。这样，在执行上面的 ALTER 语句时就会出错，约束将无法重新有效，出错信息类似于这样：

```
无法验证 (scott. nn_student5_school)-违反检查约束条件"
```

2.6　Oracle 数据库的视图

视图是一种非常重要的数据库对象，它的形式类似于普通表，可以从视图中查询数据。

视图实际上是建立在表上的一种虚表，在视图中并不存储真正的数据，而是仅仅保存一条 SELECT 语句，对视图的访问将被转化为对表的访问。视图所基于的表称为基表，而视图可以认为是对基表的一种查询操作。

使用视图的主要目的是为了方便用户访问基表，以及确保用户对基表的安全访问。

对用户而言，往往要对一个表进行大量的查询操作，如果查询操作比较复杂，并且需要频繁地进行，那么可以为这个查询定义一个视图。假设用户需要经常执行下面的查询：

```
SELECT dname FROM dept WHERE deptno=(SELECT deptno FROM emp a GROUP BY deptno
```

```
HAVING avg(sal)> all(SELECT avg(sal) FROM emp WHERE deptnoI=a * deptno GROUP
BY deptno));                                                    [000135]
```

如果为这个查询定义一个视图，那么用户只要执行一条简单的 SELECT 语句对这个视图进行查询，那么实际的操作就是对基表 dept 执行了上面的查询。

需要注意的是，在视图中并不保存对基表的查询结果，而仅仅保存一条 SELECT 语句。只有当访问视图时，数据库服务器才去执行视图中的 SELECT 语句，从基表中查询数据。虽然对视图没有做过任何修改，但是对视图的多次访问可能得到不同的结果，因为基表中的数据可能随时被修改。所以视图中并不存储静态的数据，而是从基表中动态查询的。

从另外一个角度来看，视图可以确保对基表的安全访问。在设计表时，一般是从整体的角度来考虑表结构的，而不是从每个用户的角度来确定表结构以及定义允许的操作。对于同一个表，不同的用户可以进行不同的操作，可以访问不同的数据。这样就可以为不同的用户定义不同的视图，从而确保用户只能进行允许的操作，访问特定的数据。

例如，对于员工表 emp，公司经理可以浏览所有的数据，但是不能修改数据，人事部门可以查看和修改员工的职务、部门等信息，也可以增加一个新员工；财务部门可以查看、修改员工的工资和奖金；而对于普通员工，只能查看其他员工的部门和职务等信息。如果为每一类用户分别定义一个视图，就可以确保它们对同样的数据进行不同的访问或者输出不同的结果。

2.6.1　视图的创建、修改和删除

用户可以在自己的模式中创建视图，只要具有 CREATE VIEW 这个系统权限即可。如果希望在其他用户的模式中创建视图，则需要具有 CREATE ANY VIEW 系统权限。如果一个视图的基表是其他用户模式中的对象，那么当前用户需要具有对这个基表的 SELECT 权限。

创建视图的命令是 CREATE VIEW，这条命令的格式为：

```
CREATE VIEW 视图名
AS
SELECT 语句
with READ ONLY
with CHECK OPTION;
```

其中最后两个选项是可选的，"with READ ONLY"限定对视图只能进行查询操作，不能进行 DML 操作。"with CHECK OPTION"限定 DML 操作必须满足一定的条件。

例如，下面的语句创建视图 Vew_1，它所代表的操作是查询员工表中部门 30 的员工姓名、工资和奖金。

```
SQL>CREATE VIEW view_1 AS SELECT ename,sal,comm FROM emp WHERE deptno= 30;
                                                                [000136]
```

注意：如果 scott 账户或其他账户，无创建视图的权限，将"DBA"角色授给 scott 或其他账户即可。命令为：GRANT DBA TO SCOTT;

下面的语句中，视图 view_2 所代表的操作是查询部门 20 和 30 中工资大于 2 000 元的员工姓名、工资和奖金。

```
SQL>CREATE VIEW view_2 AS SELECT ename,sal,comm FROM emp WHERE (deptno=30
or deptno=20) and sal>2000;
```

视图被创建之后，可以通过 DESC 命令查看视图的结构。查看视图结构的方法与查看表的方法相同，查看的结果是列出视图中各列的定义。

视图的结构是在执行 CREATE VIEW 语句创建视图时确定的，在默认情况下，列的名称与 SELECT 之后基表的列名相同，数据类型和是否为空也继承了基表中的相应列。如果希望视图中的各列使用不同的名字，那么在创建视图时，在视图的名称之后应该指定各列的名称。例如，下面的语句重新创建视图 view_1，并为这个视图指定了不同的名称。

```
SQL>CREATE VIEW view_3(l_ename,l_sal,l_comm) AS SELECT ename,sal,comm
FROM emp WHERE deptno=30;                                    [000137]
```

如果执行 DESC 命令查看视图 view_3 的结构，将发现视图中各列的名称就是在 CREATE VIEW 语句中指定的名称，而数据类型和是否为空继承了基表中的对应列。下面是执行 DESC 命令查看视图 view_3 结构的结果：

```
SQL>desc view_3;                                            [000138]
```

视图作为一种数据库对象，它的相关信息被存储在数据字典中。与当前用户的视图有关的数据字典是 USER_VIEWS，查询这个数据字典，可以获得当前用户的视图的相关信息。例如，需要查询视图 VIEW_3 中的相关信息，可以执行下面的 SELECT 语句：

```
SQL>SELECT text FROM user_views WHERE view_name='VIEW_3';   [000139]
```

在列 text 中存储的是创建视图时使用的 SELECT 语句。另外，在数据字典 ALL_VIEWS 存储的是当前用户可以访问的所有视图的信息，在数据字典 DBA_VIEWS 存储的是系统中所有视图的信息，这个数据字典只有 DBA 可以访问。

如果发现视图的定义不合适，可以对其进行修改。实际上，视图中的 SELECT 语句是不能直接修改的，所以修改视图的一种方法是先删除视图，再重新创建。另一种方法是在创建视图的 CREATE 语句中使用 OR REPLACE 选项。带 OR REPLACE 选项的 CREATE 语句格式为：

```
CREATE OR REPLACE VIEW 视图名
AS
SELECT 语句
with READ ONLY
with CHECK OPTION
```

这样在创建视图时，如果视图不存在，则创建它。如果已经存在一个同名的视图，那么先删除这个视图，然后根据 SELECT 语句创建新视图，用这个新视图代替原来的视图。

视图在不需要时，可以将其从数据库中删除。删除视图的命令是 DROP VIEW。用户可以直接删除自己创建的视图，如果希望删除其他用户创建的视图，则需要具有 DROP ANY VIEW 这个系统权限。DROP VIEW 命令的格式为：

```
DROP VIEW视图名;
```

例如，要删除视图 view_1，可以执行下面的语句：

```
DROP VIEW view_1;                                          [000140]
```

视图被删除后，相关的信息也被从数据字典中删除。

2.6.2 如何对视图进行访问

对视图的访问包括查询和受限制的 DML 操作。访问视图的方法与访问表的方法基本相同。 例如，要查询视图 view_1，可以执行下面的 SELECT 语句：

```
SELECT * FROM view 1;                                      [000141]
```

如果要向视图 view_1 中插入一行，可以执行下面的 INSERT 语句：

```
INSERT INTO view_1 VALUES('MARY',1000,200)                [000142]
```

在访问视图时，这种访问被转化为对基表的访问，所以在视图上执行 DML 操作时，也要遵守基表上的约束。上述 INSERT 语句在执行时系统将会出错，错误信息是：ORA-01400:无法将 NULL 插入（SCOTT.EMP.EMPNO），发生错误的原因是这行数据违反了基表的主键约束。在这一行数据中只提供了姓名、工资和奖金 3 列的值,而主键列 deptno 没有对应的数据,所以就违反了基表上的主键约束。

现在来考察对视图的 DML 操作进行限制的情况。假设以下面的语句创建了视图 view_2:

```
SQL>CREATE OR REPLACE VIEW view_2 AS SELECT ename,sal,comm FROM emp WHERE
(deptno=30 or deptno=20) AND sal>2000;                     [000143]
```

对这个视图进行查询操作时，将得到一些结果：

```
SQL>SELECT * FROM VIEW_2;                                  [000144]
```

如果再对视图 view_2 进行一次 UPDATE 操作，那么再次查询的结果将有所不同：

```
SQL>UPDATE view_2 SET sal=sal- 900;
SQL>SELECT * FROM VIEW_2;                                  [000145]
```

查询的结果表明，执行 UPDATE 语句之后，有一行数据因为 sal 列的数据不满足创建视图时 WHERE 子句中指定的条件，从而在视图中消失了。为了防止这种情况，可以在创建视图时使用 with CHECK OPTION，例如，下面的语句重新创建视图 view_2:

```
SQL>CREATE OR REPLACE VIEW view_2 AS SELECT ename,sal,comm FROM emp WHERE
```

(deptno=30 or deptno=20) AND sal>2000 with CHECK OPTION;   [000146]

那么现在再执行以前的 UPDATE 语句时，例如：

SQL>UPDATE view_2 SET sal=sal- 900;   [000147]

系统将会出错，错误信息为：

ORA-01402 :视图 WITH CHECK OPTION 违反 WHERE 子句

这就相当于为视图增加了一个约束，当对视图进行 DML 操作时，数据必须满足 WHERE 子句中指定的条件。

2.6.3 复杂视图

以前在创建视图时，在 CREATE VIEW 语句的 SELECT 子句中只涉及一个表的操作，并且只是对基表中的列进行简单的查询，并没有出现多个基表，或者对基表中的列进行表达式运算或者函数运算的情况，这种视图被称为简单视图。对简单视图不仅可以进行查询操作，还可以进行 DML 操作，如同 DML 其基表一样，数据将被物理更新。

复杂视图是这样的视图，视图中的列是从基表中的列经过表达式或函数运算而来，或者是对基表进行了 DISTINCT 查询，或者涉及多个表的操作。总而言之，如果在用 CREATE VIEW 语句创建视图时，在 SELECT 之后的列名中使用了表达式、函数，或者使用了 DISTINCT 关键字，或者对多个表进行了连接查询，这样的视图都是复杂视图。

创建复杂视图仍然是通过执行 CREATE VIEW 命令完成的，只不过因为在 SELECT 子句中使用了表达式或者函数，这样的运算式不能作为视图中的列名，所以在创建复杂视图时必须为每个列指定列名。例如，下面的语句创建视图 view_3：

SQL>CREATE OR REPLACE VIEW view_3(deptno,max_sal,min_sal,sum_sal) AS SELECT deptno,max(sal),min(sal),sum(sal) FROM emp GROUP BY deptno;[000148]

视图 view_3 中的 max_sal、min_sal 和 sum_sal 三个列是通过对基表中的列 SAL 分别经过三个函数的运算而来的，所以必须为这三个列明确地指定列名。

下面的语句用来创建视图 view_4，这个视图涉及两个表的操作，并且对其中的一个列进行了表达式运算。

SQL>CREATE OR REPLACE VIEW view_4(empno,ename,dname,sal,comm) AS SELECT empno,ename,dname,sal*1.1,comm FROM emp,dept WHERE emp.deptno=dept.deptno;
    [000149]

对复杂视图，允许的操作只有查询，大部分视图不允许 DML 操作。例如，如果通过下面的 INSERT 语句向视图 view_4 中插入一行，系统将出错。

SQL>INSERT INTO view_4 VALUES(9999,'Kate','daddress',2000,200);[000150]

相应的错误信息为：

ORA-01779:无法修改与非键值保存表对应的列。

现在总结一下在什么样的视图上可以执行 DML 操作，在什么样的视图上不允许执行

DML 操作。

对于简单视图，如果基表中的所有列都被包含在视图中，或者至少主键列和所有不允许为空的列都被包含在视图中，并且在创建视图的 CREATE VIEW 语句的 SELECT 语句中最多只使用了 WHERE 子句，对这样的视图是可以进行插入、删除、修改操作的。如果在创建这样的简单视图时使用了 WITH CHECK OPTION 选项，那么执行 DML 操作时要遵守一定的约束条件。

对于涉及多个基表的复杂视图，如果其中至少一个表的所有列都被包含在视图中，或者至少一个表的主键列和所有不允许为空的列都被包含在视图中，并且在创建视图的 CREATE VIEW 语句的 SELECT 语句中最多只使用了 WHERE 子句，这样的视图是允许进行插入、删除、修改操作的。对这样的视图进行 DML 操作时，只有其中一个表可以被修改，并且被修改的列只能映射到一个表中。

对于只涉及一个基表的复杂视图，如果视图中的列是对基表的列经过某种运算而来，包括表达式、AVG 等函数，或者在创建视图的 CREATE VIEW 语句的 SELECT 语句中使用了 DISTINCT 关键字、GROUP 子句，对这样的视图是不能进行 DML 操作的。

对于涉及多个表的视图，如果视图中的列没有包含其中一个表中的所有主键列和所有不为空的列，或者视图中的部分列是经过对基表中的列经过某种运算而来的，或者在创建视图时在 SELECT 子句中使用了 DISTINCT 关键字、GROUP 子句，这样的视图也是不能进行 DML 操作的。

2.7　Oracle 数据库的索引

查询是在表上进行的最频繁的访问。在查询数据时，很少有用户愿意查询表中的所有数据，除非要对整个表进行处理。一般情况下用户总是查询表中的一部分数据。在 SELECT 语句中，通常需要通过 WHERE 子句指定查询条件，以获得满足该条件的所有数据。如果能够在很小的范围内查询需要的数据，而不是在全表范围内查询，那么将减少很多不必要的磁盘 I/O，查询的速度无疑会大大加快。提供这种快速查询的方法就是索引。

2.7.1　索引的基本概念

索引是一种建立在表上的数据库对象，它主要用于加快对表的查询操作。合理使用索引可以大大减少磁盘访问的次数，从而大大提高数据库的性能。

使用索引的主要目的是加快查询速度，另外，索引也可以作为唯一性约束。如果在表的一个列上建立了唯一性索引，那么系统将自动在这个列上建立唯一性约束，这样可以确保插入这个列的数据是唯一的。

索引究竟是怎样加快查询速度的呢？原来，索引是建立在表中的某个列或几个列上的，这样的列称为索引列。在创建索引时，数据库服务器将对索引列的数据进行排序，并将排序的结果存储在索引所占用的存储空间中。在查询数据时，数据库服务器首先在索引中查询，然后再到表中查询。因为索引中的数据事先进行了排序，所以只需很少的查找次数就可以找到需要的数据。

例如，假设要执行下面的查询语句：

```
SQL>SELECT empno,ename,sal FROM emp WHERE empno=7902;          [000151]
```

假设在表 emp 中有 1 000 行数据，如果没有创建索引，那么系统将不得不在全表范围内查询，查询的次数为 1 000。但是如果使用索引进行查询，那么只需很少的几次查询就可以找到编号为 7902 的员工的数据。

在索引中，不仅存储了索引列上的数据，而且还存储一个 ROWID 的值。ROWID 是表中的一个伪列，是数据库服务器自动添加的，表中的每一行数据都有一个 ROWID 值，它代表这一行的标识，即一行数据在存储空间的物理位置。在访问表中的数据时，都要根据这个伪列的值找到数据的实际存储位置，然后再进行访问。由于索引列上的数据已经进行了排序，在索引中很快就能找到这行数据，然后根据 ROWID 就能直接在表中找到这行数据。

需要注意的是，表是独立于索引的，无论对在表上建立了多少索引，无论索引对表中的数据进行怎样的排序，表中的数据都不会有任何变化。

在查询一行数据时，首先在索引中查询该行的行标识，然后根据这个行标识找到表中的数据。因为索引中的数据是经过排序的，所以采用了折半查找法查找数据，以达到快速查找的目的。

利用折半查找法在索引中查找数据的过程类似于遍历一棵二叉树，首先与根节点比较，如果与查找的数据相同，则一次访问就完成查询。如果要查找的数据小于根节点，则在根节点的左子树中查找，否则在右子树中查找，这样查找的范围将缩小一半。按照这种方法，每次将查找范围缩小一半，然后在剩下的节点中继续查找，直到找到所需的数据。如果利用上述索引在表 emp 中查找员工 7788，访问一次磁盘就可以得到结果，要查找员工 7902，第三次就可以得到结果。

按照索引列的值是否允许重复，索引可以分为唯一性索引和非唯一性索引，其中唯一性索引可以确保索引列的值是唯一的。按照索引列中列的数目，索引可以分为单列索引和复合索引。按照索引列的数据的组织方式，索引可以分为 B 树索引、位图索引、反向索引和基于函数的索引，这里仅介绍 B 树索引的用法。

合理地使用索引固然可以大大提高数据库的查询性能，但是不合理的索引反而会降低数据库的性能，尤其是在进行 DML 操作时。在创建索引时，表中的数据将被排序，如果对表进行了 DML 操作，表中的数据发生了变化，这时索引中的数据也将被重新排序，如果在表上建立了多个索引，那么每个索引中的数据都要被重新进行排序。这种排序的开销是很大的，尤其是表非常大时。

索引是关系型数据库系统用来提高性能的有效方法之一，索引的使用可以减少磁盘访问的次数，从而大大提高了系统的性能。但是在设计索引时必须全面考虑在表上所进行的操作，如果在表上进行的主要操作是查询操作，那么可以考虑在表上建立索引，如果在表上要进行频繁的 DML 操作，那么索引反而会引起更多的系统开销。一般来说，创建索引要遵循以下原则：

- 如果每次查询仅选择表中的少量行，应该建立索引；
- 如果在表上需要进行频繁的 DML 操作，不要建立索引；
- 尽量不要在有很多重复值的列上建立索引；
- 不要在太小的表上建立索引。在一个小表中查询数据时，速度可能已经足够快。

如果建立索引，对查询速度不仅没有多大帮助，反而需要一定的系统开销。

2.7.2　索引的创建、修改和删除

索引可以自动创建，也可以手动创建。如果在表的一个列或几个列上建立了主键约束或者唯一性约束，那么数据库服务器将自动在这些列上建立唯一性索引，这时索引的名字与约束的名字相同。

手动创建索引需要执行 SQL 命令，创建索引的命令是 CREATE INDEX。一个用户可以在自己的模式中创建索引，只要用户具有 CREATE INDEX 系统权限。如果希望在其他用户的模式中创建索引，那么需要具有 CREATE ANY INDEX 系统权限。

1. 索引创建

CREATE INDEX 命令的语法格式为：

```
CREATE INDEX 索引名 ON 表名 (列1, 列2,...);
```

例如，如果要在表 emp 的 empno 列上建立索引，可以执行以下 SQL 语句：

```
SQL>CREATE INDEX idx_1 ON emp(empno);                    [000152]
```

在这个索引中，索引列只有一个，这样的索引称为单列索引。如果要建立复合索引，则要指定多个列。例如，下面的语句在表 emp 上创建了一个复合索引。

```
SQL>CREATE INDEX idx_2 ON emp(empno,deptno);            [000153]
```

在默认情况下，创建的索引是非唯一的，也就是说，在表中的索引列上允许存在重复值。如果要创建唯一性索引，那么需要使用关键字 UNIQUE。例如：

```
SQL>CREATE UNIQUE INDEX idx_3 ON emp(ename,deptno);     [000154]
```

这时在表 emp 的 ename 和 deptno 列上创建了唯一性索引 idx_3,这样可以确保表 emp 的 ename 和 deptno 列组合没有重复值。也就是说，没有两个员工名字相同，并且都在同一个部门。

在创建一个索引时，需要指定一个或多个列，那么到底指定哪些列呢？一个重要原则是选择经常用在 WHERE 子句中使用的列。例如，如果要经常根据列 empno 的值查询员工的数据，那么可以考虑将列 empno 作为索引的索引列。

如果在查询时要在 WHERE 子句中指定多个查询条件，那么可以在涉及的多个列上分别创建索引。例如，对于条件 WHERE a=7788 and b>2000，可以在列 a 列 b 上创建两个索引，但是在查询时也要涉及两个索引的查询。如果能够将两个索引合并为一个，那么查询的次数也会减少。如果在一个索引建立在两个或多个列上，这样的索引就是复合索引。复合索引主要用于多个条件的查询语句中。

2．索引修改

Oracle 数据库索引的修改，语法格式如下：

```
ALTER [UNIQUE] INDEX [user.]index
[INITRANS n]
[MAXTRANS n]
REBUILD
[STORAGE n]
```

其中，REBUILD 是根据原来的索引结构重新建立索引，实际是删除原来的索引后再重新建立。一般 DBA 经常用 REBUILD 来重建索引可以减少硬盘碎片和提高应用系统的性能。

修改索引就像修改表一样，在创建索引后可以进行修改，示例如下。

● 分配和释放索引空间

```
alter index gcc.idx_3 allocate extent(size 1m);
```

● 释放多余的索引空间

```
alter index gcc.idx_3 deallocate unused;
```

● 重建索引

```
alter index gcc.idx_3 rebuild;
```

● 联机重建索引

使用 rebuild，若其他用户正在表上执行 dml 操作，则重建会失败，通过使用如下语句，就可以成功重建。

```
alter index gcc.idx_3 rebuild online;
```

● 合并索引

当相邻索引块存在剩余空间，通过合并索引将其合并到一个索引块上，SQL 如下：

```
alter index gcc.idx_3 coalesce;
```

● 重命名索引

```
alter index gcc.idx_3 rename to gcc.idx_33;
```

3．索引删除

删除索引，语法格式如下：

```
DROP INDEX [schema.]indexname
```

例如，删除索引 idx_3，SQL 如下：

```
DROP INDEX gcc.idx_3;
```

2.7.3 索引信息的查询

要想知道数据库都有哪些索引、索引的拥有者、索引的类型、索引的大小、索引的创建日期以及索引列数等信息，需通过查询与索引相关的数据字典。与索引相关的数据字典有 4 个：dba_indexes、dba_ind_columns、user_indexes 及 user_ind_columns。dba_indexes 和 dba_ind_columns，只有 DBA 角色的用户才能查看；user_indexes 和 user_ind_columns，当前账户无须权限即可查看。

例如，要查询索引的类型、所基于的表、是否唯一性索引以及状态等信息，可以执行以下查询语句：

```
SQL>SELECT  index_type,Table_name,uniqueness,status  FROM  user_indexes
WHERE index_name='IDX_2';                                    [000155]
```

下面的查询语句用来获得索引所基于的表和表上的列：

```
SELECT Table_name,column_name FROM user_ind_columns  WHERE index_name=
'IDX_2';                                                     [000156]
```

2.7.4 索引使用原则

一般情况下，在指定索引中的列时，要遵循以下原则：

- 在 WHERE 子句中经常使用的列上创建索引；
- 尽量不要在具有大量重复值的列上创建索引；
- 具有唯一值的列是建立索引的最佳选择，但是究竟是否在这个列上建立索引，还要看是否对这个列经常进行查询；
- 如果 WHERE 子句中的条件涉及多个列，可以考虑在这些列上创建一个复合索引；
- 正如前面所说，合理设计的索引将提高系统的性能，而不合理的索引反而会降低系统性能。所以，在数据库的运行过程中，要经常检查索引是否被使用（Oracle 12c 通过 V$INDEX_USAGE_INFO 动态性能视图查看），检查索引是否像期望的那样提高了数据库的性能。如果一个索引并没有被频繁地使用，或者一个索引对数据库性能的提高只有微小的帮助甚至没有帮助，这时可以考虑删除这个索引。

注意：Oracle 索引使用情况查看 SQL 语句。在 Oracle 12c 中也可通过 V$INDEX_USAGE_INFO 动态性能视图查看，11g 和 12c 可执行下面的 SQL 语句查看。

```
WITH TMP1 AS
(SELECT I.OWNER INDEX_OWNER,
I.TABLE_OWNER ,
TABLE_NAME,
INDEX_NAME ,
INDEX_TYPE,
(SELECT NB.CREATED
FROM DBA_OBJECTS NB
WHERE NB.OWNER = I.OWNER
AND NB.OBJECT_NAME = I.INDEX_NAME
AND NB.SUBOBJECT_NAME IS NULL
AND NB.OBJECT_TYPE = 'INDEX') CREATED,
(SUM(S.BYTES) / 1024 / 1024) INDEX_MB,
(SELECT COUNT(1)
FROM DBA_IND_COLUMNS DIC
WHERE DIC.INDEX_NAME = I.INDEX_NAME
AND DIC.TABLE_NAME = I.TABLE_NAME
AND DIC.INDEX_OWNER = I.OWNER) COUNT_INDEX_COLS
FROM DBA_SEGMENTS S, DBA_INDEXES I
WHERE I.INDEX_NAME = S.SEGMENT_NAME
AND I.OWNER = S.OWNER
AND S.OWNER NOT LIKE '%SYS%'
GROUP BY I.OWNER, I.TABLE_OWNER, TABLE_NAME, INDEX_NAME, INDEX_TYPE
HAVING SUM(S.BYTES) > 1024 * 1024),
TMP2 AS
(SELECT INDEX_OWNER,
INDEX_NAME,
PLAN_OPERATION,
(SELECT MIN(TO_CHAR(NB.BEGIN_INTERVAL_TIME, 'YYYY-MM-DD HH24:MI:SS'))
FROM DBA_HIST_SNAPSHOT NB
WHERE NB.SNAP_ID = V.MIN_SNAP_ID) MIN_DATE,
(SELECT MAX(TO_CHAR(NB.END_INTERVAL_TIME, 'YYYY-MM-DD HH24:MI:SS'))
FROM DBA_HIST_SNAPSHOT NB
WHERE NB.SNAP_ID = V.MAX_SNAP_ID) MAX_DATE,
COUNTS
FROM (SELECT D.OBJECT_OWNER INDEX_OWNER,
D.OBJECT_NAME INDEX_NAME,
D.OPERATION || ' ' || D.OPTIONS PLAN_OPERATION,
MIN(H.SNAP_ID) MIN_SNAP_ID,
MAX(H.SNAP_ID) MAX_SNAP_ID,
COUNT(1) COUNTS
FROM DBA_HIST_SQL_PLAN D, DBA_HIST_SQLSTAT H
WHERE D.OPERATION LIKE '%INDEX%'
AND D.SQL_ID = H.SQL_ID
GROUP BY D.OBJECT_OWNER, D.OBJECT_NAME, D.OPERATION, D.OPTIONS) V)
SELECT A.TABLE_OWNER  "表所属账户",
A.TABLE_NAME  "表名",
A.INDEX_OWNER  "索引所属账户",
A.INDEX_NAME  "索引名",
```

```
A.CREATED  "创建日期",
A.INDEX_TYPE  "索引类型",
A.INDEX_MB "索引大小",
A.COUNT_INDEX_COLS  "索引列数",
B.PLAN_OPERATION  "发生的操作",
CASE
WHEN MIN_DATE IS NULL THEN
(SELECT MIN(TO_CHAR(NB.BEGIN_INTERVAL_TIME, 'YYYY-MM-DD HH24:MI:SS'))
FROM DBA_HIST_SNAPSHOT NB)
ELSE
MIN_DATE
END AS "快照间隔开始时间",
CASE
WHEN MAX_DATE IS NULL THEN
(SELECT MAX(TO_CHAR(NB.BEGIN_INTERVAL_TIME, 'YYYY-MM-DD HH24:MI:SS'))
FROM DBA_HIST_SNAPSHOT NB)
ELSE
MAX_DATE
END AS "快照间隔结束时间",
COUNTS "索引被使用次数"
FROM TMP1 A
LEFT OUTER JOIN TMP2 B
ON (A.INDEX_OWNER = B.INDEX_OWNER AND A.INDEX_NAME = B.INDEX_NAME);[000157]
```

2.8　Oracle 数据库的序列

　　序列是一种数据库对象，用来自动产生一组唯一的序号。序列是一种共享式的对象，多个用户可以共同使用序列中的序号。一般将序列应用于表的主键列，这样当向表中插入数据时，主键列就使用了序列中的序号，从而确保主键列的值不会重复。用这种方法可以代替在应用程序中产生主键值的方法，可以获得更可靠的主键值。

2.8.1　序列的创建、修改和删除

　　默认情况下，用户可以在自己的模式中创建序列。如果希望在其他用户的模式中创建序列，则必须具有 CREATE ANY SEQUENCE 系统权限。创建序列的命令为 CREATE SEQUENCE，它的完整语法格式为：

```
CREATE SEQUENCE 序列名 INCREMENT BY n
START with n
MAXVALUE n | NOMAXVALUE
MINVALUE n | NOMINVALUE
CYCLE | NOCYCLE
CACHE n | NOCACHE
```

在这个命令的语法格式中，除序列名以外，其余各选项都是可选的。各选项中的 n 是一个整数。

　　其中，START with 选项指定序列中的序号从哪个数字开始，默认情况下从它的最小

值开始。INCREMENT 选项指定了序列中序号递增的幅度，也就是后一个序号比前一个序号大多少。序号可以递增，也可以递减，所以 INCREMENT 选项中的数字 n 可以是正整数，也可以是负整数。

MAXVALUE 用来指定序列中序号的最大值。如果没有最大值，可用 NOMAXVALUE 选项代替这个选项。同样，MINVALUE 用来指定序列中序号的最小值，序列中的最小值必须小于或等于它的开始值。

如果为序列指定了最大值，那么当序列中的序号被消耗完时，用户将无法从这个序列中取得序号。

选项 CYCLE 使得序列中的序号可以循环使用。当用户正在使用序列中的最大值时，下一个可以使用的序号就是它的开始值。

用户每使用序列一次，都要对序列进行一次查询。如果把序列中的序号放在内存中进行缓存，那么用户获得序号的速度将大大加快。选项 CACHE 的作用就是将序列中接下来的 n 个序号在内存中进行缓冲。如果不希望进行缓冲，可以用 NOCACHE 选项代替它。

例如，下面的语句使用默认值创建了一个序列 seq1。

```
SQL>CREATE SEQUENCE seql;                              [000158]
```

下面的语句创建了一个序列 seq2，它的开始值是 100，增幅是 2，最大值为 10 000，序列中的序号不在内存中进行缓冲。

```
SQL>CREATE SEQUENCE seq2
START with 10
INCREMENT BY 2
MAXVALUE 10000
NOCACHE;                                               [000159]
```

序列的信息可以从数据字典 user_sequences 中获得。例如，下面的 SELECT 语句用于查询序列 seq2 的最小值、最大值、增幅、下一个可用序号、是否循环等信息。

```
SQL>SELECT min_value,max_value,increment_by,last_number,cycle_flag FROM
user_sequences WHERE sequence_name='SEQ2';            [000160]
```

序列在创建之后，在使用的过程中，可以对其进行修改。如修改它的最大值、最小值、增幅等，但是不能修改开始值。值得注意的是，如果已经有部分序号被使用，那么对序列的修改只影响以后的序号，对以前已经使用的序号不起作用。

修改序列的命令是 ALTER SEQUENCE。用户可以修改自己的序列，如果希望修改其他用户的序列，则需要具有 ALTER ANY SEQUENCE 系统权限。ALTER SEQUENCE 命令的用法与 CREATE SEQUENCE 命令的用法基本相同。例如，下面的语句修改序列 seq2 的最小值、最大值、增幅，并使其中的序号可循环使用。

```
SQL>ALTER SEQUENCE seq2 MINVALUE 5  MAXVALUE 50000  INCREMENT BY 3  CYCLE;
                                                       [000161]
```

现在重新执行上面的 SELECT，查询这个序列的信息，查询结果为：

```
SQL>SELECT min_value,max_value,increment_by,last_number,cycle_flag FROM
```

```
user_sequences WHERE sequence_name='SEQ2';                    [000162]
```

删除序列的命令是 DROP SEQUENCE。用户可以删除自己创建的序列，如果要删除其他用户的序列，则需要具有 DROP ANY SEQUENCE 系统权限。序列被删除后，它的相关信息就被从数据字典中删除。例如，可用下面的语句删除序列 seq2。

```
SQL>DROP SEQUENCE seq2;                                        [000163]
```

2.8.2　序列的使用

对用户而言，序列中的可用资源是其中包含的序号。用户可以通过 SELECT 命令获得可用的序号，也可以将序号应用于 DML 语句和表达式中。如果要使用其他用户的序列，则必须具有对该序列的 SELECT 权限。

序列提供了两个伪列，即 NEXTVAL 和 CURRVAL，用来访问序列中的序号。其中，NEXTVAL 代表下一个可用的序号，CURRVAL 代表当前的序号。序列可以认为是包含了一系列序号的一个指针。序列刚被创建时，这个指针位于第一个序号之前，以后每获得一个序号，指针就向后移动一个位置，这时就可以用 CURRVAL 访问序列中的当前序号，用 NEXTVAL 访问下一个序号。

在第一次使用序列中的序号时，必须首先访问 NEXTVAL 伪列，使指针指向第一个序号。如图 2-35 所示为序列中的序号和指针示意图。

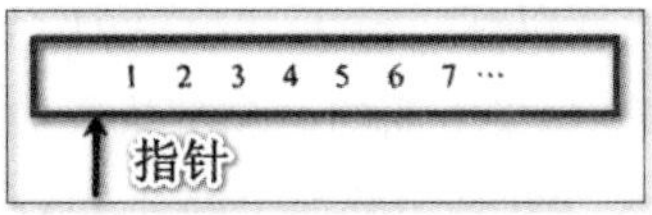

通过 SELECT 语句可以从序列中获得一个可用的序号。例如，对于已经创建的序列 SEQ1，可以执行下面的 SELECT 语句：

图 2-35

```
SQL>SELECT seql.nextval FROM DUAL;                            [000164]
```

其中 seq1.nextval 表示序列 seq1 的 NEXTVAL 伪列。这时如果再利用 SELECT 语句访问这个序列的 CURRVAL 伪列，应该返回它的当前序号，即 1。

在 SELECT 语句中使用表 DUAL 是必要的，因为 SELECT 语句将根据表中数据的行数返回若干个序号，并且每访问一次 NEXTVAL 伪列，指针就向后移动一个序号。假设把 SELECT 语句中的表名用 dept 代替，那么执行结果为：

```
SQL>SELECT seql.nextval FROM dept;                           [000165]
```

因为表 dept 中有 4 行，所以 SELECT 语句返回接下来的连续 4 个序号。

CURRVAL 伪列代表序列中的当前序号，访问这个伪列时指针并不向后移动。CURRVAL 伪列的引用方法与 NEXTVAL 伪列相同，引用格式为：序列名.currval。

序列还可应用于 SELECT 语句的其他形式。例如，在下面的 SELECT 语句中，序列 seq1 为每行数据提供了一个编号。

```
SQL>CREATE SEQUENCE seq5
START with 10
INCREMENT BY 1
```

```
MAXVALUE 10000
NOCACHE;
SQL>SELECT seq5.nextval,deptno,dname,loc FROM dept;          [000166]
```

这条语句的执行结果类似于以下形式（这里假定第一次使用序列 seq1）：

在更多情况下序列的作用为表中的主键列或其他列提供一个唯一的序号。例如，要往表 emp 中插入一行时，可以利用序列为每个员工指定唯一的员工号。下面的 INSERT 语句向表 emp 中插入一行，其中 empno 的值为序列 seq5 中的下一个序号。

```
SQL>INSERT INTO emp(empno,ename,mgr,hiredate,deptno) VALUES(seq5.nextval,
'GOOD', 7902 ,SYSDATE,20);                                   [000167]
```

序列是一种共享式的数据库对象，用户可以直接使用自己创建的序列，其他用户也可以访问当前用户的序列，只要具有对这个序列的 SELECT 权限即可。如果一个序号被某个用户获得，那么其他用户就不能再获得这个序号。也就是说，序列可以共享，但序列中的序号则不能共享。

对序列中序号的访问操作是作为一个单独的事务实现的，这个事务的执行与其他事务的执行成功与否无关。如果包含一条 DML 语句的事务被回滚了，那么对序列的操作是无法回滚的。假设序列 seq1 的当前序号是 20，考虑下面的语句：

```
SQL>INSERT INTO dept VALUES(seq5.nextval,'NETWORK', 'BEIJING','zONgsr');
ROLLBACK;
SELECT seq5.nextval FROM DUAL;                               [000168]
```

如果上面的语句都执行成功，最后一条语句的执行结果是 21。这是为什么呢？因为 INSERT 语句获得了序列 seq1 的下一个序号 21，虽然这个事务被回滚了，但是序列中的指针还是向后移动了，序号 21 再也无法使用，下一个可以使用的序号是 22。

在访问序列中的序号时，可能会发生序号不连续的情况，不连续的原因可能是事务发生了回滚，或者多个用户共同访问同一个序列。

一个用户要访问其他用户的序列时，不仅要具有对这个序列的 SELECT 权限，在访问时还要在序列的名称前以用户名进行限定。例如，下面的 SELECT 语句是当前用户访问用户 scott 的序列 seq5 的情况。

```
SQL>SELECT scott.seq5.nextval FROM DUAL;                     [000169]
```

如果要将一个序列的 SELECT 权限授予其他用户，相应的 GRANT 命令格式为：

```
GRANT SELECT ON 序列名 to 用户名;                            [000170]
```

2.8.3　序列信息的查询

序列作为一种数据库对象，它的相关信息也存储在数据字典中。与序列相关的数据字典有 3 个：USER_SEQUENCES、DBA_SEQUENCES 和 ALL_SEQUENCES。

1．USER_SEQUENCES 序列数据字典

USER_SEQUENCES 数据字典各列及含义如表 2-7 所示。

表 2-7

名　　称	是否为空	类　　型	说　　明
SEQUENCE_NAME	NOT NULL	VARCHAR2(30)	序列名称
MIN_VALUE	NULL	NUMBER	最小值
MAX_VALUE	NULL	NUMBER	最大值
INCREMENT_BY	NOT NULL	NUMBER	增加幅度
CYCLE_FLAG	NULL	VARCHAR2(1)	是否循环使用
ORDER_FLAG	NULL	VARCHAR2(1)	是否按顺序
CACHE_SIZE	NOT NULL	NUMBER	是否缓冲
LAST_NUMBER	NOT NULL	NUMBER	下一个可用序号

注意：USER_SEQUENCES 记录当前用户拥有的所有序列，此数据字典无 sequence_owner（序列所有者）字段。当前登录账户只要拥有 select 权限即可访问。

例如，要了解序列 seq5 的相关信息，可以执行下面的 SELECT 语句：

```
SQL>SELECT   sequence_name,min_value,max_value,increment_by,last_number
FROM USER_SEQUENCES WHERE sequence_name = 'SEQ5';                    [000171]
```

2. DBA_SEQUENCES 序列数据字典

DBA_SEQUENCES 数据字典各列及含义如表 2-8 所示。

表 2-8

名称	类型	说明
sequence_owner	TEXT	序列所有者的用户名
sequence_name	TEXT	序列的名称
min_value	NUMERIC	服务器将分配给序列的最小值
max_value	NUMERIC	服务器将分配给序列的最大值
increment_by	NUMERIC	在当前序列号上增加的值，用于创建下一个序列号
cycle_flag	CHARACTER VARYING	指定当序列到达 min_value 或 max_value 时是否应循环
order_flag	CHARACTER VARYING	将始终返回 Y
cache_size	NUMERIC	存储在内存中的预分配序列号的数量
last_number	NUMERIC	保存到磁盘的最后一个序列号的值

注意：DBA_SEQUENCES 记录的是数据库所有的序列，只有拥有"DBA"角色的账户（如 SYS）才能访问。

3. ALL_SEQUENCES 序列数据字典

ALL_SEQUENCES 数据字典记录当前用户可访问的所有序列，当前登录账户只要拥有 select 权限即可访问，结构同 DBA_SEQUENCES 数据字典。

"序列"在 Oracle 数据库中也很重要，主要用于表某列上的唯一值，类似于 MySQL

数据库表的自增属性，但 Oracle 数据库没有列自增属性（功能），通过"序列"实现 MySQL 数据库的表自增功能，要求了解和掌握。接下来介绍 Oracle 数据库的"同义词"。

2.9　Oracle 数据库的同义词

同义词是一种数据库对象，它是为一个数据库对象定义的别名，使用同义词的主要目的是为了简化 SQL 语句的书写。

2.9.1　同义词的概念和类型

利用同义词可以为用户的一个对象，或者其他用户的一个对象定义别名，从而简化命令或程序的书写，在命令或程序中可以直接使用同义词代替原来的对象。

可以为表、视图、存储程序、序列等对象建立同义词，也可以为一个同义词再建立同义词，甚至可以为一个不存在的对象建立同义词，系统仅仅在使用同义词时才验证它所代表的对象是否存在。

同义词本身并不包含原对象中的数据或代码，它的作用仅仅相当于一个指针。在使用同义词时，系统根据同义词的定义查找它所指向的对象，将对同义词的访问转化为对原对象的访问。同义词的作用仅仅是为了方便用户操作数据库对象。Oracle 支持两种类型的同义词，即私有同义词和公共同义词。私有同义词由普通用户创建，在默认情况下只能用户本人使用。公有同义词一般由 DBA 创建，可以由所有用户使用。

公共同义词的意义在于它代表了一个大家都可以访问的对象。例如，程序包 DBMS_OUTPUT 是属于特权用户 SYS 的，但是任何一个用户都可以直接使用它，而不用指定它所在的模式。普通用户能够使用的名称 DBMS_OUTPUT 显然是一个公共同义词。

用户可以随意为其他用户的一个对象创建一个同义词，但这并不意味着这个用户就具有了访问其他用户的对象的权限。如果要通过同义词访问其他用户的对象，还需要具有相应的权限。只有在使用同义词时，系统才验证用户是否有相应的访问权限。

2.9.2　同义词的创建与删除

用户可以在自己的模式中创建同义词，这需要具有 CREATE SYNONYM 系统权限。如果希望在其他用户的模式中创建同义词，则需要具有 CREATE ANY SYNONYM 系统权限。

普通用户创建的同义词一般都是私有同义词，公共同义词一般由 DBA 创建。普通用户如果希望创建同义词，则需要 CREATE PUBLIC SYNONYM 系统权限。

创建私有同义词的命令是 CREATE SYNONYM，它的语法规则为：

```
CREATE SYNONYM 同义词 FOR 用户名.对象名;
```

例如，假设当前用户为了方便地访问 scott 用户的表 dept，可以执行下面的 CREATE 语句创建同义词：

```
SQL>CREATE SYNONYM c_dept FOR scott.dept;                    [000172]
```

这样，在具有相应权限的情况下，当前用户就可以通过这个同义词代替原来的表，在 SQL 语句中通过访问同义词来对原来的表进行操作。例如：

```
SQL>SELECT deptno,dname,loc FROM sy_dept;                    [000173]
```

创建公有同义词的命令也是 CREATE SYNONYM，只是要使用 PUBLIC 关键字进行限定。创建公有同义词的命令格式为：

```
CREATE PUBLIC SYNONYM 同义词 FOR 用户名.对象名;
```

例如，为了让大家都能方便地访问 scott 用户的表 dept，DBA 可以通过执行下面的语句创建一个公共同义词：

```
SQL>CREATE PUBLIC SYNONYM p_dept FOR scott.dept;             [000174]
```

在具有相应权限的情况，任何用户都可以通过这个同义词访问 scott 用户的表 dept，例如，可以向表中写入一行数据：

```
SQL>INSERT INTO p_dept(deptno,dname,loc) VALUES(50,'NETWORK','AEIJING');
                                                             [000175]
```

用户如果不使用同义词时，可以将其删除。删除同义词的命令是 DROP SYNONYM。这条命令的语法格式为：

```
DROP SYNONYM 同义词;
```

一个用户可以删除自己创建的同义词，如果要删除其他用户创建的同义词，则要具有 DROP ANY SYNONYM 系统权限。DBA 可以删除所有的公共同义词，普通用户需要具有 DROP PUBLIC SYNONYM 系统权限，才能删除公共同义词。同义词被删除以后，它的相关信息也将从数据字典中删除。

例如，将 c_dept 删除，命令如下：

```
SQL>DROP SYNONYM c_dept;                                     [000176]
```

2.9.3　同义词信息的查询

同义词（synonyms）作为一种数据库对象，它的相关信息被存储在数据字典中。与同义词有关的数据字典有 3 个：user_synonyms、all_synonyms 和 dba_synonyms。

1. 数据字典 user_synonyms

数据字典 user_synonyms 中记录了当前用户所拥有的同义词。其各列的定义及其含义如表 2-9 所示。

表 2-9

名 称	是否为空	类 型	说 明
SYNONYM_NAME	NOT NULL	VARCHAR2(30)	同义词的名称
TABLE_OWNER	NULL	VARCHAR2(30)	所指向的对象属主
TABLE_NAME	NOT NULL	VARCHAR2(30)	所指向的对象名称
DB_LINK	NULL	VARCHAR2(128)	数据库连接

如果要查询当前用户创建了哪些同义词，它们各代表哪个用户的哪个对象，可以执行下面的 SELECT 语句进行查询。

```
SQL>SELECT synonym_name, table_name, table_owner FROM user_synonyms;
                                                              [000177]
```

2. 数据字典 all_synonyms

在数据字典 all_synonyms 中记录了当前用户能使用的所有同义词，包括私有同义词和公共同义词，其结构同 dba_synonyms。

如果要查询当前用户都能使用哪些同义词，它们各代表哪个用户的哪个对象，可以执行下面的 SELECT 语句进行查询。

```
SQL>SELECT owner,synonym_name,table_name, table_owner FROM all_synonyms;
                                                              [000178]
```

3. 数据字典 dba_synonyms

在数据字典 dba_synonyms 中记录了数据库中所有的同义词，包括每个用户创建的私有同义词和 DBA 创建的公共同义。这个视图只有 DBA 能够访问，它的结构除了包含数据字典 user_synonyms 的所有列外，还有一个列 OWNER，代表同义词的创建者。

如果要在整个数据库范围内查询某个同义词的信息，可以对数据字典 dba_synonyms 进行查询。例如，要查询用户 scott 所创建的所有同义词，可以执行下面的 SELECT 语句：

```
SQL>SELECT synonym_name, Table_name, TABLE_owner FROM dba_synonyms WHERE
owner='GCC';                                                   [000179]
```

如果要查询用户 scott 的表 dept 具有哪些同义词，可以执行下面的 SELECT 语句：

```
SQL>SELECT  synonym_name,owner  FROM  dba_synonyms  WHERE  TABLE_owner=
'SCOTT' AND Table_name='DEPT';                                [000180]
```

如果要查询系统中所有的公共同义词，可以执行下面的 SELECT 语句：

```
SQL>SELECT synonym_name, Table_name, TABLE_owner FROM dba_synonyms WHERE
owner='PUBLIC';                                               [000181]
```

2.10 本章小结

在本章主要讲解了"Oracle 数据类型""Oracle 数据库的 DML 语句""Oracle 数据库的事务控制语句""Oracle 数据库的 DDL 语句""Oracle 数据库的约束""Oracle 数据库的视图""Oracle 数据库的索引""Oracle 数据库的序列"以及"Oracle 数据库的同义词"等。

　　本章为从事数据库开发的基础，要求全部了解和掌握。对于 Oracle 数据库的数据类型，本章介绍较为详细，其中日期时间型，不太好理解。本章中的所有示例代码，务必在自己的环境下运行一下，看看结果，就容易理解了。只有这样，才能更好地从事数据库开发工作。

　　接下来进入第 3 章 Oracle 查询语句。

第 3 章　Oracle 查询语句

查询语句是使用最为频繁的数据库访问语句，对应的 SQL 命令是 SELECT。虽然只有一条命令，但是由于它有灵活多样的形式以及功能强大的子句，可以组成各种复杂的查询语句，能够完成各种复杂的查询。

在本章的最后，给出查询语句的典型样本，供读者参考和借鉴。

注意：本章大部分情况都以 Oracle 数据库自身提供的 scott 账户下的数据为蓝本进行示例，因此，需登录到该账户下进行本章的示例操作。

对于本章示例代码中若出现"emp""dept""BONUS"及"SALGRADE"等，说明使用的是 scott 账户下的数据，读者应登录到该账户下操作。

关于 Oracle 数据库的 scott 账户，如果是第一次登录，需要解锁，以 SYS 账户的 SYSDBA 身份登录，登录命令：sqlplus sys/123456@127.0.0.1:1521/数据库全名 as sysdba 或 sqlplus sys/123456@数据库服务名（一般是数据库实例名） as sysdba，登录后输入解锁命令：ALTER user scott account unlock;。为了方便操作，将 DBA 角色赋予 scott，命令：grant dba to scott;，然后切换至 scott 账户，命令：conn scott/tiger@127.0.0.1：1521/数据库全名 或 conn scott/tiger@数据库服务名（一般是数据库实例名）。

注：关于本章的代码脚本，可在其电子档中，通过复制粘贴到 SQL*Plus 环境或 SQL Developer 下执行即可。

3.1　查询语句的基本用法

关于 SELECT 的语法非常复杂，这里所说的是最基本的用法，更为复杂的用法请参阅本章后续的"多表查询""子查询""连接查询"以及"集合运算"。

3.1.1　SELECT 语句的简单使用

SELECT 语句可以根据用户的要求查询数据库中的数据，并且可以对它们进行简单的计算和统计。最简单的 SELECT 语句只有一个 FROM 子句，格式如下：

```
SELECT 表达式 FROM 表名
```

其中 SELECT 之后引导一个或多个列名，或者表达式用来指定需要查询的列，或者对数据所进行的计算。在 FROM 子句指定一个或多个表名，用来指定本次查询所涉及的表。查询的结果是返回一行或多行数据，每行由一个或多个列的列值组成。

完整的 SELECT 语句包括 WHERE、ORDER、GROUP 等子句。格式如下：

```
SELECT 表达式 FROM 表名 WHERE 条件 GROUP BY 列名 HAVING 条件 ORDER BY 表达式
```

SELECT 语句最灵活的用法体现在 WHERE 子句中的查询条件，这个条件用来指定查询什么样的数据。在以下各节中，将分别介绍 SELECT 语句的各个组成部分。

如果要查询某个表中一个或多个列的数据，需要在 SELECT 命令之后指定列名，并在 FROM 子句中指定查询所涉及的表。格式如下：

```
SELECT 列 1,列 2,列 n FROM 表名
```

查询的结果是从指定的表中将指定列的数据显示出来。例如，要查询供应商表（gongysb）中的供应商简称（mingc）和供应商全称（quanc）列，对应的 SELECT 语句为：

```
SELECT mingc as 供应商简称,quanc as 供应商全称 FROM gongysb;        [000182]
```

这样的语句可以在 Oracle 提供的实用工具 SQL*Plus 中执行，也可以在其他实用工具如 Oracle SQL developer 或应用程序中执行。SQL*Plus 的提示符是 "SQL>"，本书中介绍的 SQL 语句基本上是在 SQL*Plus 中执行的。在操作系统的终端窗口中输入 SQL*Plus 命令，并指定用户名和口令，即可登录数据库服务器。例如：

```
Shell> sqlplus / AS SYSDBA
SQL>connect dtdl/dtdl                                          [000183]
```

注意：作者的 Oracle 11g，赋予了 dtdl 用户 DBA 的角色，读者可以自己创建一个不一定是 "dtdl" 的账户，然后赋予这个账户 DBA 角色。这样一来，即可执行 Oracle 的所有命令，不至于有时提示 "无此操作权限" 的信息。这部分内容将在后面的章节具体介绍。账户创建好后，在 SQL*Plus 环境中输入：connect 账户名/密码@服务名（一般是数据库实例名）进行登录，此时，便处在这个账户下，可以访问此账户中的任何对象。

SQL 语句中除字符串外，各个部分是大小写不敏感的。如果在 SQL*Plus 中执行 SQL 语句，需要在语句末尾加上一个分号 ";"。分号并不是 SQL 语句的一部分，只是语句结束的标志。一条语句可以在一行中书写，也可以分行书写。

```
SQL>SELECT mingc as 供应商简称,quanc as 供应商全称 FROM gongysb;  [000184]
```

如果要查询表中的所有的列，可以用 "*" 号代替所有的列名。例如：

```
SQL>SELECT * FROM gongysb;                                     [000185]
```

如果不了解表的结构，可以在 SQL*Plus 中执行命令 DESCRIBE（简写为 DESC，查看表的结构。这个命令的参数是：表名，或者其他对象名。这条命令不是 SQL 命令，而是 SQL*Plus 中的命令。）

为了演示 SQL 句法，本章中大部分 SQL 语句都以 Oracle 提供的模板中的表 emp 和 dept 为操作对象。只要以用户名 "scott" 和口令 "tiger" 登录数据库就能直接访问这两个表。其中 emp 表是员工的信息表，dept 是部门信息表，这两个表的结构如下说明（其中各列的含义是作者标注的）。

emp 表结构说明如表 3-1 所示。

dept 表字段说明如表 3-2 所示。

表 3-1

表 字 段	描 述
Empno	员工编号
Ename	员工姓名
Job	职务
Mgr	经理编号
Hiredate	受聘时间
Sal	工资
Comm	奖金
Deptno	所在部门编号

表 3-2

表 字 段	描 述
Deptno	部门编号
Dname	部门名称
Loc	部门所在城市

第一次登录 scott 账户，需要解锁，解锁方法如下。

以 SYS 的 SYSDBA 身份登录，登录后输入解锁命令：

```
SQL>ALTER user scott account unlock;
SQL>DESC emp;                                                    [000186]
SQL>DESC dept;                                                   [000187]
```

在默认情况下，在显示数据时，各列的标题就是列的名称。在 SELECT 语句中可以定义列的别名，这样在显示数据时，列的标题就是这个别名，在整个 SQL 语句中都可以使用这个别名。使用别名的 SELECT 语句格式为：

```
SQL>SELECT 列 1 AS 别名 1，列 2 AS 别名 2,列 n AS 别名 n
```

或者在列名后直接指定别名，省略 AS 关键字。例如：

```
SQL>SELECT deptno AS 部门编号，loc 地址 FROM dept;               [000188]
```

在查询结果中如果有重复行，可以使用 DISTINCT 关键字去掉重复行的显示。重复行是指在 SELECT 语句中涉及的所有列的列值完全相同的行。例如，要查询员工所分布的部门，可以用 DISTINCT 关键字去掉其中的重复行：

```
SQL>SELECT DISTINCT deptno AS 部门编号 FROM emp;                [000189]
```

实际上多名员工在同一部门上班的情况是存在的，但是这条命令执行的结果去掉了重复的部门编号的显示。

3.1.2 SQL 查询使用的运算符

SELECT 语句不仅可以进行简单的查询，还可以对查询的列进行简单的计算，也可以在两个列之间进行计算，或者将某个列与其他表达式，或者两个表达式进行计算。表 3-3 列出了在 SQL 语句可以使用的运算符。

表 3-3

算术运算符	描　述
+(加)、-(减)、*(乘)、/(除)	用于执行数学计算
比较运算符	描述
=(等于)、!=(不等于)、<(小于)、>(大于)、<=(小于等于)、>=(大于等于)in(在)、like(匹配)、is null (是空值)、BETWEEN(在...之间)、not BETWEEN(不在...之间)	用于将一个表达式与另一个表达式进行比较
逻辑运算符	描述
and（并且）or（或者）not（不是）	用于合并两个条件的结果以产生单个结果
合并运算符	描述
union(合并)、union all(全部合并)、intersect(交集)、minus(差集)	用于合并两个独立查询的结果，其中： union 只合并不重复的部分； union all 全部合并； intersect 返回查询结果中相同的部分； minus 返回在第一个查询结果中与第二个查询结果不相同的那部分行记录
连接运算符	意义
||	用于将两个或多个字符串合并在一起

　　使用"||"运算符可以将两个字符串连接起来。无论是数字型还是日期型数据，在进行这种运算时，都可以看作是字符型数据。通过||（两个竖杠）运算符，用户可以设计自己喜欢的数据显示方式，如将两个列的值连接起来，也可以将列的值与其他文字连接起来。连接以后所得的数据可以当作一个列来显示。例如，可以将 dept 表中的 deptno 和 loc 列以及其他文字连接起来，相应的 SELECT 语句为：

```
SQL>SELECT '部门' || deptno || '的地址为: ' || loc AS 部门地址 FROM dept;
```

　　如果在 SQL 语句中使用了字符串，必须用一对单引号将字符串限定，并且字符串中的字符是大小写敏感的。

　　加减乘除四则运算在 SELECT 语句中比较简单，值得注意的是空值的计算。空值与其他数据进行四则运算时，结果将得到空值，而不管它与什么样的数据运算。例如，要在 emp 表中查询员工的工资与奖金之和，由于部分员工的奖金为空，致使查询的结果与希望的结果不符。查询语句为：

```
SQL>SELECT sal + comm AS 总收入 FROM emp;                    [000190]
```

　　在 emp 表中共有 14 名员工，每名员工都有工资。如果奖金为空，对应的计算结果就为空。空值与 0 或者空格是不同的。空值就是没有数据，而 0 或者空格是实实在在的数据，就像考试没有成绩和得了 0 分是不一样的。为了解决空值的计算问题，SQL 提供了一个函数，这个函数是 NVL，它的功能是把空值转换为其他可以参加运算的数据。这个函数的调用格式是：NVL（表达式，替代值）。当表达式的结果为空时，这个函数就把表达式的值用指定的值代替。有了这个函数，就可以在奖金为空时把它用 0 或者其他数据代替。改进后的查询工资和奖金之和的语句为：

```
SQL>SELECT sal + nvl (comm, 0 ) AS 总收入 FROM emp;          [000191]
```

SELECT 命令还可以用来计算一个普通表达式的值，这个表达式可能与表没有任何关系，如 3*5 这样的表达式。例如：

```
SQL>SELECT 5*7,5+7 FROM dept;          [000192]
```

查询的结果是把表达式的值重复了若干次。因为 SELECT 语句必须通过 FROM 子句指定一个或多个表，而表达式与这些表是无关的，所以，SELECT 语句简单地根据可以查询到的行数，将表达式的值重复若干次。为了解决这个问题，Oracle 提供了一个特殊的表 DUAL。

```
SQL>DESC DUAL;
SQL>SELECT * FROM DUAL;          [000193]
```

DUAL 表只有一个列，而且只有一行数据。所以，在进行与具体的表无关的运算时，可以在 FROM 子句中指定 DUAL 表，这样可以确保计算的结果只显示一次。例如：

```
SQL>SELECT 7*3, 3+7 FROM DUAL;          [000194]
```

3.2 查询语句中的条件

查询语句无论是简单的还是复杂的，往往都加入一些限制条件，即只查满足一定条件的记录，我们把这些条件统称为"查询语句中的条件"，接下来我们展开介绍。

3.2.1 Oracle 常用的关系运算符简介

在前面所列举的查询中，由于没有限制条件，所以查询的结果是将表中的所有行都显示出来。如果希望只查询一部分行，那么可以通过 WHERE 子句指定条件。WHERE 子句的作用是通过指定条件，使 SELECT 语句仅仅查询符合条件的行，如部门 10 的员工数据，或者工资大于 2 000 元的员工数据等。在更多的情况下，都需要根据指定的条件对数据进行查询。

WHERE 子句指定的条件是一个关系表达式，如果关系表达式的结果为真，则条件成立，否则条件不成立。关系表达式用于比较两个表达式的大小，或者进行模糊匹配，或者将一个表达式的值与一个集合中的元素进行匹配。表 3-4 列出了 Oracle 常用的关系运算符。

表 3-4

关系运算符	用　法	说　明
=、!=、>、>=、<、<=、		比较两个表达式的大小及是否相等
LIKE	Like '%字符串%'	字符串的模糊匹配
IN	IN (元素 1，元素 2…)	与集合中的元素进行匹配
BETWEEN	BETWEEN a AND b	检查表达式的值是否在 a 和 b 之间
AND	条件 1 AND 条件 2	两个条件必须同时成立
OR	条件 1 OR 条件 2	两个条件，其中任意一个成立则整个表达式成立
NOT	NOT 条件	条件取反
IS NULL	表达式　IS NULL	判断表达式的值是否为空

3.2.2　Oracle 关系运算符的使用

1. "等号（=）" 运算符使用

比如，要在表 dept 中查询部门 10 的员工姓名和工资信息，对应的 SELECT 语句为：

```
SQL>SELECT ename,sal FROM emp WHERE deptno=10;          [000195]
```

下面的 SELECT 语句用于查询员工 KING 的基本情况：

```
SQL>SELECT empno,ename,sal,comm FROM emp WHERE ename= 'KING'; [000196]
```

2. "LIKE" 运算符使用

LIKE 运算符通常用来进行字符串的模糊匹配，而 "=" 运算符只能对字符串进行精确比较。

在 LIKE 指定的关系表达式中可以使用两个通配符："%" 和 "_"，其中 "%" 可以代替多个字符，"_" 可以代替一个字符。

注意："%" 用来代替多个连续的字符，包括空字符串（"），而 "_" 只能用来代替一个字符，不包括空字符（"）。

例如，要查询包含字符串 "AR" 的员工姓名，构造的 SELECT 语句为：

```
SQL>SELECT ename FROM emp WHERE ename LIKE '%AR%';          [000197]
```

又如，要查询这样的员工，姓名中第一个字符是任意字符，第二个是 "A"，然后是若干任意字符，这时构造的 SELECT 语句为：

```
SQL>SELECT ename FROM emp WHERE ename LIKE '_A%' ;          [000198]
```

当需要模糊查找的字符串中存在 "%" 或 "_"，该字符串中的 "%" 或 "_" 应作为字符串对待而非通配符，如果不通过某种方式把 "%" 或 "_" 告诉 Oracle，它们是字符而非通配符，则 Oracle 的 LIKE 操作会把 "%" 或 "_" 当作通配符使用。这样一来，就违背了你的初衷。遇到这种情况应该怎么办呢？这就需要对"%"或"_"进行转义，即还原其原有的面貌，即字符。

那么，如何进行还原呢？Oracle 提供了一个关键字"ESCAPE"，在其后接代理转义的字符。

其语法格式为：

```
[NOT] LIKE '模糊查询条件' ESCAPE '代理转义字符'
```

为此来构建一个场景，看下面的例子。

【示例 3-1】在 SQL 中通过"ESCAPE"关键字对特殊字符（%、_、双引号及单引号）进行转义，即还原要转义字符的原始属性。

代码如下：

```
SQL>drop table test_Like;
CREATE TABLE test_Like(t_id number,content varchar2(50));
INSERT INTO test_Like VALUES(1,'学生 95%通过了六级');
INSERT INTO test_Like VALUES(2,'某大学_某班_某学生');
COMMIT;
SELECT * FROM test_Like WHERE content like '%%%' -- '%%%'中间的'%'不会是
原有的字符用途，这里会作为通配符使用;                                    [000199]
```

运行结果如图 3-1 所示。

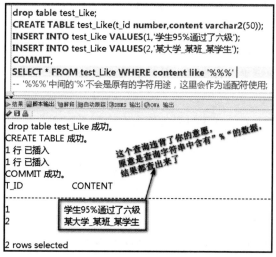

图 3-1

```
SQL>SELECT * FROM test_Like WHERE content like '%$%%' escape '$'
--'%$%%'escape '$'的意义是将'$'后面的'%'还原成原来字符的含义。;          [000200]
```

运行结果如图 3-2 所示。

图 3-2

```
SQL>SELECT  *  FROM  test_Like  WHERE  content  like  '%\_%'  escape  '\'
--'%\_%'escape '\'的意义是将'\'后面的'_'还原成原来字符的含义;          [000201]
```

运行结果如图 3-3 所示。

图 3-3

说明：

'%$%%'escape '$'的意义是将'$'后面的'%'还原成原来字符用途。

'%_%'escape '\'的意义是将'\'后面的'_'还原成原来字符用途。

读者发现没有，ESCAPE 后面可以跟任意字符，然后，用这个字符在 like 的表达式中在其后紧跟你想要转义的字符。

转义的目的就是还原其本色。除了 LIKE 运算符中需要使用 ESCAPE 关键字定义转义字符之外，在某些情况下也需要使用转义字符来对特殊字符进行处理，关于这部分的处理在后面的章节讲解。

3."IN"运算符使用

"IN"运算符用来与一个集合中的元素进行比较。SELECT 语句将指定的表达式与集合中的元素一一比较，只要与其中一个相等，则条件成立。如果没有任何一个元素与表达式的值相等，则条件不成立。例如，下面的 SELECT 语句用于查询其姓名在指定集合之中的员工：

```
SQL>SELECT ename FROM emp WHERE ename IN ( 'SMITH' , 'FORD' , 'HELLO' );
                                                              [000202]
```

4．"BETWEEN" 运算符使用

BETWEEN 运算符用于将表达式的值与两个指定数据进行比较，如果表达式的值在这两个数据之间，则条件成立。这两个数据和表达式必须能够比较大小，而且后一个数据必须大于前一个数据。例如，下面的 SELECT 语句用于查询工资为 1 000～2 000 的员工：

```
SQL>SELECT ename FROM emp WHERE sal BETWEEN 1000 AND 2000;        [000203]
```

如果用包含 ">" 等运算符的表达式改写上述 SQL 语句，则对应的 SELECT 语句为：

```
SQL>SELECT ename FROM emp WHERE sal>=1000 AND sal<=2000;        [000204]
```

5．逻辑运算符 "AND" 和 "OR" 的使用

在复杂的查询语句中，可能需要多个条件，这些条件通过 AND 或 OR 运算符连接。多个条件表达式连接起来以后，就构成一个逻辑表达式。逻辑表达式的结果要么为真，要么为假，它与两个关系表达式的值和所使用的连接运算有关。假设 X 和 Y 是两个关系表达式，表3-5 列出了两个关系表达式的运算规则。

表 3-5

X	Y	X AND Y	X OR Y
真	真	真	真
真	假	假	真
假	真	假	真
假	假	假	假

例如，要查询在部门 10 工作，且工资在 1 000 和 2 000 之间的员工姓名，相应的 SELECT 语句为：

```
SQL>SELECT ename FROM emp WHERE deptno = 10 AND sal BETWEEN 1000 AND 2000;
                                                                [000205]
```

NOT 运算符的作用是对关系表达式的值取反，它的用法是在关系表达式之前加上 NOT 运算符。例如，要查询工资不大于 1 000 的员工姓名，相应的 SELECT 语句为：

```
SQL>SELECT ename FROM emp WHERE NOT sal<1000;        [000206]
```

这条语句等价于：

```
SQL>SELECT ename FROM emp WHERE sal>=1000;        [000207]
```

在默认情况下，NOT 运算符只对最近的一个关系表达式取反，如果要对已经通过 AND 或 OR 连接的多个关系表达式同时取反，则要用一对圆括号将多个关系表达式限定。例如，要对下列 SELECT 语句中的两个条件同时取反：

```
SQL>SELECT ename FROM emp WHERE sal>1000 AND sal<2000;        [000208]
```

对两个条件同时取反以后的 SELECT 语句为：

```
SQL>SELECT ename FROM emp WHERE NOT (sal>1000 AND sal<2000);        [000209]
```

这条语句等价于：

```
SQL>SELECT ename FROM emp WHERE sal<=1000 OR sal>=2000;        [000210]
```

6．空值 "NULL" 运算符使用

在 WHERE 子句中构造条件时，还要注意空值的运算。空值与任何数据进行赋值运

算、四则运算以及关系运算时，结果都为空值。例如，下列的 SELECT 语句本意是要查询姓名不为空的所有员工的工资，查询的结果应该是所有员工的工资，但是结果却为空。

```
SQL>SELECT sal FROM emp WHERE ename != NULL;                    [000211]
```

原因是 ename 列与空值进行了关系运算，结果为空，于是整个条件表达式的结果为假。判断某个表达式是否为空值的运算符是 "IS NULL"，判断是否不为空值的运算符是 "IS NOT NULL"。例如，用运算符 "IS NOT NULL" 重新构造上述 SELECT 语句，将得到希望的结果。这个 SELECT 语句为：

```
SQL>SELECT sal FROM emp WHERE ename IS NOT NULL;                [000212]
```

另外，Oracle 将空字符串"视为空值，在保存数据时，只要遇到"则存在表中的数据被转化为空值，即 NULL。例如：

```
SQL>INSERT INTO EMP(EMPNO,JOB) VALUES(1001, '');
SQL>INSERT INTO EMP(EMPNO,JOB) VALUES(1002, '');
SQL>INSERT INTO EMP(EMPNO,JOB) VALUES(1003, '');
SQL>COMMIT;
SQL>SELECT EMPNO,JOB FROM emp WHERE job is null;                [000213]
```

3.3　Oracle 查询语句中的单行函数

在 SELECT 语句中不仅可以对数据进行前述的各种运算，还可以把数据作为函数的参数，进行运算。所谓单行函数，就是分别作用于查询结果中的每一行，对于每一行，分别得到一个计算结果。这些函数都是 Oracle 提供的系统函数，用户可以在 SELECT 语句或其他 SQL 语句中直接使用它们。Oracle 提供的函数很多，这里仅仅把最常用的函数进行分类介绍。在函数中处理的数据可以是某个列的列值，也可以是某个表达式，在举例时不再单独说明。

3.3.1　字符串处理函数

顾名思义，这类函数以字符串为处理对象，处理的结果是另一字符串或者一个数字。字符串处理函数使用较多，比如合并及拆分，往往合并操作最多。

1. ConCAT 函数

ConCAT 函数的参数是两个字符串，计算的结果是将两个字符串连接在一起，生成一个新的字符串。例如，concat('Hello,','World'）的结果为 "Hello，World"。

```
SQL>SELECT concat ('Hello, ', 'World') FROM DUAL;               [000214]
```

2. CHR 与 ASCII 函数

CHR 函数的参数是一个正整数，它将这个正整数作为 ASCII 码，返回对应的字母。例如 chr(65)的结果为 A。ASCII 函数的作用正好相反，它以一个字符为参数，返回这个字符对应的 ASCII 码。例如 ASCII('A'）的结果为 65。

```
SQL>SELECT chr(65) FROM DUAL;
SQL>SELECT ASCII ('A ') FROM DUAL;                        [000215]
```

3. INSTR 函数

INSTR 函数在一个字符串中查找另一个字符串，如果找到，则返回出现的位置，否则返回 0，位置的编号从 1 开始。该函数的语法格式为：

```
instr(父字符串, 子字符串, start,occurrence)
```

其中前两个参数是必需的，该函数在第一个参数（父字符串）中查找第二个参数（子字符串），得到的结果是第二个参数（子字符串）在第一个参数（父字符串）中出现的位置，如果没有找到，则返回 0。后两个参数是可选的，参数 start 指定从第一个参数（父字符串）的什么位置开始查找，默认从 1 开始，即第一个字符。参数 occurrence 指定查找第二个参数（子字符串）的第几次出现。例如，要在部门名称中查找字符串'TI'，相应的 SELECT 语句为：

```
SQL>SELECT dname,instr(dname, 'TI ') AS location FROM dept;     [000216]
```

4. LENGTH 函数

LENGTH 函数的作用是求得一个字符串的长度。例如，length ('Hello')的结果为 5。

```
SQL>SELECT length('Hello ') FROM DUAL;                    [000217]
```

5. LOWER 函数和 UPPER 函数

LOWER 函数和 UPPER 函数的作用是进行字符串的大小写转换，它们的参数都是一个字符串。其中，LOWER 函数将字符串中的字母转换为对应的小写字母，UPPER 函数将字符串中的字母转换为对应的大写字母。例如，函数 lower('Hello')的结果为 hello，而函数 upper('Hello')的结果为 HELLO。

6. LPAD 函数与 RPAD 函数

LPAD 函数与 RPAD 函数的作用是在字符串中填充指定的字符，使字符串达到指定的长度。LPAD 函数从左边填充，RPAD 函数从右边填充，处理的结果是得到一个新的字符串。这两个函数的语法格式为：

```
LPAD(字符串, 长度, 填充字符)
RPAD(字符串, 长度, 填充字符)
```

这两个函数在字符串中填充指定的字符，使其达到指定的长度，默认是填充空格。如果指定的长度比字符串本来的长度小，则将字符串截断，只保留新的长度。例如，对部门名称分别进行左填充和右填充，使其长度为 10，填充的字符分别是"*"和"#"，对应的 SELECT 语句为：

```
SELECT lpad(dname,12, '*') AS 左填充, rpad(dname,12,'# ') AS 右填充 FROM
dept;                                                      [000218]
```

此语句放在 SQL Developer 环境下执行。

运行结果如图 3-4 所示。

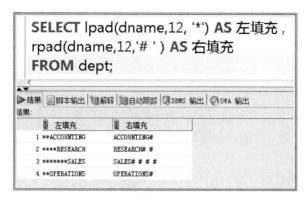

图 3-4

7．LTRIM 函数、RTRIM 函数和 TRIM 函数

LTRIM 函数和 RTRIM 函数的作用是去掉字符串左边或右边连续的空格，并得到一个新的字符串。例如，函数 ltrim('Hello')的结果为 Hello，rtrim('Hello')的结果为 Hello。

而 TRIM 函数的作用是同时去掉字符串左边和右边的连续空格，它相当于对字符串先执行 LTR1M 函数，再执行 RTRIM 函数，或者先执行 RTRIM 函数，再执行 LTRIM 函数。

8．REPLACE 函数

REPLACE 函数的作用是在一个字符串中查找另一个字符串，并将找到的字符串用第三个字符串代替。这个函数的语法格式为：

```
replace(字符串,子字符串,替换字符串)
```

如果在字符串没有找到子字符串，则不做任何处理，如果找到，则用替换字符串代替。如果没有指定替换字符串，则将找到的子字符串从原字符串中删除。例如，假设要在部门名称中查找字符串 TI，并将其替换为 Hello，为了进行对比，将替换前后的字符串都显示出来。对应的 SELECT 语句为：

```
SELECT dname,replace(dname, 'TI ', 'Hello ') AS new_str FROM dept;[000219]
```

此语句放在 SQL Developer 环境下执行。

字符串替换的结果如图 3-5 所示。

```
SELECT dname,replace(dname, 'TI', ' Hello ')
AS new_str FROM dept;
```

结果：

	DNAME	NEW_STR
1	ACCOUNTING	ACCOUN Hello NG
2	RESEARCH	RESEARCH
3	SALES	SALES
4	OPERATIONS	OPERA Hello ONS

图 3-5

9. SUBSTR 函数

SUBSTR 函数的作用是根据指定的开始位置和长度，返回一个字符串的子字符串。它的语法格式为：

```
substr(字符串,开始位置,长度)
```

位置编号从 1 开始。开始位置可以是正整数或负整数。如果是负整数，则从字符串的右边开始数。长度是可选的，如果默认，则返回从开始位置到字符串末尾的所有字符。例如：

```
SQL>SELECT substr( 'Hello ',2,3 ) FROM DUAL --的结果为 ell;
SQL>SELECT substr ('Hello',-3,2) FROM DUAL --的结果为 ll;
SQL>SELECT substr('Hello',-3) FROM DUAL --的结果为 llo;          [000220]
```

3.3.2 数学函数

数学函数的处理对象是数字型数据，返回的结果一般也是数字型数据。在实际中，数学函数的使用也是离不开的，如四舍五入、取整及取模等，使用较为广泛，下面详细介绍这些函数的使用。

1. ABS 函数

ABS 函数的作用是求得一个数字的绝对值。

```
SQL>SELECT abs(-15.6) FROM DUAL --结果是15.6;                    [000221]
```

2. CEIL 函数和 FLOOR 函数

CEIL 函数和 FLOOR 函数都以一个数字为参数，CEIL 函数返回大于或等于这个数字的最小整数。FLOOR 函数返回小于或等于这个数字的最大整数。例如：

CEIL(-15.6)的结果是-15，FLOOR(-15.6)的结果是-16；CEIL(15.6)的结果是 16，FLOOR(15.6)的结果是 15；代码如下：

```
SQL>SELECT CEIL(-15.6) FROM DUAL --结果是-15;
SQL>SELECT FLOOR(-15.6) FROM DUAL --结果是-16;
SQL>SELECT CEIL(15.6) FROM DUAL --结果是16;
SQL>SELECT FLOOR(15.6) FROM DUAL --结果是15;                     [000222]
```

3. MOD 函数

MOD 函数是求余函数，它有两个参数（数值表达式 1 和数值表达式 2），结果是这两个数相除所得的余数。语法格式为：

```
MOD ( 数值表达式 1,数值表达式 2)
```

我们来看下面的小例子，代码如下：

```
SQL>SELECT mod(15,6) FROM DUAL --结果是3;                        [000223]
```

4. ROUND 和 TRUNC 函数

ROUND 和 TRUNC 函数非常相似，ROUND 函数是四舍五入，TRUNC 函数是只舍不入，相当于数字截取，下面详细介绍。

（1）ROUND 函数的作用是对数据进行四舍五入计算。该函数的语法结构为：

ROUND （数值表达式，舍入位置）

其中舍入位置可以是正整数，也可以是负整数。如果是正整数，则从小数点开始向右数，一直到舍入位置，从这一位开始四舍五入。如果是负整数，则从小数点开始向左数，然后进行四舍五入。例如，ROUND(49.456,2)的结果为 49.46；ROUND(49.456,-1)的结果为 50；ROUND(49.456,-2)的结果为 49；ROUND(89.456,-2)的结果为 100。

```
SQL>SELECT ROUND(49.456,2) FROM DUAL --结果是 49.46;
SQL>SELECT ROUND(49.456,-1) FROM DUAL --结果是 50;
SQL>SELECT ROUND(49.456,-2) FROM DUAL --结果是 0;
SQL>SELECT ROUND(59.456,-2) FROM DUAL --结果是 100;
SQL>SELECT ROUND(69.456,-2) FROM DUAL --结果是 100;
SQL>SELECT ROUND(89.456,-3) FROM DUAL --结果是 0;                [000224]
```

通过上面的例子得出一个结论：当不满足四舍五入规则时，返回 0。如例 3 和例 6。

（2）TRUNC 函数的用法与 ROUND 函数类似，只不过它的功能是对数据进行截取运算，只舍不入，也就是把一个数据的指定位之后的数字全部舍去。语法格式为：

TRUNC(数值表达式，保留小数位数)

其中保留小数位数可以是正整数，也可以是负整数。如果是正整数，则从小数点开始向右数，一直到保留位置。如果是负整数，则从小数点开始向左数，然后，将每一位置 0，小数部分全部舍掉。例如：

```
SQL>SELECT TRUNC(49.456,2) FROM DUAL --结果是 49.45; 小数点开始向右数 2 位。
SQL>SELECT TRUNC(49.456,-1) FROM DUAL --结果是 40; 小数点开始向左数 1 位并置 0,
小数部分全部舍掉。
SQL>SELECT TRUNC(49,-1) FROM DUAL --结果是 40; 小数点开始向左数 1 位并置 0。
SQL>SELECT TRUNC(149.456,-2) FROM DUAL --结果是 100; 小数点开始向左数 2 位并
置 0, 小数部分全部舍掉。
SQL>SELECT TRUNC(1189.456,-3) FROM DUAL --结果是 1000; 小数点开始向左数 3 位
并置 0, 小数部分全部舍掉。                                      [000225]
```

3.3.3　日期型函数

日期型函数的处理对象是日期型数据，处理的结果一般也是日期型数据。在实际中，日期型函数的使用也非常广泛，比如，"日期的加减"及"日期的间隔"等，下面详细介绍这些日期型函数。

1. ADD_MONTHS 函数

ADD_MONTHS 函数在某个日期的基础上，加上一个指定的月数，返回一个新的日期。它的格式为：

ADD_ MONTHS （日期，月数）

该函数是在指定的日期上加上若干个整月数,所以日期中的日应该保持不变。但是指定的日期如果是当月的最后一天,函数会做相应的调整,以确保返回的日期也是当月的最后一天。例如:

ADD_MONTHS(TO_DATE('2017-07-31', 'yyyy-mm-dd'),7) 的结果为 2018-02-28,实现代码如下:

```
SQL>ALTER SESSION SET NLS_DATE_FORMAT='yyyy-mm-dd hh24:mi:ss' --修改当前
会话日期显示格式;
SELECT ADD_MONTHS(TO_DATE('2017-07-31', 'yyyy-mm-dd'),7) FROM DUAL;[000226]
```

ADD_MONTHS(TO_DATE('2017-07-31', 'yyyy-mm-dd'),6) 的结果为 2018-01-31;实现代码如下:

```
SQL>ALTER SESSION SET NLS_DATE_FORMAT='yyyy-mm-dd hh24:mi:ss';
SELECT ADD_MONTHS(TO_DATE('2017-07-31', 'yyyy-mm-dd'),6) FROM DUAL;[000227]
```

ADD_MONTHS(TO_DATE('2017-02-28', 'yyyy-mm-dd'),1) 的结果为 2017-03-31;实现代码如下:

```
SQL>ALTER SESSION SET NLS_DATE_FORMAT='yyyy-mm-dd hh24:mi:ss';
SELECT ADD_MONTHS(TO_DATE('2017-02-28', 'yyyy-mm-dd'),1) FROM DUAL;[000228]
```

在 ADD_MONTHS 函数中,不能直接使用类似"2017-07-26"这样的日期型数据,因为 Oracle 把这样的数据是当作字符串来处理的,所以首先要调用 TO_DATE 函数将它转换为真正的日期型数据。上述第一个例子容易理解。在第二个例子中,因为 31 日是 2017 年 07 月的最后一天,所以加上 7 个月后,得到 2018 年 2 月的最后一天,即 28 日。同理,在 2017 年 2 月 28 日上加上一个月后,得到 2017 年 3 月的最后一天,即 2017 年 3 月 31 日。

2. LAST_DAY 函数

LAST_DAY 函数返回指定日期所在月份的最后一天。例如:

LAST_DAY(TO_DATE('2017-02-01','yyyy-mm-dd'))的结果为'2017-02-28';实现代码如下:

```
SQL>ALTER SESSION SET NLS_DATE_FORMAT='yyyy-mm-dd hh24:mi:ss';
SELECT LAST_DAY(TO_DATE('2017-02-01', 'yyyy-mm-dd')) FROM DUAL; [000229]
```

3. MONTHS_BETWEEN 函数

MONTHS_BETWEEN 函数有两个参数(日期 1 和日期 2),都是日期型数据,返回的结果是两个日期之间相差的月数。这个函数的语法格式为:

```
MONTHS_BETWEEN (日期1,日期2)。
```

我们来看下面的几段代码:

```
SQL>ALTER SESSION SET NLS_DATE_FORMAT='yyyy-mm-dd hh24:mi:ss'; //修改当
前会话的日期显示格式
SQL>SELECT  MONTHS_BETWEEN  (TO_DATE('2017-07-01',  'yyyy-mm-dd') ,
TO_DATE('2017-02-01', 'yyyy-mm-dd')) as月数间隔 FROM DUAL;        [000230]
SQL>ALTER SESSION SET NLS_DATE_FORMAT='yyyy-mm-dd hh24:mi:ss';
SQL>SELECT  MONTHS_BETWEEN  (TO_DATE('2017-02-01',  'yyyy-mm-dd') ,
```

```
TO_DATE('2017-07-01', 'yyyy-mm-dd'))  as 月数间隔 FROM DUAL;          [000231]
   SQL>ALTER SESSION SET NLS_DATE_FORMAT='yyyy-mm-dd hh24:mi:ss';
   SQL>SELECT MONTHS_BETWEEN(TO_DATE('2017-03-08', 'yyyy-mm-dd'), TO_DATE
('2016-05-12', 'yyyy-mm-dd'))  as 月数间隔 FROM DUAL;          [000232]
```

如果两个日期中的日相同，或者都是当月的最后一天，则返回结果是一个整数，否则将返回一个小数。第一个参数如果比第二个参数小，则返回的结果为负数。

4. NEXT_DAY 函数

NEXT_DAY 函数有两个参数，一个是日期，另一个是与星期几对应的整数，返回的结果是这个日期之后最近的星期几所对应的日期。函数的调用格式为：

```
NEXT_DAY（日期，整数）
```

例如，假设 2017 年 7 月 3 日是星期一，则最近的星期五应该是 2017 年 7 月 7 日，最近的星期二应该是 2017 年 7 月 4 日。注意星期的编号方法是：星期六为 0，星期天为 1，星期一为 2，依此类推。我们来看下面的几段代码：

```
   SQL>ALTER SESSION SET NLS_DATE_FORMAT='yyyy-mm-dd hh24:mi:ss';
   SQL>SELECT NEXT_DAY(TO_DATE('2017-07-03', 'yyyy-mm-dd'),6) 日期 FROM
DUAL;                                      [000233]
   SQL>ALTER SESSION SET NLS_DATE_FORMAT='yyyy-mm-dd hh24:mi:ss';
   SQL>SELECT NEXT_DAY(TO_DATE('2017-07-03', 'yyyy-mm-dd'),3) 日期 FROM
DUAL;                                      [000234]
```

5. ROUND 函数

ROUND 函数除了可以像前面所述的，即对数值进行四舍五入运算外，还可以对指定的日期进行四舍五入处理。它有两个参数，一个是日期，另一个是表示日期某个组成部分的格式字符串。函数的语法格式为：

```
ROUND(日期，格式字符串)
```

其中，格式字符串用于指定从日期的哪一部分开始四舍五入。Oracle 支持的格式字符串包括 yy（或 yyyy）、mm、dd 及 hh，分别表示从年、月、日、时位进行四舍五入。例如：

（1）四舍五入点为'年（yy）'

看月份，入点从 7 开始，然后将月、日置为 01，时、分、秒置为 00。

ROUND(TO_DATE('2017-06-30 15:30:59','yyyy-mm-dd hh24:mi:ss'),'yy')的结果为 2017-01-01 00:00:00。

ROUND(TO_DATE('2017-07-01 15:30:59','yyyy-mm-dd hh24:mi:ss'),'yy')的结果为 2018-01-01 00:00:00。

```
   SQL>ALTER SESSION SET NLS_DATE_FORMAT='yyyy-mm-dd hh24:mi:ss' – 修改当前
会话日期显示格式;
   SQL>SELECT ROUND(TO_DATE('2017-06-30', 'yyyy-mm-dd'),'yy') 日期 FROM
DUAL;                                      [000235]
```

运行结果如图 3-6 所示。

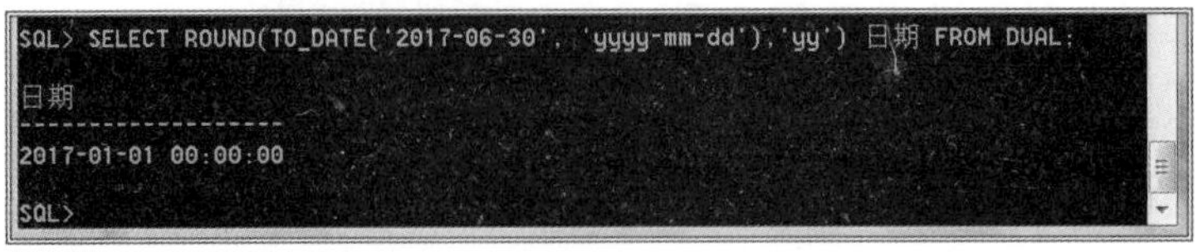

图 3-6

SQL>ALTER SESSION SET NLS_DATE_FORMAT='yyyy-mm-dd hh24:mi:ss';
SQL>SELECT ROUND(TO_DATE('2017-07-01', 'yyyy-mm-dd'),'yy') 日 期 FROM DUAL;

运行结果如图 3-7 所示。

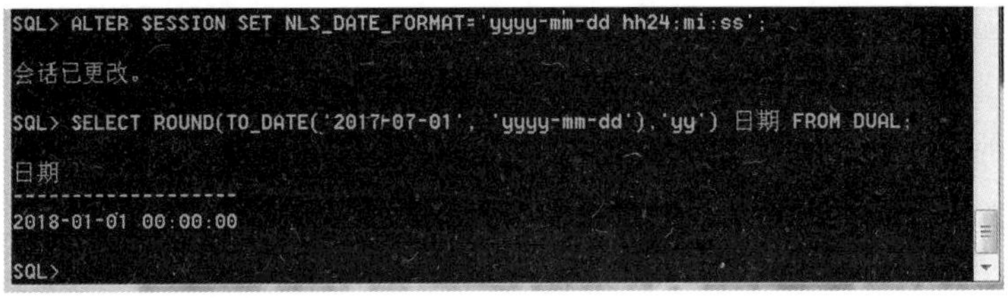

图 3-7

（2）四舍五入点为'月（mm）'

看日子，入点从 16 开始，然后，将日置为 01，时、分、秒置 00。

ROUND(TO_DATE('2017-07-03 15:30:59','yyyy-mm-dd hh24:mi:ss'),'mm')的结果为 2017-07-01 00:00:00。

ROUND(TO_DATE('2017-07-16 15:30:59','yyyy-mm-dd hh24:mi:ss'),'mm')的结果为 2017-08-01 00:00:00。

SQL>ALTER SESSION SET NLS_DATE_FORMAT='yyyy-mm-dd hh24:mi:ss';
SQL>SELECT ROUND(TO_DATE('2017-07-03', 'yyyy-mm-dd'),'mm') 日 期 FROM DUAL;   [000236]

运行结果如图 3-8 所示。

图 3-8

SQL>ALTER SESSION SET NLS_DATE_FORMAT='yyyy-mm-dd hh24:mi:ss';
SQL>SELECT ROUND(TO_DATE('2017-07-16', 'yyyy-mm-dd'),'mm')日期 FROM DUAL;   [000237]

运行结果如图 3-9 所示。

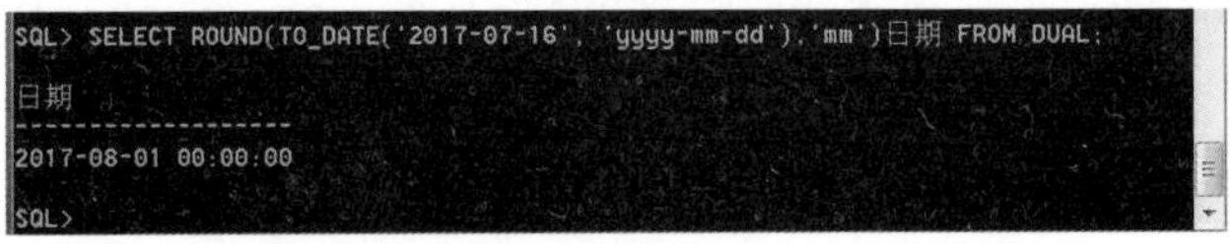

图 3-9

（3）四舍五入点为'日（dd）'

看小时，入点从 12 开始，然后将时、分、秒置为 00。

ROUND(TO_DATE('2017-07-06 11:59:59','yyyy-mm-dd hh24:mi:ss'),'dd')的结果为 2017-07-06 00:00:00。

ROUND(TO_DATE('2017-07-06 12:00:59','yyyy-mm-dd hh24:mi:ss'),'dd')的结果为 2017-07-07 00:00:00。

SQL>ALTER SESSION SET NLS_DATE_FORMAT='yyyy-mm-dd hh24:mi:ss';
SQL>SELECT ROUND(TO_DATE('2017-07-06 11:00','yyyy-mm-dd hh24:mi'),'dd')
日期 FROM DUAL;   [000238]

运行结果如图 3-10 所示。

图 3-10

SQL>ALTER SESSION SET NLS_DATE_FORMAT='yyyy-mm-dd hh24:mi:ss';
SQL>SELECT ROUND(TO_DATE('2017-07-06 12:00','yyyy-mm-dd hh24:mi'),'dd')
日期 FROM DUAL;   [000239]

运行结果如图 3-11 所示。

图 3-11

（4）四舍五入点为'小时（hh）'

看分钟，入点从 30 开始，然后将分、秒置为 00。

ROUND(TO_DATE('2017-07-06 15:29:59','yyyy-mm-dd hh24:mi:ss'),'hh')的结果为 2017-07-06 15:00:00。

ROUND(TO_DATE('2017-07-06 15:30:59','yyyy-mm-dd hh24:mi:ss'),'hh')的结果为 2017-07-06 16:00:00。

SQL>ALTER SESSION SET NLS_DATE_FORMAT='yyyy-mm-dd hh24:mi:ss';
SQL>SELECT ROUND(TO_DATE('2017-07-06 15:29','yyyy-mm-dd hh24:mi'),'hh')
日期 FROM DUAL;   [000240]

运行结果如图 3-12 所示。

图 3-12

```
SQL>ALTER SESSION SET NLS_DATE_FORMAT='yyyy-mm-dd hh24:mi:ss';
SQL>SELECT ROUND(TO_DATE('2017-07-06 15:30','yyyy-mm-dd hh24:mi'),'hh')
日期 FROM DUAL;                                                    [000241]
```

运行结果如图 3-13 所示。

图 3-13

6. SYSDATE 函数

SYSDATE 函数是很常用的函数，用来获得系统当前时间。在有些日志操作中，常常需要记录当前时间，使用该函数很方便。该函数没有任何参数。该函数返回的时间可以精确到秒，但在显示时可能只显示到日，根据系统的不同显示格式有所变化。如果希望得到时、分、秒，则需要通过 TO_CHAR 函数进行数据类型转换。例如：

```
SQL>ALTER SESSION SET NLS_DATE_FORMAT='yyyy-mm-dd hh24:mi:ss';
SQL>SELECT SYSDATE FROM DUAL;                                     [000242]
```

7. TRUNC 函数

TRUNC 函数除可以像前面所述的，即对数值进行截取外，还可以对日期进行截取。TRUNC 函数对日期的处理类似于 ROUND 函数对日期的处理，但它不进行舍入，而是从指定位开始截断其后面的部分，它的语法格式与 ROUND 函数相同。

这个函数对指定的日期进行截断。它有两个参数，一个是日期，另一个是表示日期某个组成部分的格式字符串。函数的语法格式为：

```
TRUNC(日期,格式字符串)
```

其中，格式字符串用于指定从日期的哪一部分开始截断。Oracle 支持的格式字符串包括 yy（或 yyyy）、mm、dd、hh，分别表示从年、月、日、时位进行截断。例如：

（1）截断点为'年（yy）'，将月、日置为 01，时、分、秒置 00

TRUNC(TO_DATE('2017-06-30 15:30:59','yyyy-mm-dd hh24:mi:ss'),'yy') 的 结 果 为 2017-01-01 00:00:00；具体实现代码如下：

```
SQL>ALTER SESSION SET NLS_DATE_FORMAT='yyyy-mm-dd hh24:mi:ss';
SQL>SELECT TRUNC(TO_DATE('2017-06-30 15:30:59','yyyy-mm-dd hh24:mi:ss'),
'yy') 日期 FROM DUAL;                                             [000243]
```

运行结果如图 3-14 所示。

图 3-14

TRUNC(TO_DATE('2017-07-01　15:30:59','yyyy-mm-dd　hh24:mi:ss'),'yy') 的 结 果 为 2017-01-01 00:00:00；具体实现代码如下：

```
SQL>ALTER SESSION SET NLS_DATE_FORMAT='yyyy-mm-dd hh24:mi:ss';
SELECT  TRUNC(TO_DATE('2017-07-01  15:30:59','yyyy-mm-dd  hh24:mi:ss'),
'yy') 日期 FROM DUAL;                                          [000244]
```

运行结果如图 3-15 所示。

图 3-15

（2）截断点为'月（mm）'，将日置为 01，时、分、秒置为 00

TRUNC(TO_DATE('2017-07-03　15:30:59','yyyy-mm-dd　hh24:mi:ss'),'mm') 的 结 果 为 2017-07-01 00:00:00；具体实现代码如下：

```
SQL>ALTER SESSION SET NLS_DATE_FORMAT='yyyy-mm-dd hh24:mi:ss';
SELECT  TRUNC(TO_DATE('2017-07-03  15:30:59','yyyy-mm-dd  hh24:mi:ss'),
'mm') 日期 FROM DUAL;                                          [000245]
```

运行结果如图 3-16 所示。

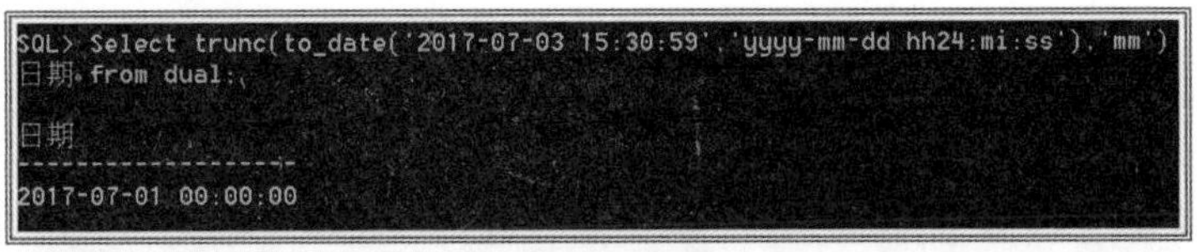

图 3-16

TRUNC(TO_DATE('2017-07-16　15:30:59','yyyy-mm-dd　hh24:mi:ss'),'mm') 的 结 果 为 2017-07-01 00:00:00；具体实现代码如下：

```
SQL>ALTER SESSION SET NLS_DATE_FORMAT='yyyy-mm-dd hh24:mi:ss';
SELECT  TRUNC(TO_DATE('2017-07-16  15:30:59','yyyy-mm-dd  hh24:mi:ss'),
'mm') 日期 FROM DUAL;                                          [000246]
```

运行结果如图 3-17 所示。

图 3-17

（3）截断点为'日（dd）'，将时、分、秒置为 00

TRUNC(TO_DATE('2017-07-06 11:59:59','yyyy-mm-dd hh24:mi:ss'),'dd') 的 结 果 为
2017-07-06 00:00:00；具体实现代码如下：

```
SQL>ALTER SESSION SET NLS_DATE_FORMAT='yyyy-mm-dd hh24:mi:ss';
SELECT  TRUNC(TO_DATE('2017-07-06  11:59:59','yyyy-mm-dd  hh24:mi:ss'),
'dd') 日期 FROM DUAL;                                          [000247]
```

运行结果如图 3-18 所示。

图 3-18

TRUNC(TO_DATE('2017-07-06 12:00:59','yyyy-mm-dd hh24:mi:ss'),'dd') 的 结 果 为
2017-07-06 00:00:00；具体实现代码如下：

```
SQL>ALTER SESSION SET NLS_DATE_FORMAT='yyyy-mm-dd hh24:mi:ss';
SELECT  TRUNC(TO_DATE('2017-07-06  12:00:59','yyyy-mm-dd  hh24:mi:ss'),
'dd') 日期 FROM DUAL;                                          [000248]
```

运行结果如图 3-19 所示。

图 3-19

（4）截断点为'小时（hh）'，将分、秒置为 00

TRUNC(TO_DATE('2017-07-06 15:29:59','yyyy-mm-dd hh24:mi:ss'),'hh') 的 结 果 为
2017-07-06 15:00:00；具体实现代码如下：

```
SQL>ALTER SESSION SET NLS_DATE_FORMAT='yyyy-mm-dd hh24:mi:ss';
SELECT  TRUNC(TO_DATE('2017-07-06  15:29:59','yyyy-mm-dd  hh24:mi:ss'),
'hh') 日期 FROM DUAL;                                          [000249]
```

运行结果如图 3-20 所示。

图 3-20

TRUNC(TO_DATE('2017-07-06　15:30:59','yyyy-mm-dd　hh24:mi:ss'),'hh') 的 结 果 为
2017-07-06 15:00:00；具体实现代码如下：

```
SQL>ALTER SESSION SET NLS_DATE_FORMAT='yyyy-mm-dd hh24:mi:ss';
SELECT  TRUNC(TO_DATE('2017-07-06  15:30:59','yyyy-mm-dd  hh24:mi:ss'),
'hh') 日 期 FROM DUAL;                                          [000250]
```

运行结果如图 3-21 所示。

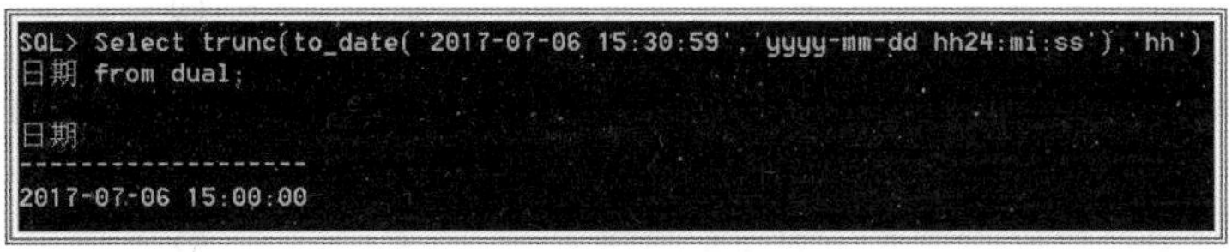

图 3-21

3.3.4　类型转换函数

在进行数据处理时，常常需要对数据进行类型转换，比如，将数据库某表的日期型
数据转换为日期字符串后在前端网页显示。如果不转换，直接在前端网页显示，往往显
示不出来，显示之前必须把日期型数据转换为日期字符串。通常的做法是在 SQL 查询中
通过 "to_char()" 函数直接转换了，没必要脱离数据库而在应用程序中转换。脱离数据库
而在应用程序中通过应用程序提供的命令转换，是最不可取的做法。

Oracle 数据库数据类型转换，主要涉及字符型、数字型和日期型数据之间的相互转换，
涉及 TO_CHAR 函数、TO_DATE 函数和 TO_NUMBER 函数，下面详细介绍。

1. TO_CHAR 函数

TO_CHAR 函数的作用是将一个日期型或者数字型数据转换为字符串。

（1）TO_CHAR 函数操作对象是日期型数据

函数的语法格式如下：

```
TO_CHAR(日期,格式字符串)
```

其中，格式字符串是由日期格式元素和隔离符号组成的字符串，用来规定转换的格
式。例如，下列语句将员工表中员工的受聘日期按照指定的格式转换为字符串。

```
SQL>SELECT  ename,TO_CHAR(hiredate,'yyyy-mm-dd  day')FROM  emp  WHERE
empno=7902;                                                   [000251]
```

运行结果如图 3-22 所示。

图 3-22

下面的 UPDATE 语句更新 emp 表的日期型字段 hiredate。在 UPDATE 语句中，使用 to_date()函数将日期字符串"2017-07-03 16:16:16"转换为日期型数据。

```
SQL>UPDATE emp set hiredate = TO_DATE('2017-07-03 16:16:16','yyyy-mm-dd hh24:mi:ss')  WHERE empno=7902;
SQL>COMMIT;
SQL>SELECT ename,TO_CHAR(hiredate,'yyyy-mm-dd hh24:mi:ss')FROM emp WHERE empno=7902;                                              [000252]
```

又如，下列 SELECT 语句获取当前系统时间，然后按照指定的格式进行转换。

```
SQL>SELECT TO_CHAR(SYSDATE,'yyyy-mm-dd hh24:mi:ss') 当前日期 FROM DUAL;
                                                                  [000253]
```

Oracle 常用的日期格式元素如表 3-6 所示。

注意：如果没有指定格式字符串，则按照当前系统默认的时间格式转换为字符串。

表 3-6

格式元素	说　　明
-/|.	日期中不同部分的分隔符。除数字、字母以外，可显示字符都可以作为分隔符
yyyy　yy	年的表示。其中 yyyy 表示 4 位数的年，yy 表示两位数的年
month mon mm	月的表示。month 表示月的全称，mon 表示月份名称的缩写，mm 表示两位数字的月份
dd ddd	日的表示。dd 表示两位数字的日，ddd 表示一年中的编号
d dy day	星期的表示。d 表示数字编号，dy 表示星期的缩写，day 表示星期的全称
hh hh24	小时的表示。分别表示 12 小时制和 24 小时制
am pm	分别表示 12 小时制的上午和下午
mi ss	分别表示两位数的分、秒

以 2017-11-02 13:45:25 为例进行说明，如表 3-7 所示。

表 3-7

日期格式	显　示　值
参照日期：2017-11-02 13:45:25	
SQL 语句：select to_char(to_date('2017-11-02 13:45:25','yyyy-mm-dd HH24:mi:ss'),'日期格式') from DUAL；	
Year 年	
yy　　two digits 两位年	显示值:17
yyy　　three digits 三位年	显示值:017

续上表

日 期 格 式	显 示 值
yyyy　　four digits 四位年	显示值:2017
MONth 月	
mm　　　number 两位月	显示值:11
mon　　　abbreviated 字符集表示	显示值:11 月
month　　spelled out 字符集表示	显示值:11 月
Day 日	
dd　　number　当月第几天	显示值:02
ddd　　number　当年第几天	显示值:02
dy　　abbreviated　当周第几天简写	显示值:星期四
day　　spelled out 当周第几天全写	显示值:星期四
Hour 小时	
hh　　two digits 12 小时进制	显示值:01
hh24　　two digits 24 小时进制	显示值:13
Minute 分钟	
mi　　two digits 60 进制	显示值:45
Second 秒	
ss　　two digits 60 进制	显示值:25
其他	
Q　　　digit 季度	显示值:4
WW　　　digit 当年第几周	显示值:44
W　　　digit 当月第几周	显示值:1
24 小时格式下时间范围为：0:00:00 - 23:59:59	
12 小时格式下时间范围为：1:00:00 - 12:59:59	

（2）TO_CHAR 函数操作对象是数字型数据

函数的语法格式如下：

```
TO_CHAR (数字，格式字符串)
```

其中，格式字符串是由数字格式元素和小数点、分隔符组成的字符串，用来控制转换的格式。这种转换主要用在财务报表中。例如：

TO_CHAR (9895, '$9,999.99) 的结果为 989,5.00；具体实现代码如下：

```
SQL>SELECT TO_CHAR (9895, '$9,999.99') 格式数字 FROM DUAL;        [000254]
```

运行结果如图 3-23 所示。

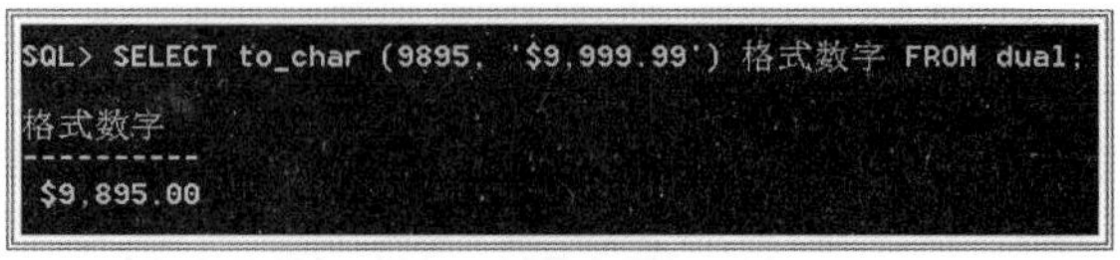

图 3-23

常用的数字格式元素如表 3-8 所示。

表 3-8

格式元素	说　　　明	举　　例
,	格式化数字中逗号的位置	2,999
.	小数点的位置	9000.00
9	代表一位十进制数字	9000
0	代表一位十进制数字，当对应位没有数字时，以 0 填充	09000
$	在数字前面加上$符号	$9000
L	在数字前面加上本地货币符号	￥9000

2. TO_DATE 函数

TO_DATE 函数的作用是把一个字符串转换为一个日期型数据，它有两个参数（字符串和格式字符串），处理的结果是一个日期型数据。该函数的语法格式为：

```
to date (字符串，格式字符串)
```

其中，格式字符串由表 3-6 中的格式元素组成，它的作用是把字符串中用分隔符分开的不同部分解释成一个日期的不同部分。例如：TO_DATE ('2017-07-03', 'yyyy-mm-dd ') 结果为 2017-07-03。

具体实现代码如下：

```
SQL>ALTER SESSION SET NLS_DATE_FORMAT='yyyy-mm-dd hh24:mi:ss';
SELECT  TO_DATE ('2017-07-03', 'yyyy-mm-dd ') 日期 FROM DUAL;        [000255]
```

运行结果如图 3-24 所示。

图 3-24

通过格式字符串，把字符串中的 2017 解释为年，07 解释为月，03 解释为日，然后将这个字符串转换为一个日期型数据。格式字符串中的每部分对字符串中的每部分是一一对应地进行解释的，所以日期字符串中的每一部分对于格式字符串中的对应部分来说，必须是合法的数据。例如，TO_DATE('12-03-2017','dd-mon-yyyy')；具体实现代码如下：

```
SQL>ALTER SESSION SET NLS_DATE_FORMAT='yyyy-mm-dd hh24:mi:ss';
SELECT  TO_DATE('12-03-2017','dd-mm-yyyy') 日期 FROM DUAL;      [000256]
```

运行结果如图 3-25 所示。

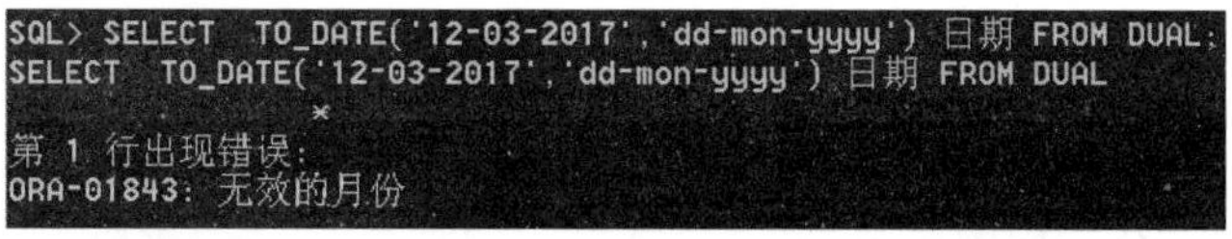

```
SQL> SELECT  TO_DATE('12-03-2017','dd-mon-yyyy') 日期 FROM DUAL;
SELECT  TO_DATE('12-03-2017','dd-mon-yyyy') 日期 FROM DUAL
                                 *
第 1 行出现错误:
ORA-01843: 无效的月份
```

图 3-25

将得到一个错误的结果，原因是格式字符串中的 mon 试图将字符串中的 03 解释为某个月份的缩写，而 03 并不是某个月份缩写，如果把“mon”改为“mm”就没问题了（SELECT TO_DATE('12-03-2017','dd-mm-yyyy') 日期 FROM DUAL;）。还要注意的是，转换后得到的日期格式与函数指定的格式并不一定相同，因为格式字符串是用来解释字符串中的不同部分的，而日期的显示格式依赖于当前系统的日期格式。

3. TO_NUMBER 函数

TO_NUMBER 函数的作用是把一个字符串转换为数字，它有两个参数，处理的结果是一个数字型数据。该函数的语法格式为：

```
TO_NUMBER(字符串，格式字符串)
```

其中，格式字符串包含表 3-8 中所介绍的格式元素，它把字符串中的$以及用逗号、小数点分开的不同部分分别进行解释，它的分隔方式与字符串转日期时的字符串不同部分的分隔方式是一致的。例如：TO_NUMBER('$1,000.50','$999,999.99')的结果为 1000.5；TO_NUMBER('$1000.50', '$999,999.99')的结果将出错。两段代码如下：

```
SQL>SELECT  TO_NUMBER('$1,000.50','$999,999.99') 数字 FROM DUAL;[000257]
```

运行结果如图 3-26 所示。

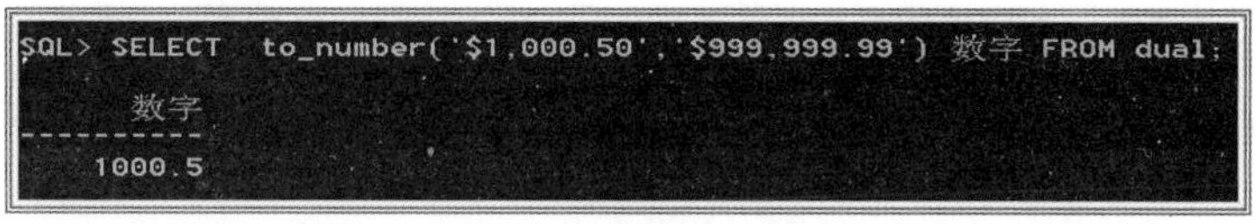

```
SQL> SELECT  to_number('$1,000.50','$999,999.99') 数字 FROM dual;

      数字
----------
    1000.5
```

图 3-26

```
SQL>SELECT  TO_NUMBER('$1000.50','$999,999.99') 数字 FROM DUAL; [000258]
```

运行结果如图 3-27 所示。

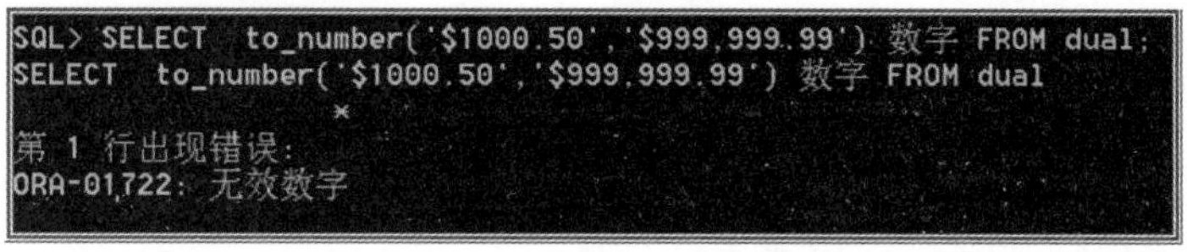

```
SQL> SELECT  to_number('$1000.50','$999,999.99') 数字 FROM dual;
SELECT  to_number('$1000.50','$999,999.99') 数字 FROM dual
                                 *
第 1 行出现错误:
ORA-01722: 无效数字
```

图 3-27

第二个例子出错的原因是字符串中的数字字符并没有每三位逗号隔开，而格式字符串却要按这种方式解释它。另外，格式字符串中的 9 或 0 的位数不应少于字符串中数字字符的位数。

3.3.5　流程函数

关于流程函数，Oracle 中主要有 case when 和 decode，非常重要，几乎 Oracle 数据库开发都离不开这两个流程函数，用途非常广泛。

说到流程，那么就肯定离不开逻辑判断，Oracle 这几个流程函数就是这样的函数，因此，掌握了它会给你带来意想不到的好处，也会省去不少麻烦。

case when 在不同条件需要有不同返回值的情况下使用非常方便，可以在给变量赋值时使用，也可以在 select 查询语句中使用。

Oracle 的 DECODE 函数是 ORACLE PL/SQL 的功能强大的函数之一，目前还只有 Oracle 公司的 SQL 提供了此函数。

通过 Oracle 的 DECODE 函数，可以将输入数值与函数中的参数列表相比较，然后，根据输入值返回一个对应值。函数的参数列表是由若干数值及其对应结果值组成的，如果未能与任何一个实参匹配成功，则函数也有默认的返回值。

下面详细介绍这两个流程函数。

1．构建数据

为了更好地讲解这两个流程函数，构建数据如下。

（1）学历表

```
SQL>
drop table diploma cascade constraints purge;
CREATE TABLE diploma( --学历表，表名为 diploma
diploma_id    number(2)  CONSTRAINT pk_diploma  PRIMARY KEY, --列名为
diploma_id，类型为 number
diploma_name varchar2(20)  --列名为 diploma_name，类型为 varchar2
);
INSERT INTO diploma VALUES (1,'大专');
INSERT INTO diploma VALUES (2,'大本');
INSERT INTO diploma VALUES (3,'研究生');
INSERT INTO diploma VALUES (4,'博士生');
COMMIT;                                                      [000259]
```

（2）课程表

```
SQL>
drop table course cascade constraints purge;

CREATE TABLE course( --课程表
  c_theoryhours number(3), --理论学时
```

```
    c_designhours number(3) DEFAULT 0,   --设计学时
    c_prachours number(3) DEFAULT 0       --上机学时
    );
INSERT INTO course(c_theoryhours) VALUES(64);
INSERT INTO course(c_theoryhours, c_prachours) VALUES(64,16);
INSERT INTO course VALUES(64, DEFAULT,16) --c_designhours 列采用默认值;
COMMIT;                                                          [000260]
```

（3）职称表

```
SQL>
drop table title cascade constraints purge;
CREATE TABLE title(--职称表
title_id number(2) CONSTRAINT pk_title PRIMARY KEY,  --职称编号，主键
title_name varchar2(50) NOT NULL   --职称名称
);
INSERT INTO title VALUES (1, '教授');
INSERT INTO title VALUES (2, '副教授');                          [000261]
```

（4）教师表

```
SQL>
drop table teacher cascade constraints purge;
CREATE TABLE teacher(--教师表
    t_id char(6) CONSTRAINT pk_teacher PRIMARY KEY, --教师编号,主键约束
    t_name varchar2(50) CONSTRAINT feik_t_name NOT NULL, --教师姓名,非空约束
    t_gender varchar2(2) CONSTRAINT feik_t_gender NOT NULL   CONSTRAINT
chk_t_gender CHECK(t_gender IN('男','女')), --教师性别,非空约束,条件约束
    t_ishere varchar2(10) NOT NULL, --在职状态,非空约束
    t_entertime date NOT NULL, --入职时间,非空约束
    t_idcard varchar2(18) UNIQUE, --身份证号,唯一约束
    t_duty varchar2(50) NOT NULL, --职务,非空约束
    t_titleid number(2) CONSTRAINT fk_t_titleid REFERENCES title(title_id),
--职称编号,参考约束
    t_titletime date, --职称获得时间
    t_research varchar2(50), --研究方向
    t_university varchar2(50) NOT NULL, --毕业学校,非空约束
    t_graduatetime date NOT NULL, --毕业时间,非空约束
    t_specialty varchar2(50) NOT NULL, --专业,非空约束
    t_diplomaid number(2) NOT NULL, --学历,非空约束
    t_birthday date NOT NULL, --出生日期,非空约束
    t_marrige varchar2(4) NOT NULL, --婚姻状况,非空约束
    CONSTRAINT fk_t_diplomaid FOREIGN KEY(t_diplomaid) REFERENCES
diploma(diploma_id) ON DELETE CASCADE --参考约束
    );
    -- 1 -----------------------------------------------------------
INSERT INTO teacher(
    t_id, --教师编号,主键约束
    t_name, --教师姓名,非空约束
    t_gender, --教师性别,非空约束,条件约束
    t_ishere, --在职状态,非空约束，0 在职 1 离职
```

```
t_entertime, --入职时间,非空约束
t_idcard, --身份证号,唯一约束
t_duty, --职务,非空约束
t_titleid, --职称编号,参考约束
t_titletime, --职称获得时间
t_research, --研究方向
t_university, --毕业学校,非空约束
t_graduatetime, --毕业时间,非空约束
t_specialty, --专业,非空约束
t_diplomaid, --学历,非空约束 1 大专 2 大本 3 研究生 4 博士生
t_birthday, --出生日期,非空约束
t_marrige --婚姻状况,非空约束 0 已婚 1 未婚
)VALUES(
'000001', --教师编号,主键约束
 '教师1', --教师姓名,非空约束
 '男', --教师性别,非空约束,条件约束
 '0', --在职状态,非空约束,0 在职 1 离职
 TO_DATE('2015-01-12','yyyy-mm-dd'), --入职时间,非空约束
 '12010519660701222X', --身份证号,唯一约束
 '教师', --职务,非空约束
 1, --职称编号,参考约束
 TO_DATE('2015-06-12','yyyy-mm-dd') , --职称获得时间
 '信息化', --研究方向
 '北京交通大学', --毕业学校,非空约束
 TO_DATE('2011-01-12','yyyy-mm-dd'), --毕业时间,非空约束
'计算机科学与技术', --专业,非空约束
2, --学历,非空约束 1 大专 2 大本 3 研究生 4 博士生
TO_DATE('1967-01-12','yyyy-mm-dd'), --出生日期,非空约束
0 --婚姻状况,非空约束 0 已婚 1 未婚
);
-- 2 ---------------------------------------------------------------
INSERT INTO teacher(
t_id, --教师编号,主键约束
t_name, --教师姓名,非空约束
t_gender, --教师性别,非空约束,条件约束
t_ishere, --在职状态,非空约束,0 在职 1 离职
t_entertime, --入职时间,非空约束
t_idcard, --身份证号,唯一约束
t_duty, --职务,非空约束
t_titleid, --职称编号,参考约束
t_titletime, --职称获得时间
t_research, --研究方向
t_university, --毕业学校,非空约束
t_graduatetime, --毕业时间,非空约束
t_specialty, --专业,非空约束
t_diplomaid, --学历,非空约束 1 大专 2 大本 3 研究生 4 博士生
t_birthday, --出生日期,非空约束
t_marrige --婚姻状况,非空约束 0 已婚 1 未婚
```

```
)VALUES(
'000002',  --教师编号,主键约束
 '教师2',  --教师姓名,非空约束
 '男',  --教师性别,非空约束,条件约束
 '1',  --在职状态,非空约束,0 在职 1 离职
 TO_DATE('2015-01-12','yyyy-mm-dd'),  --入职时间,非空约束
 '12010519660701223Y',  --身份证号,唯一约束
 '教师',  --职务,非空约束
 1,  --职称编号,参考约束
 TO_DATE('2015-06-12','yyyy-mm-dd')  ,  --职称获得时间
 '信息化',  --研究方向
 '北京交通大学',  --毕业学校,非空约束
 TO_DATE('2011-01-12','yyyy-mm-dd'), --毕业时间,非空约束
 '计算机科学与技术',  --专业,非空约束
2,  --学历,非空约束 1 大专 2 大本 3 研究生 4 博士生
 TO_DATE('1967-01-12','yyyy-mm-dd'),  --出生日期,非空约束
0 --婚姻状况,非空约束 0 已婚 1 未婚
);
-- 3 --------------------------------------------------------------
INSERT INTO teacher(
t_id,  --教师编号,主键约束
t_name,  --教师姓名,非空约束
t_gender,  --教师性别,非空约束,条件约束
t_ishere,  --在职状态,非空约束,0 在职 1 离职
t_entertime,  --入职时间,非空约束
t_idcard,  --身份证号,唯一约束
t_duty,  --职务,非空约束
t_titleid,  --职称编号,参考约束
t_titletime,  --职称获得时间
t_research,  --研究方向
t_university,  --毕业学校,非空约束
t_graduatetime,  --毕业时间,非空约束
t_specialty,  --专业,非空约束
t_diplomaid,  --学历,非空约束 1 大专 2 大本 3 研究生 4 博士生
t_birthday,  --出生日期,非空约束
t_marrige --婚姻状况,非空约束 0 已婚 1 未婚
)VALUES(
'000003',  --教师编号,主键约束
 '教师3',  --教师姓名,非空约束
 '女',  --教师性别,非空约束,条件约束
 '1',  --在职状态,非空约束,0 在职 1 离职
 TO_DATE('2015-01-12','yyyy-mm-dd'),  --入职时间,非空约束
 '12010519660701223X',  --身份证号,唯一约束
 '教师',  --职务,非空约束
 1,  --职称编号,参考约束
 TO_DATE('2015-06-12','yyyy-mm-dd')  ,  --职称获得时间
 '信息化',  --研究方向
 '北京交通大学',  --毕业学校,非空约束
```

```
    TO_DATE('2011-01-12','yyyy-mm-dd'),  --毕业时间,非空约束
'计算机科学与技术',  --专业,非空约束
2,  --学历,非空约束 1 大专 2 大本 3 研究生 4 博士生
    TO_DATE('1967-01-12','yyyy-mm-dd'),    --出生日期,非空约束
0 --婚姻状况,非空约束 0 已婚 1 未婚
);
COMMIT;                                                   [000262]
```

（5）班级表

```
SQL>
drop table class cascade constraints purge;
CREATE TABLE class( --班级表,表名为 class
c_id    number(2)  CONSTRAINT pk_class  PRIMARY KEY, --主键
c_name  varchar2(100)  --班级名
);
INSERT INTO class VALUES (1,'语文三班');
INSERT INTO class VALUES (2,'英语一班');
INSERT INTO class VALUES (3,'数学二班');
INSERT INTO class VALUES (4,'化学四班');
COMMIT;                                                   [000263]
```

（6）学生表

```
SQL>
drop table student cascade constraints purge;
CREATE TABLE student(
    s_id varchar2(10) CONSTRAINT pk_student PRIMARY KEY, --学号
    s_name varchar2(30) NOT NULL, --学生姓名
    s_gender  char(1)  NOT  NULL  CONSTRAINT  check_student_s_gender
CHECK(s_gender IN('0','1')), --0 男 1 女 学生性别
    s_nation varchar2(20) NOT NULL, --民族
    s_political varchar2(20) NOT NULL, --政治面貌
    s_classname number(2)  NOT NULL  CONSTRAINT  fk_student_s_classname
REFERENCES class(c_id), --班级,参考约束
    s_language varchar2(20) NOT NULL, --语种
    s_t_id char(6) not null, -- 参考 teacher.t_id
    s_chinese number(4,1),   --语文成绩
    s_math number(4,1),   --数学成绩
    s_foreign number(4,1), --外语成绩
    s_duty varchar2(50),  --职务
    CONSTRAINT  fk_student_s_t_id  FOREIGN  KEY(s_t_id)  REFERENCES
teacher(t_id)  ON DELETE CASCADE --参考约束
    );
    INSERT INTO student (s_id, s_name, s_gender, s_nation, s_political,
s_classname, s_language,s_t_id, s_chinese, s_math, s_foreign, s_duty)
    VALUES ('0807010301', '林富丽', '1', '汉族', '共青团员', 1, '英语','000001',
112, 81, 119, null);
    INSERT INTO student (s_id, s_name, s_gender, s_nation, s_political,
```

```
s_classname, s_language,s_t_id, s_chinese, s_math, s_foreign, s_duty)
    VALUES ('0807010302', '杨思颖', '1', '汉族', '共青团员', 1, '英语','000001',
114, 100, 121, null);
    INSERT INTO student (s_id, s_name, s_gender, s_nation, s_political,
s_classname, s_language,s_t_id, s_chinese, s_math, s_foreign, s_duty)
    VALUES ('0807010303', '梅楠', '0', '满族', '共青团员', 1, '英语','000001',
102, 102, 83, null);
    INSERT INTO student (s_id, s_name, s_gender, s_nation, s_political,
s_classname, s_language,s_t_id, s_chinese, s_math, s_foreign, s_duty)
    VALUES ('0807010304', '孙丽霞', '1', '汉族', '预备党员', 2, '英语', '000002',
117, 96, 83,'组织委员');
    INSERT INTO student (s_id, s_name, s_gender, s_nation, s_political,
s_classname, s_language,s_t_id, s_chinese, s_math, s_foreign, s_duty)
    VALUES ('0807010305', '黄亚男', '1', '汉族', '共青团员', 2, '英语','000002',
113, 108, 115, '宣传委员');
    INSERT INTO student (s_id, s_name, s_gender, s_nation, s_political,
s_classname, s_language,s_t_id, s_chinese, s_math, s_foreign, s_duty)
    VALUES ('0807010306', '雷少茜', '1', '汉族', '共青团员', 3, '英语','000002',
113, 94, 111, null);
    INSERT INTO student (s_id, s_name, s_gender, s_nation, s_political,
s_classname, s_language,s_t_id, s_chinese, s_math, s_foreign, s_duty)
    VALUES ('0807010307', '李金龙', '0', '汉族', '共青团员', 3, '英语','000002',
104, 104, 124, '体育委员');
    INSERT INTO student (s_id, s_name, s_gender, s_nation, s_political,
s_classname, s_language,s_t_id, s_chinese, s_math, s_foreign, s_duty)
    VALUES ('0807010308', '孙筱琳', '1', '汉族', '共青团员', 4, '英语','000003',
109, 81, 118, null);
    INSERT INTO student (s_id, s_name, s_gender, s_nation, s_political,
s_classname, s_language,s_t_id, s_chinese, s_math, s_foreign, s_duty)
    VALUES ('0807010309', '蔡旭', '0', '汉族', '共青团员', 4, '英语','000003',
105, 85, 121, null);
    INSERT INTO student (s_id, s_name, s_gender, s_nation, s_political,
s_classname, s_language,s_t_id, s_chinese, s_math, s_foreign, s_duty)
    VALUES ('0807010310', '王珊', '1', '汉族', '共青团员', 4, '英语','000003',
111, 94, 102, '生活委员');
    INSERT INTO student (s_id, s_name, s_gender, s_nation, s_political,
s_classname, s_language,s_t_id, s_chinese, s_math, s_foreign, s_duty)
    VALUES ('0807010311', '余娜', '1', '汉族', '共青团员', 1, '英语','000003',
103, 100, 118, null);
    INSERT INTO student (s_id, s_name, s_gender, s_nation, s_political,
s_classname, s_language,s_t_id, s_chinese, s_math, s_foreign, s_duty)
    VALUES ('0807010312', '杨思颖', '1', '汉族', '共青团员', 1, '英语','000003',
114, 100, 121, null);
    INSERT INTO student (s_id, s_name, s_gender, s_nation, s_political,
s_classname, s_language,s_t_id, s_chinese, s_math, s_foreign, s_duty)
    VALUES ('0807010313', '梅楠', '0', '满族', '共青团员', 2, '英语','000003',
```

```
99, 99, 99, null);
    INSERT INTO student (s_id, s_name, s_gender, s_nation, s_political,
s_classname, s_language,s_t_id, s_chinese, s_math, s_foreign, s_duty)
    VALUES ('0807010314', '孙丽霞', '1', '汉族', '预备党员', 2, '英语','000003',
108, 117, 96, '组织委员');
    INSERT INTO student (s_id, s_name, s_gender, s_nation, s_political,
s_classname, s_language,s_t_id, s_chinese, s_math, s_foreign, s_duty)
    VALUES ('0807010315', '黄亚男', '1', '汉族', '共青团员', 3, '英语','000003',
99, 99, 99, '宣传委员');
    INSERT INTO student (s_id, s_name, s_gender, s_nation, s_political,
s_classname, s_language,s_t_id, s_chinese, s_math, s_foreign, s_duty)
    VALUES ('0807010316', '雷少茜', '1', '汉族', '共青团员', 4, '英语','000003',
113, 94, 111, null);
    INSERT INTO student (s_id, s_name, s_gender, s_nation, s_political,
s_classname, s_language, s_t_id, s_chinese, s_math, s_foreign, s_duty)
    VALUES ('0807010317', '李金龙', '0', '汉族', '共青团员',4, '英语', '000003',
99, 99, 99, '体育委员');                                        [000264]
```

将上边的 SQL 在 SQL*Plus 中执行，数据环境搭建起来以后，下面就用这些数据来试验这两个流程函数以及后面的相关实验。

2．case 的用法

在 case 流程函数有两种语法风格，一种是 case 后紧跟表达式，由 when 负责对表达式的值进行判断，若和表达式的值一致（true），则返回 then 表达式的值；另一种是在 when 后紧跟条件判断，若为 true 则返回 then 表达式的值。下面分别进行介绍。

（1）第一种语法风格

1）语法

```
case 表达式的值
WHEN  value_1  THEN  表达式_1
WHEN  value_2  THEN  表达式_2
WHEN  value_3  THEN  表达式_3
...
WHEN  value_n  THEN  表达式_n
ELSE    最后表达式
END
```

2）解释

首先判断'表达式的值'是否等于 value_1，若等于则执行'表达式_1'，然后，跳出语句体，否则，判断'表达式的值'是否等于 value_2，若等于则执行'表达式_2'，然后，跳出语句体，否则，判断'表达式的值'是否等于 value_3，若等于则执行'表达式_3'，然后，跳出语句体，否则，判断'表达式的值'是否等于 value_n，若等于则执行'表达式_n'，然后，跳出函数体，否则，执行'最后表达式'，然后，跳出语句体。其流程示意图如图 3-28 所示。

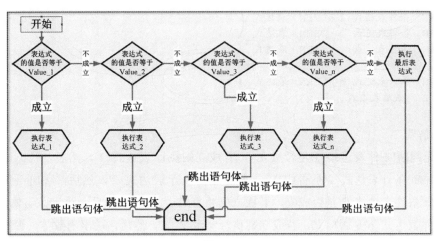

图 3-28

3）举例

学生表 student，s_gender 为学生性别列，char(1) 数据类型，0 代表男，1 代表女，要求显示此列时，内容为'男'或'女'，不能出现'0'或'1'且外语成绩大于等于 120 分的。其 SQL 句法为：

```
SQL>select s_id 学号,s_name 学生姓名,
CASE s_gender
WHEN '0' THEN '男'
WHEN '1' THEN '女'
ELSE '未确定'
END 性别, s_foreign 外语成绩  from  student where s_foreign>=120;[000265]
```

运行结果如图 3-29 所示。

图 3-29

（2）第二种语法风格

1）语法：

```
case
```

```
WHEN   条件表达式_1  THEN   表达式_1
WHEN   条件表达式_2  THEN   表达式_2
WHEN   条件表达式_3  THEN   表达式_3
...
WHEN   条件表达式_n  THEN   表达式_n
ELSE   最后表达式
END
```

2）解释

首先判断'条件表达式_1'是否成立 ，若成立则执行'表达式_1'，然后，跳出语句体，否则，判断'条件表达式_2'是否成立 ，若成立则执行'表达式_2'，然后，跳出语句体，否则，判断'条件表达式_3'是否成立，若成立则执行'表达式_3'，然后，跳出语句体，否则，判断'条件表达式_n'是否成立，若成立则执行'表达式_n'，然后，跳出函数体，否则，执行'最后表达式'，然后，跳出语句体。

其流程示意图如图 3-30 所示。

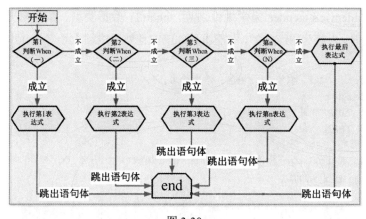

图 3-30

3）举例

下面主要举出"SELECT CASE WHEN""WHERE CASE WHEN"及"GROUP BY CASE WHEN"3 种用法，详细介绍如下。

● SELECT CASE WHEN 用法

此种用法，即把"case when"安排在 select 列表中。下面语句的作用是：统计班级男女学生数。

```
SELECT   b.c_name  班级,
COUNT (CASE WHEN s_gender = '0' THEN '男' ELSE NULL END) 男生数,
COUNT (CASE WHEN s_gender = '1' THEN '女' ELSE NULL END) 女生数
FROM student a,class b where a.s_classname = b.c_id  GROUP BY b.c_name;
```

[000266]

语句放在 SQL Developer 环境下运行，运行结果如图 3-31 所示。

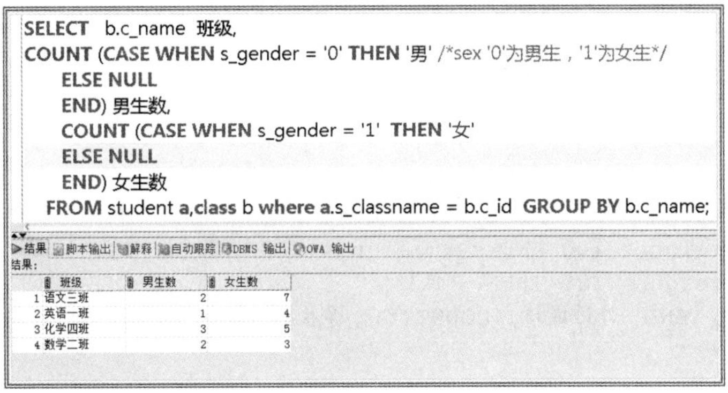

图 3-31

● WHERE CASE WHEN 用法

此种用法，即把"case when"安排在 where 条件中。下面语句的作用是：将学生表中，语文（s_chinese）数学（s_math）外语（s_foreign）3 门课程都不足 110 分的学生查出来。要求查询条件使用 case when 流程函数。

```
SELECT * FROM student
  WHERE (CASE WHEN s_chinese>=110 THEN 1
         WHEN s_math>=110 THEN 1
         WHEN s_foreign >=110 THEN 1
         ELSE 0
       END) = 0;                                    [000267]
```

语句放在 SQL Developer 环境下运行，运行结果如图 3-32 所示。

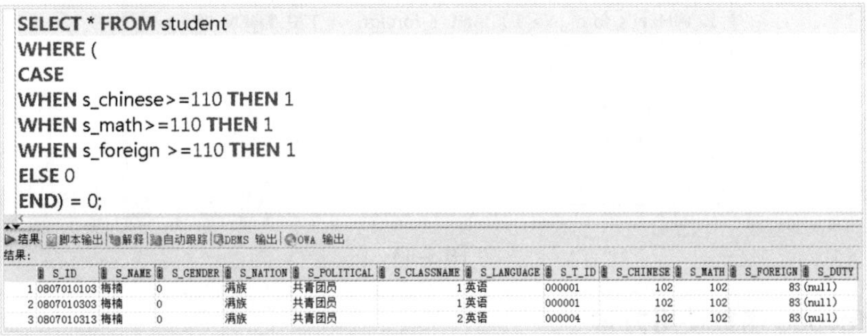

图 3-32

● GROUP BY CASE WHEN 用法

此种用法，即把"case when"安排在 group by（分组条件）中。下面语句的作用是：将学生表中，外语（s_foreign）课程成绩，按以下规则统计出优、良、中、差的学生数。

差：小于等于 80。

中：大于 80 小于等于 100——80~100。

良：大于 100 小于等于 120——100~120。

优：大于 120。

要求使用 case when 流程函数，如下：

```
SELECT
CASE
WHEN s_foreign <= 80 THEN '差'
WHEN s_foreign > 80 AND s_foreign <= 100  THEN '中'
WHEN s_foreign > 100 AND s_foreign <= 120  THEN '良'
WHEN s_foreign > 120 THEN '优'
ELSE  NULL END 外语成绩, COUNT(*)  学生数 FROM  student
GROUP BY (
CASE
WHEN s_foreign <= 80 THEN  '差'
WHEN s_foreign > 80 AND s_foreign <= 100  THEN '中'
WHEN s_foreign > 100 AND s_foreign <= 120  THEN '良'
WHEN s_foreign > 120 THEN  '优'
ELSE  NULL  END );
```
[000268]

语句放在 SQL Developer 环境下运行，运行结果如图 3-33 所示。

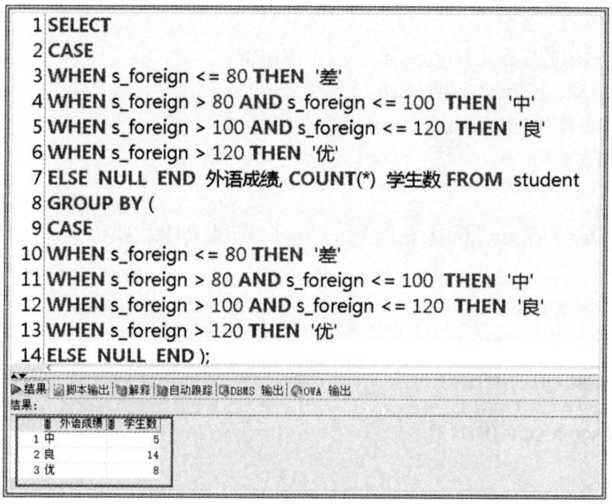

图 3-33

3．decode 函数使用方法

decode()函数是 Oracle 功能强大的函数之一。我们先来看一个小例子。

假设想给职员加工资，其标准是：工资在 8 000 元以下的将加 20%；工资在 8 000 元以上的加 15%。通常的做法是，先选出记录中的工资字段值，SELECT salary INTO v_salary FROM employee，然后对变量 v_salary 用 if-then-else 或 choose case 之类的流控制语句进行判断。

如果用 DECODE 函数，那么就可以把这些流控制语句省略，通过 SQL 语句就可以直接完成。代码如下：

```
SELECT decode(sign(salary-8000),1,salary*1.15,-1,salary*1.2,salary FROM
employee.
```

注意：sign()函数根据某个值是 0、正数还是负数，分别返回 0、1、-1。

（1）DECODE 的语法

Decode 函数语法的第一种表达形式，代码如下：

```
DECODE(value,
If1,then1,
If2,then2,
If3,then3,
...,
默认值)
```

表示如果 value 等于 If1 时，DECODE 函数的结果返回 then1,...,如果不等于任何一个 if 值，则返回默认值。初看一下，DECODE 只能做等于使用，但通过一些函数或计算替代 value，是可以使 DECODE 函数具备大于、小于或等于功能的。

DECODE 函数语法的第二种表达形式，代码如下：

```
decode (expression, search_1,result_1, search_2, result_2, ...., search_n,
result_n, default)
```

DECODE 函数比较表达式和搜索字，如果匹配，返回结果；如果不匹配，返回 default 值；如果未定义 default 值，则返回空值。

（2）DECODE 函数使用方法

该函数的含义如下：

```
IF 条件=值 1 THEN
        RETURN(返回值 1)
ELSIF 条件=值 2 THEN
        RETURN(返回值 2)
        ......
ELSIF 条件=值 n THEN
        RETURN(返回值 n)
ELSE
        RETURN(默认值)
END IF
```

1）比较大小

假如变量 1=10，变量 2=20，则 sign(变量 1-变量 2)返回-1，"decode(sign(变量 1-变量 2),-1,变量 1,变量 2)" 的返回结果为 "变量 1"，达到取较小值的目的。SQL 语句如下：

```
SQL>SELECT decode(sign(10-20),-1,10,20) "最小的值" FROM DUAL --取较小值 ;
```

注意：sign()函数根据某个值是 0、正数还是负数，分别返回 0、1、-1

2）表、视图结构转化

现有一个商品销售表 sale，表结构为：

```
month      char(6)            --月份
sell       number(10,2)        --月销售金额
```

```
SQL>
drop table sale cascade constraints purge;
CREATE  TABLE sale(month char(6) CONSTRAINT pk_sale  PRIMARY KEY,sell
number(10,2));                                              [000269]
```

现有数据如下：

```
SQL>INSERT INTO sale VALUES(201601,1000);
    INSERT INTO sale VALUES(201602,1100);
    INSERT INTO sale VALUES(201603,1200);
    INSERT INTO sale VALUES(201604,1300);
    INSERT INTO sale VALUES(201605,1400);
    INSERT INTO sale VALUES(201606,1500);
    INSERT INTO sale VALUES(201607,1600);
    INSERT INTO sale VALUES(201608,1100);
    INSERT INTO sale VALUES(201609,1200);
    INSERT INTO sale VALUES(201610,1300);
    INSERT INTO sale VALUES(201611,1000);
    INSERT INTO sale VALUES(201612,1100);
    INSERT INTO sale VALUES(201701,1200);
    INSERT INTO sale VALUES(201702,1300);
    INSERT INTO sale VALUES(201703,1400);
    INSERT INTO sale VALUES(201704,1500);
    INSERT INTO sale VALUES(201705,1600);
    INSERT INTO sale VALUES(201706,1100);
    INSERT INTO sale VALUES(201707,1200);
COMMIT;
SELECT * FROM sale;                                        [000270]
```

如果想要转化为以下结构的数据：

```
year      char(4)          --年份
month1    number(10,2)     --1月销售金额
month2    number(10,2)     --2月销售金额
month3    number(10,2)     --3月销售金额
month4    number(10,2)     --4月销售金额
month5    number(10,2)     --5月销售金额
month6    number(10,2)     --6月销售金额
month7    number(10,2)     --7月销售金额
month8    number(10,2)     --8月销售金额
month9    number(10,2)     --9月销售金额
month10   number(10,2)     --10月销售金额
month11   number(10,2)     --11月销售金额
month12   number(10,2)     --12月销售金额
```

结构转化的 SQL 语句如下：

```
SELECT
    substrb(month,1,4) "年份",
    sum(decode(substrb(month,5,2),'01',sell,0)) "1月",
    sum(decode(substrb(month,5,2),'02',sell,0)) "2月",
    sum(decode(substrb(month,5,2),'03',sell,0)) "3月",
    sum(decode(substrb(month,5,2),'04',sell,0)) "4月",
```

```
    sum(decode(substrb(month,5,2),'05',sell,0)) "5 月",
    sum(decode(substrb(month,5,2),'06',sell,0)) "6 月",
    sum(decode(substrb(month,5,2),'07',sell,0)) "7 月",
    sum(decode(substrb(month,5,2),'08',sell,0)) "8 月",
    sum(decode(substrb(month,5,2),'09',sell,0)) "9 月",
    sum(decode(substrb(month,5,2),'10',sell,0)) "10 月",
    sum(decode(substrb(month,5,2),'11',sell,0)) "11 月",
    sum(decode(substrb(month,5,2),'12',sell,0)) "12 月"
    FROM sale group by substrb(month,1,4);                    [000271]
```

将上面 SQL 做成视图输出，代码如下：

```
SQL>CREATE or replace view   v_sale(year,month1,month2,month3,month4,
month5,month6,month7,month8,month9,month10,month11,month12)
as
SELECT
    substrb(month,1,4) "年份",
    sum(decode(substrb(month,5,2),'01',sell,0)) "1 月",
    sum(decode(substrb(month,5,2),'02',sell,0)) "2 月",
    sum(decode(substrb(month,5,2),'03',sell,0)) "3 月",
    sum(decode(substrb(month,5,2),'04',sell,0)) "4 月",
    sum(decode(substrb(month,5,2),'05',sell,0)) "5 月",
    sum(decode(substrb(month,5,2),'06',sell,0)) "6 月",
    sum(decode(substrb(month,5,2),'07',sell,0)) "7 月",
    sum(decode(substrb(month,5,2),'08',sell,0)) "8 月",
    sum(decode(substrb(month,5,2),'09',sell,0)) "9 月",
    sum(decode(substrb(month,5,2),'10',sell,0)) "10 月",
    sum(decode(substrb(month,5,2),'11',sell,0)) "11 月",
    sum(decode(substrb(month,5,2),'12',sell,0)) "12 月"
    FROM sale group by substrb(month,1,4);
select * from v_sale;                                         [000272]
```

语句放在 SQL Developer 环境下运行，运行结果如图 3-34 所示。

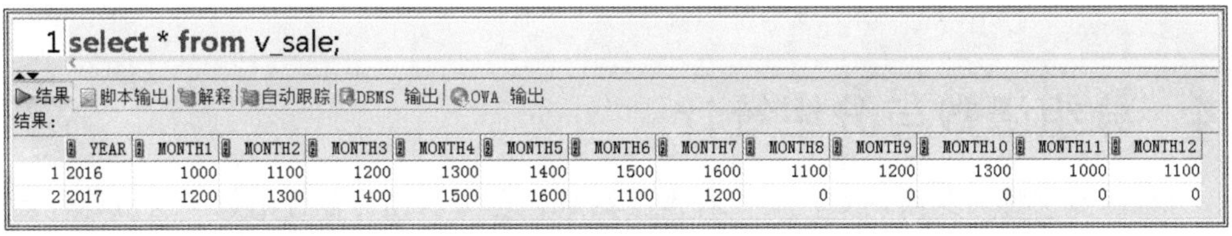

	YEAR	MONTH1	MONTH2	MONTH3	MONTH4	MONTH5	MONTH6	MONTH7	MONTH8	MONTH9	MONTH10	MONTH11	MONTH12
1	2016	1000	1100	1200	1300	1400	1500	1600	1100	1200	1300	1000	1100
2	2017	1200	1300	1400	1500	1600	1100	1200	0	0	0	0	0

图 3-34

3）通过 DECODE 函数实现学生成绩优良中差显示

学生成绩表 student，现在要用 decode 函数实现以下几个功能：语文（s_chinese）数学（s_math）外语（s_foreign）三门成绩的平均值>=110,显示优秀；>=90<110 显示良好；>=70<90 显示中等；<70 显示较差。student 的学生编号 s_id，学生姓名 s_name。该需求通过 DECODE 函数实现的 SQL 语句如下：

```
SELECT s_id,s_name,decode(sign(trunc((s_chinese+s_math+s_foreign)/3,0)
```

```
-110),1,'优秀',0,'优秀',-1, decode(sign(trunc((s_chinese + s_math +
s_foreign)/3,0) - 90),1,'良好',0,'良好',-1,decode(sign(trunc((s_chinese +
s_math + s_foreign)/3,0) - 70),1,'中等',0,'中等',-1,'较差'))) FROM student;
```
[000273]

语句放在 SQL Developer 环境下运行，运行结果如图 3-35 所示。

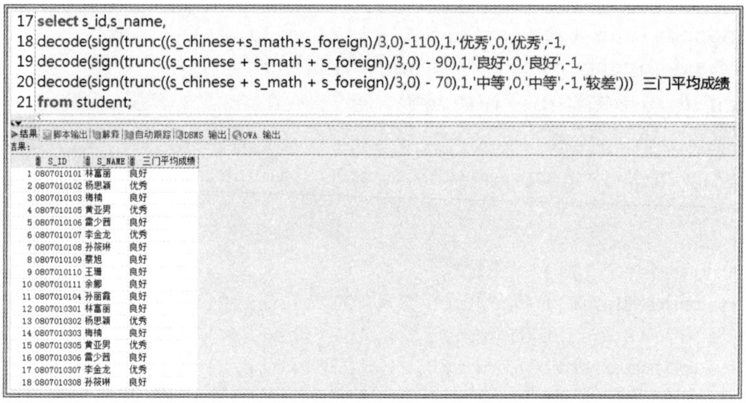

图 3-35

4）通过 DECODE 函数查看数据库账户加锁信息

Oracle 数据库账户锁与未锁信息在 dba_users 数据字典中，首先把 dba_users 数据字典中的数据复制到一个临时表，然后从临时表中查看当前 Oracle 数据库账户锁与未锁信息，这里就用到 DECODE 函数。通过判断 dba_users.lock_date（加锁日期）的值来判断账户是否上锁，如果为 null 则说明未上锁，输出"正常"字样，否则上锁，输出"已上锁"字样，SQL 语句如下：

```
SQL>CREATE TABLE tb2 as SELECT username,lock_date FROM dba_users;
SELECT username,decode(lock_date,null,'正常','已上锁') status FROM tb2;
```
[000274]

3.4　分组函数与分组统计

分组函数又称为聚集函数，是一种多行函数。之所以称为多行函数，是与单行函数对应的，因为这种函数对多行数据一起进行计算，只返回一个结果，而不是每行都返回一个结果。聚集函数主要用来进行数据的统计，常用的聚集函数有：AVG 求平均值、MIN 求最小值、MAX 求最大值、SUM 求和、COUNT 计数等。

在实际中，数据的分组统计与运算也是应用较为普遍的，对数据的运算往往离不开分组统计，分组统计就是对所要查询的数据进行分组运算，而对数据的分组运算又离不开 GROUP BY 子句。

上述的这些函数（min()、max()、sum()及 count()）往往用来与 GROUP BY 子句配合使用，用来实现对数据的运算处理。

在本节，以 Oracle 数据库自身提供的 scott 账户下的数据为蓝本进行示例，需登录到该账户下进行本节的示例操作。

3.4.1 AVG 函数

AVG 函数用来求指定列上的平均值，它将自动忽略列上的空值。如果要去掉重复值的计算，可在列名前加上 DISTINCE 选项。例如，要求部门 30 的员工的平均工资，构造的 SELECT 语句如下：

```
SQL>SELECT avg(sal),avg(distinct sal) FROM emp WHERE deptno=30;[000275]
```

为了观察重复值对这个函数的影响，在 SELECT 语句中进行了两种形式的函数调用，其中第二次调用去掉了重复值，对重复值只计算一次。

执行结果如图 3-36 所示。

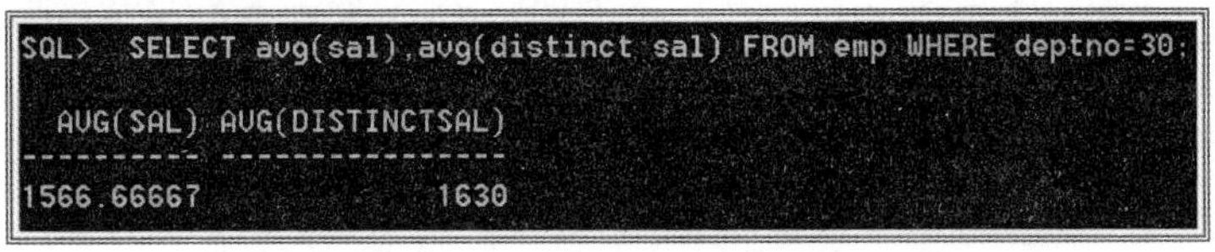

```
SQL> SELECT avg(sal),avg(distinct sal) FROM emp WHERE deptno=30;

  AVG(SAL) AVG(DISTINCTSAL)
---------- ----------------
1566.66667             1630
```

图 3-36

3.4.2 MIN 与 MAX 函数

MIN 函数的作用是求指定列的最小值，MAX 函数的作用是求指定列的最大值。这两个函数都自动忽略空行。例如，要求部门 30 的员工的最低工资和最高工资，构造的 SELECT 语句如下：

```
SQL>SELECT min(distinct sal),max(sal) FROM emp WHERE deptno=30;[000276]
```

执行结果如图 3-37 所示。

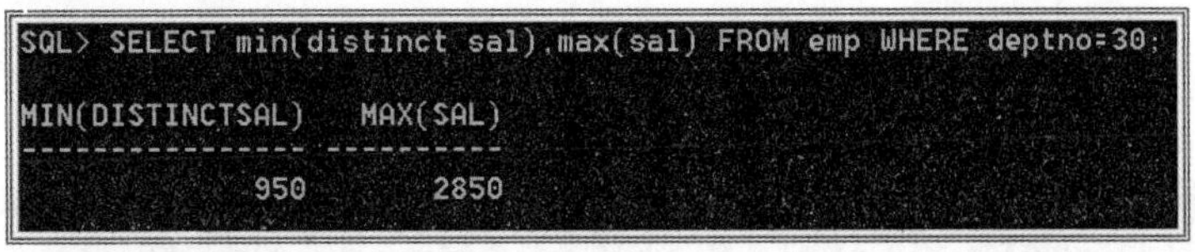

```
SQL> SELECT min(distinct sal),max(sal) FROM emp WHERE deptno=30;

MIN(DISTINCTSAL)  MAX(SAL)
---------------- ----------
             950      2850
```

图 3-37

3.4.3 COUNT 函数

COUNT 函数用来计算数据的行数。在默认情况下，这个函数不计算空行。如果要计算空行，可以用"*"代替列名。如果要去掉重复值的计算，可在列名前加上 DISTINCE 选项，这样，如果遇到重复值，只计算一次。例如，要计算公司中领取工资的人数，构造的 SELECT 语句如下：

```
SQL>SELECT count(sal) ,count(distinct sal) FROM emp;                [000277]
```

为了观察 DISTINCE 选项的作用，在 SELECT 语句中进行了两次函数调用。如果有两个员工的工资相同，只按一个人计算。

执行结果如图 3-38 所示。

```
SQL> SELECT count(sal) ,count(distinct sal) FROM emp;

COUNT(SAL) COUNT(DISTINCTSAL)
---------- ------------------
        14                 12
```

图 3-38

3.4.4 SUM 函数

SUM 函数的作用是对指定列求和，它将自动忽略空值。如果要去掉重复值的计算，可在列名前加上 DISTINCE 选项。例如，要求部门 30 的员工工资总和，构造的 SELECT 语句如下：

```
SQL>SELECT sum(sal) FROM emp WHERE deptno=30;                       [000278]
```

执行结果如图 3-39 所示。

```
SQL> SELECT sum(sal) FROM emp WHERE deptno=30;

  SUM(SAL)
----------
      9400
```

图 3-39

现在，为了说明这些函数的用法，把它们综合起来，构造一个 SELECT 语句，求部门 30 的员工的平均工资、最高工资、最低工资、工资总和以及总人数。这条 SELECT 语句如下：

```
SQL>SELECT avg(sal) AS 平均工资, min(sal) AS 最低工资, max(sal) AS 最高工资,
sum(sal) AS 工资总和 FROM emp WHERE deptno=30;                       [000279]
```

执行结果如图 3-40 所示。

```
SQL> SELECT avg(sal) AS 平均工资, min(sal) AS 最低工资, max(sal) AS最高工资, sum
(sal) AS工资总和 FROM emp WHERE deptno=30;

  平均工资    最低工资 AS最高工资 AS工资总和
---------- ---------- ---------- ----------
1566.66667        950       2850       9400
```

图 3-40

3.4.5 分组统计

在上面最后一个例子中。对部门 30 的员工的工资进行了统计，用这种方法也可以统计其他部门的数据。但是每进行一次统计，都需要单独构造一条 SELECT 语句，如果表

中的部门很多，或者部门数很难确定，用这种方法很难满足用户的查询要求。解决这个问题的一个办法是使用 GROUP 子句。

　　分组函数最常见的用法是与 GROUP 子句一起使用，用来对表中的数据进行分组统计。为了统计表中各个部门员工的工资，只要一条语句就可以完成。GROUP 子句的语法格式为：

```
GROUP BY 列 1，列 2…
```

　　GROUP 子句根据指定的列对数据进行分组统计。首先根据第一个列进行分组统计，第一个列相同时再进一步根据第二个列进行分组统计。例如，要对公司各部门的员工工资进行统计，包括各部门的平均工资、最高工资、最低工资、工资总和和总人数，构造的 SELECT 语句如下：

```
SQL>SELECT deptno AS 部门号,avg(sal) AS 平均工资,min(sal) AS 最低工资,max(sal)
AS 最高工资, sum(sal) AS 工资总和
from emp GROUP BY deptno;                                      [000280]
```

　　这样就可以用一条语句完成所有部门的统计，执行结果如图 3-41 所示。

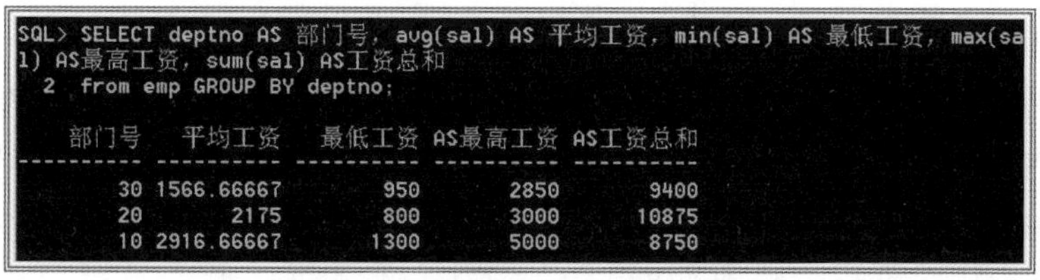

图 3-41

　　与 GROUP 子句一起使用的还有一个子句，即 HAVING 子句。这个子句是可选的，它不能单独使用，只能配合 GROUP 子句使用，作用是对 GROUP 子句设置条件，对统计后的结果进行限制或者过滤。例如，对于上述统计，只希望显示最低工资在 900 元以上，并且工资总和在 7 000 元以上的部门的统计信息，相应的 SELECT 语句为：

```
SQL>SELECT deptno AS 部门号, avg(sal) AS 平均工资, min(sal) AS 最低工资,
max( sal) AS 最高工资, sum (sal) AS 工资总和 FROM emp GROUP BY deptno HAVING
min(sal)>900 AND sum(sal)>7000 ;                              [000281]
```

　　这样，部门 20 因为统计信息不满足设置的条件，就不被显示，执行结果如图 3-42 所示。

　　HAVING 子句中的关系表达式必须使用分组函数，可以是在 SELECT 语句中已经出现的分组函数，也可以是没有出现的函数。虽然 HAVING 子句和 WHERE 子句都是用来设置条件的，但是 WHERE 子句设置的条件是在查询时起作用的，它决定查询什么样的数据，如果要进行统计，这样的条件是在统计之前就已经起作用了。而 HAVING 子句设置的条件只有在进行统计后才起作用，它决定了对于统计产生的数据，哪些需要显示给用户。

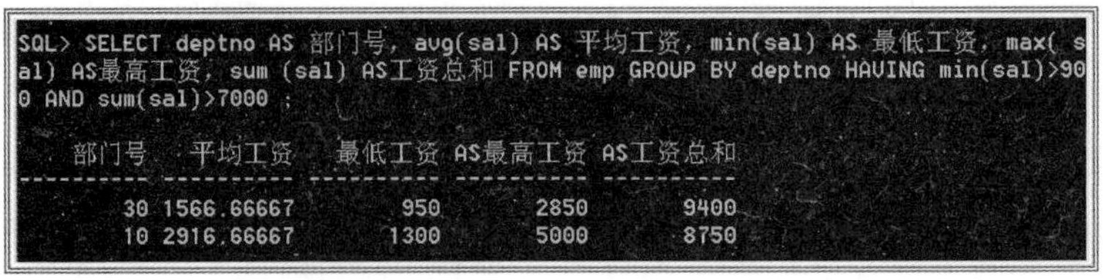

```
SQL> SELECT deptno AS 部门号, avg(sal) AS 平均工资, min(sal) AS 最低工资, max( s
al) AS最高工资, sum (sal) AS工资总和 FROM emp GROUP BY deptno HAVING min(sal)>90
0 AND sum(sal)>7000 ;

    部门号   平均工资   最低工资 AS最高工资 AS工资总和
---------- ---------- ---------- ---------- ----------
        30 1566.66667        950       2850       9400
        10 2916.66667       1300       5000       8750
```

图 3-42

3.5 Oracle 数据库的排序

SELECT 语句可以使用的最后一个子句是 ORDER BY 子句。以前在查询数据时，数据显示的顺序是不可预知的。如果要对数据进行某种方式的排序，就要借助于 ORDER BY 子句。ORDER 子句的语法格式为：

```
ORDER BY 列 1 排序方式，列 2 排序方式…
```

ORDER BY 子句对查询到的数据按照指定列的大小排序。如果指定了多个排序列，则首先按照第一个排序列排序，如果这个列的值相同，则再按照第二个排序列继续排序。排序方式包括 ASC 和 DESC，分别表示升序排序和降序排序，二者可选其一，默认的排序方式是升序排序。如果指定了多个排序列，可以为每个排序列单独指定排序方式。

例如，要对公司各部门的工资统计情况进行排序，要求是按照工资总和从大到小排序，如果工资总和相同，再按照部门号从小到大排序。相应的 SELECT 语句为：

```
SQL>SELECT deptno AS 部门号, avg(sal) AS 平均工资, min (sal) AS 最低工
资,max(sal) AS 最高工资, sum( sal) AS 工资总和 FROM emp GROUP BY deptno ORDER BY
sum(sal) desc, deptno asc;                                                [000282]
```

执行结果如图 3-43 所示。

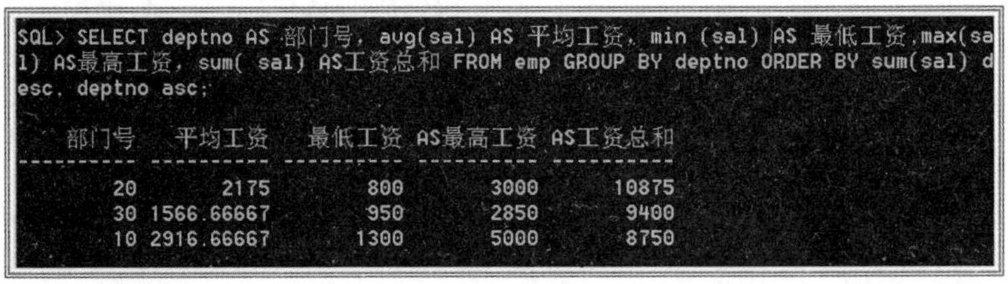

```
SQL> SELECT deptno AS 部门号, avg(sal) AS 平均工资, min (sal) AS 最低工资,max(sa
l) AS最高工资, sum( sal) AS工资总和 FROM emp GROUP BY deptno ORDER BY sum(sal) d
esc, deptno asc;

    部门号   平均工资   最低工资 AS最高工资 AS工资总和
---------- ---------- ---------- ---------- ----------
        20       2175        800       3000      10875
        30 1566.66667        950       2850       9400
        10 2916.66667       1300       5000       8750
```

图 3-43

ORDER 子句中的排序列可以是列名，可以是列的别名，也可以是其他的表达式，还可以是它在 SELECT 语句中的排列序号。例如，上述 SELECT 语句中的第一个排序列就是一个函数，这个函数可以用前面定义的别名“工资总和”来代替，也可以用它的排列序号 5 来代替。上面的 ORDER 子句可以改为等价的形式：

```
ORDER BY 5 desc，部门号 asc;
```

具体实现代码如下：

```
SQL>SELECT deptno AS 部门号, avg(sal) AS 平均工资, min (sal) AS 最低工
```

```
资,max(sal) AS 最高工资, sum( sal) AS 工资总和 FROM emp GROUP BY deptno ORDER BY
5 desc,部门号 asc;                                                      [000283]
```

如果在 SELECT 语句中用到了所有的子句，那么将构成一条复杂的 SQL 语句。这些子句的使用顺序是：WHERE 子句、GROUP 子句、HAVING 子句、ORDER 子句。现在再来看一个综合的例子，在这个例子中用到了 SELECT 语句的所有子句。假设要求按照部门号对员工的工资进行统计，参加统计的员工工资必须大于 1 000 元，将统计结果中凡满足最低工资在 900 元以上，并且工资总和在 7 000 元以上的部门统计信息显示出来，显示时按照工资总和从大到小排序，如果工资总和相同，再按照部门号从小到大排序。相应的 SELECT 语句为：

```
SQL>SELECT deptno AS 部门号,avg(sal) AS 平均工资,min(sal) AS 最低工资,max(sal)
AS 最高工资, sum(sal) AS 工资总和 FROM emp WHERE sal>1000 GROUP BY deptno HAVING
min(sal)>900 AND sum(sal)>7000 ORDER BY 5 desc,部门号 asc;               [000284]
```

统计的结果如下。与以前的统计结果相比，这次的结果不同，原因是这次统计时设置了 WHERE 子句中的条件，如果不满足这个条件，就不会被查询到，当然就没有机会参加统计了。

执行结果如图 3-44 所示。

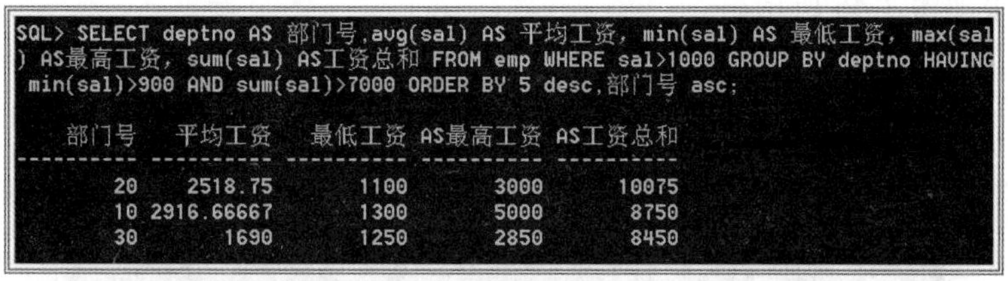

```
SQL> SELECT deptno AS 部门号,avg(sal) AS 平均工资, min(sal) AS 最低工资, max(sal
) AS最高工资, sum(sal) AS工资总和 FROM emp WHERE sal>1000 GROUP BY deptno HAVING
 min(sal)>900 AND sum(sal)>7000 ORDER BY 5 desc,部门号 asc;

    部门号   平均工资   最低工资 AS最高工资 AS工资总和
---------- ---------- ---------- ---------- ----------
        20    2518.75       1100       3000      10075
        10 2916.66667       1300       5000       8750
        30       1690       1250       2850       8450
```

图 3-44

3.6　Oracle 数据库的多表查询

以前讲述的查询语句都只涉及一个表的数据。在很多情况下，需要查询的数据往往涉及多个表，这时需要对多个表进行连接查询。例如，如果既要查询员工的信息，又要查询员工所在部门的信息，这就涉及 emp 和 dept 两个表。

表间的连接关系有相等连接、非相等连接、外连接和子连接等多种形式，其中最常用的连接形式是相等连接。相等连接体现在 WHERE 子句中指定的条件上，在条件中要指定两个表通过哪些列进行连接。一般情况下进行连接查询的两个表是通过主键和外键进行关联的，所以最简单的条件是一个表的外键与另一个表的主键相等。例如，下面的 SELECT 语句从 EMP 表中查询员工的姓名和工资，同时在 dept 表中查询员工所在部门的名称：

```
SQL>SELECT ename,sal,dname FROM emp,dept WHERE emp.deptno=dept.deptno;
                                                                        [000285]
```

其中，deptno 是 dept 表中的主键，同时它又是 emp 表中的外键，在这个查询语句中连接的条件是它们相等，条件 emp.deptno=dept.deptno 的意思是在 emp 表中查询每个员工所在的部门号，然后根据部门号在 dept 表中查询对应的部门号，把这一过程叫作匹配，凡是不满足这个条件的部门号或者说匹配不上的，都将被过滤掉。

如果一个列在两个表中同时存在，那么在 SELECT 语句中要用表名进行限定（表名.列名或者表的别名.列名），否则系统将无法确定是哪个表中的列。上面的 SELECT 语句可以改为下面等价的语句：

```
SQL>SELECT ename,sal,dname FROM emp a,dept b WHERE a.deptno=b.deptno;
```
[000286]

在这个 SELECT 语句中，为了书写方便，为表 emp 和 dept 分别定义了别名 a 和 b，这样在其他子句中就可以使用这样的别名了。在构造查询语句时，首先要仔细分析这个查询要涉及哪些表，以及这些表通过哪些列进行连接，然后在 SELECT 语句中指定所有涉及的表，在 WHERE 子句中指定连接条件。下面再考察一个涉及三个表的查询。除了 emp 和 dept 两个表以外，第三个表 salgrade 也是 Oracle 提供的模板表，这个表记录了工资级别的规定，它的结构为：

```
SQL>desc salgrade
```
[000287]

执行结果如图 3-45 所示。

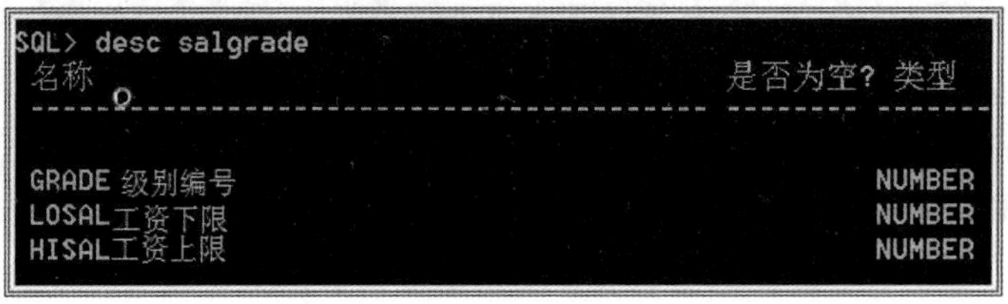

图 3-45

这 3 个列的意义分别是级别编号、工资下限和工资上限。

现在要查询部门 10 和 20 中每个员工的姓名、工资、工资级别以及所在部门的名称，相应的 SELECT 语句为：

```
SQL>SELECT ename AS 姓名，sal AS 工资,grade AS 工资级别, dname AS 部门名称 FROM
emp a,dept b,saLgrade c WHERE a.deptno=b.deptno AND (a.deptno=10 or a.deptno=20)
AND (sal>=c.losal and sal<=c.hisal);
```
[000288]

外连接是一种特殊的连接方式。假设有两个表 A 和 B，用相等连接查询可以返回表 A 中的所有行，而表 B 中的部分行因为不满足相等条件，所以是不会被查询到的，但是利用外连接可以返回表 B 中的所有行。对于表 A 和 B 来说，外连接的条件表达式的格式为：

```
WHERE A.列名(+) = B.列名 或
WHERE A.列名= B.列名(+)
```

注意：(+)所在表的另一侧表全部查出。例如：

A.列名(+)=B.列名，B 表数据全部查出（右外连接）。

A.列名=B.列名(+)，A 表数据全部查出（左外连接）。

如果要显示表 B 中所有行，包括使用相等连接无法显示的行，则在表 A 的列名之后指定外连接的标志“（+）”。例如，对于表 emp 和 dept 来说，利用相等连接可以查询所有员工的信息以及员工所在部门的信息。如果某个部门没有员工，那么该部门的信息是查询不到的，因为这样的部门不满足相等条件。但是如果使用外连接，可以确保它们同样被查询出来。完成这个查询功能的 SELECT 语句为：

```
SQL>SELECT ename,dname FROM emp a,dept b WHERE a.deptno(+)=b.deptno;[000289]
```

执行结果如图 3-46 所示。

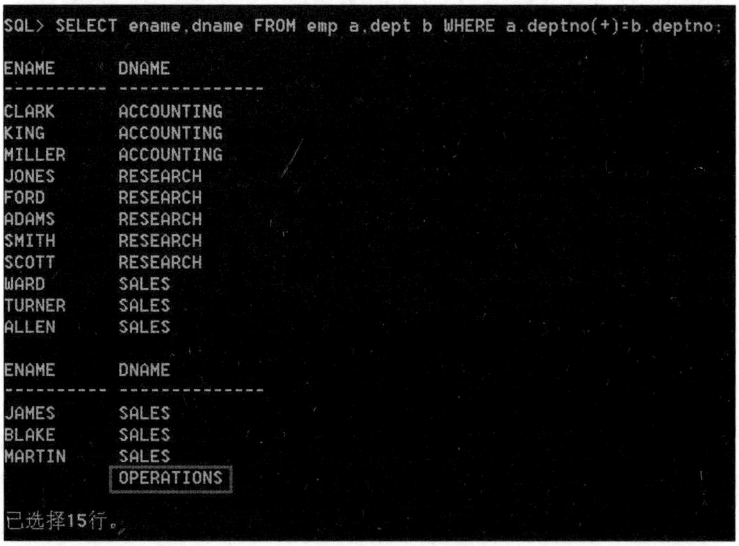

```
SQL> SELECT ename,dname FROM emp a,dept b WHERE a.deptno(+)=b.deptno;

ENAME      DNAME
---------- --------------
CLARK      ACCOUNTING
KING       ACCOUNTING
MILLER     ACCOUNTING
JONES      RESEARCH
FORD       RESEARCH
ADAMS      RESEARCH
SMITH      RESEARCH
SCOTT      RESEARCH
WARD       SALES
TURNER     SALES
ALLEN      SALES

ENAME      DNAME
---------- --------------
JAMES      SALES
BLAKE      SALES
MARTIN     SALES
           OPERATIONS

已选择15行。
```

图 3-46

其中最后一个部门 OPERATIONS 为空，在表 emp 中没有与它的编号相等的员工，在相等连接查询中它是不会被显示出来的，但是利用外连接，可以确保这样的数据也被查询出来。

自连接是一种特殊的相等连接。相等连接一般涉及多个不同的表，自连接也涉及多个表，但是它们是同一个表。例如，在表 emp 中，每个员工都有一个顶头上司的编号，而这个上司同时也是该公司的员工。如果要查询每个员工的上司姓名，首先要确定上司的编号，然后根据这个编号再查询 emp 表，利用相等连接确定上司的姓名，这就相当于两个表的连接。能够完成这个查询的 SELECT 语句为：

```
SQL>SELECT a.empno as 员工编号,a.ename as 员工姓名, b.empno as 上司编号,b.ename AS 上司姓名 FROM emp a,emp b WHERE a.mgr=b.empno;          [000290]
```

由于要把同一个表看成两个不同的表进行连接，所以在 FROM 子句中要为 emp 表定义两个不同的别名，而 SELECT 之后的两个 ename 列分别是这两个表中的列，因此要用别名进行限定。在 emp 表中，员工 KING 是最高领导，他没有上司，所以在上述查询结果中并没有显示。为了在查询中将所有员工姓名都列出来，可以在上述查询的基础上再使用外连接。用于完成这个查询的 SELECT 语句为：

```
SQL>SELECT a.empno as 员工编号,a.ename as 员工姓名, b.empno as 上司编
号 ,b.ename AS 上司姓名 FROM emp a,emp b WHERE a.mgr=b.empno(+);   [000291]
```

执行结果如图 3-47 所示。

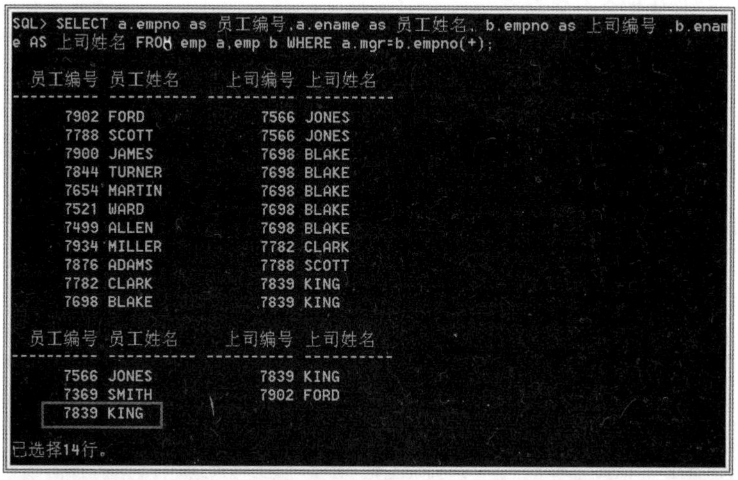

图 3-47

在本节主要介绍了 Oracle 数据库的多表查询，其中 Oracle 数据库专有的"+"号在多表查询中的使用，要特别注意，这个"+"只有 Oracle 数据库有，其他数据库没有，要掌握其用法。对于多表查询很重要，使用较为普遍，要求全部了解和掌握。接下来介绍 Oracle 数据库的"子查询"。

3.7　Oracle 数据库的子查询

在介绍 Oracle 子查询之前，首先准备下列数据。下列数据是一套完整的数据，是从一个应用项目中摘取而来。读者只需将下列这些数据创建进自己的环境即可，无须关心这些数据的实际含义。

之所以提供整套数据，对于测试子查询非常有帮助。通过表 3-9 可以看出这套数据的钩稽关系，本节示例只用到 gzypb 和 lbkp 表数据。

读者如对这套数据感兴趣，可以先弄清数据的钩稽关系，然后写自己想要的子查询。

● 主管部门表

```
SQL>CREATE TABLE dwb(
syh varchar2(30) default null, --唯一 ID
dw varchar2(30) default null --主管部门名称
);
-- ----------------------------------------------------------------------
```

```
INSERT INTO dwb (SYH,DW) VALUES ('100101','主管部门 XX');
INSERT INTO dwb (SYH,DW) VALUES ('100103','主管部门 YY');
INSERT INTO dwb (SYH,DW) VALUES ('100104','主管部门 CC');
COMMIT;
-- ------------------------------------------------------------------
```

[000292]

● 下属部门表

```
CREATE TABLE bmb (
SYH varchar2(30) DEFAULT NULL,--下属部门唯一 ID
BH varchar2(10) default null,
BM varchar2(30) DEFAULT NULL,--下属部门名称
PYJC varchar2(15) default null,
ZD1 varchar2(30) DEFAULT NULL,--所属主管部门,参考 DWB.SYH
ZAIYONG varchar2(10) DEFAULT NULL,
ZD2 number(8,2) default null)
;
INSERT INTO bmb (syh,bm,zd1) VALUES ('10010709','XX 配电','100103');
INSERT INTO bmb (syh,bm,zd1) VALUES ('10010116','XX 汽车班','100101');
INSERT INTO bmb (syh,bm,zd1) VALUES ('10010820','XX 变电所','100101');
INSERT INTO bmb (syh,bm,zd1) VALUES ('tj0907','XX 城际监管','100104');
COMMIT;
-- ------------------------------------------------------------------
```

[000293]

● 职名表

```
CREATE TABLE "GZB" (
"SYH" varchar2(30) default null,--职名唯一 ID
"BH" varchar2(10) default null,
"GZ" varchar2(30) default null, --职名
"PYJC" varchar2(15) default null,
"ZD1" varchar2(30) default null,
"ZAIYONG" varchar2(10) default null,
"ZD2" number(9,2) default null)
;
INSERT INTO gzb (SYH,GZ) VALUES ('GZ1010','炊事员');
INSERT INTO gzb (SYH,GZ) VALUES ('GZ1012','化验员');
INSERT INTO gzb (SYH,GZ) VALUES ('GZ1015','管理干部');
INSERT INTO gzb (SYH,GZ) VALUES ('GZ1017','继保工');
COMMIT;
-- ------------------------------------------------------------------
```

[000294]

● 用品表

```
CREATE TABLE ypb (
syh varchar2(30) DEFAULT NULL,--唯一 ID
bh varchar2(10) DEFAULT NULL,--
yp varchar2(30) DEFAULT NULL,--用品名称
dw varchar2(10) DEFAULT NULL,--计量单位
dj number(8,2) DEFAULT NULL,--单价
```

```
pyjc varchar2(15) DEFAULT NULL,
zd1 varchar2(20) DEFAULT NULL,
zaiyONg varchar2(10) DEFAULT NULL,
zd2 number(8,2) default null)
;
INSERT INTO ypb (SYH,YP,DJ) VALUES ('HP1001-0008','普通工作服中号
男',87.18);
INSERT INTO ypb (SYH,YP,DJ) VALUES ('HP1001-0012','普通工作服正一',87.18);
INSERT INTO ypb (SYH,YP,DJ) VALUES ('HP1001-0014','普通工作服付二',87.18);
INSERT INTO ypb (SYH,YP,DJ) VALUES ('HP1002-0016','防烫工作服正三',98.29);
INSERT INTO ypb (SYH,YP,DJ) VALUES ('HP1002-0018','防烫工作服正二',98.29);
COMMIT;
-- -----------------------------------------------------------------
```
[000295]

● 防护用品发放标准表

```
CREATE TABLE "GZYPB" (
"SYH" varchar2(30) default null, --唯一 ID
"YP" varchar2(30) default null, --享受的用品, 其参考为 YPB.SYH
"QX" number(5,0) default null, --期限 (月), 以月为单位
"ZD1" varchar2(20) default null,
"ZD2" number(8,2) default null, --应给件数
"GZ" varchar2(30) default null)--工种 ID, 其参考为 GZB.SYH
;
INSERT INTO gzypb (SYH,YP,QX,ZD2,GZ) VALUES ('GZ1037HP00001064','HP1064',
3,1,'GZ1037');
INSERT INTO gzypb (SYH,YP,QX,ZD2,GZ) VALUES ('GZ1037HP00001074','HP1074',
12,1,'GZ1037');
INSERT INTO gzypb (SYH,YP,QX,ZD2,GZ) VALUES ('GZ1038HP00001001','HP1001',
24,1,'GZ1038');
INSERT INTO gzypb (SYH,YP,QX,ZD2,GZ) VALUES ('GZ1038HP00001006','HP1006',
36,1,'GZ1038');
COMMIT;
-- -----------------------------------------------------------------
```
[000296]

● 人员表

```
CREATE TABLE ryb (
syh varchar2(30) DEFAULT NULL, --唯一 ID
bh varchar2(10) DEFAULT NULL, --人员编号
xm varchar2(20) DEFAULT NULL, --姓名
bm varchar2(30) DEFAULT NULL, --所属下属部门, 其参考为 BMB.SYH
gz varchar2(30) DEFAULT NULL, --工种或职名, 其参考为 GZB.SYH
pyjc varchar2(15) DEFAULT NULL,
zd1 varchar2(30) DEFAULT NULL, --所属主管部门, 其参考为 DWB.SYH
zd2 number(8,2) DEFAULT NULL,
photo blob DEFAULT NULL,
memo blob default null)
;
INSERT INTO ryb (SYH,BH,XM,BM,GZ,ZD1) VALUES ('gdd-003322','tjgdd-3322','
```

张 XX','10010104','GZ1015','100101');
　　INSERT INTO ryb (SYH,BH,XM,BM,GZ,ZD1) VALUES ('gdd-002482','tjgdd-2482','
田 XX','tj0930','GZ1022','100101');
　　INSERT INTO ryb (SYH,BH,XM,BM,GZ,ZD1) VALUES ('gdd-001348','tjgdd-1348','
刘 XX','10010701','GZ1022','100107');
　　INSERT INTO ryb (SYH,BH,XM,BM,GZ,ZD1) VALUES ('gdd-001334','tjgdd-1334','
崔 XX','10010106','GZ1015','100101');
　　INSERT INTO ryb (SYH,BH,XM,BM,GZ,ZD1) VALUES ('gdd-001333','tjgdd-1333','
胡 XX','tj0930','GZ1022','100101');
　　COMMIT;
　　-- --

[000297]

● 个人用品卡片表
CREATE TABLE lbkp (
syh varchar2(30) DEFAULT NULL,--唯一 ID
rybh varchar2(30) DEFAULT NULL, --人员 ID，其参考为 RYB.SYH
yp varchar2(30) DEFAULT NULL,--用品，其参考为 YPB.SYH
qx number(5,0) not NULL,--期限（月）
qlr date DEFAULT NULL,--前次领用日期
dqr date default null,--到期日
gf varchar2(1) DEFAULT NULL,--本次给否，0: 本次已给；1: 本次未给
js number(5,1) DEFAULT 1,--应给件数
sl number(5,1) DEFAULT NULL,--需求数量
zd1 varchar2(20) DEFAULT NULL,--是否作废，0: 有效；1: 无效
zd2 number(8,2) default null) --换算期限，ROUND(QX/JS,2)
　　;
　　INSERT INTO lbkp (SYH,RYBH,YP,QX,QLR,DQR,GF,JS,SL,ZD1,ZD2) VALUES
('tjgdd-00053520','gdd-002414','HP1055',6,to_timestamp('01-6　　　　　　月
-25','DD-MON-RR HH.MI.SSXFF AM'),to_timestamp('01-12 月 -25','DD-MON-RR
HH.MI.SSXFF AM'),'0',1,-0.3,'0',6);
　　INSERT INTO lbkp (SYH,RYBH,YP,QX,QLR,DQR,GF,JS,SL,ZD1,ZD2) VALUES
('tjgdd-00053522','gdd-002414','HP1062',6,to_timestamp('01-10　　　　　月
-23','DD-MON-RR HH.MI.SSXFF AM'),to_timestamp('01-4　 月　 -24','DD-MON-RR
HH.MI.SSXFF AM'),'0',1,3,'0',6);
　　INSERT INTO lbkp (SYH,RYBH,YP,QX,QLR,DQR,GF,JS,SL,ZD1,ZD2) VALUES
('tjgdd-00133049','gdd-001687','HP1064',3,to_timestamp('01-6　　　　　　月
-20','DD-MON-RR HH.MI.SSXFF AM'),to_timestamp('01-9　 月　 -20','DD-MON-RR
HH.MI.SSXFF AM'),'0',1,0.3,'0',3);
　　INSERT INTO lbkp (SYH,RYBH,YP,QX,QLR,DQR,GF,JS,SL,ZD1,ZD2) VALUES
('tjgdd-00104770','gdd-003156','HP1035',12,to_timestamp('01-10　　　　　月
-25','DD-MON-RR HH.MI.SSXFF AM'),to_timestamp('01-10 月 -26','DD-MON-RR
HH.MI.SSXFF AM'),'0',1,-0.5,'0',12);
　　COMMIT;
　　--

[000298]

　　在此，有必要将以上表结构有关外键参考说明一下，如表 3-9 所示。

表 3-9

下属部门字典 bmb		
字段名（外键）	参考	备注
Zd1	dwb.syh	所属主管部门
发放标准字典 gzypb		
字段名（外键）	参考	备注
Gz	gzb.syh	工种或职名
Yp	ypb.syh	用品
人员字典 ryb		
字段名（外键）	参考	备注
Zd1	Dwb.syh	所属主管部门
Bm	Bmb.syh	所属下属部门
Gz	Gzb.syh	工种或职名
用品卡片字典 lbkp		
字段名（外键）	参考	备注
Yp	ypb.syh	用品
Rybh	ryb.syh	人员编号

子查询就是嵌套在另一个 SELECT 语句中的查询。在 SELECT 语句中，WHERE 子句或者 HAVING 子句中的条件往往不能用一个确定的表达式来确定，而要依赖于另一个查询，这个被嵌套使用的查询就是子查询，它在形式上是被两对圆括号限定的 SELECT 语句。在子查询中还可以再嵌套子查询。

例如，要查询所有在部门 RESEARCH 工作的员工姓名。如果使用常规的查询方法，要进行两次查询，首先查询 dept 表，确定该部门的部门号，然后根据这个部门号在 emp 表中查询属于这个部门的员工。也就是说，需要两条 SELECT 语句：

```
SQL>SELECT deptno FROM dept WHERE dname='RESEARCH' ;
SQL>SELECT ename FROM emp WHERE deptno=20;(部门 RESEARCH 的部门号) [000299]
```

连接这两条 SELECT 语句的纽带是中间结果——部门号（deptno）。要完成这样的查询，不得不需要人工干预，在两条 SELECT 语句中传递参数。如果利用子查询，这个问题就迎刃而解。能够完成这个查询功能的一条 SELECT 语句为：

```
SQL>SELECT ename FROM emp WHERE deptno=(SELECT deptno FROM dept WHERE
dname='RESEARCH');                                              [000300]
```

这种复杂的 SELECT 语句的执行过程为：首先执行子查询，将执行的结果返回给主查询，然后再根据条件执行主查询。

子查询一般出现在 SELECT 语句的 WHERE 子句或 HAVING 子句中，作为条件表达式的一部分。子查询的结果是返回一行或多行数据，可以被看作一个集合。条件表达式就是要将某个表达式与这个集合中的元素进行某种比较运算，根据运算的结果是真或是假来决定是否执行上一查询。常用的运算符如表 3-10 所示。

表 3-10

运 算 符	用 法	说 明	备 注
EXISTS	EXISTS S	如果集合 S 不为空,则表达式的值为真,否则为假	集合 S 为子查询的返回结果
IN	表达式 IN S	如果表达式的值在集合 S 中,则表达式的值为真,否则为假	
=	表达式=S	如果表达式的值与集合 S 中唯一一个元素相等,则表达式的值为真。集合 S 必须确保最多只有一个元素	
> 、<、 >=、 <=	同上	进行相应的关系运算	
ANY	用在集合名之前	指定要与集合中的任意一个元素进行比较	
ALL	同上	指定要与集合中的所有元素进行比较	

下面详细介绍表 3-10 中的子查询常用运算符,并举例说明。

1. EXISTS 运算符

EXISTS 运算符测试子查询的返回结果,只要结果不为空,条件就为真,而主查询和子查询之间可能没有直接关系。例如,在下面的查询语句中,因为子查询返回的结果为空,条件为假,所以主查询也返回空。

```
SQL>SELECT ename FROM emp WHERE exists (SELECT deptno FROM dept WHERE
deptno=0);                                                    [000301]
```

2. IN 运算符

IN 运算符将某个列的值与子查询的返回结果进行比较,只要与其中的一个结果相等,条件即为真。例如,要查询所有出现在 emp 表中的部门名称,即至少有一名员工的部门,构造的 SELECT 语句为:

```
SQL>SELECT dname FROM dept WHERE deptno IN(SELECT distinct deptno FROM emp);
                                                              [000302]
```

3. "="运算符

"="运算符比较特殊,它将某个列的值与集合中的元素进行精确匹配。如果子查询只返回单行结果,那么将这个列与这一行进行比较。如果子查询返回多行结果,那么必须用 ANY 或 ALL 运算符进行限定,否则将出错。

```
SQL>SELECT dname FROM dept WHERE deptno = any(SELECT distinct deptno FROM
emp);                                                         [000303]
```

4. ANY 运算符

ANY 运算符的作用是,只要列值与返回结果中的任何一个相等,条件即为真,即与返回结果中的任何一个比较。

```
SQL>SELECT rybh FROM lbkp WHERE zd2 >= any(SELECT distinct qx FROM gzypb);
                                                              [000304]
```

意思是只要 lbkp.zd2 大于 gzypb.qx 中的任意一个值，则条件为真，相当于 lbkp.zd2 大于 gzypb.qx 中的最小值。

5．ALL 运算符

ALL 运算符的作用是，列值要与返回结果中的所有行都要进行比较。例如，要查询所有在 emp 表中出现的部门名称，即至少有一名员工的部门，也可以使用下面的 SELECT 语句：

```
SQL>SELECT rybh FROM lbkp WHERE zd2 >= all(SELECT distinct qx FROM gzypb);
                                                                [000305]
```

意思是只要 lbkp.zd2 大于 gzypb.qx 中的所有值，则条件为真，相当于 lbkp.zd2 大于 gzypb.qx 中的最大值。再如：

```
SQL>SELECT yp FROM gzypb WHERE qx >= all(SELECT distinct zd2 FROM lbkp);
                                                                [000306]
```

相当于 gzypb.qx 大于 lbkp.zd2 中的最大值。运算符>、<、>=、<=、=的用法相似，子查询可以返回单行结果，也可以返回多行结果。如果是多行结果，必须用 ANY 或 ALL 运算符进行限定。下面再考察几个例子，比较 ANY 和 ALL 运算符之间的区别。

如果要查询这样的员工姓名，他的工资高于部门 30 中的每个员工，相应的 SELECT 语句为：

```
SQL>SELECT ename FROM emp WHERE sal>all(SELECT sal FROM emp WHERE deptno=30);
                                                                [000307]
```

如果要查询这样的员工姓名，他的工资不低于部门 30 中的最低工资。也就是说，工资高于部门 30 中其中任何一个员工即可。相应的 SELECT 语句为：

```
SQL>SELECT ename FROM emp WHERE sal>any(SELECT sal FROM emp WHERE deptno=30);
                                                                [000308]
```

在子查询中还可以使用分组函数。例如，要查询所有比公司全部员工平均工资高的员工姓名，构造的 SELECT 语句为：

```
SQL>SELECT ename FROM emp WHERE sal>(SELECT avg(sal) FROM emp);[000309]
```

如果要查询这样的部门，它的平均工资高于其他部门的平均工资，这样的查询需要使用两次子查询。首先查询其他部门的平均工资，然后根据查询的结果查询其平均工资高于这个结果的部门号，最后根据这个部门号查询它的部门名称。相应的 SELECT 语句如下：

```
SQL>SELECT dname FROM dept WHERE deptno=(SELECT deptno FROM emp a GROUP
BY deptno HAVING avg(sal)>all(SELECT avg(sal) FROM emp WHERE deptno != a.deptno
GROUP BY deptno));
                                                                [000310]
```

在这条 SELECT 语句中，最后一个子查询最先执行，用来求得其他部门的平均工资。然后执行上一个子查询，返回平均工资高于其他部门平均工资的部门号。最后执行最上层的查询，返回这个部门的名称。子查询的运用范围，不只是 SELECT 语句，也可以运用在 DML 语句（INSERT、UPDATE、DELETE）中。具体的范例在后面给出。

3.8　Oracle 数据库的连接查询

Oracle 数据库的连接查询，其实就是多表查询，多表查询前已讲述。之所以单独介绍，主要是 Oracle 数据库的连接查询相对较为复杂，除了和其他数据库一样，全部支持 ANSI 的标准外，还有 Oracle 自己独创的一套连接查询，自己独创的这套连接查询是其他数据库所没有的，这也体现了 Oracle 数据库的独到之处。

在本节主要介绍下列内容：

- Oracle 数据库内连接；
- Oracle 数据库外连接；
- Oracle 数据库自然连接；
- Oracle 数据库笛卡儿积和交叉连接；
- Oracle 数据库自连接。

在详细介绍上述内容之前，需准备下列数据，用于示例。

1．学历表

```
SQL>CREATE TABLE diploma(
   diploma_id number(2) CONSTRAINT pk_diploma_id PRIMARY KEY,   --列名为
diploma_id，类型为 number
   diploma_name varchar2(20)  --列名为 diploma_name，类型为 varchar2
);
INSERT INTO diploma VALUES (1, '职高');
INSERT INTO diploma VALUES (2, '中专');
INSERT INTO diploma VALUES (3, '大专');
INSERT INTO diploma VALUES (4, '大本');
INSERT INTO diploma VALUES (5, '研究生');
INSERT INTO diploma VALUES (6, '博士生');
COMMIT;                                                    [000311]
```

2．职称表

```
SQL>CREATE TABLE title(
   title_id number(2) CONSTRAINT pk_title PRIMARY KEY,  --职称编号，主键
   title_name varchar2(50) NOT NULL                     --职称名称
);
INSERT INTO title VALUES (1, '讲师');
INSERT INTO title VALUES (2, '高级讲师');
INSERT INTO title VALUES (3, '教授');
INSERT INTO title VALUES (4, '副教授');
COMMIT;                                                    [000312]
```

3. 教师表

```
SQL>CREATE TABLE teacher(
    t_id char(6) CONSTRAINT pk_teacher PRIMARY KEY, --教师编号,主键约束
    t_name varchar2(50) CONSTRAINT nn_t_name NOT NULL, --教师姓名,非空约束
    t_gender varchar2(2) CONSTRAINT nn_t_gender NOT NULL CONSTRAINT
chk_t_gender CHECK(t_gender IN('男','女')), --教师性别,非空约束,条件约束
    t_ishere varchar2(10) NOT NULL, --在职状态,非空约束
    t_entertime date NOT NULL, --入职时间,非空约束
    t_idcard varchar2(18) UNIQUE, --身份证号,唯一约束
    t_departmentid number(2), --
    t_duty varchar2(50) NOT NULL, --职务,非空约束
    t_titleid number(2) CONSTRAINT fk_titleid REFERENCES title(title_id),
--职称编号,外键约束
    t_titletime date, --职称获得时间
    t_research varchar2(50), --研究方向
    t_university varchar2(50) NOT NULL, --毕业学校,非空约束
    t_graduatetime date NOT NULL, --毕业时间,非空约束
    t_specialty varchar2(50) NOT NULL, --专业,非空约束
    t_diplomaid number(2) NOT NULL, --学历,非空约束
    t_birthday date NOT NULL, --出生日期,非空约束
    t_marrige varchar2(4) NOT NULL, --婚姻状况,非空约束
    CONSTRAINT fk_diploma FOREIGN KEY(t_diplomaid) REFERENCES
diploma(diploma_id) --外键约束
    );
SQL>INSERT INTO teacher (t_id, t_name, t_gender, t_ishere, t_entertime,
t_idcard, t_departmentid, t_duty, t_titleid, t_titletime, t_research,
t_university, t_graduatetime, t_specialty, t_diplomaid, t_birthday,
t_marrige)
    VALUES ('060001', '李 XX', '男', '在职', TO_DATE('01-06-2007 13:13:14',
'dd-mm-yyyy hh24:mi:ss'), '220421197909220031', 1, ' 教 师 ', 3,
TO_DATE('01-06-2008', 'dd-mm-yyyy'), '软件工程技术,智能算法', '东北电力大学',
TO_DATE('01-04-2006', 'dd-mm-yyyy'), '计算机应用', 2, TO_DATE('12-09-1979',
'dd-mm-yyyy'), '未婚');
    INSERT INTO teacher (t_id, t_name, t_gender, t_ishere, t_entertime,
t_idcard, t_departmentid, t_duty, t_titleid, t_titletime, t_research,
t_university, t_graduatetime, t_specialty, t_diplomaid, t_birthday,
t_marrige)
    VALUES ('060002', '张 XX', '男', '在职', TO_DATE('29-05-2006 09:30:15',
'dd-mm-yyyy hh24:mi:ss'), '130225197110048213', 1, ' 系 主 任 ', 1,
TO_DATE('01-06-2008', 'dd-mm-yyyy'), '数据仓库,数据挖掘,Web挖掘,数据库系统开发
', ' 吉 林 大 学 ', TO_DATE('01-06-1994', 'dd-mm-yyyy'), ' 计 算 机 应 用 ', 2,
TO_DATE('04-10-1971', 'dd-mm-yyyy'), '已婚');
    INSERT INTO teacher (t_id, t_name, t_gender, t_ishere, t_entertime,
t_idcard, t_departmentid, t_duty, t_titleid, t_titletime, t_research,
t_university, t_graduatetime, t_specialty, t_diplomaid, t_birthday,
t_marrige)
    VALUES ('060003', '黄 XX', '男', '在职', TO_DATE('08-08-2006 11:33:34',
'dd-mm-yyyy hh24:mi:ss'), '130227197803207237', 1, ' 教 师 ', 3,
```

```
TO_DATE('01-06-2008', 'dd-mm-yyyy'), '计算机网络安全', '华中科技大学',
TO_DATE('01-07-2006', 'dd-mm-yyyy'), '计算机科学与技术', 4,
TO_DATE('07-03-1978', 'dd-mm-yyyy'), '已婚');
    COMMIT;                                                          [000313]
```

4．课程表

```
SQL>CREATE TABLE course(
  c_term varchar2(20) NOT NULL, --学期
  c_num char(6) NOT NULL, --课程编号
  c_seq varchar2(2) NOT NULL, --课序号
  c_name varchar2(80) NOT NULL, --课程名称
  c_type varchar2(30) NOT NULL, --课程类别
  c_nature varchar2(30) NOT NULL, --课程性质
  c_thours number(3) NOT NULL, --总学时
  c_credits number(2,1) NOT NULL, --学分
  c_class varchar2(200), --上课班级
  c_togeclass number(2), --合班数
  c_stunum number(4), --学生数
  t_id char(6), --任课教师
  c_theoryhours number(3) NOT NULL, --理论学时
  c_designhours number(3) DEFAULT 0 NOT NULL, --设计学时
  c_prachours number(3) DEFAULT 0 NOT NULL, --上机学时
  c_college varchar2(100) NOT NULL, --开课学院
  c_faculty varchar2(100) NOT NULL, --开课系
  c_assway varchar2(10) NOT NULL, --考核方式
  CONSTRAINT pk_course PRIMARY KEY(c_term, c_seq, c_num), --复合主键
  CONSTRAINT fk_course FOREIGN KEY (t_id) REFERENCES teacher(t_id)
  );
SQL>INSERT INTO course(c_term,c_num,c_seq,c_name,c_type,c_nature,c_thours,
c_credits,c_class,  c_togeclass,c_stunum,t_id,c_theoryhours,c_designhours,
c_prachours,c_college,c_faculty,c_assway)
    VALUES('第一学期','a00001','01','C语言基础','计算机','选修',100,5.5,'实验3
班',2,200,'060001',
    80,50,20,'天津大软','计算机','笔试');
    INSERT INTO course(c_term,c_num,c_seq,c_name,c_type,c_nature,c_thours,
c_credits,c_class,
c_togeclass,c_stunum,t_id,c_theoryhours,c_designhours,c_prachours,c_colleg
e,c_faculty,c_assway)
    VALUES('第一学期','a00001','02','C语言基础','计算机','选修',100,5.5,'实验3
班',2,200,'060001',
    80,50,20,'天津大软','计算机','笔试');
    INSERT INTO course(c_term,c_num,c_seq,c_name,c_type,c_nature,c_thours,
c_credits,c_class,
c_togeclass,c_stunum,t_id,c_theoryhours,c_designhours,c_prachours,c_colleg
e,c_faculty,c_assway)
    VALUES('第一学期','a00001','03','C语言基础','计算机','选修',100,5.5,'实验3
班',2,200,'060001',
    80,50,20,'天津大软','计算机','笔试');
    INSERT INTO course(c_term,c_num,c_seq,c_name,c_type,c_nature,c_thours,
```

```
c_credits,c_class,
c_togeclass,c_stunum,t_id,c_theoryhours,c_designhours,c_prachours,c_colleg
e,c_faculty,c_assway)
    VALUES('第二学期','a00001','01','C语言基础','计算机','选修',100,5.5,'实验3
班',2,200,'060002',
    80,50,20,'天津大软','计算机','笔试');
    INSERT INTO course(c_term,c_num,c_seq,c_name,c_type,c_nature,c_thours,
c_credits,c_class,
c_togeclass,c_stunum,t_id,c_theoryhours,c_designhours,c_prachours,c_colleg
e,c_faculty,c_assway)
    VALUES('第三学期','a00001','01','C语言基础','计算机','选修',100,5.5,'实验3
班',2,200,'060002',
    80,50,20,'天津大软','计算机','笔试');
    INSERT INTO course(c_term,c_num,c_seq,c_name,c_type,c_nature,c_thours,
c_credits,c_class,
c_togeclass,c_stunum,t_id,c_theoryhours,c_designhours,c_prachours,c_colleg
e,c_faculty,c_assway)
    VALUES('第四学期','a00001','01','C语言基础','计算机','选修',100,5.5,'实验3
班',2,200,'060002',
    80,50,20,'天津大软','计算机','笔试');
    INSERT INTO course(c_term,c_num,c_seq,c_name,c_type,c_nature,c_thours,
c_credits,c_class,
c_togeclass,c_stunum,t_id,c_theoryhours,c_designhours,c_prachours,c_colleg
e,c_faculty,c_assway)
    VALUES('第一学期','a00002','01','C语言基础','计算机','选修',100,5.5,'实验3
班',2,200,'060003',
    80,50,20,'天津大软','计算机','笔试');
    INSERT INTO course(c_term,c_num,c_seq,c_name,c_type,c_nature,c_thours,
c_credits,c_class,
c_togeclass,c_stunum,t_id,c_theoryhours,c_designhours,c_prachours,c_colleg
e,c_faculty,c_assway)
    VALUES('第一学期','a00003','01','C语言基础','计算机','选修',100,5.5,'实验3
班',2,200,'060003',
    80,50,20,'天津大软','计算机','笔试');
    INSERT INTO course(c_term,c_num,c_seq,c_name,c_type,c_nature,c_thours,
c_credits,c_class,  c_togeclass,c_stunum,t_id,c_theoryhours,c_designhours,
c_prachours,c_college,c_faculty,c_assway)
    VALUES('第一学期','a00004','01','C语言基础','计算机','选修',100,5.5,'实验3
班',2,200,'060003',
    80,50,20,'天津大软','计算机','笔试');
    COMMIT;                                                      [000314]
```

5. 班级表

```
SQL>CREATE TABLE class( --班级表，表名为class
c_id    number(2)  CONSTRAINT pk_class  PRIMARY KEY, --主键
c_name  varchar2(100)  --班级名
);
SQL>INSERT INTO class VALUES (1,'语文三班');
INSERT INTO class VALUES (2,'英语一班');
```

```
INSERT INTO class VALUES (3,'数学二班');
INSERT INTO class VALUES (4,'化学四班');
COMMIT;                                                    [000315]
```

6. 学生表

```
SQL>CREATE TABLE student(
    s_id varchar2(10) CONSTRAINT pk_student PRIMARY KEY, --学号
    s_name varchar2(30) NOT NULL, --学生姓名
    s_gender  char(1)  NOT  NULL  CONSTRAINT  check_student_s_gender
CHECK(s_gender IN('0','1')), --0男1女 学生性别
    s_nation varchar2(20) NOT NULL, --民族
    s_political varchar2(20) NOT NULL, --政治面貌
  s_classname  number(2)  NOT  NULL  CONSTRAINT  fk_student_s_classname
REFERENCES class(c_id), --班级,参考约束
    s_language varchar2(20) NOT NULL, --语种
    s_t_id char(6) not null, -- 参考teacher.t_id
    s_chinese number(4,1),   --语文成绩
    s_math number(4,1),    --数学成绩
    s_foreign number(4,1), --外语成绩
    s_duty varchar2(50),  --职务
    CONSTRAINT  fk_student_s_t_id  FOREIGN  KEY(s_t_id)  REFERENCES
teacher(t_id)  ON DELETE CASCADE --参考约束
    );
    SQL>INSERT INTO student (s_id, s_name, s_gender, s_nation, s_political,
s_classname, s_language,s_t_id, s_chinese, s_math, s_foreign, s_duty)
    VALUES ('0807010301', '林XX', '1', '汉族', '共青团员', 1, '英语','000001',
112, 81, 119, null);
    INSERT  INTO  student  (s_id,  s_name,  s_gender,  s_nation,  s_political,
s_classname, s_language,s_t_id, s_chinese, s_math, s_foreign, s_duty)
    VALUES ('0807010302', '杨XX', '1', '汉族', '共青团员', 1, '英语','000001',
114, 100, 121, null);
    INSERT  INTO  student  (s_id,  s_name,  s_gender,  s_nation,  s_political,
s_classname, s_language,s_t_id, s_chinese, s_math, s_foreign, s_duty)
    VALUES ('0807010303', '梅XX', '0', '满族', '共青团员', 1, '英语','000001',
102, 102, 83, null);
    INSERT  INTO  student  (s_id,  s_name,  s_gender,  s_nation,  s_political,
s_classname, s_language,s_t_id, s_chinese, s_math, s_foreign, s_duty)
    VALUES ('0807010304', '孙XX', '1', '汉族', '预备党员', 2, '英语', 108, 117,
96, '组织委员');
    commit;                                                [000316]
```

注意：上面的代码可在其电子档中，通过复制粘贴到 SQL*Plus 环境或 SQL Developer 下执行即可。

3.8.1　Oracle 数据库内连接

内连接（INNER JOIN）又称为相等连接或简单连接，就是当两个或多个表之间存在意义相同列时，把这些意义相同的列用"="运算符连接起来进行比较，只有连接列上值

相等的记录才会被作为查询结果返回。其语法格式如下：

```
SELECT SELECT_list
FROM TABLE1 [alias], TABLE2 [alias]...
WHERE TABLE1.column = TABLE2.column
[ GROUP BY expr [, expr] ...]
[ HAVING condition]
[ ORDER BY expression [ ASC | DESC ] ]
```

ANSI 为内连接定义了标准的 SQL 语法，语法格式如下：

```
SELECT SELECT_list
FROM TABLE1
[INNER] JOIN TABLE2
ON TABLE1. column = TABLE2.column
WHERE conditions
```

内连接连接 3 个数据表的语法格式如下：

```
SELECT SELECT_list
FROM (TABLE1
[INNER] JOIN TABLE2
ON TABLE1. column = TABLE2.column)
[INNER] JOIN TABLE3
ON TABLE2. column = TABLE3.column)
WHERE conditions
```

内连接连接 4 个数据表的语法格式如下：

```
SELECT SELECT_list
FROM ((TABLE1
[INNER] JOIN TABLE2
ON TABLE1. column = TABLE2.column)
[INNER] JOIN TABLE3
ON TABLE2. column = TABLE3.column))
[INNER] JOIN TABLE3
ON TABLE3. column = TABLE4.column
WHERE conditions
```

内连接的另外一种形式是使用 USING 子句，语法格式如下：

```
SELECT SELECT_list
FROM TABLE1
JOIN TABLE2 USING(column1, column2…);
```

例如，使用 USING 子句对教师表和课程表做内连接，查询教师开课的课程名等信息。

```
SELECT t_id, t_name, t_specialty, c_name  --t_id 前不是使用表名，其他列可以
FROM course JOIN teacher USING(t_id);                      [000317]
```

被当作 using 使用的字段，在 SELECT、using 子句中，其前面不能加'表名.';后面不能加'别名'。

3.8.2　Oracle 数据库外连接

外连接扩充了内连接的功能，把原来被内连接删除的记录根据外连接的类型保留下来。根据保留数据的来源，外连接分为左外连接、右外连接和全外连接 3 种。

除了可以使用标准的 SQL 语法表示外连接外，Oracle 数据库中还可以使用"(+)"运算符来表示一个连接是外连接。

注意：无论左外连接还是右外连接，"(+)"都要放在没有匹配记录列值就被设置为空值的表的一端。

1．左外连接

左外连接（left outer join）以左表为基准，即使右表中没有与之相匹配的记录，也将显示左表的所有行，但对于右表来说，只能保留与左表匹配的行，未能找到与左表匹配的记录的列值将被设置为空值。语法格式如下：

Oracle 语法格式：

```
SELECT  SELECT_list FROM  TABLE1,TABLE2 WHERE  TABLE1.column = TABLE2.
column(+)                                                    [000318]
```

ANSI SQL 标准的左外连接语法格式：

```
SELECT SELECT_list FROM TABLE1 LEFT [OUTER] JOIN TABLE2 ON TABLE1.column
= TABLE2.column;                                             [000319]
```

例如，查询所有教师的授课信息（不重复显示同一个教师所开的相同名称的课程），包括没有开课的教师信息。

```
SELECT DISTINCT teacher.t_id, t_name, c_name FROM teacher, course WHERE
teacher.t_id = course.t_id(+) ORDER BY t_id;                [000320]
```

执行结果如图 3-48 所示。

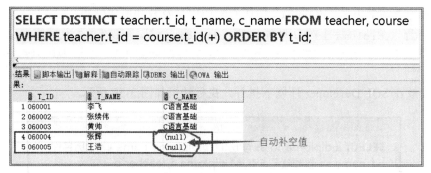

图 3-48

```
SELECT  DISTINCT  teacher.t_id, t_name, c_name FROM teacher left outer
join course
  on teacher.t_id = course.t_id ORDER BY t_id;              [000321]
```

执行结果如图 3-49 所示。

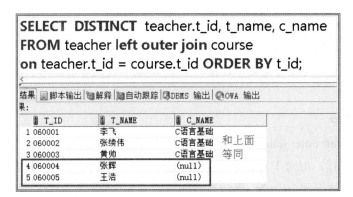

图 3-49

2. 右外连接（right outer join）

右外连接以右表为基准，即使左表中没有与之相匹配的记录，也将显示右表的所有行，但对于左表来说，只能保留与右表匹配的行，未能找到与右表匹配的记录的列值将被设置为空值。

Oracle 语法格式如下：

```
SELECT SELECT_list FROM TABLE1, TABLE2 WHERE TABLE1.column(+) = TABLE2.
column                                                          [000322]
```

ANSI SQL 标准的右外连接语法格式如下：

```
SELECT SELECT_list FROM TABLE1 RIGHT [OUTER] JOIN TABLE2 ON TABLE1.column
= TABLE2.column;                                                [000323]
```

例如，查询学历表（diploma）中所有学历信息及教师所属学历。

```
SELECT a.diploma_id as 学历ID, a.diploma_name as 学历名称, b.t_name as 教
师姓名 FROM diploma a,teacher b  WHERE b. t_diplomaid (+) = a.diploma _id ORDER
BY b.t_name;                                                    [000324]
```

语句放在 SQL Developer 环境下执行，执行结果如图 3-50 所示。

图 3-50

```
SELECT b.diploma_id as 学历 ID, b.diploma_name as 学历名称, a.t_name as 教
师姓名 FROM teacher a right outer join diploma b ON a.t_diplomaid = b.diploma_id
ORDER BY a.t_name;                                                    [000325]
```

语句放在 SQL Developer 环境下执行，执行结果如图 3-51 所示。

图 3-51

3．全外连接（full outer join）

全外连接的主要功能是返回两个表连接中满足等值连接的记录，以及两个表中所有等值连接失败的记录。也就是说，全外连接会把两个表所有的行都显示在结果表中，相当于同时做左外连接和右外连接。

如果使用非标准 SQL 语句做全外连接查询，需要使用 UNION 运算符将两个连接做集合运算。

注意：全外连接 Oracle 语法不支持，需要使用 UNION 运算符将两个连接做集合运算。

ANSI SQL 标准的全外连接语法格式如下：

```
SELECT SELECT_list FROM TABLE1 FULL [OUTER] JOIN TABLE2 ON TABLE1.column
= TABLE2.column;                                                      [000326]
```

例如，查询铁道防护用品管理系统中人员和工种信息，要求工种以外的人员、人员以外的工种以及工种、人员相匹配的信息都要查出来。

Oracle 实现如下：

```
SELECT a.SYH,a.gz,b.syh,b.xm FROM gzb a,ryb b WHERE a.syh(+) = b.gz  and
a.syh is null
    UNION
SELECT a.SYH,a.gz,b.syh,b.xm FROM gzb a, ryb b WHERE a.syh = b.gz(+) and
b.syh is null;                                                        [000327]
```

ANSI SQL 实现如下：

```
SELECT a.SYH,a.gz,b.syh,b.xm FROM gzb a FULL OUTER JOIN ryb b ON a.syh =
b.gz  WHERE a.syh is null or b.syh is null;                           [000328]
```

3.8.3 Oracle 数据库自然连接

自然连接自动使用两个表中数据类型和值都相同的同名列进行连接，不必为自然连接手动地添加连接条件，此时的效果和内连接的效果相同。 不同之处在于，自然连接只能是同名属性的等值连接，而内连接可以使用 ON 或 USING 子句来指定连接条件。

自然连接的语法形式如下：

```
SELECT SELECT_list FROM TABLE1 NATURAL JOIN TABLE2;                    [000329]
```

例如，对教师表和课程表做自然连接，查询教师开课的课程名等信息。

```
SELECT t_id, t_name, t_specialty, c_name FROM teacher NATURAL JOIN course;
                                                                        [000330]
```

3.8.4 Oracle 数据库笛卡儿积和交叉连接

如果在连接查询中没有指定任何连接条件，那么查询结果将是多个表中所有的记录进行乘积操作得到的结果。没有使用 WHERE 子句的连接查询又称为交叉连接（CROSS JOIN），得到的查询的结果也是笛卡儿积。

ANSI SQL 标准的交叉连接语法格式如下：

```
SELECT SELECT_list FROM TABLE1 CROSS JOIN TABLE2;                      [000331]
```

例如，查询教师表和课程表的教师名和课程名。

```
SELECT t_name, t_duty, t_research, c_name, c_type, c_nature FROM teacher,
course;                                                                [000332]
```

3.8.5 Oracle 数据库自连接

自连接（SELF JOIN）就是一个表自己连接自己以实现获取特定数据的目的。从查询的角度来看，自连接的 FROM 子句中的表都是同一个表，只是在做连接时把它们视为不同的数据源来匹配对应的连接条件。

例如，查询和"张续伟"具有相同职称的教师的编号和姓名。

```
SELECT t1.t_id, t1.t_name, t1.t_duty, t1.t_research, t.title_name  FROM
teacher t1, teacher t2, title t WHERE t1.t_titleid = t2.t_titleid AND t2.t_name
= '张续伟' AND  t1.t_titleid = t.title_id;                              [000333]
```

3.9　Oracle 数据库的集合运算

所谓集合运算，就是将一个以上的结果集合并在一起（并集）或者取一个以上结果集的公共部分（交集）再或者取一个以上结果集的公共部分以外的部分（差集）。

3.9.1　Oracle 数据库的并集运算

对两个或两个以上的结果集进行并集运算需要使用 UNION 或 UNION ALL 运算符。UNION 与 UNION ALL 运算符的差别是前者会自动去掉并集的重复记录，而后者不会。进行集合运算时只要两个类的数据类型相近，Oracle 数据库可以自动进行类型和长度的转换。如果使用 ORDER BY 子句则排序列是第一个查询中定义的列。

我们通过下面 3 个例子来介绍并集运算的实践应用。

例 1：查询国贸 081 班外语成绩大于 20 分以及工商 083 班外语成绩大于 30 分的学生信息。

```
SELECT s_id, s_name, s_classname, s_language, s_foreign FROM student
WHERE s_classname = 1 AND s_foreign >=20
UNION
SELECT s_id, s_name, s_classname, s_language, s_foreign FROM student
WHERE s_classname = 2 AND s_foreign >=30;                    [000334]
```

例 2：使用 UNION ALL 运算符查询工商 083 班语文成绩大于 20 分或外语成绩大于 30 分的学生信息。

```
SELECT s_id, s_name, s_classname, s_language, s_chinese, s_foreign
FROM student WHERE s_classname = 1 AND s_chinese >= 20
UNION ALL
SELECT s_id, s_name, s_classname, s_language, s_chinese, s_foreign
FROM student WHERE s_classname = 2 AND s_foreign >= 30;      [000335]
```

例 3：使用 UNION 运算符查询为工商 081 班上课的教师，并将这些教师工商 081 班学生的信息和在一起输出。

```
SELECT s_id id, s_name name, s_gender gender FROM student WHERE s_classname = 2
UNION
SELECT t_id, t_name, t_gender FROM teacher WHERE EXISTS (SELECT 1 FROM
course WHERE teacher.t_id = course.t_id AND course.c_class LIKE '%工商081%')
ORDER BY id;                                                 [000336]
```

3.9.2　Oracle 数据库的交集运算

对两个或两个以上的结果集进行交集运算需要使用 INTERSECT 运算符。

我们来看下面的例子。

使用 INTERSECT 运算符查询工商 083 班语文成绩大于 20 分且外语成绩大于 30 分的学生信息。

```
SELECT s_id, s_name, s_classname, s_language, s_chinese, s_foreign
FROM student WHERE s_classname = 1 AND s_chinese >= 20
INTERSECT
SELECT s_id, s_name, s_classname, s_language, s_chinese, s_foreign
FROM student WHERE s_classname = 2 AND s_foreign >= 30;      [000337]
```

3.9.3 Oracle 数据库的差集运算

对两个或两个以上的结果集进行差集运算需要使用 MINUS 运算符。差集只返回第一个查询结果集的行，如果在第二个查询结果中也存在相同的行，则差集运算返回的结果中将不包含这些行。

下面的例子是使用 MINUS 运算符实现上例的查询功能。

```
SELECT s_id, s_name, s_classname, s_language, s_chinese, s_foreign FROM student
WHERE s_classname = 1 AND s_chinese >= 20
MINUS
SELECT s_id, s_name, s_classname, s_language, s_chinese, s_foreign FROM student
WHERE s_classname = 2 AND s_foreign <= 30;                              [000338]
```

有时在实际应用中，为了合并多个 SELECT 语句的结果，可以使用集合操作符号 union、union all、intersect、minus，多用于数据量比较大的数据库，运行速度快。

3.10 摘自应用项目中的典型示范样本

为了更好地介绍下面的这些样本，需要为这些样本搭建一个数据环境。这些样本很有参考及借鉴价值，在这里与读者分享。

1. 样本所涉及的表

- cl_bz_comcost
- cl_wzck_xbzc_detail
- cl_wzck_xbzc_main
- cl_wzcard
- cl_zld_fee_detail
- cl_zld_fee_main
- xt_grant_item
- cl_kwzd
- cl_xmzd
- cl_wzzd
- cl_buyplan_detail
- cl_xmkm_expend
- cl_xmdezd
- cl_bzxmkmgzl
- cl_bz_comcost
- cl_SYSmainzd
- cl_catzd

- gz_flb
- b4_gsbg
- b4_jsgs
- xt_group_grant
- cl_buycontract_main
- cl_buycontract_detail

2．样本所涉及的序列

gz_sequence

3．样本所涉及的存储函数

CL_MixedFeeCalculate。

前面讲解了 Oracle 数据库基础技术所涉及的方方面面的内容，但都是零散的，没有把各个知识点集成在一起。然而，实际应用开发需要的是把零散的知识点或者技术往一起集成，不只是数据库，也包括各类开发语言，如 PHP、Java、.Net、JavaScript 以及 Python（爬虫）等，技术集成是 IT 开发显著的特征。如果读者能够做到技术集成了，这意味着所学知识达到融会贯通的水平，这也是学习的终极目标。

下面提供的这些样本就是技术集成的结果，也是融会贯通的结果。当我们把知识学到一定程度后，看别人的技术集成或者别人的融会贯通，这是必经的一个过程。

下面的这些样本都有各自的功能，如通过子查询更新数据、删除数据，然后把这些功能融入 Oracle 数据库的存储程序（存储过程、函数及触发器等）中。本章到此还没有讲到"存储过程""存储函数"及"触发器"等属于"Oracle PL/SQL 的开发"章节的内容，有些地方会看不懂，不过没关系，我们先把样本放到这里，待读者学完"Oracle PL/SQL 开发"章节，再回过头来看这些样本就没问题了。之所以将样本放到这个章节，作者的用意是"趁热打铁"，前面已经学习那么多了，如果放到"Oracle PL/SQL 开发"章节，估计前面的知识可能已经忘得差不多了。因此，把样本安排在本章最后一节。

通过本节，读者可以了解并学习如何通过子查询来更新数据、删除数据以及查询数据等，如果没有样本，是很难凭自己写出来的。目的是让读者先学习别人的东西，在掌握以后，再写出自己的东西。

下面详细介绍这些样本。

3.10.1　搭建数据环境

下面开始搭建这个环境，将下面的 SQL 脚本在其电子档中通过复制粘贴到 SQL*Plus 环境或 SQL Developer 下执行即可。如果读者有 Toad，在 Toad 下执行 SQL 脚本也行。建议把这些 SQL 脚本安排在 scott 账户下，不用再创建新账户。如果创建新账户，给出新账户的创建及维护命令如下。

1. 首先以 SYS 账户的 SYSDBA 身份登录数据库

在 DOS 命令窗口中输入下面的命令。

sqlplus sys/123456@127.0.0.1:1521/数据库全名 as sysdba 或 sqlplus sys/123456@数据库服务名（一般是数据库实例名）as sysdba。

2. 创建账户 ugcc

SQL>create user ugcc identified by ugcc;

3. 将 DBA 角色授予 ugcc

SQL>grant dba to ugcc;

4. 切换到 ugcc

SQL>conn ugcc/ugcc@127.0.0.1:1521/数据库全名

或

SQL>conn ugcc/ugcc@服务名（一般是数据库实例名）

新账户维护好以后，就在这个账户下将下列 SQL 脚本在其电子档中通过复制粘贴到当前 SQL*Plus 环境下执行。

另外，所有范本不要求读者究其在干什么，是做什么用的，而是究其写法及样式，这是本节的初衷。再者，由于数据的敏感度，本节就不提供了。读者在测试范本时，只要不报出任何错误信息即可，要求读者最为关注的是，每个范本的写法及样式，看人家是怎么写的。

1. 表创建

```
Create TABLE CL_BZ_COMCOST
(
    Sdate              char(6)                Not Null,
    NID                varchar2(10)           Not Null,
    NSUM               number(14,2)           Null    ,
    SLEVEL             char(1)                Null    ,
    SSPLIT             char(1)                Null    ,
    SCOMMENT           varchar2(60)           Null    ,
    constraint PK_CL_BZ_COMCOST primary key (Sdate, NID)
)
/
Create TABLE CL_WZCK_XBZC_DETAIL
(
    Sdate              char(6)                Not Null,
    NTID               number(8)              Not Null,
    NWID               number(8)              Not Null,
    nOrderID           number(8)              Not Null,
    NOUTNUM            number(12,3)           Not Null,
    NPRICE             number(10,2)           Not Null,
    NOUTSUM            number(14,2)           Not Null,
```

```
    nOutLC                  number(10,2)            Null,
    constraint PK_CL_WZCK_XBZCMX primary key (sdate, nTID, nWID)
)
/
Create TABLE CL_WZCK_XBZC_MAIN
(
    Sdate                   char(6)                 Not Null,
    NID                     number(8)               Not Null,
    NCID                    varchar2(10)            Not Null,
    NPID                    number(8)               Null    ,
    NKMID                   varchar2(100)           Null    ,
    NKID                    number(4)               Not Null,
    Ddate                   date                    Not Null,
    SOP1                    varchar2(30)            Not Null,
    SOP2                    varchar2(30)            Null    ,
    STYPE                   varchar2(1)             Null    ,
    NIDF                    number(6)               Null    ,
    FLBZ                    VarChar(30)             Null,
    sXMLX2                  varchar2(10)            Null    ,
    sXMID2                  varchar2(10)            Null    ,
    sXMLX3                  varchar2(10)            Null    ,
    sXMID3                  varchar2(10)            Null    ,
    SOP3                    varchar2(30)            Null    ,
    nIDs                    number(12)              Null    ,
    nIDd                    number(12)              Null    ,
    constraint PK_CL_WZCK_XBZC primary key (Sdate, NID)
)
/
Create TABLE CL_WZCARD
(
    Sdate                   char(6)                 Not Null,
    NIDS                    number(4)               Not Null,
    NIDM                    number(8)               Not Null,
    NIDF                    number(4)               Null    ,
    NLOW                    number(12,3)            Null    ,
    NHIGHT                  number(12,3)            Null    ,
    NMIDDLE                 number(12,3)            Null    ,
    SABC                    char(1)                 Null    ,
    NONUM                   number(12,3)            Not Null,
    NOSUM                   number(14,2)            Not Null,
    NINNUM                  number(12,3)            Not Null,
    NINSUM                  number(14,2)            Not Null    ,
    NOUTNUM                 number(12,3)            Not Null,
    NOUTSUM                 number(14,2)            Not Null    ,
    NSPRICE                 number(10,2)            Not Null,
    NTHISSUM                number(14,2)            Not Null,
    NFLAG                   number(4)               Null    ,
    NLCSUM                  number(14,2)            Null    ,
```

```
    NDULL                      number(8,4)                  Null    ,
    constraint PK_CL_WZCARD primary key (Sdate, NIDS, NIDM)
)
/
Create TABLE CL_ZLD_FEE_DETAIL
(
    Sdate                  char(6)                  Not Null,
    NID                    number(8)                Not Null,
    nOrderID               number(8)                Not Null,
    NKHID                  number(4)                Not Null,
    NWZID                  number(8)                Not Null,
    SFLAG                  char(1)                  Not Null,
    NNUM                   number(12,3)             Not Null,
    NPRICE                 number(10,2)             Not Null,
    NSUM                   number(14,2)             Not Null,
    NRKPRICE               number(10,2)             Null    ,
    SRKSUM                 number(14,2)             Null    ,
    sspr                   Varchar2(40)             Null,
    spzm                   Varchar2(20)             Null,
    dqxj                   Number(14,4)             Null,
    constraint PK_CL_ZLD_FEE_DETAIL primary key (Sdate, NID, nOrderID,
SFLAG)
)
/
Create TABLE CL_ZLD_FEE_MAIN
(
    Sdate                  char(6)                  Not Null,
    NID                    number(8)                Not Null,
    SFLAG                  char(1)                  Not Null,
    ConTRACT_ID            varchar2(20)             Null    ,
    SFEEID                 varchar2(20)             Not Null,
    NIDO                   varchar2(10)             Not Null,
    SKIND                  char(1)                  Not Null,
    Ddate                  date                     Null    ,
    NFEE                   number(10,2)             Null    ,
    NTAX                   number(12,2)             Null    ,
    SOPER                  varchar2(30)             Not Null,
    SCHECKER               varchar2(30)             Null    ,
    SdateTEMP              char(6)                  Null    ,
    NIDTEMP                number(8)                Null    ,
    NIDTEMP_INNER          number(8)                Null    ,
    CHECKdate              char(6)                  Null    ,
    NCHECKID               number(8)                Null    ,
    SCOMMENT               varchar2(60)             Null    ,
    constraint PK_CL_ZLD_FEE_MAIN primary key (Sdate, NID, SFLAG)
)
/
CREATE TABLE XT_GRANT_ITEM
```

```
(
    SYSID         varchar2(10)            not null,
    GRANTITEM     varchar2(10)            not null,
    GRANTNAME     varchar2(40)            null    ,
    PGRANTITEM    varchar2(10)            null    ,
    constraint PK_XT_GRANTITEM primary key (SYSID, GRANTITEM)
)
/
Create TABLE CL_KWZD
(
    NID           number(4)               Not Null,
    SSPELL        varchar2(30)            Null    ,
    SNAME         varchar2(40)            Not Null,
    SStoRER       varchar2(30)            Null    ,
    NPRICE        number(4)               Not Null,
    SALLOW        char(1)                 Null    ,
    NPID          number(4)               Not Null,
    NQUOTA        number(14,2)            Not Null,
    CDELFLAG      char(1)                 Null    ,
    constraint PK_CL_KWZD primary key (NID)
)
/
Create TABLE CL_XMZD
(
    NID           number(8)               Not Null,
    SCODE         varchar2(30)            Not Null,
    SNAME         varchar2(40)            Not Null,
    NXMSXID       number(8)               Not Null,
    SXMSPELL      varchar2(30)            Null    ,
    NRATIO        number(18,6)            Null    ,
    SUNIT         varchar2(8)             Null    ,
    SLIMIT        char(1)                 Not Null,
    NPID          number(8)               Not Null,
    PFLAG         char(1)                 Null    ,
    SITEMID       varchar2(100)           Null    ,
    CDELFLAG      char(1)                 Null    ,
    cOneFlag      char(1)                 Null    ,
    constraint PK_CL_XMZD primary key (NID)
)
/
Create TABLE CL_WZZD
(
    NID           number(8)               Not Null,
    SCODE         varchar2(20)            Not Null,
    SNAME         varchar2(60)            Not Null,
    STYPE         varchar2(60)            Null    ,
    SIMAGE        varchar2(30)            Null    ,
    SUNIT1        varchar2(20)            Not Null,
```

```
        SUNIT2              varchar2(20)          Null    ,
        NConV               number(8,2)           Null    ,
        SSPELL              varchar2(100)         Null    ,
        NPID                number(8)             Not Null,
        SLASTFLAG           char(1)               Not Null,
        NSOURCE             number(4)             Null,
        SFLAG               char(1)               Null    ,
        SOP                 varchar2(30)          Not Null,
        Ddate               date                  Not Null,
        NPRICE              number(12,2)          Null    ,
        NBATCH              number(12,3)          Null    ,
        SCOMMENT            varchar2(60)          Null    ,
        CDELFLAG            char(1)               Null    ,
        sFullCode           VarChar2(200)         Null    ,
        nUnitWeight         number(14,3)          Null    ,
        constraint PK_CL_WZZD primary key (NID)
    )
    /
    Create Table CL_BuyPlan_Detail(
        sDate        Char(6)        Not Null,
        nID          Number(8)      Not Null,
        sMONth       Char(6)        Not Null,
        nIDm         Number(8)      Not Null,
        nNum         Number(12,3)      Not Null,
        nPrice       Number(10,2)      Not Null,
        nSum         Number(14,2)      Not Null,
        sOffice      VarChar(30)       Null,
        sComment     VarChar(60)       Null,
        Constraint PK_CL_BUYPLAN_DETAIL primary key (sdate, nID, sMONth,
nIDm)
    )
    /
    Create TABLE CL_XMKM_EXPEND
    (
        Sdate               char(6)               Not Null,
        NID                 number(8)             Not Null,
        NIDC                varchar2(100)         Not Null,
        NUNIT               number(8,3)           Not Null,
        SSPLIT              char(1)               Not Null,
        NSUM                number(14,2)          Not Null,
        NPLANWORK           number(10,3)          Null    ,
        NFINISHWORK         number(10,3)          Null    ,
        NCOST               number(14,2)          Null    ,
        NSUMCOST            number(14,2)          Null    ,
        constraint PK_CL_XMKM_EXPEND primary key (Sdate, NID, NIDC)
    )
    /
    Create TABLE CL_XMDEZD
```

```
(
    NID                 number(8)               Not Null,
    nOrderID            number(8)               Not Null,
    NNUM                number(12,3)            Not Null,
    SLEVEL              char(1)                 Not Null,
    sCode           VarChar(20)         Not Null,
    sName           VarChar(60)         Not Null,
    sComment        VarChar(60)             Null    ,
    sUnit           VarChar(30)         Null    ,
    constraint PK_CL_XMDEZD primary key (nID, nOrderID)
)
/
Create TABLE CL_BZXMKMGZL
(
    Sdate               char(6)                 Not Null,
    NBZID               varchar2(10)            Not Null,
    NXMID               number(8)               Not Null,
    NZCID               varchar2(100)           Not Null,
    NUNIT               number(8,3)             Null    ,
    NPLANWORK           number(10,3)            Null    ,
    NFINISHWORK         number(10,3)            Null    ,
    NSUM                number(14,2)            Not Null,
    SLEVEL              char(1)                 Not Null,
    NCOST               number(14,2)            Null    ,
    NSUMCOST            number(14,2)            Null    ,
    SCOMMENT            varchar2(60)            Null    ,
    constraint PK_CL_BZXMKMGZL primary key (Sdate, NBZID, NXMID, NZCID)
)
/
Create TABLE CL_BZ_COMCOST
(
    Sdate               char(6)                 Not Null,
    NID                 varchar2(10)            Not Null,
    NSUM                number(14,2)            Null    ,
    SLEVEL              char(1)                 Null    ,
    SSPLIT              char(1)                 Null    ,
    SCOMMENT            varchar2(60)            Null    ,
    constraint PK_CL_BZ_COMCOST primary key (Sdate, NID)
)
/
Create TABLE CL_SYSMAINZD
(
    SCODE               varchar2(8)             Not Null,
    SNAME               varchar2(40)            Not Null,
    SSETUP              varchar2(30)            Not Null,
    constraint PK_CL_SYSMAINZD primary key (SCODE)
)
/
```

```
Create TABLE CL_CATZD
(
    NID                number(4)           Not Null,
    SNAME              varchar2(40)         Not Null,
    SSPELL             varchar2(40)         Null    ,
    SITEM              varchar2(26)         Not Null,
    SDIFF              varchar2(26)         Null    ,
    SBUY               varchar2(26)         Null    ,
    NPID               number(4)           Not Null,
    CDELFLAG           char(1)             Null    ,
    sOverHead          varchar2(100)        Null    ,
    sCheapen        varchar2(100)          Null    ,
    constraint PK_CL_CATZD primary key (NID)
)
/
Create TABLE CL_BUYConTRACT_DETAIL
(
    Sdate              char(6)             Not Null,
    NID                number(8)           Not Null,
    nOrderID           number(8)           Not Null,
    WZ_ID              number(8)           Not Null,
    NNUM               number(12,3)        Not Null,
    NPRICE             number(10,2)        Not Null,
    NSUM               number(14,2)        Not Null,
    OKdate             date                Not Null,
    SCOMMENT           varchar2(60)         Null    ,
    constraint PK_CL_BUYConTRACT_DETAIL primary key (sDate, nID, nOrderID)
)
/
Create Table CL_BUYConTRACT_MAIN
(
    Sdate              char(6)             Not Null,
    NID                number(8)           Not Null,
    ConTRACT_ID        varchar2(20)         Not Null,
    Ddate              date                Not Null,
    BUY_TYPE           char(1)             Not Null,
    STRANTYPE          char(1)             Not Null,
    NIDO               varchar2(10)        Not Null,
    NFEE               number(10,2)        Null    ,
    NTAX               number(12,2)        Null    ,
    NSUM               number(14,2)        Not Null,
    SOPMANAGER         varchar2(30)         Not Null,
    SOPCHECKER         varchar2(30)         Null    ,
    SCOMMENT           varchar2(60)         Null    ,
    SOK                char(1)             Null    ,
    constraint PK_CL_BUYConTRACT_MAIN primary key (sdate, nID)
)
/
```

```
CREATE TABLE XT_GROUP_GRANT
(
    GROUPID      varchar2(10)          not null,
    SYSID        varchar2(10)          not null,
    GRANTITEM    varchar2(10)           not null,
    KIND         varchar2(1)           null    ,
    constraint PK_XT_GROUP_GRANT primary key (GROUPID, SYSID, GRANTITEM)
)
/
comment ON TABLE XT_GROUP_GRANT is '工作组权限'
/
comment ON column XT_GROUP_GRANT.GROUPID is '工作组标识'
/
comment ON column XT_GROUP_GRANT.SYSID is '系统标识'
/
comment ON column XT_GROUP_GRANT.GRANTITEM is '项目标识'
/
comment ON column XT_GROUP_GRANT.KIND is '属性'
/
CREATE TABLE B4_JSGS
(
    BBBH  varchar2(20)          not null,
    GSLB  varchar2(10)          not null,
    BYQY  varchar2(20)          not null,
    JSSX  number(5)             not null,
    SJLX  varchar2(1)           null    ,
    BJFH  varchar2(2)           null    ,
    GSNR  varchar2(2000)         null    ,
    GSBZ  varchar2(100)         null    ,
    ZDJS  varchar2(1)           null    ,
    SWPH  varchar2(1)           null    ,
    ZDY1  varchar2(1)           null    ,
    ZDY2  varchar2(1)           null    ,
    ZDY3  varchar2(1)           null    ,
    constraint PK_B4_JSGS primary key (BBBH, GSLB, BYQY, JSSX)
)
/
comment ON TABLE B4_JSGS is '报表公式定义'
/
comment ON column B4_JSGS.BBBH is '报表编号'
/
comment ON column B4_JSGS.GSLB is '公式类别'
/
comment ON column B4_JSGS.BYQY is '表元区域'
/
comment ON column B4_JSGS.JSSX is '计算顺序'
/
comment ON column B4_JSGS.SJLX is '数据类型'
```

```
/
comment ON column B4_JSGS.BJFH is '比较符号'
/
comment ON column B4_JSGS.GSNR is '公式内容'
/
comment ON column B4_JSGS.GSBZ is '公式说明'
/
comment ON column B4_JSGS.ZDJS is '自动计算标志'
/
comment ON column B4_JSGS.SWPH is '舍位平衡标志'
/
comment ON column B4_JSGS.ZDY1 is '自定义标志一'
/
comment ON column B4_JSGS.ZDY2 is '自定义标志二'
/
comment ON column B4_JSGS.ZDY3 is '自定义标志三'
/
CREATE TABLE B4_GSBG
(
    BGRQ  date                  null    ,
    BGFS  varchar2(1)           null    ,
    BBBH  varchar2(20)          null    ,
    GSLB  varchar2(10)          null    ,
    BYQY  varchar2(20)          null    ,
    JSSX  number(5)             null    ,
    SJLX  varchar2(1)           null    ,
    BJFH  varchar2(2)           null    ,
    GSNR  varchar2(2000)        null    ,
    GSBZ  varchar2(100)         null    ,
    ZDJS  varchar2(1)           null    ,
    SWPH  varchar2(1)           null    ,
    ZDY1  varchar2(1)           null    ,
    ZDY2  varchar2(1)           null    ,
    ZDY3  varchar2(1)           null
)
/
comment ON TABLE B4_GSBG is '公式变更记录'
/
comment ON column B4_GSBG.BGRQ is '变更日期'
/
comment ON column B4_GSBG.BGFS is '变更方式'
/
comment ON column B4_GSBG.BBBH is '报表编号'
/
comment ON column B4_GSBG.GSLB is '公式类别'
/
comment ON column B4_GSBG.BYQY is '表元区域'
/
```

```
comment ON column B4_GSBG.JSSX is '计算顺序'
/
comment ON column B4_GSBG.SJLX is '数据类型'
/
comment ON column B4_GSBG.BJFH is '比较符号'
/
comment ON column B4_GSBG.GSNR is '公式内容'
/
comment ON column B4_GSBG.GSBZ is '公式说明'
/
comment ON column B4_GSBG.ZDJS is '自动计算标志'
/
comment ON column B4_GSBG.SWPH is '舍位平衡标志'
/
comment ON column B4_GSBG.ZDY1 is '自定义标志一'
/
comment ON column B4_GSBG.ZDY2 is '自定义标志二'
/
comment ON column B4_GSBG.ZDY3 is '自定义标志三'
/
CREATE TABLE GZ_FLB
(
    FLDM         number(1)         null    ,
    FLBM         varchar2(20)      null    ,
    FLMC         varchar2(20)      null    ,
    FLMJBZ       number(1)         null    ,
    FLJS         number(2)         null    ,
    FLSX         number(5)         null    ,
    GZ_ZL_NO     number(3)         null    ,
    PK_GZ_FLB    number(15)        not null,
    constraint PK_GZ_FLB primary key (PK_GZ_FLB)
)
/                                                              [000339]
```

2. 创建序列

```
CREATE sequence gz_sequence increment by 1
/                                                              [000340]
```

3. 创建存储函数

这是一个存储函数，应重点关注的是，该范本中游标以及异常的使用，还有变量定义、流程语句和查询语句的使用以及范本写法及样式。

```
CREATE or replace Function CL_MixedFeeCalculate
    (i_sType VarChar2, i_sDate VarChar2, i_sMainID VarChar2, i_nDetailID
Number, i_nDetailID1 Number) Return Number IS
    --运杂费分劈计算函数: 处理合同时传入: '合同'、年月、合同号、合同明细顺号、0
    --    处理料单时传入: '料单'、年月、料单顺号、库号 ID、nOrderID
    --    处理账单时传入: '账单'、年月、料单顺号、库号 ID、nOrderID
    m_ReturnValue Number(18,2);
```

```
    m_nValue Number(18,2);
    m_nID Number;
    m_nCount Number;
    m_nTotalSum Number(18,2);
    m_Num Number(18,2) :=0;
    m_Sum Number(18,2) :=0;
    CURSOR c_HT(i_sDate VarChar2, i_sMainID VarChar2, i_nSum Number, i_nValue
Number) Is
        SELECT d.nID,Round(d.nSum * i_nValue / i_nSum, 2)
          From CL_BUYConTRACT_DETAIL d, CL_BUYConTRACT_Main m
          Where d.sDate = i_sDate And d.nID = m.nID And m.ConTRACT_ID =
i_sMainID
            Order By d.nID;
    CURSOR c_ZLD(i_sDate VarChar2, i_sMainID VarChar2, i_sType VarChar2,
i_nSum Number, i_nValue Number) Is
        SELECT nOrderID, Round(nSum * i_nValue / i_nSum, 2)
          From CL_ZLD_FEE_DETAIL
        Where sDate = i_sDate And nID = To_Number(i_sMainID)
              And sFlag = Decode(i_sType,'料单','1','账单','0',Null)
          Order By nOrderID;
    Begin
      IF i_sType = '合同' Then
          SELECT  Nvl(nFee,0) Into m_nValue
              From CL_BUYConTRACT_Main
                  Where sDate = i_sDate And Contract_ID = i_sMainID;
          SELECT  Count(*), Sum(d.nSum) Into m_nCount, m_nTotalSum
              From CL_BUYConTRACT_DETAIL d, CL_BUYConTRACT_Main m
                  Where d.sDate = i_sDate And d.nID = m.nID And m.ConTRACT_ID
= i_sMainID;
            IF m_nCount = 1 Then
                Return m_nValue;
            ElsIF m_nCount = 0 Then
                Return Null;
            END IF;
            IF m_nTotalSum = 0 Then m_nTotalSum := 1; END IF;
            Open c_HT(i_sDate, i_sMainID, m_nTotalSum, m_nValue);
            Loop
                FETCH c_HT Into m_nID,m_ReturnValue;
                EXIT WHEN c_HT%NOTFOUND;
                m_Num := m_Num + 1;
                IF m_nID = i_nDetailID1 Then
                    IF m_Num = m_nCount Then
                        m_ReturnValue := m_nValue - m_Sum;
                    Else
                        m_Sum := m_Sum + m_ReturnValue;
                    END IF;
                    Exit;
```

```
        Else
            m_Sum := m_Sum + m_ReturnValue;
            m_ReturnValue := 0;
        END IF;
    END Loop;
    Close c_HT;
ELSE
    SELECT  Nvl(nFee,0) Into m_nValue
        From CL_ZLD_FEE_MAIN
            Where sDate = i_sDate And nID = To_Number(i_sMainID)
                And sFlag = Decode(i_sType,'料单','1','账单','0',Null);
    SELECT  Count(*),Sum(nSum) Into m_nCount,m_nTotalSum
        From CL_ZLD_FEE_DETAIL
            Where sDate = i_sDate And nID = To_Number(i_sMainID)
                And sFlag = Decode(i_sType,'料单','1','账单','0',Null);
    IF m_nCount = 1 Then
        Return m_nValue;
    ElsIF m_nCount = 0 Then
        Return Null;
    END IF;
    IF m_nTotalSum = 0 Then m_nTotalSum := 1; END IF;
    Open c_ZLD(i_sDate, i_sMainID, i_sType, m_nTotalSum, m_nValue);
    Loop
        FETCH c_ZLD Into m_nID,m_ReturnValue;
        EXIT WHEN c_ZLD%NOTFOUND;
        m_Num := m_Num + 1;
        IF m_nID = i_nDetailID1 Then
            IF m_Num = m_nCount Then
                m_ReturnValue := m_nValue - m_Sum;
            Else
                m_Sum := m_Sum + m_ReturnValue;
            END IF;
            Exit;
        Else
            m_Sum := m_Sum + m_ReturnValue;
            m_ReturnValue := 0;
        END IF;
    END Loop;
    Close c_ZLD;
END IF;
Return m_ReturnValue;
Exception When Others Then
    Return Null;
END;
/                                                          [000341]
```

3.10.2　SQL 范本

1．SQL 范本 1——子查询 IN 的用法

应重点关注的是，该范本 "IN" 的使用方法、写法及样式。

```
SELECT cl_bz_comcost.ssplit
From cl_bz_comcost
Where cl_bz_comcost.nid in
    (
        SELECT cl_wzck_xbzc_main.ncid
        From cl_wzck_xbzc_detail,
            cl_wzck_xbzc_main
        Where cl_wzck_xbzc_main.nid=cl_wzck_xbzc_detail.ntid
            And cl_wzck_xbzc_main.sdate=cl_wzck_xbzc_detail.sdate
            And cl_wzck_xbzc_detail.nwid=1001125
            And cl_wzck_xbzc_main.npid is Null
            And cl_wzck_xbzc_detail.sdate BETWEEN 1 And 99999
    )
And cl_bz_comcost.sdate in
    (
        SELECT cl_wzck_xbzc_main.sdate
        From cl_wzck_xbzc_detail,
            cl_wzck_xbzc_main
        Where cl_wzck_xbzc_main.nid=cl_wzck_xbzc_detail.ntid
            And cl_wzck_xbzc_main.sdate=cl_wzck_xbzc_detail.sdate
            And cl_wzck_xbzc_detail.nwid=1001125
            And cl_wzck_xbzc_main.npid is Null
            And cl_wzck_xbzc_detail.sdate BETWEEN 1 And 99999
    )
;                                                    [000342]
```

2．SQL 范本 2——子查询 Exists 的用法

应重点关注的是，该范本 "exists" 的使用方法、写法及样式。

```
SELECT
nIDs,nIDm,nIDf,nLow,nHight,nMiddle,sABC,noNum,noSum,0,0,0,0,noSum,nsPrice,
nflag,nDull,0
    From cl_wzcard x
    Where Exists
        (
            SELECT 'x' From cl_wzcard
                Where sDate = '201708'
                    And nIDs = x.nIDs
                    And nIDm = x.nIDm
                    And (nvl(noSum,0) <> 0 Or nvl(noNum,0) <> 0)
        )
    And Not Exists
        (
            SELECT 'x' From cl_wzcard
```

```
            Where sDate = 'ls_Start'
                And nIDs = x.nIDs
                And nIDm = x.nIDm
        )
    And sDate = '201708'
    ;
```

[000343]

3．SQL 范本 3——子查询表间数据更新

应重点关注的是，该范本如何通过子查询实现用一个表的数据更新另一个表的数据，以及写法与样式。

```
    Update cl_wzcard X Set (nInNum, nInSum, nLCSum) =
        (
            SELECT nvl(X.nInNum,0) + Sum(ld_d.nNum),
                nvl(X.nInSum,0)         +         Sum(ld_d.sRKSum         +
Decode('ls_jjfs','1',nvl(CL_MixedFeeCalculate('料单',ld_d.sDate, ld_d.nID,
ld_d.nKHID,ld_d.nOrderID),0),0)),
                nvl(X.nLCSum,0) + Sum(ld_d.nSum - ld_d.sRKSum)
            From
                cl_zld_fee_detail ld_d,
                cl_zld_fee_main ld_m
            Where ld_d.sFlag = '1'
                And ld_m.sChecker Is Not Null
                And ld_m.sFlag='1'
                And ld_d.nID = ld_m.nID
                And ld_d.sDate = '201708'
                And ld_m.sDate = '201708'
                And ld_d.nKHID = X.nIDs
                And ld_d.nWZID = X.nIDm
                And (ld_m.sComment Is Null Or substr(ld_m.sComment, 1, 1) <>
chr(1))
        )
    Where sDate = '201708' And Exists
        (
            SELECT 'X' From cl_zld_fee_detail ld_d,
                cl_zld_fee_main ld_m
            Where ld_d.sFlag = '1'
                And ld_m.sChecker Is Not Null
                And ld_m.sFlag='1'
                And ld_d.nID = ld_m.nID
                And ld_d.sDate = '201708'
                And ld_m.sDate = '201708'
                And ld_d.nKHID = X.nIDs
                And ld_d.nWZID = X.nIDm
                And (ld_m.sComment Is Null Or substr(ld_m.sComment, 1, 1) <>
chr(1))
        )
    ;
```

[000344]

上面的 SQL 脚本，使用子查询实现表间数据更新较为复杂，也不好理解；下面是一个简化版，功能和上面一样，含测试数据，具体代码如下：

```
-- ----------------------------------------------------------------------
drop table u_zd cascade constraints purge
/
-- ----------------------------------------------------------------------
Create TABLE u_zd
(
    ccode               varchar2(8)             Not Null,
    ssum1               number(10,2)            Not Null,
    ssum2               number(10,2)            Not Null,
    constraint PK_u_zd primary key (ccode)
)
/
-- ----------------------------------------------------------------------
insert into u_zd(ccode,ssum1,ssum2) values('c01',0,0)
/
insert into u_zd(ccode,ssum1,ssum2) values('c02',0,0)
/
insert into u_zd(ccode,ssum1,ssum2) values('c03',0,0)
/
insert into u_zd(ccode,ssum1,ssum2) values('c04',0,0)
/
-- ----------------------------------------------------------------------
drop table u_zd2 cascade constraints purge;
/
-- ----------------------------------------------------------------------
Create TABLE u_zd2
(
c1              varchar2(8)             Not Null,
    z1              number(10,2)            Not Null,
    z2              number(10,2)            Not Null
)
/
-- ----------------------------------------------------------------------
insert into u_zd2(c1,z1,z2) values('c01',10,10)
/
insert into u_zd2(c1,z1,z2) values('c01',10,10)
/
insert into u_zd2(c1,z1,z2) values('c01',10,10)
/
insert into u_zd2(c1,z1,z2) values('c01',10,10)
/
insert into u_zd2(c1,z1,z2) values('c01',10,10)
/
-- ----------------------------------------------------------------------
insert into u_zd2(c1,z1,z2) values('c02',10,10)
/
```

```
insert into u_zd2(c1,z1,z2) values('c02',10,10)
/
insert into u_zd2(c1,z1,z2) values('c02',10,10)
/
insert into u_zd2(c1,z1,z2) values('c02',10,10)
/
insert into u_zd2(c1,z1,z2) values('c02',10,10)
/
-- ---------------------------------------------------------------
insert into u_zd2(c1,z1,z2) values('c03',10,10)
/
insert into u_zd2(c1,z1,z2) values('c03',10,10)
/
insert into u_zd2(c1,z1,z2) values('c03',10,10)
/
insert into u_zd2(c1,z1,z2) values('c03',10,10)
/
insert into u_zd2(c1,z1,z2) values('c03',10,10)
/
-- ---------------------------------------------------------------
insert into u_zd2(c1,z1,z2) values('c04',10,10)
/
insert into u_zd2(c1,z1,z2) values('c04',10,10)
/
insert into u_zd2(c1,z1,z2) values('c04',10,10)
/
insert into u_zd2(c1,z1,z2) values('c04',10,10)
/
insert into u_zd2(c1,z1,z2) values('c04',10,10)
/
-- ---------------------------------------------------------------
```

[000345]

接下里我们看一下如何使用子查询用一表数据更新另一表数据。

（1）子查询只使用了一个查询条件（Y.c1=X.ccode）

我们先把下面要讲到的 SQL 语句做一下简要说明。

用表 u_zd2 运算后的结果更新表 u_zd。Oracle 对于这种使用聚集函数的更新，会依据两个表的关联条件自动分组，并按照聚集函数运算。对于本示例，sum(Y.z1)会依据 Y.c1 = X.ccode 这个关联条件自动对 Y.c1（子查询中的表 u_zd2 的 c1 列）实施分组，然后 sum(Y.z1)。

假如关联条件是 Y.c1 = X.ccode and Y.c2 = X.ccode2，那又如何分组呢?,这样的关联条件会对子查询中的表按照 Y.c1 和 Y.c2 进行分组。

再假如关联条件是 Y.c1 = X.ccode and Y.c2 = X.ccode2 and Y.c3 = X.ccode3，那又如何分组呢?,肯定是对子查询中的表按照 Y.c1、Y.c2 和 Y.c3 进行分组。这里是不是有个规律，这个规律就由读者自己去总结吧。这种处理方式是 Oracle 数据库独有，其他数据库不是这样（其他数据库在子查询里肯定有个 group by 子句，而 Oracle 数据库不需要。当然，Oracle 也是支持 group by 的）。

这里需要指出的是分组表肯定是子查询中的表，这意味着子查询的这张表肯定是子表，而被更新的表肯定是父表。当然，对于这个关联条件，父表和子表最好存在"一对多"的关系，其中"一"指的是父表，即："X .ccode"是"一"，"多"指的是子表，即："Y.c1"是"多"，在此情况下，使用聚集函数更新才有意义。

第 1 个表间数据更新 update 脚本如下：

```
-- ------------------------------------------------------------------
Update u_zd X Set(ssum1,ssum2) =
(
SELECT
    nvl(X.ssum1,0) + Sum(Y.z1),
    nvl(X.ssum2,0) + Sum(Y.z2)
From u_zd2 Y
Where
    Y.c1 = X.ccode
)
/
Commit
/
-- ------------------------------------------------------   [000346]
```

第 2 个表间数据更新 update 脚本如下：

```
-- ------------------------------------------------------------------
Update u_zd X Set(ssum1,ssum2) =
(
SELECT
    nvl(X.ssum1,0) + Sum(Y.z1),
    nvl(X.ssum2,0) + Sum(Y.z2)
From u_zd2 Y
Where
    Y.c1 = X.ccode
group by Y.c1 /*加了 group by 子句，执行效果和上面未加该子句一样 */
)
/
Commit
/                                                           [000347]
```

第 1 个表间数据更新 update 脚本和第 2 个表间数据更新 update 脚本的执行效果一样，唯一的区别是：在第 2 个表间数据更新 update 脚本中加了 group by 子句。

```
-- ------------------------------------------------------------------
Select * from u_zd;
-- ------------------------------------------------------   [000348]
```

（2）在子查询中使用多个条件

上面的示例，子查询只使用了一个查询条件，即：Y.c1=X.ccode，下面我们来看如何在子查询中使用多个条件来实现表间数据的更新，示例代码如下：

```
-- -------------------------------------------------------------------
drop table uu_zd cascade constraints purge
/
-- -------------------------------------------------------------------
Create TABLE uu_zd
(
    ccode              varchar2(8)            Not Null,
    ccode2             varchar2(8)            Not Null,
    ssum1              number(10,2)           Not Null,
    ssum2              number(10,2)           Not Null,
    constraint PK_uu_zd primary key (ccode,ccode2)
)
/
-- -------------------------------------------------------------------
insert into uu_zd(ccode, ccode2,ssum1,ssum2) values('c01', 'd01',0,0)
/
insert into uu_zd(ccode, ccode2,ssum1,ssum2) values('c02', 'd01',0,0)
/
insert into uu_zd(ccode, ccode2,ssum1,ssum2) values('c03', 'd01',0,0)
/
insert into uu_zd(ccode, ccode2,ssum1,ssum2) values('c04', 'd01',0,0)
/
-- -------------------------------------------------------------------
insert into uu_zd(ccode, ccode2,ssum1,ssum2) values('c01', 'd02',0,0)
/
insert into uu_zd(ccode, ccode2,ssum1,ssum2) values('c02', 'd02',0,0)
/
insert into uu_zd(ccode, ccode2,ssum1,ssum2) values('c03', 'd02',0,0)
/
insert into uu_zd(ccode, ccode2,ssum1,ssum2) values('c04', 'd02',0,0)
/
-- -------------------------------------------------------------------
insert into uu_zd(ccode, ccode2,ssum1,ssum2) values('c01', 'd03',0,0)
/
insert into uu_zd(ccode, ccode2,ssum1,ssum2) values('c02', 'd03',0,0)
/
insert into uu_zd(ccode, ccode2,ssum1,ssum2) values('c03', 'd03',0,0)
/
insert into uu_zd(ccode, ccode2,ssum1,ssum2) values('c04', 'd03',0,0)
/
-- -------------------------------------------------------------------
drop table u_zd3 cascade constraints purge
/
-- -------------------------------------------------------------------
Create TABLE u_zd3
(
```

```
    c1                varchar2(8)            Not Null,
      c2                varchar2(8)             Not Null,
      z1                number(10,2)            Not Null,
      z2                number(10,2)            Not Null
    )
    /
    -- ------------------------------------------------------------------
    insert into u_zd3(c1,c2,z1,z2) values('c01','d01',10,10)
    /
    insert into u_zd3(c1, c2,z1,z2) values('c01', 'd01',10,10)
    /
    insert into u_zd3(c1, c2,z1,z2) values('c01', 'd02',10,10)
    /
    insert into u_zd3(c1, c2,z1,z2) values('c01', 'd02',10,10)
    /
    insert into u_zd3(c1, c2,z1,z2) values('c01', 'd03',10,10)
    /
    -- ------------------------------------------------------------------
    insert into u_zd3(c1,c2,z1,z2) values('c02','d01',10,10)
    /
    insert into u_zd3(c1, c2,z1,z2) values('c02', 'd01',10,10)
    /
    insert into u_zd3(c1, c2,z1,z2) values('c02', 'd02',10,10)
    /
    insert into u_zd3(c1, c2,z1,z2) values('c02', 'd02',10,10)
    /
    insert into u_zd3(c1, c2,z1,z2) values('c02', 'd03',10,10)
    /
    -- ------------------------------------------------------------------
    insert into u_zd3(c1,c2,z1,z2) values('c03','d01',10,10)
    /
    insert into u_zd3(c1, c2,z1,z2) values('c03', 'd01',10,10)
    /
    insert into u_zd3(c1, c2,z1,z2) values('c03', 'd02',10,10)
    /
    insert into u_zd3(c1, c2,z1,z2) values('c03', 'd02',10,10)
    /
    insert into u_zd3(c1, c2,z1,z2) values('c03', 'd03',10,10)
    /
    -- ------------------------------------------------------------------
    insert into u_zd3(c1,c2,z1,z2) values('c04','d01',10,10)
    /
    insert into u_zd3(c1, c2,z1,z2) values('c04', 'd01',10,10)
    /
    insert into u_zd3(c1, c2,z1,z2) values('c04', 'd02',10,10)
    /
    insert into u_zd3(c1, c2,z1,z2) values('c04', 'd02',10,10)
    /
```

```
insert into u_zd3(c1, c2,z1,z2) values('c04', 'd03',10,10)
/
-- ---------------------------------------------------------        [000349]
```

对 SQL 脚本的简要说明同上，这里不再赘述。

第 1 个表间数据更新 update 脚本如下：

```
-- ---------------------------------------------------------
Update uu_zd X Set(ssum1,ssum2) =
(
SELECT
    nvl(X.ssum1,0) + Sum(Y.z1),
    nvl(X.ssum2,0) + Sum(Y.z2)
From u_zd3 Y
Where
    Y.c1 = X.ccode and Y.c2 = X.ccode2
)
/
-- ---------------------------------------------------------        [000350]
```

第 2 个表间数据更新 update 脚本如下：

```
-- ---------------------------------------------------------
Update uu_zd X Set(ssum1,ssum2) =
(
SELECT
    nvl(X.ssum1,0) + Sum(Y.z1),
    nvl(X.ssum2,0) + Sum(Y.z2)
From u_zd3 Y
Where
    Y.c1 = X.ccode and Y.c2 = X.ccode2
group by Y.c1,Y.c2 /*加了 group by 子句，执行效果和上面未加该子句一样 */
)
/
-- ---------------------------------------------------------
Commit
/                                                                   [000351]
```

第 1 个表间数据更新 update 脚本和第 2 个表间数据更新 update 脚本的执行效果一样，唯一的区别是：在第 2 个表间数据更新 update 脚本中加了 group by 子句。

```
-- ---------------------------------------------------------
Select * from uu_zd;
-- ---------------------------------------------------------        [000352]
```

另外，如果把上面含有 group by 子句的表间数据更新 update 脚本里的 where 条件 Y.c1=X.ccode and Y.c2 = X.ccode2 改为 Y.c1=X.ccode 或 Y.c2=X.ccode2，那会是什么结果呢？，结果就是报错，会报出 ORA-01247 错误，错误信息是"单行子查询返回多行"，为什么会这样？原因是"group by" 了"Y.c1,Y.c2"，具体场景如下：

第 1 个错误脚本如下，子查询的条件 Y.c1=X.ccode。

```
-- ---------------------------------------------------------
```

```
Update uu_zd X Set(ssum1,ssum2) =
(
SELECT
    nvl(X.ssum1,0) + Sum(Y.z1),
    nvl(X.ssum2,0) + Sum(Y.z2)
From u_zd3 Y
Where
    Y.c1 = X.ccode
group by Y.c1,Y.c2
)
/                                                        [000353]
```

报错结果如图 3-52 所示。

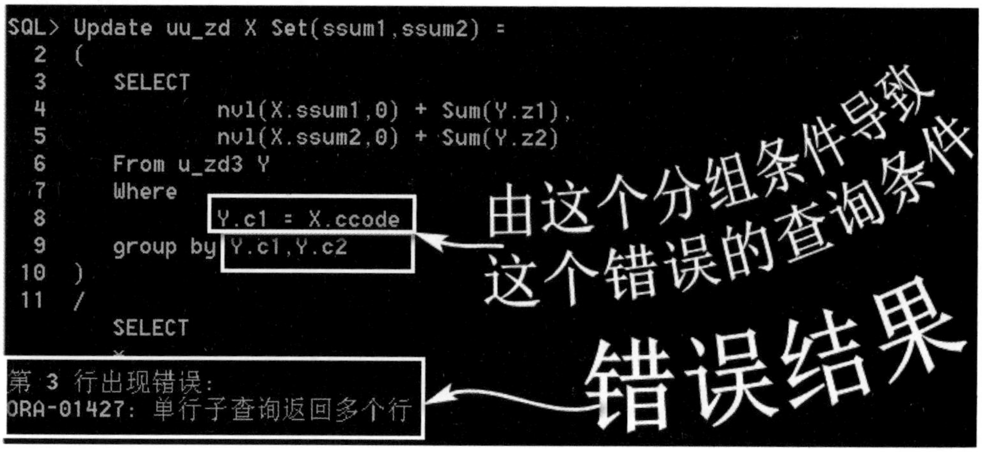

图 3-52

第 2 个错误脚本如下，子查询的条件：Y.c2=X.ccode2。

```
-- -----------------------------------------------------------------
Update uu_zd X Set(ssum1,ssum2) =
(
SELECT
    nvl(X.ssum1,0) + Sum(Y.z1),
    nvl(X.ssum2,0) + Sum(Y.z2)
From u_zd3 Y
Where
    Y.c2 = X.ccode2
group by Y.c1,Y.c2
)
/                                                        [000354]
```

报错结果如图 3-53 所示。

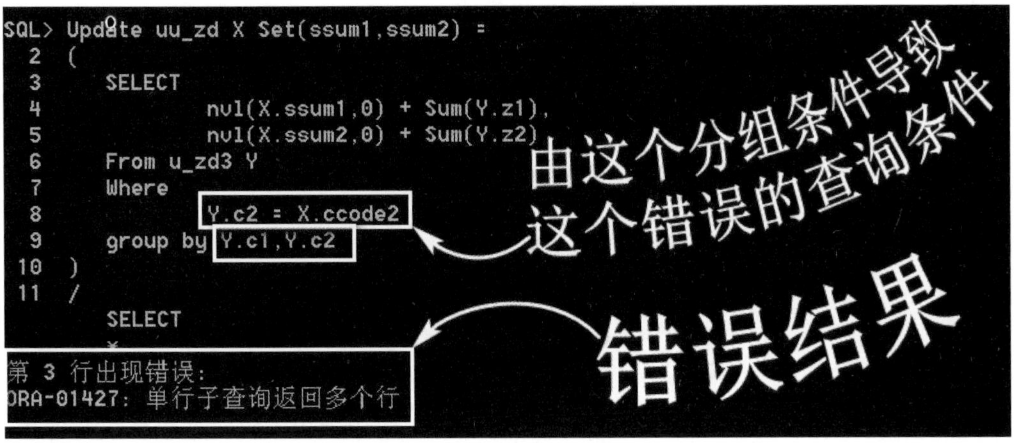

图 3-53

4. SQL 范本 4——子查询数据删除

应重点关注的是，该范本将子查询写在查询条件中，作为删除数据的条件，以及写法与样式。

```
Delete From xt_grant_item x
    Where GrantItem Like 'K%W'
        And SysID='CL'
        And Not Exists
        (    SELECT 'x' From cl_kwzd
                Where X.GrantItem = 'K'||To_Char(nID)||'W'
        )
;                                                         [000355]
```

5. SQL 范本 5——子查询添加数据

应重点关注的是，该范本将一个表的数据添加到另一个表中，其中子查询写在 select 查询语句中作为检索条件，以及写法与样式。

```
INSERT INTO cl_wzcard
    (
        sDate,nIDs,nIDm,nIDf,nLow,nHight,nMiddle,sABC,noNum,noSum,nInNum,
        nInSum,nOutNum,nOutSum,nThisSum,nsPrice,nflag,nDull,nLCSum
    )
SELECT SYSDATE,nIDs,nIDm,nIDf,nLow,nHight,nMiddle,sABC,noNum,noSum,0,0,0,0,
noSum,nsPrice,nflag,nDull,0
    From cl_wzcard x
    Where Exists
        (
            SELECT 'x' From cl_wzcard
            Where sDate = '201708'
                And nIDs = x.nIDs
                And nIDm = x.nIDm
```

```
                    And (nvl(nOSum,0) <> 0 Or nvl(noNum,0) <> 0)
            )
        And Not Exists
            (
                SELECT 'x' From cl_wzcard
                Where sDate = 'ls_start'
                    And nIDs = x.nIDs
                    And nIDm = x.nIDm
            )
        And sDate >= '201708'
    ;
```
[000356]

6. SQL 范本 6——存储过程

该范本是一个存储过程，应重点关注的是，该范本中使用了自定义数据类型，其中 v_gzlxm 需特别关注。程序把 v_gzlxm 变成一个一维数组使用，这在 Oracle 开发中是很少使用的，需研究一下。

在该范本中，使用了游标、Oracle PL/SQL 的各类循环及循环嵌套，如 for、loop 及 while 等，也需研究一下。

范本中使用了 DBMS_OUTPUT.PUT_LINE 输出以及子查询等，需研究一下。

另外，对于范本中使用的流程语句以及变量赋值方式等需研究一下。还要关注范本脚本的写法及样式。

总之，该范本集成了 Oracle PL/SQL 的大部分技术以及 Oracle 的查询技术，等等，非常值得研究和学习。

```
CREATE or replace procedure cl_cgjhsc
(jhmc in varchar2,jhbz in varchar2,jhqrq in varchar2,jhzrq in
varchar2,gzlbl in number,
 gzllx in varchar2,gzlqrq in varchar2,gzlzrq in varchar2,jgbl in
number,kcqk in varchar2,
 jglx in varchar2,jg in number,jgqrq in varchar2,jgzrq in varchar2,debl in
number,
 delx in varchar2,deqrq in varchar2,dezrq in varchar2,gzlxm in lONg,wzid
in lONg,
 is_gzny in varchar2,jsdwmc in varchar2)
as
 type t_gzlxm is TABLE of number(8) index by BINARY_INTEGER;
 type t_wzid is TABLE of number(8) index by BINARY_INTEGER;
 type t_jhde is TABLE of number(12,3) index by BINARY_INTEGER;
 type t_gzl is TABLE of number(8) index by BINARY_INTEGER;
 type t_cgsl is TABLE of number(12,3) index by BINARY_INTEGER;
 type t_sjde is TABLE of number(12,3) index by BINARY_INTEGER;
 type t_buy is TABLE of number(12,3) index by BINARY_INTEGER;
 v_gzlxm t_gzlxm;
 v_wzid t_wzid;
 v_jhde t_jhde;
 v_gzl t_gzl;
```

```
v_cgsl t_cgsl;
v_sjde t_sjde;
v_buy t_buy;
xmid number(8);
ls_gzlxm lONg;
ls_wzid lONg;
i number(8);
j number(8);
m number(8);
n number(8);
id_maxsh number(8);
id_maxjhh number(8);
ld_ckjg number(10,2);
ld_Nullxm1 number(8);
ld_Nullxm2 number(8);
ld_dqkc number(8);
ld_kcqk number(8);
ld_kcc number(8);
ld_zzcgsl number(8);
li_jhqsyear number(4);
li_jhjzyear number(4);
li_jhqsyue number(2);
li_jhjzyue number(2);
li_yue number(2);
ld_zzcgsl12 number(12,3);
ld_cgje number(12,3);
ld_gzl number(12,3);
ld_zcsl number(12,3);
ld_sharebl number(12,3);
ls_ggfyfpff char(1);
ld_de number(12,3);
ld_count_de number(12,3);
ld_de_out number(12,3);
ld_zjzcje number(12,3);
ld_qbzcje number(12,3);
ld_jebl number(12,3);
ld_zdxmgzl_sum number(12,3);
ld_zdxmydxs_sum number(12,3);
ld_zdxmgzl number(12,3);
ld_zdxmydxs number(12,3);
id_sumyd number(12,3);
ls_xpny varchar2(10);
ld_xpbz number(8);
cursor cur_xm is  SELECT nid From cl_xmzd;
cursor cur_wzid is SELECT nid From cl_wzzd Where cdelflag='0' And sflag='1'
And nid is Not Null;
begin
li_jhqsyear := substr(jhqrq,1,4);
```

```
li_jhjzyear := substr(jhzrq,1,4);
li_jhqsyue := substr(jhqrq,5,2);
li_jhjzyue := substr(jhzrq,5,2);
IF li_jhqsyear = li_jhjzyear Then  --同年
 li_yue := li_jhjzyue - li_jhqsyue + 1;
else                        --跨年
 li_yue := 12 - li_jhqsyue + 1 + li_jhjzyue;
END IF;
--顺号
SELECT max(nid) Into id_maxsh From cl_buyplan_detail Where sdate=
is_gzny;
  IF id_maxsh is Null Then
  id_maxsh := 1;
   else
  id_maxsh := id_maxsh + 1;
  END IF;
  --计划号
 SELECT max(nid) Into id_maxjhh From cl_buyplan_detail Where sdate=
is_gzny;
  IF id_maxjhh is Null Then
  id_maxjhh := 1;
  else
  id_maxjhh := id_maxjhh + 1;
  END IF;
  --生成项目id数组
  ls_gzlxm := gzlxm;
  IF ls_gzlxm is Null Then   --全部项目
  i := 1;
  open cur_xm;
  fetch cur_xm Into v_gzlxm(i);
    while cur_xm%found loop
   i := i + 1;
   fetch cur_xm Into v_gzlxm(i);
   END loop;
 close cur_xm;
  i := i - 1;
  else        --所选项目
  i := 0;
  while instr(ls_gzlxm,',') > 0
   loop
    i := i + 1;
    v_gzlxm(i) := TO_NUMBER(substr(ls_gzlxm,1,instr(ls_gzlxm,',') -1));
    ls_gzlxm := substr(ls_gzlxm,instr(ls_gzlxm,',') +1);
    END loop;
  END IF;
  --生成物资id数组
  ls_wzid := wzid;
  IF ls_wzid is Null Then    --全部物资
```

```
      j := 1;
      open cur_wzid;
      fetch cur_wzid Into v_wzid(j);
      while cur_wzid%found loop
       j := j + 1;
       fetch cur_wzid Into v_wzid(j);
      END loop;
      close cur_wzid;
      j := j - 1;
    else          --所选物资
      j := 0;
      while instr(ls_wzid,',') > 0
       loop
        j := j + 1;
        v_wzid(j) := TO_NUMBER(substr(ls_wzid,1,instr(ls_wzid,',') -1));
        ls_wzid := substr(ls_wzid,instr(ls_wzid,',') +1);
       END loop;
    END IF;
    DBMS_OUTPUT.PUT_LINE(i);
    DBMS_OUTPUT.PUT_LINE(j);
     FOR m in 1..i --项目
     loop
          IF gzllx = '1' Then  --确定工作量
        SELECT nvl(sum(nplanwork),0) Into v_gzl(m) From cl_xmkm_expend
         Where sdate BETWEEN gzlqrq And gzlzrq And nid=v_gzlxm(m);
           else
        SELECT nvl(sum(nfinishwork),0) Into v_gzl(m) From cl_xmkm_expend
               Where sdate BETWEEN gzlqrq And gzlzrq And nid=v_gzlxm(m);
           END IF;
       FOR n in 1..j --物资
        loop
         --参考购入价
         IF jglx = '1' Then
             SELECT nvl(sum(nprice),0) Into ld_ckjg From cl_zld_fee_detail
          Where nwzid=v_wzid(n) And sdate BETWEEN jgqrq And jgzrq
          And nid=(SELECT max(nid) From cl_zld_fee_detail
             Where nwzid=v_wzid(n) And sdate=is_gzny);
                 ld_ckjg := ld_ckjg * jgbl / 100;
          END IF;
                 IF jglx = '2' Then
                   SELECT nvl(max(nprice),0) Into ld_ckjg From cl_zld_fee_
detail
            Where nwzid=v_wzid(n) And sdate BETWEEN jgqrq And jgzrq;
                 ld_ckjg := ld_ckjg * jgbl / 100;
          END IF;
              IF jglx = '3' Then
                 SELECT nvl(min(nprice),0)  Into ld_ckjg  From cl_zld_fee_
detail
```

```
                    Where nwzid=v_wzid(n) And sdate BETWEEN jgqrq And jgzrq;
                         ld_ckjg := ld_ckjg * jgbl / 100;
              END IF;
                    IF jglx = '4' Then
                        SELECT nvl(sum(nprice*nnum)/sum(nnum),0) Into ld_ckjg From
cl_zld_fee_detail
                    Where nwzid=v_wzid(n) And sdate BETWEEN jgqrq And jgzrq;
                         ld_ckjg := ld_ckjg * jgbl / 100;
              END IF;
                    IF jglx = '5' Then
                        SELECT nvl(sum(nsprice),0) Into ld_ckjg From cl_wzcard
                   Where nidm=v_wzid(n) And sdate BETWEEN jgqrq And jgzrq;
                         ld_ckjg := ld_ckjg * jgbl / 100;
              END IF;
                    IF jglx = '0' Then
             ld_ckjg := jg;
              END IF;
              --确定定额
              IF delx = '1' Then
                 SELECT nvl(sum(nnum),0) Into v_jhde(n) From cl_xmdezd
                Where nid=v_gzlxm(m) And NORDERID=v_wzid(n);
                --采购数量
                v_cgsl(n) := (v_jhde(n) * debl / 100) * (v_gzl(m) * gzlbl / 100);
              else
               IF delx = '2' Then
                        v_sjde(n) := 0;
                 SELECT count(cl_wzck_xbzc_main.npid) Into ld_Nullxm1
                        From cl_wzck_xbzc_detail,cl_wzck_xbzc_main
                   Where cl_wzck_xbzc_main.nid=cl_wzck_xbzc_detail.ntid
                              And
cl_wzck_xbzc_main.sdate=cl_wzck_xbzc_detail.sdate
                             And cl_wzck_xbzc_detail.nwid=v_wzid(n)
                             And cl_wzck_xbzc_main.npid=v_gzlxm(m)
                     And cl_wzck_xbzc_detail.sdate BETWEEN deqrq And dezrq;
                        --
                        SELECT count(cl_wzck_xbzc_main.npid) Into ld_Nullxm2
                        From cl_wzck_xbzc_detail,cl_wzck_xbzc_main
                   Where cl_wzck_xbzc_main.nid=cl_wzck_xbzc_detail.ntid
                             And
cl_wzck_xbzc_main.sdate=cl_wzck_xbzc_detail.sdate
                             And cl_wzck_xbzc_detail.nwid=v_wzid(n)
                             And cl_wzck_xbzc_main.npid is Null
                     And cl_wzck_xbzc_detail.sdate BETWEEN deqrq And dezrq;
                 IF ld_Nullxm1 = 1 Then  --有项目
                        SELECT   nvl(sum(cl_wzck_xbzc_detail.noutnum),0)     Into
v_sjde(n)
                     From cl_wzck_xbzc_detail,cl_wzck_xbzc_main
                    Where cl_wzck_xbzc_main.nid=cl_wzck_xbzc_detail.ntid
```

```
      And cl_wzck_xbzc_detail.sdate BETWEEN deqrq And dezrq
    And cl_wzck_xbzc_main.npid=v_gzlxm(m)
    And cl_wzck_xbzc_detail.nwid=v_wzid(n);
            elsIF ld_Nullxm2 = 1  Then --计算没有项目的实际定额数
              --某班组某项目实际工作量
  SELECT nvl(sum(cl_bzxmkmgzl.nfinishwork),0) Into ld_gzl
   From cl_bzxmkmgzl,cl_wzck_xbzc_main
            Where cl_bzxmkmgzl.sdate=cl_wzck_xbzc_main.sdate
    And cl_bzxmkmgzl.nbzid=cl_wzck_xbzc_main.ncid
    And cl_bzxmkmgzl.nxmid=cl_wzck_xbzc_main.npid
    And cl_bzxmkmgzl.sdate BETWEEN gzlqrq And gzlzrq
    And cl_bzxmkmgzl.nxmid = v_gzlxm(m);
    --某班组某物资支出数量
  SELECT nvl(sum(cl_wzck_xbzc_detail.noutnum),0) Into ld_zcsl
    From cl_bzxmkmgzl,cl_wzck_xbzc_detail,cl_wzck_xbzc_main
   Where cl_bzxmkmgzl.sdate=cl_wzck_xbzc_main.sdate
    And cl_bzxmkmgzl.nbzid=cl_wzck_xbzc_main.ncid
    And cl_wzck_xbzc_main.nid=cl_wzck_xbzc_detail.ntid
    And cl_wzck_xbzc_main.sdate=cl_wzck_xbzc_detail.sdate
    And cl_wzck_xbzc_detail.sdate BETWEEN deqrq And dezrq
            And (cl_wzck_xbzc_main.npid is Null)
    And cl_wzck_xbzc_detail.nwid=v_wzid(n);
  IF ld_gzl = 0 Then
   ld_sharebl := 1;
  else
   ld_sharebl := ld_zcsl / ld_gzl;
  END IF;
  --公共费用分配方法
  SELECT cl_bz_comcost.ssplit Into ls_ggfyfpff
    From cl_bz_comcost
   Where cl_bz_comcost.nid in
     (SELECT cl_wzck_xbzc_main.ncid
              From cl_wzck_xbzc_detail,cl_wzck_xbzc_main
              Where cl_wzck_xbzc_main.nid=cl_wzck_xbzc_detail.
ntid
              And cl_wzck_xbzc_main.sdate=cl_wzck_xbzc_detail.
sdate
              And cl_wzck_xbzc_detail.nwid=v_wzid(n)
              And cl_wzck_xbzc_main.npid is Null
              And cl_wzck_xbzc_detail.sdate BETWEEN deqrq
And dezrq
              )
        And cl_bz_comcost.sdate in
     (SELECT cl_wzck_xbzc_main.sdate
              From cl_wzck_xbzc_detail,cl_wzck_xbzc_main
              Where cl_wzck_xbzc_main.nid=cl_wzck_xbzc_detail.
ntid
              And cl_wzck_xbzc_main.sdate=cl_wzck_xbzc_detail.
```

```
sdate
                                   And cl_wzck_xbzc_detail.nwid=v_wzid(n)
                                   And cl_wzck_xbzc_main.npid is Null
                                   And cl_wzck_xbzc_detail.sdate BETWEEN deqrq
And dezrq
()
                                   );          IF ls_ggfyfpff = '1' Then --支出金额法

              --直接支出金额
              SELECT nvl(sum(cl_wzck_xbzc_detail.noutsum),0) Into ld_zjcje
                From cl_bzxmkmgzl,cl_wzck_xbzc_detail,cl_wzck_xbzc_main
                   Where cl_bzxmkmgzl.sdate=cl_wzck_xbzc_main.sdate
               And cl_bzxmkmgzl.nbzid=cl_wzck_xbzc_main.ncid
               And cl_bzxmkmgzl.nxmid=cl_wzck_xbzc_main.npid
               And cl_wzck_xbzc_main.nid=cl_wzck_xbzc_detail.ntid
               And cl_wzck_xbzc_main.sdate=cl_wzck_xbzc_detail.sdate
               And cl_wzck_xbzc_detail.sdate BETWEEN deqrq And dezrq
               And cl_wzck_xbzc_detail.nwid=v_wzid(n);
              --全部支出金额
                SELECT nvl(sum(cl_wzck_xbzc_detail.noutsum),0) Into ld_qbzcje
                 From cl_bzxmkmgzl,cl_wzck_xbzc_detail,cl_wzck_xbzc_main
                   Where cl_bzxmkmgzl.sdate=cl_wzck_xbzc_main.sdate
               And cl_bzxmkmgzl.nbzid=cl_wzck_xbzc_main.ncid
               And cl_bzxmkmgzl.nxmid=cl_wzck_xbzc_main.npid
               And cl_wzck_xbzc_main.nid=cl_wzck_xbzc_detail.ntid
               And cl_wzck_xbzc_main.sdate=cl_wzck_xbzc_detail.sdate
               And cl_wzck_xbzc_detail.sdate BETWEEN deqrq And dezrq;
                IF ld_qbzcje <> 0 Then
                    ld_jebl := ld_zjcje / ld_qbzcje;
                 v_sjde(n) := ld_jebl * ld_sharebl; --实际定额
                END IF;
                   else
              IF ls_ggfyfpff='2' Then --约当产量法()
               --制定项目工作量
                    SELECT nvl(sum(nfinishwork),0) Into ld_zdxmgzl
                From cl_bzxmkmgzl
              Where nxmid = v_gzlxm(m) And sdate BETWEEN gzlqrq And gzlzrq;
               --制定项目约当产量系数
                SELECT nvl(sum(nunit),0) Into ld_zdxmydxs
                 From cl_bzxmkmgzl
                           Where nxmid = v_gzlxm(m) And sdate BETWEEN
gzlqrq And gzlzrq;
                      --求制定项目工作量约当产量系数相乘和
              open cur_xm;
              fetch cur_xm Into xmid;
                while cur_xm%found loop
               --制定项目工作量
                SELECT nvl(sum(nfinishwork),0) Into ld_zdxmgzl_sum
                  From cl_bzxmkmgzl
```

```
            Where nxmid = xmid And sdate BETWEEN gzlqrq And gzlzrq;
                --制定项目约当产量系数
              SELECT nvl(sum(nunit),0) Into ld_zdxmydxs_sum
            From cl_bzxmkmgzl
           Where nxmid = xmid And sdate BETWEEN gzlqrq And gzlzrq;
                --求全部项目约当产量
                  id_sumyd := id_sumyd + (ld_zdxmgzl_sum * ld_zdxmydxs_
sum);
              fetch cur_xm Into xmid;
            END loop;
           close cur_xm;
           --实际定额
             v_sjde(n) := ((ld_zdxmgzl * ld_zdxmydxs) / id_sumyd) * ld_sharebl;
          END IF;
            END IF;
         END IF;
        --采购数量
        v_cgsl(n) := (v_sjde(n) * debl / 100) * (v_gzl(m) * gzlbl / 100);
      END IF;
           END IF;
--当前库存
SELECT nvl(sum(nONum - noutnum + ninnum),0) Into ld_dqkc
  From cl_wzcard Where nidm=v_wzid(n) And sdate=is_gzny;
--参考库存情况
            IF kcqk ='1' Then
              SELECT nvl(sum(nlow),0) Into ld_kcqk
  From cl_wzcard Where nidm=v_wzid(n) And sdate=is_gzny;
  IF ld_dqkc < ld_kcqk Then
    ld_kcc := ld_kcqk - ld_dqkc;  --库存差
    IF ld_kcc < v_cgsl(n) Then
      ld_zzcgsl := v_cgsl(n);   --最终采购数量
    else
      ld_zzcgsl := ld_kcc;        END IF;
    else
      ld_zzcgsl := 0;
        END IF;
END IF;
IF kcqk = '2' Then
        SELECT nvl(sum(nmiddle),0) Into ld_kcqk
  From cl_wzcard Where nidm=v_wzid(n) And sdate=is_gzny;
  IF ld_dqkc < ld_kcqk Then
    ld_kcc := ld_kcqk - ld_dqkc;  --库存差
    IF ld_kcc < v_cgsl(n) Then
      ld_zzcgsl := v_cgsl(n);   --最终采购数量
    else
      ld_zzcgsl := ld_kcc;
  END IF;
    else
```

```
          ld_zzcgsl := 0;
            END IF;
       END IF;
       IF kcqk = '3' Then
             SELECT nvl(sum(nhight),0) Into ld_kcqk
         From cl_wzcard Where nidm=v_wzid(n) And sdate=is_gzny;
        IF ld_dqkc < ld_kcqk Then
          ld_kcc := ld_kcqk - ld_dqkc;  --库存差
          IF ld_kcc < v_cgsl(n) Then
           ld_zzcgsl := v_cgsl(n);   --最终采购数量
          else
            ld_zzcgsl := ld_kcc;
         END IF;
        else
          ld_zzcgsl := 0;
            END IF;
       END IF;
             IF kcqk = '0' Then
      --经济批量
       SELECT nvl(sum(nbatch),0) Into ld_kcqk
        From cl_wzzd Where nid=v_wzid(n) And  TO_CHAR(ddate,'yyyymm')=
is_gzny;
         IF ld_kcqk < v_cgsl(n) Then
               ld_zzcgsl := v_cgsl(n);
         else
           ld_zzcgsl := ld_kcqk;
           END IF;
            END IF;
       IF ld_zzcgsl is Null Then
        ld_zzcgsl := 0;
       END IF;
       ld_zzcgsl12 := ld_zzcgsl / li_yue;
       ld_cgje := ld_zzcgsl * ld_ckjg;
       IF li_jhqsyear = li_jhjzyear Then --同年
         FOR k in 1..12 loop
          IF k >= li_jhqsyue And k <= li_jhjzyue Then
           v_buy(k) := ld_zzcgsl12;
          else
            v_buy(k) := 0;
           END IF;
          END loop;
       else                             --跨年
        FOR k in 1..12 loop
          IF k >= li_jhqsyue Or k <= li_jhjzyue Then
           v_buy(k) := ld_zzcgsl12;
          else
            v_buy(k) := 0;
           END IF;
```

```
        END loop;
      END IF;
       --采购计划明细表
      -- INSERT INTO cl_buyplan_detail(sdate,nid,plan_id,wz_id,buy_amount1,
buy_amount2,buy_amount3,buy_amount4,buy_amount5,buy_amount6,buy_amount7,bu
y_amount8,buy_amount9,buy_amount10,buy_amount11,buy_amount12,price,sum_mon
ey,plan_dept,scomment)
      -- Values (is_gzny,id_maxsh,id_maxjhh,v_wzid(n),v_buy(1),v_buy(2),
v_buy(3),v_buy(4),v_buy(5),v_buy(6),v_buy(7),v_buy(8),v_buy(9),v_buy(10),v
_buy(11),v_buy(12),ld_ckjg,ld_cgje,jsdwmc,jhbz);
      --COMMIT;
      id_maxsh := id_maxsh + 1;
   END loop;--物资
  END loop;--项目
 END;
 /                                                          [000357]
```

7. SQL 范本 7——存储函数

该范本是一个存储函数，应重点关注的是，里面各类游标的定义及使用。

在该范本中也有子查询及循环，值得研究一下。另外，还要关注范本脚本的写法及样式。

```
CREATE or replace function CL_BillCalculate
    (sDateI VarChar2, sDeptID VarChar2, nProjectID Number, sItemCode
VarChar2, nFeeType Number, nCalcValue Number) Return Number IS
   --小票分劈计算函数:给定具体的班组 sDeptID、项目 nProjectID、科目 sItemCode、计算
值 nCalcValue，计算其支出费用或物资数量
   --nFeeType 费用类型: 1 班组公共费用、2 项目公共费用(有项目、无科目)
   m_ReturnValue Number;
   m_AllGZL Number;
   m_split VarChar2(20);
   m_Count Number;
    m_nPID Number;
   m_nZCID varchar2(30);
   m_Num Number;
   m_Sum Number;
   CURSOR c_BZXM_KM(c_sDateI VarChar2,c_sDeptID VarChar2,c_nProjectID
Number,c_nAllGZL Number,c_nCalcValue Number) Is
      SELECT nZCID,Round(Nvl(nUnit,0) * Nvl(nFinishWork,0) / c_nAllGZL
* c_nCalcValue,2)
          From CL_BZXMKMGZL
             Where sDate = c_sDateI  And nBZID = c_sDeptID  And nXMID =
c_nProjectID
        ORDER BY nZCID;
         CURSOR c_BZXM_KM1(c_sDateI VarChar2,c_sDeptID VarChar2,c_nAllGZL
Number,c_nCalcValue Number) Is
         SELECT  nXMID,nZCID,Round(Nvl(nUnit,0)  *  Nvl(nFinishWork,0)  /
c_nAllGZL * c_nCalcValue,2)
```

```
            From CL_BZXMKMGZL
                Where sDate = c_sDateI  And nBZID = c_sDeptID
            ORDER BY nXMID,nZCID;
        CURSOR  c_BZXM_KM2(c_sDateI  VarChar2,c_sDeptID  VarChar2,c_nAllGZL
Number,c_nCalcValue Number) Is
            SELECT  m.nPID,  m.nKMID,  Round(Sum(d.nOutSum)  /  c_nAllGZL  *
c_nCalcValue ,2)
                    From CL_WZCK_XBZC_DETAIL d, CL_WZCK_XBZC_MAIN m
                Where d.sDate = m.sDate And d.nTID = m.nID And m.nKMID Is Not
Null
                And m.sDate = c_sDateI And m.nCID = c_sDeptID
                GROUP BY m.nPID, m.nKMID
                ORDER BY m.nPID, m.nKMID;
    Begin
        If nCalcValue = 0 Or nCalcValue Is Null Then
            Return 0;
        End If;
        IF nFeeType = 2 Then
            SELECT   Count(*),  Sum(nvl(nUnit,0)  *  nvl(nFinishWork,0))  Into
m_Count,m_AllGZL
                From CL_BZXMKMGZL Where sDate = sDateI And nBZID = sDeptID And
nXMID = nProjectID;
            m_Num := 0;
            m_Sum := 0;
            IF m_AllGZL = 0 Or m_AllGZL Is Null Then
                m_AllGZL := 1;
            END IF;
            Open c_BZXM_KM(sDateI,sDeptID,nProjectID,m_AllGZL,nCalcValue);
            Loop
                FETCH c_BZXM_KM Into m_nZCID,m_ReturnValue;
                EXIT WHEN c_BZXM_KM%NOTFOUND;
                m_Num := m_Num + 1;
                IF m_nZCID = sItemCode Then
                    IF m_Num = m_Count Then
                        m_ReturnValue := nCalcValue - m_Sum;
                    END IF;
                    Exit;
                END IF;
                m_Sum := m_Sum + m_ReturnValue;
            END Loop;
            Close c_BZXM_KM;
        Else
            SELECT nvl(Max(sSetup),'0') Into m_split From CL_SysMainZD Where
sCode = 'bzffp' And Not Exists ( SELECT 'x' From CL_BZ_COMCOST Where sDate =
sDateI And nID = sDeptID);
            If m_split = '0' Then
                SELECT nvl(Max(sSplit),'1')  Into m_split  From CL_BZ_COMCOST
Where sDate = sDateI And nID = sDeptID;
```

```
        End If;
        IF m_split = '1' Then
                SELECT  Count(*), Sum(nvl(nUnit,0) * nvl(nFinishWork,0))
Into m_Count,m_AllGZL From CL_BZXMKMGZL Where sDate = sDateI   And NBZID =
sDeptID;
                m_Num := 0;
                m_Sum := 0;
                IF m_AllGZL = 0 Or m_AllGZL Is Null Then
                    m_AllGZL := 1;
                END IF;
                Open c_BZXM_KM1(sDateI,sDeptID,m_AllGZL,nCalcValue);
                Loop
                    FETCH c_BZXM_KM1 Into m_nPID,m_nZCID,m_ReturnValue;
                    EXIT WHEN c_BZXM_KM1%NOTFOUND;
                    m_Num := m_Num + 1;
                    IF m_nZCID = sItemCode And m_nPID = nProjectID Then
                        IF m_Num = m_Count Then
                            m_ReturnValue := nCalcValue - m_Sum;
                        END IF;
                        Exit;
                    END IF;
                    m_Sum := m_Sum + m_ReturnValue;
                END Loop;
                Close c_BZXM_KM1;
            Else
                SELECT  Sum(d.nOutSum) Into m_allgzl From CL_WZCK_XBZC_DETAIL
d, CL_WZCK_XBZC_MAIN m Where d.sDate = m.sDate And d.nTID = m.nID And m.sDate
= sDateI And m.nCID = sDeptID And m.nKMID Is Not Null;
                SELECT   Count(Distinct  nPID||nKMID)  Into  m_count  From
CL_WZCK_XBZC_MAIN Where sDate = sDateI And nCID = sDeptID And nKMID Is Not Null;
                m_Num := 0;
                m_Sum := 0;
                IF m_AllGZL = 0 Or m_AllGZL Is Null Then
                    m_AllGZL := 1;
                END IF;
                Open c_BZXM_KM2(sDateI,sDeptID,m_allgzl,nCalcValue);
                Loop
                    FETCH c_BZXM_KM2 Into m_nPID,m_nZCID,m_ReturnValue;
                    EXIT WHEN c_BZXM_KM2%NOTFOUND;
                    m_Num := m_Num + 1;
                    IF m_nPID = nProjectID And m_nZCID = sItemCode Then
                        IF m_Num = m_Count Then
                            m_ReturnValue := nCalcValue - m_Sum;
                        Else
                            m_Sum := m_Sum + m_ReturnValue;
                        END IF;
                        Exit;
                    Else
```

```
                    m_Sum := m_Sum + m_ReturnValue;
                    m_ReturnValue := 0;
                END IF;
            END Loop;
            Close c_BZXM_KM2;
        END IF;
    END IF;
    Return m_ReturnValue;
Exception When Others Then
    Return Null;
END;
/                                                          [000358]
```

8. SQL 范本 8——触发器

下面范本是 4 个触发器，分别是 insert（插入）、delete（删除）、update（更新）及最后一个 insert（插入）触发器，应重点关注的是这几个不同类型触发器的创建。

在范本中使用了 decode 函数，值得关注。

另外，还要关注范本脚本的写法及样式。

```
CREATE or replace TRIGGER cl_kw_grant after INSERT ON cl_kwzd FOR each row
begin
    INSERT INTO xt_grant_item (SYSid,grantitem,grantname,pgrantitem)
        Values('CL','K'||:new.nid||'W',Decode(RTrim(:new.sSpell),'', ' ',
Null, ' ', :New.sSpell) || ' ' || Decode(RTrim(:new.sname),'', ' ', Null, '
', :New.sName), decode(:new.npid,0,'KWQX','K'||:new.npid||'W'));
    Update xt_group_grant set kind='0' Where grantitem='K'||:new.nid||'W'
And SYSid = 'CL';
    END ;
    /
    CREATE or replace TRIGGER cl_kw_grant_del after DELETE ON cl_kwzd FOR each
row
    begin
        DELETE  From  xt_grant_item  Where  sysid='CL'  And  grantitem='K'||:
old.nid||'W';
    END ;
    /
    CREATE or replace trigger tua_b4_jsgs after UPDATE ON B4_JSGS for each row
    begin
        INSERT INTO B4_GSBG
            (bgrq,bgfs,bbbh,gslb,byqy,jssx,sjlx,bjfh,gsnr,gsbz,zdjs,swph,
zdy1,zdy2,zdy3)
        VALUES

(SYSDATE,'D',:OLD.bbbh,:OLD.gslb,:OLD.byqy,:OLD.jssx,:OLD.sjlx,
            :OLD.bjfh,:OLD.gsnr,:OLD.gsbz,:OLD.zdjs,:OLD.swph,:OLD.zdy1,
:OLD.zdy2,:OLD.zdy3);
        INSERT INTO B4_GSBG
            (bgrq,bgfs,bbbh,gslb,byqy,jssx,sjlx,bjfh,gsnr,gsbz,zdjs,swph,
```

```
zdy1,zdy2,zdy3)
        VALUES  (SYSDATE,'I',:NEW.bbbh,:NEW.gslb,:NEW.byqy,:NEW.jssx,:NEW.
sjlx,:NEW.bjfh,:NEW.gsnr,:NEW.gsbz,:NEW.zdjs,:NEW.swph,:NEW.zdy1,:NEW.zdy2
,:NEW.zdy3);
    end;
    /
    CREATE or replace trigger INSERTflb before INSERT ON gz_flb for each row
    begin
        SELECT GZ_SEQUENCE.NEXTVAL INto :NEW.PK_GZ_FLB FROM DUAL;
    end;
    /                                                              [000359]
```

9. SQL 范本 9——视图

下面范本是一个视图，需重点关注的是，在范本中使用了并集，将 3 个结果集合并在一起。对每个结果集 select 写法需倍加关注。在 3 个结果集 select 写法中，子查询写在 from 子句中，作为一张表来对待。换句话说，子查询相当于一张表，这张表的别名为 X，该子查询使用了分组运算，值得研究。

另外，还要关注范本脚本的写法及样式。

```
Create Or Replace view cl_xiaop_fee as
SELECT       CL_BZXMKMGZL.Sdate   sdate,X.NKID,X.NWID,CL_BZXMKMGZL.NXMID
XMID,CL_BZXMKMGZL.NZCID  KMID,CL_BZXMKMGZL.NBZID  DEPARTID,X.SDIFF  SDIFF,
X.NOUTSUM FACTJE From  CL_BZXMKMGZL,
    (
SELECT CL_WZCK_XBZC_MAIN.Sdate Sdate,
CL_WZCK_XBZC_MAIN.NKID NKID,
CL_WZCK_XBZC_DETAIL.NWID NWID,
CL_WZCK_XBZC_MAIN.NCID NCID,
CL_WZCK_XBZC_MAIN.NPID NPID,
CL_WZCK_XBZC_MAIN.NKMID NKMID,
CL_CATZD.SDIFF SDIFF,
sum(CL_WZCK_XBZC_DETAIL.NOUTSUM) NOUTSUM
From CL_WZCK_XBZC_DETAIL,CL_WZCK_XBZC_MAIN,CL_WZCARD,CL_CATZD
Where ( CL_WZCK_XBZC_DETAIL.Sdate=CL_WZCK_XBZC_MAIN.Sdate )
And  ( CL_WZCK_XBZC_DETAIL.NTID = CL_WZCK_XBZC_MAIN.NID )
And  ( CL_WZCARD.Sdate = CL_WZCK_XBZC_MAIN.Sdate )
And  ( CL_WZCK_XBZC_MAIN.NKID = CL_WZCARD.NIDS )
And  ( CL_WZCK_XBZC_DETAIL.NWID = CL_WZCARD.NIDM )
And  ( CL_WZCARD.NFLAG = CL_CATZD.NID (+))
And ( CL_WZCK_XBZC_MAIN.NPID is Not Null )
And ( CL_WZCK_XBZC_MAIN.NKMID is Not Null)
group by
CL_WZCK_XBZC_MAIN.Sdate,
CL_WZCK_XBZC_MAIN.NKID,
CL_WZCK_XBZC_DETAIL.NWID,
CL_WZCK_XBZC_MAIN.NCID,
CL_WZCK_XBZC_MAIN.NPID,
CL_WZCK_XBZC_MAIN.NKMID,
```

```
CL_CATZD.SDIFF
) X
Where (
CL_BZXMKMGZL.Sdate = X.Sdate)
And ( CL_BZXMKMGZL.NBZID = X.NCID)
And ( CL_BZXMKMGZL.NXMID = X.NPID)
And ( CL_BZXMKMGZL.NZCID = X.NKMID)
UNION ALL
SELECT  CL_BZXMKMGZL.Sdate,X.NKID,X.NWID,CL_BZXMKMGZL.NXMID,CL_BZXMKMGZL.
NZCID,CL_BZXMKMGZL.NBZID,X.SDIFF,CL_BillCalculate(CL_BZXMKMGZL.Sdate,CL_BZ
XMKMGZL.NBZID,CL_BZXMKMGZL.NXMID,CL_BZXMKMGZL.NZCID,1,X.NOUTSUM)  NOUTSUM1
From  CL_BZXMKMGZL,
    (
SELECT
CL_WZCK_XBZC_MAIN.Sdate Sdate,
CL_WZCK_XBZC_MAIN.NKID NKID,
CL_WZCK_XBZC_DETAIL.NWID NWID,
CL_WZCK_XBZC_MAIN.NCID NCID,
CL_WZCK_XBZC_MAIN.NPID NPID,
CL_WZCK_XBZC_MAIN.NKMID NKMID,
CL_CATZD.SDIFF SDIFF,
sum(CL_WZCK_XBZC_DETAIL.NOUTSUM) NOUTSUM
From  CL_WZCK_XBZC_DETAIL,CL_WZCK_XBZC_MAIN,CL_WZCARD,CL_CATZD
Where  ( CL_WZCK_XBZC_DETAIL.Sdate = CL_WZCK_XBZC_MAIN.Sdate )
And  ( CL_WZCK_XBZC_DETAIL.NTID = CL_WZCK_XBZC_MAIN.NID )
And  ( CL_WZCARD.Sdate = CL_WZCK_XBZC_MAIN.Sdate )
And  ( CL_WZCK_XBZC_MAIN.NKID = CL_WZCARD.NIDS )
And  ( CL_WZCK_XBZC_DETAIL.NWID = CL_WZCARD.NIDM )
And  ( CL_WZCARD.NFLAG = CL_CATZD.NID (+))
And  ( CL_WZCK_XBZC_MAIN.NPID is Null )
And  ( CL_WZCK_XBZC_MAIN.NKMID is Null)
group by
CL_WZCK_XBZC_MAIN.Sdate,
CL_WZCK_XBZC_MAIN.NKID,
CL_WZCK_XBZC_DETAIL.NWID,
CL_WZCK_XBZC_MAIN.NCID,
CL_WZCK_XBZC_MAIN.NPID,
CL_WZCK_XBZC_MAIN.NKMID,
CL_CATZD.SDIFF
) X
Where (
CL_BZXMKMGZL.Sdate = X.Sdate)
And  (CL_BZXMKMGZL.NBZID = X.NCID )
UNION ALL
SELECT CL_BZXMKMGZL.Sdate,X.NKID,X.NWID,CL_BZXMKMGZL.NXMID,CL_BZXMKMGZL.
NZCID,CL_BZXMKMGZL.NBZID,X.SDIFF,CL_BillCalculate(CL_BZXMKMGZL.Sdate,CL_BZ
XMKMGZL.NBZID,CL_BZXMKMGZL.NXMID,CL_BZXMKMGZL.NZCID,2,X.NOUTSUM)  NOUTSUM1
From  CL_BZXMKMGZL,
```

```
(
SELECT
CL_WZCK_XBZC_MAIN.Sdate Sdate,
CL_WZCK_XBZC_MAIN.NKID NKID,
CL_WZCK_XBZC_DETAIL.NWID NWID,
CL_WZCK_XBZC_MAIN.NCID NCID,
CL_WZCK_XBZC_MAIN.NPID NPID,
CL_WZCK_XBZC_MAIN.NKMID NKMID,
CL_CATZD.SDIFF   SDIFF,sum(CL_WZCK_XBZC_DETAIL.NOUTSUM)   NOUTSUM   From
CL_WZCK_XBZC_DETAIL,CL_WZCK_XBZC_MAIN,CL_WZCARD,CL_CATZD
Where
(CL_WZCK_XBZC_DETAIL.Sdate = CL_WZCK_XBZC_MAIN.Sdate )
And (CL_WZCK_XBZC_DETAIL.NTID = CL_WZCK_XBZC_MAIN.NID )
And ( CL_WZCARD.Sdate = CL_WZCK_XBZC_MAIN.Sdate )
And ( CL_WZCK_XBZC_MAIN.NKID = CL_WZCARD.NIDS )
And ( CL_WZCK_XBZC_DETAIL.NWID = CL_WZCARD.NIDM )
And ( CL_WZCARD.NFLAG = CL_CATZD.NID (+))
And ( CL_WZCK_XBZC_MAIN.NPID is Not Null )
And ( CL_WZCK_XBZC_MAIN.NKMID is Null)
group by
CL_WZCK_XBZC_MAIN.Sdate,
CL_WZCK_XBZC_MAIN.NKID,
CL_WZCK_XBZC_DETAIL.NWID,
CL_WZCK_XBZC_MAIN.NCID,
CL_WZCK_XBZC_MAIN.NPID,
CL_WZCK_XBZC_MAIN.NKMID,CL_CATZD.SDIFF ) X
Where
(CL_BZXMKMGZL.Sdate = X.Sdate)
And (CL_BZXMKMGZL.NBZID = X.NCID )
And (X.NPID = CL_BZXMKMGZL.NXMID)
/                                                          [000360]
```

3.11　本章小结

　　本章内容也是数据库开发的基础，力求掌握，尤其是本章最后介绍的"摘自应用项目中的典型示范样本"，读者可依据样本再逆回去，就是再读回去，找一下书中有没有类似的写法，然后比较，从中一定能悟出道理来。只要自己悟出什么道理来，哪怕暂时是错的，都没关系，说明你已经学进去了，然后再慢慢学懂学深学透。

　　接下来，进入第 4 章 Oracle over()函数的使用。

第4章 Oracle over()函数的使用

使用 MySQL 数据库的人可能通过 FIND_IN_SET() 和 group_concat() 函数轻松实现了排名需求，如果使用 Oracle 该如何实现排名需求呢？在不晓得 Oracle 的 over() 之前，实现排名需求，那可是要费一番周折的，Oracle 中并未提供类似 MySQL 的 FIND_IN_SET() 和 group_concat() 函数。在得知 Oracle 的 over() 分析函数后，那真的是感慨万分呢，原先费了好大劲做的排名需求，用 over() "一句话（一条 SQL 语句）" 就实现了。这说明了什么问题，那就是知识一定要渊博。

over() 分析函数，其中一个典型的应用场景就是排名需求。通过本章，读者可掌握其使用方法，对于开发此类需求及相关其他需求将带来极大便利。

4.1 over()分析函数

Oracle 从 8.1.6 开始提供 over() 分析函数，它是 Oracle 专门用于解决复杂报表统计需求且功能非常强大的函数，可以在数据中进行分组，然后计算基于组的某种统计值，并且每一组的每一行都可以返回一个结果值。

而分析函数 over() 和聚合函数显著的区别是：普通的聚合函数（sum、count 及 avg 等）使用 group by 分组，每个分组只能返回一个结果值，而分析函数采用 partition by 分区（分组），并且每区（组）每行都可以返回一个结果值。

4.1.1 over()分析函数语法

over() 分析函数语法如下：

```
FUNCTION_NAME(<参数>,…) OVER (<PARTITION BY 表达式,…> <ORDER BY 表达式
<ASC/DESC> <NULLS FIRST/NULLS LAST>> <WINDOWING 子句>)
```

语法解释如下：

FUNCTION_NAME(<参数>,…)是指与 over 配合使用的函数，如 rank()、dense_rank ()、row_number()、ntile ()、lag()及 lead()和 sum()、avg()、min()、max()及 count()等。

PARTITION BY 表达式是指 over 如何分区（分组），例如，over(partition by expr1)，表示按 expr1 表达式分区（分组），与 group by 非常相似，但有区别。partition by 与 group by 的区别将在后面介绍。

ORDER BY 表达式 <ASC/DESC> <NULLS FIRST/NULLS LAST>是指 over 如何排序，例如，over(order by expr2)，表示按 expr2 表达式排序。其中 ASC 为升序排序（从小

到大），DESC 为降序排序（从大到小）；NULLS FIRST 的含义是：将含有空值（NULL）的行放在 PARTITION BY 的最前端，即顶部；NULLS LAST 的含义是：将含有空值（NULL）的行放在 PARTITION BY 的最后端，即尾部。

再如，over(partition by expr1 order by expr2)，含义是：根据 expr1 对结果集（窗口数据）进行分区，在各分区内按照 expr2 进行排序。

关于 over()分析函数的数据窗口概念，即 WINDOWING 子句指定的数据范围，这个数据范围就是数据窗口。该数据窗口与表数据行之间是一一对应的关系，即每行数据都对应同一个数据窗口。也就是说，数据窗口是一块数据范围，并与每行相对应。

over()分析函数包含 3 个分析子句，分组（partition by）、排序（order by）和窗口（rows|range）。

over()中的 WINDOWING（窗口）子句，指定每行对应的数据范围，即窗口数据。如果不指定，默认则以全部数据为窗口数据范围。例如，WINDOWING（窗口）子句可以是下列"第 1""第 2""第 3"和"第 4"等。

第 1："rows between 1 preceding（在…之前）　and 2 following"，意思是当前行的上 1 行和下 2 行，总计 4 行（窗口数据范围）。

第 2："rows between current row and 2 following（在…之后）"，意思是当前行及当前行后的 2 行，总计 3 行（窗口数据范围）。

第 3："range between current row and 50 following"，意思是自当前行开始，到当前行之后比当前行某列最大值大 50 范围内的行。换句话说是，自当前行开始，之后某列值 − 当前行该列值≤50 的所有行。

第 4："range between 50 preceding and 150 following"，意思是自当前行开始，到当前行之前，当前行某列值比其他行该列最大值大 50 范围内的行。换句话说是，自当前行开始，之前当前行某列值（减数）− 其他行该列值（被减数）≤50 的所有行；和自当前行开始，到当前行之后，其他行某列值比当前行该列最大值大 150 范围内的行。换句话说是，自当前行开始，之后其他行某列值（减数）− 当前行该列值（被减数）≤150 的所有行。这个窗口数据由当前行之前和之后两部分数据构成。

"range between 50 preceding and 150 following"示范，"preceding"的意思是"当前行之前"，那么，当前行某列值为"减数"，该列的其他行值为"被减数"，即用"当前行某列值" − "该列的其他行值"；"following"意思是"当前行之后"，那么，该列的其他行值为"减数"，当前行某列值为"被减数"，即用"该列的其他行值" − "当前行某列值"。另外，"第 3"和"第 4"，是逻辑运算，一眼看不出来，需经过计算确定行数范围（窗口数据范围）。

rows 与 range 的区别在于，rows 明确地指示了窗口数据范围，而 range 需要逻辑运算才能确定窗口数据范围，这意味着 range 的窗口数据是动态的。

4.1.2　与 over()配合使用的函数简要说明

Over()函数不能单独使用，需要与 rank()、dense_rank ()、row_number()、ntile ()、lag()及 lead()和 sum()、avg()、min()、max()及 count()等配合使用。

rank()、dense_rank()、row_number()、ntile()、lag()及 lead()与 over()配合，则 over()中的 oeder by 不能省略。

sum()、avg()、min()、max()及 count()与 over()配合，则 over()中的 oeder by 可以省略。

另外，如果 over()中不写 partition by，则分区为整个结果集（窗口数据）。下表 4-1 是对这些与 over()配合使用的函数的简要描述。

表 4-1

函数名称	说　　明
rank()函数	rank()函数返回一个唯一的值，除非遇到相同的数据时，此时所有相同数据的排名是一样的，同时会在最后一条相同记录和下一条不同记录的排名之间空出排名。形如 rank() over(order by …)等
dense_rank()函数	dense_rank()函数返回一个唯一的值，除非当碰到相同数据时，此时所有相同数据的排名都是一样的。形如 dense_rank() over(order by …)等
row_number()函数	row_number()函数返回一个唯一的值，当碰到相同数据时，排名按照记录集中记录的顺序依次递增。形如 row_number() over(order by …)等
ntile()函数	ntile()函数是要把查询得到的结果平均分为几组，如果不平均则分给第一组。形如 ntile() over(order by …)等
lag()函数	lag()函数是与偏移量相关的分析函数，通过这个函数可以在一次查询中取出同一字段的前 N 行的数据。形如 lag() over(order by …)等
lead()函数	lead()函数也是与偏移量相关的分析函数，通过该函数可以在一次查询中取出同一字段的后 N 行的数据。形如 lead() over(order by …)等
sum()函数	sum()函数是求和函数，通过该函数可以实现对所有行求和，形如"sum(…) over( )"、连续求和，形如"sum(…) over(order by …)"、组内求和，形如"sum(…) over(partition by…)"以及组内连续求和，形如"sum(…) over(partition by… order by …)"
avg()函数	avg()函数是求平均函数，通过该函数可以实现对所有行求平均，形如"avg(…) over( )"、连续求平均，形如"avg(…) over(order by …)"、组内求平均，形如"avg(…) over(partition by…)"以及组内连续求平均，形如"avg(…) over(partition by… order by …)"
min()	min()函数是求最小值函数，通过该函数可以实现对所有行求最小值，形如"min(…) over( )"、连续求最小值，形如"min(…) over(order by …)"、组内求最小值，形如"min(…) over(partition by…)"以及组内连续求最小值，形如"min(…) over(partition by… order by …)"
max()	max()函数是求最大值函数，通过该函数可以实现对所有行求最大值，形如"max(…) over( )"、连续求最大值，形如"max(…) over(order by …)"、组内求最大值，形如"max(…) over(partition by…)"以及组内连续求最大值，形如"max(…) over(partition by… order by …)"
count()	count()函数是求行数函数，通过该函数可以实现对所有行求行数，形如"count(…) over( )"、连续求行数，形如"count(…) over(order by …)"、组内求行数，形如"count(…) over(partition by…)"以及组内连续求行数，形如"count(…) over(partition by… order by …)"

下面，通过示例来说明分析函数 over()的应用。

4.1.3　over()函数的非开窗示例

over()函数有非开窗与开窗之分，接下来我们通过 5 个小的示例来介绍 over()函数非开窗的使用。

【示例 4-1】统计某商店的营业额。

为此准备以下数据。

```
drop table test_1 cascade constraints purge;
CREATE TABLE test_1(
date1 varchar2(2) ,
sale  number(10,2)
);
INSERT INTO test_1 values('1',20);
INSERT INTO test_1 values('2',15);
INSERT INTO test_1 values('3',14);
INSERT INTO test_1 values('4',18);
INSERT INTO test_1 values('5',30);
commit;
```
[000361]

test_1 表数据如表 4-2 所示。

统计该商店的营业额，按天统计，每天都统计前面几天的总额，SQL 代码如下：

```
select  date1,sale,sum(sale)over(order
by date1 ) sum from test_1;       [000362]
```

上面 SQL，按 data1 排序，对 sale 列求和，该求和是一个累计求和。这种 over 的写法，Oracle 就是这样处理。

上面 SQL 运行结果如表 4-3 所示。

表 4-2

Date1	sale
1	20
2	15
3	14
4	18
5	30

表 4-3

DATE	SALE	Sum	
1	20	20	--第 1 天
2	15	35	--第 1 天＋第 2 天
3	14	49	--第 1 天＋第 2 天＋第 3 天
4	18	67	--第 1 天＋第 2 天＋第 3 天＋第 4 天
5	30	97	--第 1 天＋第 2 天＋第 3 天＋第 4 天＋第 5 天

示例中，使用了形如 "sum(…)over(order by …)" 的语法，意思是连续求和，即从第 2 天开始，第 2 天的销售额=第 1 天 ＋ 第 2 天，第 3 天=第 1 天+第 2 天+第 3 天，第 4 天、第 5 天依此类推，这就是 "sum(sale)over(order by date1)" 起的作用。下面来看 "统计各

班成绩第一名"示例。

【示例 4-2】统计各班成绩第一名的同学信息。

为此准备以下数据。

```
drop table test_2 cascade constraints purge;
CREATE TABLE test_2(
name varchar2(5) ,
class varchar2(5) ,
s number(10,2)
);
INSERT INTO test_2 values('fda','1',80);
INSERT INTO test_2 values('ffd','1',78);
INSERT INTO test_2 values('dss','1',95);
INSERT INTO test_2 values('cfe','2',74);
INSERT INTO test_2 values('gds','2',92);
INSERT INTO test_2 values('gf','3',99);
INSERT INTO test_2 values('ddd','3',99);
INSERT INTO test_2 values('adf','3',45);
INSERT INTO test_2 values('asdf','3',55);
INSERT INTO test_2 values('3dd','3',78);
commit;                                                    [000363]
```

test_2 表数据如表 4-4 所示。

表 4-4

NAME（姓名）	CLASS（班级）	S（分数）
Fda	1	80
Ffd	1	78
Dss	1	95
Cfe	2	74
Gds	2	92
Gf	3	99
Ddd	3	99
Adf	3	45
Asdf	3	55
3dd	3	78

统计各班成绩第 1 名的同学信息，SQL 代码如下：

```
select * from (select name,class,s,rank()over(partition by class order by
s desc) mc from test_2) WHERE mc=1;                        [000364]
```

上面的 SQL 语句，包含了子查询，该子查询作为一张表来对待。在子查询中，使用了
"rank()over(partition by class order by s desc)"，意思是首先按照"class（班级）"分区（分组）
并按"s（成绩）"降序排序，然后由"rank()"函数对每个区（组）内的数据进行排名。具

体排名过程是：对于每个区（组）内成绩最大的，rank()返回 1，2 大的返回 2，3 大的返回 3，依此类推。这样，各班成绩排名就出来了，然后，你可以要都是第一名的（where mc=1），或都是第 2 名的（where mc=2）等，想要什么就看你的需求了。

上面 SQL 运行结果如表 4-5 所示。

表 4-5

NAME（姓名）	CLASS（班级）	S（分数）	MC（排名）
Dss	1	95	1
Gds	2	92	1
Gf	3	99	1
Ddd	3	99	1

注意：

（1）关于 "rank()" 函数，主要用于排名。

（2）在求第一名成绩时，不能用 row_number()，即 row_number() over(partition by classorder by s desc)，因为如果同班有两个并列第一，由于 row_number()只返回一个结果，有可能返回 1 和 2，即把两个并列第一给排成了第 1 名和第 2 名，这是不行的。

（3）rank()和 dense_rank()的区别如下：

● rank()是跳跃排序，有两个第二名时接下来就是第四名；

● dense_rank()是连续排序，有两个第二名时仍然跟着第三名。

下面来看 "分类统计" 示例。

【示例 4-3】分类统计 (按某列分类，对某列求和并显示必要信息)。

为此准备以下数据。

```
drop table test_3 cascade constraints purge;
CREATE TABLE test_3(
a varchar2(5) ,
b varchar2(5) ,
c number(10,2)
);
INSERT INTO test_3 values('m','a',2);
INSERT INTO test_3 values('n','a',3);
INSERT INTO test_3 values('m','a',2);
INSERT INTO test_3 values('n','b',2);
INSERT INTO test_3 values('n','b',1);
INSERT INTO test_3 values('x','b',3);
INSERT INTO test_3 values('x','b',2);
INSERT INTO test_3 values('x','b',4);
INSERT INTO test_3 values('h','b',3);
commit;                                                      [000365]
```

test_3 表数据如表 4-6 所示。

表 4-6

A（列）	B（列）	C（列）	A（列）	B（列）	C（列）
M	a	2	X	b	3
N	a	3	X	b	2
M	a	2	X	b	4
N	b	2	H	b	3
N	b	1			

分类统计，按"a"列分类，对"c"列求和，SQL 代码如下：

```
select a,b,c, sum(c) over(partition by a) from test_3;          [000366]
```

在此 SQL 中，使用了"sum(c) over(partition by a)"，这个 over()比较简单，就是一个单纯的分类并求和，按"a"列分类，按"c"列求和。运行结果如表 4-7 所示。

表 4-7

A	B	C	SUM(C)OVER(PARTITIONBYA)
H	B	3	3
M	A	2	4
M	A	2	4
N	A	3	6
N	B	2	6
N	B	1	6
X	B	3	9
X	B	2	9
X	B	4	9

这里说明一下使用 over()与不使用 over()的区别。如果不使用 over()，使用普通的 sum 及 group by，SQL 代码如下。

```
select a, sum(c) from test_3 group by a;
```

上面的 SQL 就是一条非常普通的 SQL，即分组求和，没有使用 over()函数。其输出结果肯定和使用 over()不一样，请读者对比一下表 4-7 和表 4-8 的不同，主要看不同在哪里。

这条普通 SQL 的输出结果如表 4-8 所示。

这样一来，一方面无法输出"b"列了，换句话说得不到"b"列的值了。另一方面，输出的行数少了，为什么少了，读者自己分析。

如果不需要以某列分区（组），那么就要在 over() 的 PARTITION BY 子句后面使用 null 或者 over()中什么也不写，即 over()。这样一来，会将 C 列值全部求和并放在每行后面，SQL 代码如下。

表 4-8

A	SUM(C)
H	3
M	4
N	6
X	9

```
select a,b,c, SUM(C) OVER (PARTITION BY null) C_Sum  from test_3;
select a,b,c, SUM(C) OVER () C_Sum  from test_3;            [000367]
```

得到结果如表 4-9 所示。

表 4-9

A（列）	B（列）	C（列）	C_Sum	A（列）	B（列）	C（列）	C_Sum
M	a	2	22	X	b	3	22
N	a	3	22	X	b	2	22
M	a	2	22	X	b	4	22
N	b	2	22	H	b	3	22
N	b	1	22				

下面，介绍"求个人工资占部门工资的百分比"示例。

【示例 4-4】分类统计（求个人工资占部门工资的百分比并显示必要信息）。

为此准备以下数据。

```
CREATE TABLE test_4(
a varchar2(5) ,
b varchar2(5) ,
c number(10,2)
);
INSERT INTO test_4 values('1','1',1);
INSERT INTO test_4 values('1','2',2);
INSERT INTO test_4 values('1','3',3);
INSERT INTO test_4 values('2','2',5);
INSERT INTO test_4 values('3','4',6);
commit;                                                      [000368]
```

test_4 表数据如表 4-10 所示。

将 B 列值相同的对应的 C 列值加总，SQL 代码如下：

```
select a,b,c, SUM(C) OVER (PARTITION BY B)  C_Sum  from test_4;  [000369]
```

得到结果如表 4-11 所示。

表 4-10

A 列	B 列	C 列
1	1	1
1	2	2
1	3	3
2	2	5
3	4	6

表 4-11

A	B	C	C_SUM
1	1	1	1
1	2	2	7
2	2	5	7
1	3	3	3
3	4	6	6

如果不需要以某个栏位（"PARTITION BY" 后面跟的 "栏位或列或字段"）的值分区（组），那么就要在"PARTITION BY" 后面使用"null"或者 over()中什么也不写，

即 "over()"，将 C 列值全部求和，然后放在每行后面，SQL 代码如下。

```
select a,b,c, SUM(C) OVER (PARTITION BY null) C_Sum  from test_4;  [000370]
```

得到结果如表 4-12 所示。

【示例 4-5】 求个人工资占部门工资的百分比。

为此准备以下数据

```
drop table test_5 cascade constraints purge;
CREATE TABLE test_5(
name varchar2(5) , /*名称*/
dept varchar2(5) , /*部门*/
sal number(10,2)  /*工资*/
);
INSERT INTO test_5 values('a','10',2000);
INSERT INTO test_5 values('b','10',3000);
INSERT INTO test_5 values('c','10',5000);
INSERT INTO test_5 values('d','20',4000);
commit;                                                        [000371]
```

test_5 表数据见表 4-13。

表 4-12

A	B	C	C_SUM
1	1	1	17
1	2	2	17
1	3	3	17
2	2	5	17
3	4	6	17

表 4-13

NAME（名称）	DEPT（部门）	SAL（工资）
a	10	2000
b	10	3000
c	10	5000
d	20	4000

求个人工资占部门工资的百分比，SQL 代码如下：

```
select name,dept,sal,sal*100/(sum(sal) over(partition by dept)) percent
from test_5;                                                   [000372]
```

上面的 SQL 使用了 sum(sal) over(partition by dept)，意思是：按 dept（部门）分区，对分区数据求和。个人工资占部门工资的百分比计算公式是：sal*100/(sum(sal) over(partition by dept))。

SQL 运行结果如表 4-14 所示。

表 4-14

NAME（名称）	DEPT（部门）	SAL（个人工资）	PERCENT（占部门百分比）
a	10	2 000	20
b	10	3 000	30
c	10	5 000	50
d	20	4 000	100

关于 Oracle over 分析函数，很不好理解，尤其是"窗口"的概念。对于本节，要求 over 语法中涉及的 3 个子句（partition by、order by 及 WINDOWING）务必搞清。本节是下节的基础，接下来讲解"给 over 开窗"。

4.2　给 over 开窗

在前述的所有示例中，都没有指定 over()的开窗子句，即 WINDOWING 子句，因此，都不是开窗的。最不容易让人理解的就是这个"开窗"，即开辟一个数据窗口。相信读者对下拉框并不陌生吧，在浏览器页面上显示了一个表单，这个表单就相当于一个表格，在表格里有表头，每个表头相当于表列，然后是密密麻麻的一行行数据，在每行数据上都有一个下拉框，别管这个下拉框是在哪个列上的，只有一个，然后，单击任意行上的下拉框，都会弹出一个下拉列表，我们把这个下拉列表理解为 over()的数据窗口。当然，表单每行上这个下拉框单击后弹出的下拉列表是可视的，看得见的，而 over()的数据窗口是非可视的，看不见的。也就是说，一旦给 over()开辟了一个数据窗口，这就意味着这个数据窗口会附加到表的每行上，就像下拉列表框附加到表单每行上一样，只不过 over()的窗口数据有可能是动态的，而下拉列表框里的数据一般都是固定的。over()的数据窗口对于表行的所有列均有效，而表单的下拉框只对下拉框所在列有效。这里，我们用表单的下拉框比喻为 over()的数据窗口，至此，读者应该对 over()的数据窗口有一个形象的认识了。

4.2.1　over()函数开窗说明

开窗就是为 over()指定工作数据窗口的大小，这个数据窗口大小（数据范围）可能会随着行的变化而变化。当然，这个数据窗口是看不见的，不是可视化的。具体说明如下。

（1）"over(partition by deptno)"，意思是按照 deptno 分组；"over(order by sales)"，意思是按照 sales 列排序，而 over 语法中的"windowing 子句"就是负责开窗的。

（2）对"over(order by sales range between 50 preceding and 150 following)"的解释。

其中，"range between 50 preceding and 150 following"为 over 语法中的 WINDOWING 子句，它就是 over()的数据窗口。此数据窗口由两部分构成：一部分是，自当前行开始，到当前行之前，当前行"sales"列值比其他行"sales"列最大值大 50 范围内的行，换句话说就是自当前行开始，之前当前行"sales"列值（减数） – 其他行"sales"列值（被减数）≤50 的所有行；另一部分是，自当前行开始，到当前行之后，其他行"sales"列值比当前行"sales"列最大值大 150 范围内的行，换句话说就是自当前行开始，之后其他行"sales"列值（减数） – 当前行"sales"列值（被减数）≤150 的所有行。也就是这个数据窗口中的数据是由当前行之前和之后两部分构成。

再解释一下"range between 50 preceding and 150 following"的含义，其中"preceding"的意思是"当前行之前"，那么，当前行某列值为"减数"，该列的其他行值为"被减数"，即用"当前行某列值" - "该列的其他行值";"following"意思是"当前行之后",那么,该列的其他行值为"减数",当前行某列值为"被减数",即用"该列的其他行值" - "当前行某列值"。

4.2.2 over()函数开窗示例

下面,通过具体示例来说明 over()函数开窗的使用。

【示例 4-6】形如"sum (列) over(order by 列 range between 数值型值 1 preceding and 数值型值 2 following)"语法形式的开窗示例。

其中"range between 数值型值 1 preceding and 数值型值 2 following"开窗含义同上。为此准备以下数据。

```
drop table test_6 cascade constraints purge;
CREATE TABLE test_6(
aa number(10,2)
);
INSERT INTO test_6 values(1);
INSERT INTO test_6 values(2);
INSERT INTO test_6 values(2);
INSERT INTO test_6 values(2);
INSERT INTO test_6 values(3);
INSERT INTO test_6 values(4);
INSERT INTO test_6 values(5);
INSERT INTO test_6 values(6);
INSERT INTO test_6 values(7);
INSERT INTO test_6 values(9);
commit;                                 [000373]
```

test_6 表数据如表 4-15 所示。

表 4-15

aa 列
1
2
2
2
3
4
5
6
7
9

示例 SQL 代码如下。

```
select aa,sum(aa) over (order by aa range between 2
preceding and 2 following) as sum2 from test_6; [000374]
```

该 SQL 语句,其中 over 中的"range between 2 preceding and 2 following"负责开窗,含义同上,"order by aa",按"aa"列由小到大排序。运行结果如表 4-16 所示。

表 4-16

aa	sum2
1	10(1+2+2+2+3,即 5 行数据的累加结果)
2	14(1+2+2+2+3+4,即 6 行数据的累加结果)
2	14(同上)
2	14(同上)

aa	sum2
3	19（1+2+2+3+4+5,即 7 行数据的累加结果）
4	24（2+2+2+3+4+5+6,即 7 行数据的累加结果）
5	25（3+4+5+6+7,即 5 行数据的累加结果）
6	22（4+5+6+7,即 4 行数据的累加结果）
7	27（5+6+7+9,即 4 行数据的累加结果）
9	16（7+9,即 2 行数据的累加结果）

表 4-16 解释如下。

● 对于 aa=1 的行，sum 为 1-2<=aa<=1+2 的和，即 sum=1+2+2+2+3=10；

● 对于 aa=5 的行，sum 为 5-2<=aa<=5+2 的和，即 sum=3+4+5+6+7=25；

● 对于 aa=2 的行，sum 为　2-2<=aa<=2+2 的和，即 sum=1+2+2+2+3+4=14；

● 对于 aa=9 的行，sum 为 9-2<=aa<=9+2 的和，即 sum=7+9=16。

【示例 4-7】形如"sum(aa) over（order by aa rows between 2 preceding and 4 following）"语法形式的开窗示例。

"over（order by aa rows between 2 preceding and 4 following）"，其中"rows between 2 preceding and 4 following"的意思是：每行对应的数据窗口是当前行的前 2 行和当前行的后 4 行，总计 7 行。与示例 4-6 的区别是开窗不同，此示例使用的是"rows"，示例 4-6 使用的是"range"，"rows"与"range"的区别可参见上述介绍。在这里简单说一下，"rows"是指"行"，而"range"是指"范围"，需通过逻辑运算才能最终确定数据窗口的大小。"开窗就是指定分析函数工作数据窗口的大小，这个数据窗口大小（数据范围）可能会随着行的变化而变化"，当看到这句话，应该联想到"range"，就是"range"导致"数据窗口大小（数据范围）可能会随着行的变化而变化"。"rows"不会，"rows"明确指定了数据窗口的大小，就像前面说的"rows between 2 preceding and 4 following"的意思是：每行对应的数据窗口是当前行的前 2 行和当前行的后 4 行，总计 7 行，这 7 行就是被明确指定的数据窗口的大小。

仍以表 test_6 的数据为蓝本进行介绍，SQL 如下：

```
select aa,sum(aa) over（order by aa rows between 2 preceding and 4 following）
as sum2 from test_6;                                                    [000375]
```

关于该 SQL 语句中的 over，前面已经描述得很清楚了，在此不再重复，运行结果如表 4-17 所示。

表 4-17

aa	sum2
1	10（1+2+2+2+3,即 5 行数据的累加结果）
2	14（1+2+2+2+3+4,即 6 行数据的累加结果）

aa	sum2
2	19（1+2+2+3+4+5,即 7 行数据的累加结果）
2	24（2+2+2+3+4+5+6,即 7 行数据的累加结果）
3	29（2+2+3+4+5+6+7,即 7 行数据的累加结果）
4	36（2+3+4+5+6+7+9,即 7 行数据的累加结果）
5	34（3+4+5+6+7+9,即 6 行数据的累加结果）
6	31（4+5+6+7+9,即 5 行数据的累加结果）
7	27（5+6+7+9,即 4 行数据的累加结果）
9	22（6+7+9,即 3 行数据的累加结果）

对表 4-13 解释如下：

- 对于 aa=1，在第 1 行，sum 为 1-2<=行数<=1+4 的 aa 的和，即 sum=1+2+2+2+3=10；
- 对于第一个 aa=2，在第 2 行，sum 为 2-2<=行数<=2+4 的 aa 的和，即 sum=1+2+2+2+3+4=14；
- 对于第二个 aa=2，在第 3 行，sum 为 3-2<=行数<=3+4 的 aa 和，即 sum=1+2+2+2+3+4+5=19；
- 对于第三个 aa=2，在第 4 行，sum 为 4-2<=行数<=4+4 的 aa 和，即 sum=2+2+2+3+4+5+6=24；
- 对于 aa=9，在第 10 行，sum 为 10-2<=行数<=10+4 的 aa 和，即 sum=6+7+9=22。

4.3 与 over()函数配合使用的函数

与 over()函数配合使用的函数，在前面已有介绍，但比较简要，在本节将详细说明它们的具体使用，这些函数如下表 4-18 所示。

表 4-18

函数名称	描 述
row_number() over(partition by ... order by ...)	该函数返回一个唯一的值，当碰到相同数据时，排名按照记录集中记录的顺序依次递增。形如 row_number() over(order by ...)等
rank() over(partition by ... order by ...)	该函数返回一个唯一的值，除非遇到相同的数据时，此时所有相同数据的排名是一样的；同时会在最后一条相同记录和下一条不同记录之间空出排名
dense_rank() over(partition by ... order by ...)	该函数返回一个唯一的值，除非当碰到相同数据时，此时所有相同数据的排名都是一样的，不会在最后一条相同记录和下一条不同记录之间空出排名
count() over(partition by ... order by ...)	该函数是求行数函数，通过该函数可以实现对所有行求行数，形如"count(...) over()"；连续求行数；形如"count(...) over(order by ...)"；组内求行数
max() over(partition by ... order by ...)	该函数是求最大值函数，通过该函数可以实现对所有行求最大值，形如"max(...) over( )"；连续求最大值，形如"max(...) over(order by ...)"；组内求最大值

函数名称	描　　述
min() over(partition by ... order by ...)	该函数是求最小值函数，通过这个函数可以实现对所有行求最小值，形如 "min(...) over( )"；连续求最小值，形如 "min(...) over(order by ...)"；组内求最小值
sum() over(partition by ... order by ...)	该函数是求和函数，通过这个函数可以实现对所有行求和，形如 "sum(...) over( )"；连续求和，形如 "sum(...) over(order by ...)"；组内求和
avg() over(partition by ... order by ...)	该函数是求平均函数，通过这个函数可以实现对所有行求平均，形如 "avg(...) over( )"；连续求平均，形如 "avg(...) over(order by ...)"；组内求平均，形如 "avg(...) over(partition by...)"；组内连续求平均
first_value() over(partition by ... order by ...)	first_value()取首记录值
last_value() over(partition by ... order by ...)	last_value()取尾记录值
lag() over(partition by ... order by ...)	该函数也是跟偏移量相关的分析函数，通过这个函数可以在一次查询中取出同一字段的前 N 行的数据
lead() over(partition by ... order by ...)	该函数是跟偏移量相关的分析函数，通过这个函数可以在一次查询中取出同一字段的后 N 行的数据

下面开始详细讲解。

4.3.1　over()配合函数 row_number()的使用

该函数返回一个唯一的值，当碰到相同数据时，排名按照记录集中记录的顺序依次递增。形如 row_number() over(order by ...)等。

row_number()函数和 Oracle 的伪列 rownum 功能相差无几，但 row_number()功能更强一些（可以在各个分组内从 1 开始排序）。

下面通过示例来说明 row_number() over()的使用，为此准备以下数据。

```
drop table test_7 cascade constraints purge;
CREATE TABLE test_7(
type varchar2(5),
qty varchar2(5),
);
INSERT INTO test_7 values('1','6');
INSERT INTO test_7 values('2','9');
INSERT INTO test_7 values('3','5');
INSERT INTO test_7 values('3','5');
INSERT INTO test_7 values('2','4');
INSERT INTO test_7 values('1','6');
INSERT INTO test_7 values('1','7');
INSERT INTO test_7 values('2','8');
INSERT INTO test_7 values('2','9');
INSERT INTO test_7 values('3','9');
INSERT INTO test_7 values('2','6');
INSERT INTO test_7 values('2','9');
```

```
commit;
select * from test_7;                                              [000376]
```

test_7 表数据如表 4-19 所示。

row_number() over()的示例 SQL 如下：

```
select type,qty,to_char(row_number() over(partition by type order by
qty))||'/'||to_char(count(*) over(partition by type)) as cnt2 from test_7;
                                                                  [000377]
```

在这个示例中，使用了 row_number()配合函数，该函数返回一个唯一的值，当碰到相同数据（被排序的列，此例为 qty）时，排名按照记录集中记录的顺序依次递增。就像本例，在 type 值全为 1 的 4 行中，有 3 个 qty 值都是 6 的，row_number()相应返回了 1、2 和 3；qty 值是 7 的，row_number()返回 4。

在该函数的 over()中，必须包含"order by"子句，否则，Oracle 视为非法，会报错。运行结果如表 4-20 所示。

表 4-19

TYPE	QTY
1	6
2	9
1	6
2	9
3	5
3	5
2	4
1	6
1	7
2	8
2	9
3	9
2	6
2	9

表 4-20

TYPE	QTY	CNT2
1	6	1/4
1	6	2/4
1	6	3/4
1	7	4/4
2	4	1/7
2	6	2/7
2	8	3/7
2	9	4/7
2	9	5/7
2	9	6/7
2	9	7/7
3	5	1/3
3	5	2/3
3	9	3/3

如果不使用 row_number()及 over()，能否做出类似上面示例的效果。下面尝试一下，为此准备以下数据。

```
drop table test_8 cascade constraints purge;
CREATE TABLE test_8(
id varchar2(5),
mc varchar2(10)
);
INSERT INTO test_8 values('1','11111');
INSERT INTO test_8 values('2','22222');
INSERT INTO test_8 values('3','33333');
INSERT INTO test_8 values('4','44444');
```

```
commit;
select * from test_8;                                    [000378]
```

test_8 表数据见表 4-21。

SQL 代码如下：

```
select t.id,t.mc,(to_char(b.rn)|| '/' || t.id) as e
from test_8 t,
(select rownum rn from (select max(TO_NUMBER(id))
as mid from test_8) connect by rownum <=mid) b
  WHERE b.rn<=TO_NUMBER(t.id) order by t.id;
                                                        [000379]
```

表 4-21

ID	MC
1	11111
2	22222
3	33333
4	44444

读者更应关注此 SQL 的写法，在这种写法中，使用了子查询嵌套。同时，也用到 Oracle 的 "connect by" 子句，关于 "connect by" 的使用，在此不做介绍，请读者参阅其他章节。运行结果如表 4-22 所示。

表 4-22

ID	MC	E	ID	MC	E
1	11111	1/1	3	33333	1/3
2	22222	1/2	4	44444	1/4
2	22222	2/2	4	44444	4/4
3	33333	2/3	4	44444	2/4
3	33333	3/3	4	44444	3/4

4.3.2　over()配合函数 rank()、dense_rank()及 row_number()的使用

rank()、dense_rank()及 row_number()三者的区别及联系如下。

（1）rank()函数返回一个唯一的值，除非遇到相同的数据时，此时所有相同数据的排名是一样的，同时会在最后一条相同记录和下一条不同记录之间空出排名。假如有两个第 2 名，接下来是第 4 名，而 "第 3 名" 被空出来，相当于 "1 2 2 4" 的排名结果。在 rank() 函数的 over()中，必须包含 "order by" 子句，否则，Oracle 视为非法，会报错。rank()函数，形如 "rank() over(order by …)" 等。

（2）dense_rank()函数返回一个唯一的值，除非当碰到相同数据时，此时所有相同数据的排名都是一样的，不会在最后一条相同记录和下一条不同记录之间空出排名。假如有两个第 2 名，接下来是第 3 名，相当于 "1 2 2 3" 的排名结果。在 dense_rank()函数的 over()中，必须包含 "order by" 子句，否则，Oracle 视为非法，会报错。dense_rank()函数，形如 "dense_rank() over(order by …)" 等。

（3）rank()是跳跃排序，有两个第二名时接下来就是第四名（同样是在各个分组内）。dense_rank()是连续排序，有两个第二名时仍然跟着第三名。相比之下，row_number 是没

有重复值的。

row_number()函数在上一小节中介绍了，在这里顺便提一下，好有个比对。

下面以 scott 用户的 emp 表为例来说明 rank()over()、dense_rank()over()及 row_number() over()的使用。

统计部门 deptno 销售排名，要求使用 rank()、dense_rank()及 row_number()函数，SQL 如下：

```
select empno,deptno,sal,
sum(sal) over(partition by deptno) "部门总销售额",
rank()over(partition by deptno order by sal desc nulls last) "rank():
部门销售额排名",
dense_rank()over(partition by deptno order by sal desc nulls last)
"dense_rank(): 部门销售额排名2",
row_number()over(partition by deptno order by sal desc nulls last)
"row_number(): 部门销售额排名3"
from emp                                                        [000380]
```

运行结果如图 4-1 所示。

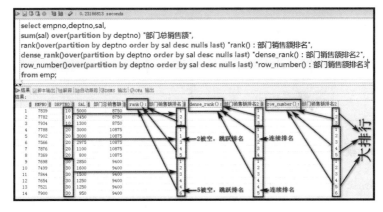

图 4-1

4.3.3　over()配合函数 count()的使用

count()函数是求行数函数，通过该函数可以实现对所有行求行数，形如 "count(...) over()"；连续求行数，形如 "count(...) over(order by ...)"；组内求行数，形如 "count(...) over(partition by...)"；组内连续求行数，形如 "count(...) over(partition by... order by ...)"。

下面的示例使用的是形如 "count(...) over(partition by...)"，即组内求行数。为此准备以下数据。

```
--   删除表
drop table t2 cascade constraints purge;
--   建表
create table t2
(
  no2   VARCHAR2(20) not null,--单号
```

```
  code2    VARCHAR2(10) not null,--险种代码
  is2 VARCHAR2(1) not null,--是否主险
  status2  VARCHAR2(2) not null  --险种状态
);
--   添加主键
alter table T2 add constraint PK_T2 primary key (code2, no2);
--   插入数据
insert into T2( no2,code2,is2,status2) values ('no2_a ','cde_1','Y','0 ');
insert into T2( no2,code2,is2,status2) values ('no2_a ','cde_2','Y','1');
insert into T2( no2,code2,is2,status2) values ('no2_a ','cde_3','Y','2 ');
insert into T2( no2,code2,is2,status2) values ('no2_a ','cde_4','N','2 ');
insert into T2( no2,code2,is2,status2) values ('no2_b ','cde_1','Y','0 ');
insert into T2( no2,code2,is2,status2) values ('no2_b ','cde_2','Y','0 ');
insert into T2( no2,code2,is2,status2) values ('no2_b ','cde_3','N','1 ');
insert into T2( no2,code2,is2,status2) values ('no2_b ','cde_4','N','0 ');
insert into T2( no2,code2,is2,status2) values ('no2_c ','cde_1','Y','2 ');
insert into T2( no2,code2,is2,status2) values ('no2_c ','cde_2','Y','0 ');
insert into T2( no2,code2,is2,status2) values ('no2_c ','cde_3','N','0 ');
insert into T2( no2,code2,is2,status2) values ('no2_c ','cde_4','N','0 ');
insert into T2( no2,code2,is2,status2) values ('no2_d ','cde_1','N','0 ');
insert into T2( no2,code2,is2,status2) values ('no2_d ','cde_2','N','1 ');
insert into T2( no2,code2,is2,status2) values ('no2_d ','cde_3','N','2 ');
insert into T2( no2,code2,is2,status2) values ('no2_d ','cde_4','N','0 ');
```
[000381]

t2 表数据如图 4-2 所示。

	NO2	CODE2	IS2	STATUS2
1	no2_a	cde_1	Y	0
2	no2_a	cde_2	Y	1
3	no2_a	cde_3	Y	2
4	no2_a	cde_4	N	2
5	no2_b	cde_1	Y	0
6	no2_b	cde_2	Y	0
7	no2_b	cde_3	N	1
8	no2_b	cde_4	N	0
9	no2_c	cde_1	Y	2
10	no2_c	cde_2	Y	0
11	no2_c	cde_3	N	0
12	no2_c	cde_4	N	0
13	no2_d	cde_1	N	0
14	no2_d	cde_2	N	1
15	no2_d	cde_3	N	2
16	no2_d	cde_4	N	0

图 4-2

查询需求如下：

将表数据按 no2 分组，在这里分别是 no2_a、no2_b、no2_c 及 no2_d，找出同时满足 is2 列至少有两个"Y"（a b c）、status2 列至少有一个"1"（a b d）以及 status2 列至少有一个"2"（a c d）的 no2。

传统 SQL 如下：
```
select * from t2 a where
exists(select 1 /* 满足条件的有 a b d*/ from t2 b where a.no2=b.no2 and
```

```
b.status2 = '1') and
    exists(select 1 /*满足条件的有 a c d*/ from t2 b where a.no2=b.no2 and
b.status2 = '2') and
    exists(select 1 /*满足条件的有 a b c*/ from t2 b where a.no2=b.no2 and b.is2
= 'Y' group by b.no2 having count(1) > 1);                              [000382]
```

运行结果如图 4-3 所示。

采用分析函数优化 SQL 如下：
```
select no2,code2,is2,status2 from(
select no2,code2,is2,status2,
count(case when status2='1' then 1 end) over(partition by no2) status2_cnt_1,
count(case when status2='2' then 1 end) over(partition by no2) status2_cnt_2,
count(case when is2='Y'then 1 end) over(partition by no2) is2_cnt from t2)
where is2_cnt>=2 and
status2_cnt_1>=1 and
status2_cnt_2>=1;                                                       [000383]
```

运行结果如图 4-4 所示。

	NO2	CODE2	IS2	STATUS2
1	no2_a	cde_1	Y	0
2	no2_a	cde_2	Y	1
3	no2_a	cde_3	Y	2
4	no2_a	cde_4	N	2

图 4-3

	NO2	CODE2	IS2	STATUS2
1	no2_a	cde_3	Y	2
2	no2_a	cde_2	Y	1
3	no2_a	cde_1	Y	0
4	no2_a	cde_4	N	2

图 4-4

另外需要说明的是"采用分析函数优化 SQL"肯定比"传统 SQL"执行效率要高。因此，尽可能使用 over()分析函数来写 SQL 并代替传统 SQL 写法。

4.3.4　over()配合函数 max()及 min()的使用

Max()函数是求最大值函数，通过该函数可以实现对所有行求最大值，形如"max(…) over( )"；连续求最大值，形如"max(…) over(order by …)"；组内求最大值，形如"max(…) over(partition by…)"；组内连续求最大值，形如"max(…) over(partition by… order by …)"。

Min()函数是求最小值函数，通过该函数可以实现对所有行求最小值，形如"min(…) over( )"；连续求最小值，形如"min(…) over(order by …)"；组内求最小值，形如"min(…) over(partition by…)"；组内连续求最小值，形如"min(…) over(partition by… order by …)"。

下面使用形如"max(…)|min(…) over(partition by…)"，即组内求最大|最小值，并使用 Oracle scott 账户下的 emp 表做推演。

在查询雇员信息的同时算出雇员工资与部门最高/最低工资的差额，SQL 如下：
```
select ename 姓名,job 职业,hiredate 入职日期,e.deptno 部门,e.sal 工
资,e.sal- me.min_sal 最低差额,me.max_sal- e.sal 最高差额 from emp e,(select
deptno,min(sal) min_sal,max(sal) max_sal from emp group by deptno) me where
e.deptno = me.deptno order by e.deptno, e.sal;                          [000384]
```

运行结果如图 4-5 所示。

	姓名	职业	入职日期	部门	工资	最低差额	最高差额
1	MILLER	CLERK	23-1月 -82	10	1300	0	3700
2	CLARK	MANAGER	09-6月 -81	10	2450	1150	2550
3	KING	PRESIDENT	17-11月-81	10	5000	3700	0
4	SMITH	CLERK	17-12月-80	20	800	0	2200
5	ADAMS	CLERK	23-5月 -87	20	1100	300	1900
6	JONES	MANAGER	02-4月 -81	20	2975	2175	25
7	SCOTT	ANALYST	19-4月 -87	20	3000	2200	0
8	FORD	ANALYST	03-12月-81	20	3000	2200	0
9	JAMES	CLERK	03-12月-81	30	950	0	1900
10	WARD	SALESMAN	22-2月 -81	30	1250	300	1600
11	MARTIN	SALESMAN	28-9月 -81	30	1250	300	1600
12	TURNER	SALESMAN	08-9月 -81	30	1500	550	1350
13	ALLEN	SALESMAN	20-2月 -81	30	1600	650	1250
14	BLAKE	MANAGER	01-5月 -81	30	2850	1900	0

图 4-5

上面用到了 min()和 max()，前者求最小值，后者求最大值。如果这两个方法配合 over(partition by ...)使用会是什么效果呢？大家看看下面的 SQL 语句。

```
select ename 姓名, job 职业, hiredate 入职日期, deptno 部门,
nvl(sal - min(sal) over(partition by deptno), 0) 部门最低工资差额,
nvl(max(sal) over(partition by deptno) - sal, 0) 部门最高工资差额
from emp order by deptno, sal;                              [000385]
```

运行结果如图 4-6 所示。

	姓名	职业	入职日期	部门	部门最低工资差额	部门最高工资差额
1	MILLER	CLERK	23-1月 -82	10	0	3700
2	CLARK	MANAGER	09-6月 -81	10	1150	2550
3	KING	PRESIDENT	17-11月-81	10	3700	0
4	SMITH	CLERK	17-12月-80	20	0	2200
5	ADAMS	CLERK	23-5月 -87	20	300	1900
6	JONES	MANAGER	02-4月 -81	20	2175	25
7	SCOTT	ANALYST	19-4月 -87	20	2200	0
8	FORD	ANALYST	03-12月-81	20	2200	0
9	JAMES	CLERK	03-12月-81	30	0	1900
10	MARTIN	SALESMAN	28-9月 -81	30	300	1600
11	WARD	SALESMAN	22-2月 -81	30	300	1600
12	TURNER	SALESMAN	08-9月 -81	30	550	1350
13	ALLEN	SALESMAN	20-2月 -81	30	650	1250
14	BLAKE	MANAGER	01-5月 -81	30	1900	0

图 4-6

这两个语句的查询结果是一样的，读者可以看到 min()和 max()实际上求的还是最小值和最大值，只不过后者使用了 over()分析函数。这里需要指出的是后者效率肯定高于前者。

4.3.5　over()配合函数 sum()的使用

sum()函数是求和函数，通过该函数可以实现对所有行求和，形如 "sum(…) over( )"；连续求和，形如 "sum(…) over(order by …)"；组内求和，形如 "sum(…) over(partition by…)"；组内连续求和，形如 "sum(…) over(partition by… order by …)" 等。前面 sum() 的示例很多了，在此不再重复。

4.3.6　over()配合函数 avg()的使用

avg()函数是求平均函数，通过该函数可以实现对所有行求平均，形如"avg(…) over( )"；连续求平均，形如"avg(…) over(order by …)"；组内求平均，形如"avg(…) over(partition by…)"；组内连续求平均，形如"avg(…) over(partition by… order by …)"等，其使用可比照 sum()。

4.3.7　over()配合函数 first_value()及 last_value()的使用

first_value()和 last_value()字面意思已经很直观了，取首尾记录值。

仍然使用 Oracle scott 账户下的 emp 表数据做推演。

按部门查询最早入职和刚刚入职的雇员信息，SQL 如下：

```
select a.* from
(
Select ename , job ,deptno,HIREDATE  from emp
Where HIREDATE in (Select distinct first_value(HIREDATE) over (partition
by DEPTNO order by HIREDATE rows between unbounded preceding and unbounded
following) from emp)
  Union all
  Select ename , job ,deptno,HIREDATE from emp
  Where HIREDATE in (Select distinct last_value(HIREDATE) over (partition
by DEPTNO order by HIREDATE rows between unbounded preceding and unbounded
following) from emp)
  ) a order by a.deptno;                                    [000386]
```

上面的 SQL 使用了合并，将最早入职的和刚刚入职的合在一起。将最早和最晚入职日期按部门找出来，然后作为条件。按部门找最早入职日期，使用"first_value(HIREDATE) over (partition by DEPTNO order by HIREDATE rows between unbounded preceding and unbounded following)"；按部门找最晚入职日期，使用"last_value(HIREDATE) over (partition by DEPTNO order by HIREDATE rows between unbounded preceding and unbounded following)"；"rows between unbounded preceding and unbounded following"为前后无边界的窗口。在子查询中使用了"distinct"去重。

关于 first_value()函数，还是加入这个"前后无边界窗口：rows between unbounded preceding and unbounded following"为好，last_value()是必须加入的，其默认窗口为"rows between unbounded preceding and current row"，即从第 1 行到当前行，意味着当前行后面的行不包含在窗口数据中，而这个需求需要将当前行后面的行包含在窗口数据中，因此，必须指定一个能满足此需求的数据窗口，即前后无边界窗口"rows between unbounded preceding and unbounded following"。

4.3.8　over()配合函数 lead()及 lag()的使用

lead()函数是与偏移量相关的分析函数，通过该函数可以在一次查询中取出同一字段的后 N 行的数据，形如 lead() over(order by …)等。

lag()函数也是与偏移量相关的分析函数，通过该函数可以在一次查询中取出同一字段的前 N 行的数据，形如 lag() over(order by …)等。

本节仍以 scott 账户下的 emp 表为蓝本进行推演。

计算个人工资与比自己高一位和低一位工资的差额。这个需求确实让人很为难，通过传统查询方法真不知应该怎么实现。不过，现在有了 over(partition by ...)，一切看起来都是那么的简单，代码如下：

```
select ename 姓名, job 职业, sal 工资, deptno 部门,
lead(sal) over(partition by deptno order by sal) "部门中自己工资的后一个",
lag(sal) over(partition by deptno order by sal)  "部门中自己工资的前一个",
-- lead(sal,1,0) over(partition by deptno order by sal) "部门中自己工资的
后一个",
-- lag(sal,1,0) over(partition by deptno order by sal)  "部门中自己工资的
前一个",
sal - lead(sal) over(partition by deptno order by sal) "部门中自己工资减
后一个",
sal - lag(sal) over(partition by deptno order by sal)   "部门中自己工资减
前一个"
-- nvl(sal - lead(sal) over(partition by deptno order by sal) , 0) "部
门中自己工资减后一个",
-- nvl(sal - lag(sal) over(partition by deptno order by sal)  , 0)   "
部门中自己工资减前一个"
from emp;                                                    [000387]
```

运行结果如图 4-7 所示。

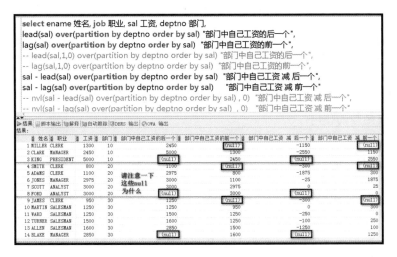

图 4-7

在上面的 SQL 中，用到了 lag()和 lead(),lag(arg1,arg2,arg3)及 lead(arg1,arg2,arg3)参数说明如下表 4-23 所示。

表 4-23

参数名称	说　　明
arg1	可以是一个表达式，一般为列名，表示要采用哪个列值。如 lag(sal)，表示采用 sal 列并返回当前行的上一行（默认）sal 列值；lead(sal)，表示采用 sal 列并返回当前行的下一行（默认）sal 列值。
arg2	是当前行在分区内的偏移量。是一个正数值的偏移量，检索行的数目。lag()向前，lead()向后。如 lag(sal,2)，表示检索当前行的前 2 行的那个最末行，返回当前行的前 2 行的那个最末行 sal 列值；lead(sal,2)，表示检索当前行的后 2 行的那个最末行，返回当前行的后 2 行的那个最末行 sal 列值。
arg3	是在 arg2 表示的数目超出分区范围时返回的值，可以是一个表达式。如 lag(sal,2,0)，表示检索当前行的前 2 行的那个最末行，返回当前行的前 2 行的那个最末行 sal 列值，当前行的前 2 行的那个最末行不存在时，返回 0；lead(sal,2,0)，表示检索当前行的后 2 行的那个最末行，返回当前行的后 2 行的那个最末行 sal 列值，当前行的后 2 行的那个最末行不存在时，返回 0。

上面的表述比较绕嘴，请读者仔细阅读，理解每句话的含义。

注意：Oracle 自带 Scott 账户下相关表的 Over 示例 SQL。

```
select deptno,row_number() over(partition by deptno order by sal) from emp
order by deptno;
    select deptno,rank() over (partition by deptno order by sal) from emp order
by deptno;
    select deptno,dense_rank() over(partition by deptno order by sal) from emp
order by deptno;
    select deptno,ename,sal,lag(ename,1,null) over(partition by deptno order
by ename) from emp order by deptno;
    select deptno,ename,sal,lag(ename,2,'example') over(partition by deptno
order by ename) from emp order by deptno;
    select deptno, sal,sum(sal) over(partition by deptno) from emp;--每行记
录后都有总计值
    select deptno,ename,sal ,round(avg(sal) over(partition by deptno)) as
dept_avg_sal,round(sal-avg(sal) over(partition by deptno)) as dept_sal_diff
from emp; --求每个部门的平均工资以及每个人与所在部门的工资差额           [000388]
```

读者可以将上述示例 SQL 拿到 scott 账户下跑一跑，看输出何种结果，研究一下，有助于理解 over 函数的使用。

4.4　本章小结

关于 Oracle 提供的 over 分析函数，很重要，因此本书单独开设一章来讲解。

在实际开发及应用中，存在很多特殊的查询需求，往往客户提出的需求远远超出你的想象，就像本章的一个示例，要求计算比自己工资低的前一个与比自己工资高的后一个差了多少，像类似这样的需求，是不是很个别，很特殊。还有像排名之类的需求等，

如果不借助 over，实现起来比较麻烦。有了 over，无论多么复杂的查询需求或统计报表，基本都能应对。

　　Over 是 Oracle 数据库的特色之一，功能强大，在实践中要尽可能多地使用，会给你带来意想不到的好处。因此，对于本章内容，要求尽多掌握，尤其是 over 开窗的使用。对于一些暂时不能理解的东西，可以多看看其他资料。总之，一定要把 Oracle 的 over 搞懂搞透。

　　接下来，进入第 5 章 Oracle 的用户与权限管理。

第5章 用户与权限管理

用户和权限是 Oracle 数据库系统最基本的安全管理机制。用户通过 SQL*Plus 或者应用程序登录 Oracle 时，必须提供一个账号，即用户名和口令。登录后还必须有一定的权限才能完成相应的操作。用户具有什么样的权限，才能完成什么样的操作。如果用户希望访问数据库，首先应该由数据库管理员为其分配一个账号，然后再为它指定一定的权限，这样用户才能完成相应的操作。数据库管理员还可以通过 PROFILE 对用户使用口令及系统资源的情况进行控制。

在本章将主要介绍下列内容：

- 用户管理；
- 用户权限的管理；
- 角色的管理；
- PROFILE（用户配置文件）的管理。

5.1 用户管理

用户是一个数据库对象，是一系列数据库对象和权限的统称。用户所有的操作默认在自己的模式下进行，模式是一个用户所拥有的数据库对象的集合，每个用户都有自己的模式，用户与模式之间是一一对应的，模式的名字与用户名相同。例如，SCOTT 用户的模式为 SCOTT，在该模式中包含了用户 SCOTT 拥有的所有数据库对象，包括表、视图、索引、存储程序等。

用户的数据库对象和数据分布在表空间中，每个用户都有默认的表空间。默认的表空间在创建用户时指定，如果不指定，那么 SYSTEM 表空间将被指定为该用户的默认表空间。

5.1.1 数据库中有哪些用户

在 Oracle 数据库中有三类用户，第一类是 SYSDBA，第二类是 SYSOPER，第三类是普通用户。其中前两类用户称为特权用户，它们拥有对所有数据库对象的一切权限，包括数据库本身。SYS 用户同时具有 SYSDBA 和 SYSOPER 两种权限，它在创建数据库时自动产生，不需要手动创建。

特权用户的口令一方面存放在数据库中，另一方面存储在口令文件中。如果为一个普通用户指定了 SYSDBA 或 SYSOPER 权限，那么这个用户也将成为特权用户。特权用户的信息可以从动态性能视图 v$pwfile_users 中获得。一个用户只要具有这两种权限，就可以以"AS SYSDBA"或者"AS SYSOPER"的方式登录数据库服务器。例如：

```
shell>sqlplus scott/tiger  AS SYSDBA                          [000389]
```

如果用户以"AS SYSDBA"方式登录数据库服务器，那么他将成为 SYS 用户。如果以"AS SYSOPER"的方式登录，那么他将成为 PUBLIC 用户。这两种权限的范围大小是不一样的，如果一个用户以"AS SYSDBA"方式登录，那么他可以无条件地访问任何用户的数据，例如：

```
shell>sqlplus scott/tiger AS SYSDBA
SQL>select * from user1.table1;                               [000390]
```

如果一个用户以"AS SYSOPER"方式登录，那么他是不能访问其他用户的数据的。在后面的内容中，将对这两种权限进行详细的比较。

普通用户一般由 SYS 用户创建，这类用户的权限比较小，一般只限于访问自己模式中的数据库对象。普通用户如果希望对数据库进行其他的访问，就需要具有相应的权限。

5.1.2　如何创建用户

数据库系统在运行的过程中，往往要根据实际需求创建用户，然后为用户指定适当的权限。创建用户的操作一般只能由 SYS 用户完成，如果普通用户也要创建用户，必须具有一个系统权限，即 CREATE USER。

创建用户的命令是 CREATE USER，创建用户所涉及的内容包括为用户指定用户名、口令、默认表空间、存储空间配额等。其中，用户名是代表用户账号的标识符，它的命名规则如下：

- 必须以字母开始；
- 长度为 1～30 个字符；
- 从第二个字符开始，可以包括大小写字母、数字、_、$和#等字符；
- 大写和小写是相同的。

用来创建用户的 CREATE USER 命令的完整语法格式为：

```
CREATE USER 用户名 IDENTIFIED BY "口令"
DEFAULT TABLESPACE 表空间
TEMPORARY TABLESPACE 临时表空间
QUOTA 空间配额大小 ON 表空间
PASSWORD EXPIRE
ACCOUNT LOCK|UNLOCK
```

语法中各个参数的说明如表 5-1 所示。

表 5-1

参　　数	描　　述
DEFAULT TABLESPACE	用于为用户指定默认表空间，如果不指定，那么 SYSTEM 表空间将被指定为这个用户的默认表空间。如果不特别指定，用户创建的表、索引等数据库对象就位于默认表空间中。为了提高数据库的性能，同时为了方便管理数据，Oracle 建议为用户指定一个默认表空间
TEMPORARY TABLESPACE	用于为用户指定临时表空间。在一个数据库中可以创建多个临时表空间，为每个用户可以指定不同的临时表空间。还可以把多个临时表空间组织为一个表空间组，把这个表空间组作为整个数据库或者某个用户的默认临时表空间
QUOTA 子句	用于为用户在表空间上指定空间配额。尽管为用户指定了默认表空间，但是用户在这个表空间上还不能创建数据库对象，因为他在这个表空间上没有可支配的存储空间。空间配额以字节、KB、MB 等为单位，还可以指定为 UNLIMITED，即无限制的空间配额。如果希望用户在所有表空间上都具有无限制的空间配额，只要为其指定 UNLIMITED TABLESPACES 系统权限即可
PASSWORD EXPIRE	用于指定用户的口令过期，用户在第一次登录数据库服务器时必须修改自己的口令。在创建用户账号时，用户的初始口令是由管理员指定的。如果以口令过期的方式强迫用户修改自己的口令，这样将使用户的账号更加安全
ACCOUNT	子句用于指定用户账号的状态，如果为 UNLOCK，该用户就能够登录数据库服务器，这是默认设置。如果为 LOCK，则为锁定状态

例如，下面的 CREATE 语句用于创建用户 user1，并为其指定相关属性：

```
SQL>CREATE USER user1 IDENTIFIED BY "1234"
DEFAULT  TABLESPACE users
TEMPORARY TABLESPACE temp
QUOTA 200M ON users
PASSWORD EXPIRE
ACCOUNT UNLOCK;                                        [000391]
```

用户被创建之后，还没有任何权限，甚至不能登录数据库，只有当 SYS 用户为它指定了一定的权限后，它才能对数据库进行访问。

用户的相关信息可以从数据字典视图 DBA_USERS 中获得。例如，下面的 SELECT 语句用于查询当前数据库中所有用户的名称、口令、默认表空间和账号状态等信息：

```
SQL>SELECT username,password,default_tablespace,account_status from dba_
users;                                                 [000392]
```

在列出的用户中，包括特权用户、数据库预创建的用户和刚刚手动创建的用户。用户的口令都是经过加密的，在较早版本的数据库中，可以显示加密的口令，在现在的版本中不显示口令。如果不特别指定，用户的默认表空间是 SYSTEM 表空间。除最后一个用户外，其余用户的账号都是活动的（OPEN）。

5.1.3　如何修改用户的信息

为了防止用户口令泄露，用户应该经常改变自己的口令。用户的口令不应该是类似 123456、abcde 这样简单的字符串，更不要指定为自己生日和姓名，也不要指定为一个英文单词，因为这样的口令很容易被破译。一个好的口令应该包括大小写字母、数字、_、&、%、$等各种符号在内的混合字符串。统计表明，一个口令中包含的成分越复杂，就越难破译。

修改用户口令的操作一般由用户自己完成，SYS 用户可以无条件修改任何一个用户的口令。普通用户只能修改自己的口令，如果要修改其他用户的口令，必须具有 ALTER USER 系统权限。

修改用户口令的命令是 ALTER USER。修改用户口令的 ALTER USER 命令格式为：

```
ALTER USER 用户 IDENTIFIED BY "新口令";                          [000393]
```

例如，将刚才创建的用户 userl 的口令改为 "book"，对应的 ALTER USER 语句为：

```
ALTER USER userl IDENTIFIED BY "book";                          [000394]
```

除了 SQL 命令 ALTER USER 以外，SQL*Plus 也提供了一个 PASSWORD 命令，可以用来修改用户的口令。利用 SQL*Plus 的这条命令，SYS 用户可以修改其他用户的口令，普通用户可以修改自己的口令，在授权的情况下也可以修改其他用户的口令。一个用户在修改自己的口令时，必须知道自己以前的口令。这条命令只有一个参数，就是用户名，如果默认了这个参数，就修改自己的口令。以下是用户 scott 修改自己的口令的情况：

```
SQL>PASSWORD 用户名                                             [000395]
```

ALTER USER 命令除了修改用户口令外，还可以修改用户的默认表空间、存储空间配额、账号状态等信息。例如，下面的语句用于锁定用户 SCOTT：

```
SQL>ALTER USER user1 ACCOUNT LOCK;                             [000396]
```

下面的语句用于修改用户 userl 的默认表空间、临时表空间，并将该用户在表空间上的空间配额修改为无限制：

```
SQL>ALTER USER user1 DEFAULT TABLESPACE bdbfts_2 TEMPORARY TABLESPACE
sftts5 QUOTA UNLIMITED ON bdbfts_2;                            [000397]
```

5.1.4　如何删除用户

一个用户不再访问数据库系统时，应该将这个用户及时地从数据库中删除，否则可能会有安全隐患。一个更好的做法是先将这个用户锁定，过一段时间如果确定这个用户不再需要，再将其删除。

删除用户的操作一般由 SYS 用户完成，也可以由具有 DROP USER 权限的用户来完成。一个用户被删除后，这个用户本身的信息，以及它所拥有的数据库对象的信息都将从数据字典中被删除。删除用户的命令是 DROP USER。语法格式为：

```
DROP USER 用户名;
```

例如，要删除用户 USER1，可以执行下面的 DROP USER 语句：

```
SQL>drop user scott;                                          [000398]
```

运行结果如图 5-1 所示。

```
SQL> drop user scott;
drop user scott
×
第 1 行出现错误:
ORA-01922: 必须指定 CASCADE 以删除 'SCOTT'
```

图 5-1

值得注意的是，如果在一个用户的模式中已经包含一些数据库对象，那么这个用户是不能被直接删除的，在删除用户时系统将显示图 5-1 错误信息。

出现错误信息的原因是在用户 scott 的模式中包含某些数据库对象，所以不能直接删除。如果要强制删除用户，可以在 DROP USER 命令中使用 CASCADE 选项，这样用户以及所拥有的数据库对象将一起被删除。例如，删除用户 scott 可以执行下面的语句：

```
SQL>DROP USER scott CASCADE;
```
[000399]

5.2 用户权限的管理

Oracle 数据库对用户的权限有着严格的规定，如果没有权限，用户将无法完成任何操作，甚至不能登录数据库。例如，刚创建的用户 user1 在试图登录数据库时，将看到以下错误信息：

```
SQL>conn user1/book@zgdt;
```
[000400]

也就是说，用户若要登录数据库，必须具有 CREATE SESSION 权限。用户权限有两类，即系统权限和对象权限。系统权限主要是指对数据库对象的创建、删除、修改的权限，对数据库进行创建、备份等权限。而对象权限主要是指对数据库对象中的数据的访问权限。系统权限一般由 SYS 用户指定，也可以由具有特权的其他用户授予。对象权限一般由数据库对象的所有者授予用户，也可以由 SYS 用户指定，或者由具有该对象权限的其他用户授予。

5.2.1 系统权限的管理

关于 Oracle 数据库的权限，在 11g 版本之前，总体上可分为系统权限和对象权限。在 11g 版本之后，Oracle 数据库的权限更加丰富。

接下来，我们首先介绍一下 Oracle 11g 的系统权限管理。

1. Oracle 11g 系统权限介绍

系统权限是与数据库安全有关的最重要的权限，这类权限一般是针对数据库管理员的。系统权限的管理主要包括权限的分配、回收和查询等操作。Oracle 11g 提供了 200 多种系统权限，表 5-2 列出了 Oracle 11g 常用的系统权限；表 5-3 列出了与用户有关的主要的几种系统权限。

表 5-2

系统权限	描　　述
用户及角色系统权限	
create user	创建用户的权限
create role	创建角色的权限
alter user	修改用户的权限
alter any role	修改任意角色的权限
drop user	删除用户的权限
drop any role	删除任意角色权限
概要文件系统权限	
create profile	创建概要文件的权限
alter profile	修改概要文件的权限
drop profile	删除概要文件的权限
同义词系统权限	
create any synonym	为任意用户创建同义名的权限
create synonym	为用户创建同义名的权限
drop public synonym	删除公共同义名的权限
drop any synonym	删除任意同义名的权限
表系统权限	
select any table	查询任意表的权限
select table	使用用户表的权限
update any table	修改任意表中数据的权限
update table	修改用户表中的行的权限
delete any table	删除任意表行数据的权限
delete table	为用户删除表行的权限
create any table	为任意用户创建表的权限
create table	为用户创建表的权限
drop any table	删除任意表的权限
alter any table	修改任意表的权限
alter table	修改拥有的表权限
表空间系统权限	
create tablespace	创建表空间的权限
alter tablespace	修改表空间的权限
drop tablespace	删除表空间的权限
unlimited tablespace	对表空间大小不加限制的权限
索引系统权限	
create any index	为任意用户创建索引的权限

系统权限	描　　述
drop any index	删除任意索引的权限
alter any index	修改任意索引的权限
会话系统权限	
create session	创建会话的权限
alter session	修改数据库会话的权限
视图系统权限	
create any view	为任意用户创建视图的权限
create view 为	用户创建视图的权限
drop any view	删除任意视图的权限
select viwew	使用视图的权限
update view	修改视图中行的权限
delete any view	删除任意视图行的权限
delete view	删除视图行的权限
序列系统权限	
create any sequence	为任意用户创建序列的权限
create sequence	为用户创建序列的权限
alter any sequence	修改任意序列的权限
alter sequence	修改拥有的序列权限
drop any sequence	删除任意序列的权限
select any sequence	使用任意序列的权限
select sequence	使用用户序列的权限
子程序系统权限	
create any procedure	为任意用户创建存储过程的权限
create procedure	为用户创建存储过程的权限
create any trigger	为任意用户创建触发器的权限
alter procedure	修改拥有的存储过程权限
alter any trigger	修改任意触发器的权限
execute any procedure	执行任意存储过程的权限
execute function	执行存储函数的权限
execute package	执行存储包的权限
execute procedure	执行用户存储过程的权限
drop any procedure	删除任意存储过程的权限
drop trigger	删除任意触发器的权限

表 5-3

系统权限	描 述
CREATE TABLE	在自己的模式中创建表的权限
CREATE VIEW	在自己的模式中创建视图的权限
CREATE SESSION	创建会话的权限，即登录数据库的权限
CREATE USER	创建用户的权限
CREATE TRIGGER	在自己的模式中创建触发器的权限
ALTER USER	修改用户的权限
ALTER SESSION	修改会话的权限
ALTER DATABASE	修改数据库的权限
CREATE TABLESPACE	创建表空间的权限
CREATE PROCEDURE	在自己的模式中创建存储函数、存储过程、程序包的权限
UNLIMID TABLESPACE	在每一个表空间中都具有无限空间配额的权限

注意：上述这些权限同样适用于 12c。

2. 权限的授予

对于表、视图、会话、用户、触发器这些数据库对象，有关的系统权限包括创建、删除和修改它们的权限，相关的命令分别是 CREATE、DROP 和 ALTER。表、视图、触发器、存储程序等对象是与用户有关的，在默认情况下，对这些对象的操作都是在当前用户自己的模式下进行的。如果要在其他用户的模式下操作这些类型的对象，需要具有对应的 ANY 权限。例如，要能够在其他用户的模式下创建表，当前用户必须具有 CREATE ANY TABLE 系统权限，如果希望能够在其他用户的模式下删除表，必须具有 DROP ANY TABLE 系统权限等。

系统权限一般有三种授予者，第一种是 SYS 用户，即数据库管理员，这是最主要的一种授予者，大部分的系统权限管理工作都由 SYS 用户完成。第二种是具有特权的普通用户，普通用户一旦具有了 SYSDBA 或者 SYSOPER 特权，也可以管理系统权限。第三种是被授予了某种系统权限的用户，系统允许他把所拥有的系统权限再授予其他用户。

为用户授予权限的 GRANT 命令的语法格式为：

```
GRANT 权限 1,权限 2,… TO 用户 1,用户 2,… WITH ADMIN OPTION;
```

GRANT 命令执行后，所有指定用户都将获得指定的权限。如果希望把一个权限授予所有用户，可以用 PUBLIC 代替所有的用户名。选项"WITH ADMIN OPTION"的功能是使得权限的获得者可以再将权限授予其他用户。

例如，刚创建用户 user1 时，这个用户没有任何权限。如果把 CREATE SESSION 权限授予这个用户，那么该用户就可以登录数据库。如果再把 CREATE TABLE 权限授予这个用户，那么他就可以在自己的模式中创建表。授予这两个权限的语句为：

```
GRANT CREATE SESSION,CREATE TABLE TO user1;
```
[000401]

用户在登录数据库系统后应该可以创建表，但是当该用户在自己的模式中创建表时，将遇到错误：

```
ORA-01950 : 表空间'SYSTEM'中无权限
```

出错的原因是当前用户在它的默认表空间中没有空间配额，即没有可以使用的存储空间，所以无法创建表。这时需要为该用户指定空间配额，或者为这个用户指定 UNLIMITED TABLESPACE（无限制的磁盘空间）系统权限。所以，为了使一个用户可以操作数据库，至少应该把上述 3 个权限授予这个新用户。例如，下列的授权语句使得所有用户都可以使用无限制的磁盘空间：

```
SQL>GRANT UNLIMITED TABLESPACE TO PUBLIC;                        [000402]
```

如果将 ALTER USER 的系统权限授予某用户，那么它就可以修改其他用户的信息。现在考察下列权限操作的语句序列：

```
SQL>CONN SYS/TJGDDwzk196661@127.0.0.1:1521/zgdt.workgroup AS SYSDBA;
SQL>GRANT ALTER USER TO user1;
SQL>CONN user1/book@zgdt;
SQL>ALTER USER scott IDENTIFIED BY "hello";
SQL>conn scott/hello@zgdt;                                       [000403]
```

如果上述语句都执行成功，那么用户 scott 的口令将被修改为"hello"。首先以特权用户 SYS 登录，并将系统权限 ALTER USER 授予用户 user1。然后以用户 user1 登录，该用户就可以修改其他用户的信息了。

3. 权限的回收

回收系统权限的命令是 REVOKE，这条命令一般由 SYS 用户执行。普通用户如果要回收其他用户的权限，则他必须具有"GRANT ANY PRIVILEGE"系统权限。如果一个用户在接受某个系统权限时是以"WITH ADMIN OPTION"方式接受的，他随后又将这个系统权限授予了其他用户，那么他也可以将这个系统权限从其他用户回收。REVOKE 的语法格式为：

```
REVOKE 系统权限 1,系统权限 2... FROM 用户 1,用户 2...
```

如果要从所有用户回收某个系统权限，可以用 PUBLIC 代替所有的用户名。例如，要将刚才授予用户 userl 的系统权限 CREATE SESSION 和 CREATE TABLE 回收，可以执行下面的 REVOKE 语句：

```
SQL>CONN SYS/TJGDDwzk196661@127.0.0.1:1521/zgdt.workgroup AS SYSDBA;
SQL>REVOKE CREATE SESSION,CREATE TABLE FROM user1;              [000404]
```

这样，用户 user1 就不能登录数据库，更不能创建表。

4. 权限的转授

值得注意的是，系统权限可以转授，但是回收时不能间接回收。假设有三个用户，第一个用户将某个系统权限以"WITH ADMIN OPTION"的方式授予第二个用户，第二个用户又将这个权限授予第三个用户，那么当第一个用户从第二个用户回收这个权限时，并不能同时从第三个用户回收这个权限，第三个用户这时仍然具有这个权限。现在考虑下列权限操作的语句序列：

```
SQL>CONN SYS/TJGDDwzk196661@127.0.0.1:1521/zgdt.workgroup AS SYSDBA;
    GRANT CREATE SESSION,CREATE TABLE TO user1 WITH ADMIN OPTION;
    CREATE USER user4 IDENTIFIED BY "1234";
    CONN user1/book@zgdt;
    GRANT CREATE SESSION,CREATE TABLE to user4;
    CONN SYS/TJGDDwzk196661@127.0.0.1:1521/zgdt.workgroup AS SYSDBA;
    REVOKE CREATE SESSION,CREATE TABLE FROM user1;
    CONN user4/1234@zgdt;
    SELECT * FROM user_sys_privs;                        [000405]
```

现在解释一下这些语句的执行过程。首先以特权用户 SYS 登录数据库，将两个系统权限授予用户 user1，然后创建用户 user4。接着以 user1 登录，将这两个权限转授予用户 user4。这时用户 user4 就可以登录数据库。接着再以用户 SYS 登录，并从用户 user1 回收这两个系统权限。按照前面的说法，这两个权限并没有从用户 user4 回收，所以最后仍然能以 user4 用户登录数据库。经用户 user4 查询数据字典 user_sys_privs，结果表明该用户仍然具有这两个权限。要回收这种转授的权限，可以由 SYS 用户或者权限授予者直接从权限的接受者回收。

5.2.2　对象权限的管理

对象权限主要是对数据库对象中的数据的访问权限，这类权限主要是针对普通用户的。表 5-4 列出了最主要的对象权限。

表 5-4

对象权限 ＼ 数据库对象类型	表	视图	序列	存储程序
ALTER	✔		✔	
SELECT	✔	✔	✔	
INSERT	✔	✔		
DELETE	✔	✔		
UPDATE	✔	✔		
REFERENCES	✔			
EXECUTE				✔
GRANT	✔	✔	✔	✔
LOCK	✔	✔	✔	
RENAME	✔	✔	✔	✔

SELECT、INSERT、DELETE 和 UPDATE 权限分别是指对数据库对象中的数据的查询、插入、删除和修改的权限。对于表和视图来说，查询和删除操作是整行进行的，而插入和修改却可以在一行的某个列上进行，所以在指定权限时，SELECT 和 DELETE 权限只要指定所要访问的表即可，而 INSERT 和 UPDATE 权限还可以进一步指定是对哪个列的权限。

REFERENCES 权限是指可以与一个表建立关联关系的权限，如果具有这个权限，当前用户就可以通过自己的一个表中的外键，与对方的表建立关联。关联关系是通过主键和外键进行的，所以在授予这个权限时，可以指定表中的列，也可以不指定。

EXECUTE 权限是指可以执行存储函数、存储过程和程序包的权限。有了这个权限，一个用户就可以执行另一个用户的存储程序。

当一个用户获得另一个用户的某个对象的访问权限后，以"用户名.对象名"的形式访问这个数据库对象。一个用户所拥有的对象和可以访问的对象是不同的，这一点在数据字典视图中也有所反映。在默认情况下，用户可以直接访问自己模式中的数据库对象，但是要访问其他用户所拥有的对象，就必须具有相应的对象权限。例如，用户 user1 要查询用户 scott 的表 emp 中的数据，就必须具有对表 emp 的 SELECT 权限。从数据字典视图 user_objects 中可以获得当前用户所拥有的全部数据库对象的信息，而从数据字典视图 all_objects 中则可以获得当前用户所能访问的全部对象的信息。

1. 对象权限的授予

对象权限的授予一般由对象的所有者完成，也可以由 SYS 用户，或者由具有某对象权限的用户授予，但最好由对象的所有者完成。授予对象权限的命令是 GRANT，回收权限的命令是 REVOKE，与系统权限的操作相比，这两条命令有些不同的地方。授予对象权限的 GRANT 命令语法格式为：

```
GRANT 对象权限 1(列名),对象权限 2(列名)... ON 对象 TO 用户 1,用户 2... WITH GRANT
OPTION;
```

其中，"WITH GRANT OPTION"为连带授予，即接受权限的账户还可以继续将这些权限授予其他账户。在授予对象权限时，不仅要说明是什么权限，还要指定是对哪个对象的访问权限，这是与系统权限的授予不同的地方。例如，假设当前用户是 scott，下面的语句将表 emp 的 SELECT 权限授予用户 user1 和 user2。

```
SQL>CONN scott/hello@127.0.0.1:1521/zgdt.workgroup;
SQL>GRANT SELECT ON emp TO user1,user4;                          [000406]
```

如果要将某个对象权限授予所有用户，可以用 PUBLIC 代替所有的用户名。用户访问其他用户的对象时，需要用对方的用户名限定对象（scott.emp）。例如，用户 user1 访问 emp 表的语句为：

```
SQL>CONN SYS/TJGDDwzk196661@127.0.0.1:1521/zgdt.workgroup AS SYSDBA;
   GRANT CREATE SESSION,CREATE TABLE TO user1 WITH ADMIN OPTION;
```

```
CONN user1/book@127.0.0.1:1521/zgdt.workgroup ;
SELECT empno,ename,sal FROM scott.emp;                    [000407]
```

如果没有 SELECT 权限，用户在查询其他用户的一个表时，将遇到"ORA-00942:表或视图不存在"这样的错误。

如果在为用户指定某个对象权限时使用了"WITH GRANT OPTION"（连带）选项，那么该用户在接受这个权限后，可以再将这个权限授予其他的用户。假设当前用户是 scott，考察下面的权限操作语句：

```
SQL>CONN scott/hello@127.0.0.1:1521/zgdt.workgroup;
    GRANT SELECT ON dept TO user1 WITH GRANT OPTION;
    CONN user1/book@127.0.0.1:1521/zgdt.workgroup;
    GRANT SELECT ON scott.dept TO user4;
    CONN user4/1234@127.0.0.1:1521/zgdt.workgroup;
    SELECT * FROM scott.dept;                              [000408]
```

如果上面的语句都执行成功，最后一条语句将显示 dept 表中的数据。首先用户 scott 将表 dept 上的 SELECT 权限以"WITH GRANT OPTION"的方式授予用户 user1。然后以用户 user1 登录，再将这个权限授予用户 user4。最后以用户 user4 登录，这时就可以查询用户 scott 的 dept 表中的数据。

对于 INSERT 和 UPDATE 两个对象权限，还可以进一步指定是在表中的哪个列上具有访问权限，也就是说，可以规定其他用户可以对表中的哪个列进行插入和修改操作。例如，假设当前用户是 scott，下面的语句将表 emp 中对列 empno 的插入权限和 sal 列的修改权限授予用户 user1 和 user4：

```
SQL>CONN scott/hello@127.0.0.1:1521/zgdt.workgroup;
    GRANT INSERT(empno),UPDATE(sal) ON emp TO user1,user4;   [000409]
```

这样，用户 user1 和 user4 就可以对表 emp 的列 empno 进行插入访问，对 sal 列进行修改访问，而对其他列没有任何访问权限。

EXECUTE 权限是指可以执行一个用户所拥有的存储函数、存储过程和程序包的权限，假设当前用户创建了一个存储函数 function_1，通过下面的语句可以把对这个函数的执行权限授予用户 user1。

```
SQL>GRANT EXECUTE ON function_1 TO user1;                    [000410]
```

REFERENCES 权限是指其他用户的表可以与当前用户的表建立关联关系的权限。假设当前用户有一个表，在这个表的某个列上建立了主键约束。如果把这个表的 REFERENCES 权限授予其他用户，那么其他用户就可以通过外键将自己的表与这个表建立关联关系，也就是可以引用这个表中的主键列的值。假设当前用户是 scott，在表 dept 的 deptno 列上建立了主键约束。假设用户 scott 要将表 dept 上的 deptno 列的 REFERENCES 权限授予用户 user1，可以执行下面的 GRANT 语句：

```
SQL>CONN scott/hello@127.0.0.1:1521/zgdt.workgroup;
    GRANT REFERENCES(deptno) ON dept TO user1;               [000411]
```

这样，用户 userl 就可以创建一个表，在表上指定一个外键，并且与表 dept 上的 deptno 列建立关联关系，或者修改一个已经存在的表，在表上指定一个外键，同样可以建立这种关联关系。例如：

```
SQL>CONN user1/book@127.0.0.1:1521/zgdt.workgroup;
    CREATE TABLE sample(deptno number(2,0) REFERENCES scott.dept(deptno));
                                                                    [000412]
```

2. 对象权限的回收

回收对象权限的命令是 REVOKE。一般回收对象权限的操作由权限的授予者完成。这条命令的语法格式为：

```
REVOKE 对象权限 1,对象权限 2... ON 对象 FROM 用户 1,用户 2...
```

如果要回收与某个数据库对象有关的所有对象权限，可以用 ALL 代替权限列表。例如，用户 scott 要从用户 user1 回收对表 emp 的所有权限，可以执行下面的 REVOKE 语句：

```
SQL>CONN scott/hello@127.0.0.1:1521/zgdt.workgroup;
    REVOKE ALL ON emp FROM user1;                            [000413]
```

如果要从所有用户回收某个对象权限，可以用 PUBLIC 代替所有用户的名称。例如：

```
SQL>CONN scott/hello@127.0.0.1:1521/zgdt.workgroup;
    REVOKE ALL ON emp FROM PUBLIC;                           [000414]
```

值得注意的是，权限 INSERT、UPDATE 和 REFERENCES 在分配时可以指定相关的列，但是在回收时不能指定列，而只能指定表名。例如，用户 scott 要从用户 user4 回收对表 emp 中 sal 列上的 UPDATE 权限，下面的语句是错误的：

```
SQL>REVOKE UPDATE(sal) ON emp FROM user4;                    [000415]
```

正确的语句应该是：

```
SQL>REVOKE UPDATE ON emp FROM user4;                         [000416]
```

如果某个对象权限是以"WITH GRANT OPTION"方式授予一个用户的，那么该用户可以将这个权限再授予其他用户。在从该用户回收对象权限时，也将同时从其他用户回收，这一点也与系统权限不同。例如，假设当前用户 scott 将表 emp 的 SELECT 权限以"WITH GRANT OPTION"方式授予了用户 user1，user1 又将这个权限授予了用户 user2，那么当用户 scott 从用户 user1 回收这个权限时，同时将这个权限从用户 user2 回收。

5.2.3 权限信息的查询

用户的系统权限和对象权限信息，都可以从数据字典视图中获得。与系统权限有关的数据字典视图包括 system_privilege_map、dba_sys_privs、user_sys_privs 和 session_privs。

其中，从视图 SYSTEM_privilege_map 中可以获得当前数据库中已经定义的所有系统权限。例如，下面的语句可以列出数据库中所有的系统权限：

```
SQL>SELECT name FROM SYSTEM_privilege_map;                    [000417]
```

SYS 用户可以从数据字典视图 dba_sys_privs 中查询任何用户所具有的系统权限，而普通用户可以从数据字典视图 user_sys_privs 中查询自己所拥有的系统权限。例如，下面的 SELECT 语句查询用户 scott 所拥有的系统权限：

```
SQL>SELECT  grantee,privilege,admin_option  FROM  dba_sys_privs  WHERE
grantee = 'SCOTT';                                           [000418]
```

其中，列 grantee 是指权限的被授予者，privilege 列表示权限名称，adm 列表示是否允许用户再将这个权限授予其他用户。

又如，假设当前用户是 scott，下面的查询语句列出了当前用户所拥有的系统权限：

```
SQL>SELECT username,privilege,admin_option FROM user_sys_privs;[000419]
```

这条语句与上面一条语句的执行结果相同。

从数据字典视图 sessiot_privs 中可以查询一个用户在当前会话中所具有的系统权限。如果分别从字典视图 session_privs 和 user_sys_privs 中查询一个用户所具有的系统权限，会发现查询结果并不相同。这是因为，从 user_sys_privs 中查询到的系统权限是用户直接获得的系统权限，即 SYS 用户通过 GRANT 命令授予当前用户的系统权限。而从字典视图 session_privs 查询到的系统权限不仅包括该用户直接获得的权限，还包括该用户从角色中间接获得的系统权限。

与系统权限一样，对象权限的信息也可以从数据字典视图中查询。与对象权限有关的数据字典视图包括以下几个：dba_tab_privs、dba_col_privs、user_tab_privs 和 user_col_privs。

其中，从 dba_tab_privs 查询任何用户所具有的对象权限。例如，下列的 SELECT 语句查询用户 user1 所具有的对象权限：

```
SQL>SELECT grantee,privilege,grantor,table_name,grantable FROM dba_tab_
privs WHERE grantee='USER1';                                 [000420]
```

查询结果表明，用户 user1 对用户 scott 的 DEPT 表具有 SELECT 权限，权限的授予者都是 scott，并且这个权限还可以再被 user1 授予其他用户。

在另一个数据字典 dba_col_privs 中记录了用户在列上的权限。如果 REFERENCES 权限、 INSERT 权限和 UPDATE 权限在授予时没有指定具体的列，那么它们将被记录在数据字典 dba_tab_privs 中。如果涉及了具体的列，这些列的信息可以从数据字典视图 dba_col_privs 中查询。例如，下面的 SELECT 语句查询 user1 所具有的列权限：

注意：下面的语句放在 SQL Developer 环境下执行。

```
SQL>SELECT  grantee,table_name,column_name,privilege,grantor,grantable
FROM dba_col_privs WHERE grantee='USER1';                     [000421]
```

从查询结果可以看出，用户 user1 对表 dept 的 deptno 列具有 REFERENCES 权限，权限的授予者是用户 scott，它们不能再被 user1 授予其他用户。

上面两个数据字典视图只能由 SYS 用户查询，或者由具有特权的用户查询。如果一个普通用户想查看自己所具有的对象权限，可以从另外两个数据字典视图 user_tab_privs 和 user_col_privs 中查询。例如，假设当前用户是 scott，下面的 SELECT 语句将查询这个用户所具有的全部对象权限：

```
SQL>SELECT  grantee,table_name,privilege,grantor,grantable  FROM  user_
tab_privs WHERE grantee='SCOTT';                                    [000422]
```

5.3 角色的管理

角色是一组权限的集合，使用角色的目的是使权限管理更加方便。假设有 10 个用户，这些用户为了访问数据库，最少应该具有 CREATE SESSION、CREATE TABLE、UNLIMITED TABLESPACE 等系统权限。如果将这些权限分别授予这些用户，那么需要进行的授权次数比较多。但是，如果把这些权限事先放在一起，然后作为一个整体授予这些用户，那么每个用户只需一次授权，授权的次数将大大减少，而且用户数越多，需要指定的权限越多，这种授权方式的优越性就越明显。这些事先组合在一起的一组权限就是角色，角色中的权限既可以是系统权限，也可以是对象权限。

为了使用角色，首先在数据库中创建一个角色，这时角色中没有任何权限。然后向角色中添加权限。最后将这个角色授予用户，该用户就具有了角色中的所有权限。在使用角色的过程中，可以随时向角色中添加权限，也可以随时从角色中删除权限，用户的权限也随之改变。如果要回收所有的权限，只要将角色从用户回收即可。如图 5-2 所示为用户与角色之间的关系。

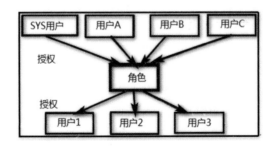

图 5-2

5.3.1 角色的创建和删除

在数据库中有两类角色：一类是 Oracle 预定义的角色；另一类是用户自定义的角色。Oracle 预定义的角色在数据库被创建之后即存在，并且已经包含了一系列的权限，数据库管理员可以将这些角色直接授予用户。常用的角色有 CONNECT、RESOURCE、DBA 等，表 5-5 列出了常见的几个角色及其所包含的权限。

表 5-5

角色名称	所包含的权限
CONNECT	CREATE SESSION
RESOURCE	CREATE SEQUENCE（创建序列） CREATE TRIGGER（创建触发器） CREATE CLUSTER（创建簇） CREATE PROCEDURE（创建存储过程） CREATE TYPE（创建自定义数据类型） CREATE OPERATOR（创建操作） CREATE TABLE（创建表） CREATE INDEXTYPE（创建索引类型）

在新创建一个用户时，为了使其具有最基本的权限，最简单的方法是将 CONNECT 和 RESOURCE 两个角色授予该用户。

DBA 是一个特殊的角色，在这个角色中包含了数据库中的绝大部分系统权限。表 5-6 列出了这个角色所包含的部分统权限。

表 5-6

角色名称	所包含的权限
DBA	CREATE SESSION（创建会话） ALTER SESSION（修改会话） DROP TABLESPACE（删除表空间） BECOME USER（切换用户） DROP ROLLBACK SEGMENT（删除回滚段） SELECT ANY TABLE（所有账户表的查询） INSERT ANY TABLE （所有账户表的插入） UPDATE ANY TABLE（所有账户表的更新） DROP ANY INDEX（所有索引的删除） SELECT ANY SEQUENCE（所有账户序列的使用） CREATE ROLE（创建角色）

除了 Oracle 预定义的角色以外，用户还可以自定义角色。一般情况下，创建角色的操作只能由 SYS 用户完成，如果普通用户要定义角色，必须具有"CREATE ROLE"系统权限。创建角色的命令是 CREATE ROLE，语法格式为：

```
CREATE ROLE 角色名；
```

例如，创建一个名为 role_1 的角色，可以执行以下语句：

```
SQL>CONN SYS/TJGDDwzk196661@127.0.0.1:1521/zgdt.workgroup AS SYSDBA;
CREATE ROLE role_1;                                        [000423]
```

删除角色的命令是"droprole"。角色被删除时，角色中的权限都被从用户回收。例如，删除刚才创建的角色的语句为：

```
SQL>DROP ROLE role_1;                                      [000424]
```

5.3.2 角色中权限的添加和删除

角色刚被创建时，没有包含任何权限。用户可以将权限授予该角色，使这个角色成为一个权限的集合。向角色授权的方法与向用户授权的方法相同，只要将用户名用角色名代替即可。

值得注意的是，如果向角色授予系统权限，可以使用 WITH ADMIN OPTION 选项，但是向角色授予对象权限时，不能使用 WITH GRANT OPTION。

例如，用户 scott 通过下列语句向角色 role_1 授予若干权限：

```
SQL>CONN SYS/TJGDDwzk196661@127.0.0.1:1521/zgdt.workgroup AS SYSDBA;
    CREATE ROLE role_1;
    GRANT SELECT ON scott.emp TO role_1;
    GRANT UPDATE(sal) ON scott.emp TO role_1;                    [000425]
```

SYS 用户也可以通过下列语句向该角色授予若干系统权限：

```
SQL>GRANT CREATE SESSION,CREATE TABLE,CREATE VIEW TO role_1;   [000426]
```

如果要从角色中删除权限，可以执行 REVOKE 命令。权限回收的方法与从用户回收权限的方法相同，只是用角色名代替用户名即可。例如，用户将 SELECT 权限从角色 role_1 回收，对应的语句为：

```
SQL>REVOKE SELECT ON scott.emp FROM role_1;                    [000427]
```

5.3.3 角色的分配和回收

只有将角色授予用户，用户才具有角色中的权限。可以一次将角色授予多个用户，这样这些用户就都具有了这个角色中包含的权限。将角色授予用户的命令是 GRANT，授予角色的方法与授予权限的方法相同，只是将权限名用角色名代替即可。例如，下面的语句将角色 role_1 授予用户 user1 和 user2：

```
SQL>GRANT role_1 TO user1,user2;                              [000428]
```

在一般情况下，将角色授予用户的操作由 SYS 用户完成，普通用户如果要完成这样的操作，必须具有 GRANT ANY ROLE 系统权限。

要将角色从用户回收，需要执行 REVOKE 命令。角色被回收后，用户所具有的属于这个角色的权限都将被回收。从用户回收角色与回收权限的方法相同，这样的操作一般也由 SYS 用户完成。例如，下面的语句将角色 role_1 从用户 user1 回收：

```
SQL>REVOKE role_1 FROM user1;                                 [000429]
```

5.3.4 角色信息的查询

角色的信息也存储在相关的数据字典中。与角色有关的数据字典表如表 5-7 所示。

表 5-7

数据字典表	描　　述
dbajoles	记录数据库中的所有角色
dba_role_privs	记录所有被授予用户或另一角色的角色
user_role_privs	记录所有被授予当前用户的角色
role_role_privs	记录一个角色中包含的其他角色
role_sys_privs	记录一个角色中包含的系统权限
role_tab_privs	记录一个角色中包含的对象权限
session_roles	记录当前会话中所使用的角色

例如，下面的语句得到系统中目前所有的角色：

```
SQL>SELECT role FROM dba_roles;                                    [000430]
```

下面的语句用于查询用户 user1 所拥有的角色和默认角色：

```
SQL>GRANT role_1 TO user1,user2;
SELECT granted_role,default_role FROM dba_role_privs WHERE grantee=
'USER1';                                                           [000431]
```

要查询角色 CONNECT 中所包含的系统权限，可以执行下面的查询语句：

```
SQL>SELECT privilege,admin_option FROM role_sys_privs WHERE role=
'CONNECT';                                                         [000432]
```

5.4　PROFILE（用户配置文件）的管理

PROFILE 是一种数据库对象，它的功能是对用户使用口令的情况进行控制，或者对用户消耗系统资源的情况进行控制。在默认情况下，在数据库中对用户使用口令或者消耗资源没有什么限制，或者限制很小。

在一个数据库中，可能因为一个用户无意中执行了包含死循环的 PL/SQL 程序，或者一个带有恶意的用户对一个数百 GB 的大表进行全表检索操作，这些行为虽然不能破坏数据，但是会使数据库系统的性能急速降低。数据库管理员如果及时发现这些情况，可以强制终止用户会话，然后将带有恶意的用户锁定。例如，下面的 3 条语句分别查询用户的会话信息、强制终止用户会话和锁定用户账号（其中 1164 和 13942 分别为用户会话的 sid 和 serial#）：

```
SQL>SELECT username,sid,serial# FROM v$session WHERE username='SCOTT';
SQL>ALTER SYSTEM KILL SESSION '1164,13942';
SQL>ALTER USER scott ACCOUNT LOCK;                                 [000433]
```

如果在数据库中创建了 PROFILE，通过 PROFILE 可以采取主动防御的措施，对用户消耗系统资源的情况进行控制，这样就可以避免很多严重后果的产生。

```
SL>ALTER USER scott ACCOUNT UNLOCK;                                [000434]
```

5.4.1 PROFILE 的创建与删除

为了能够使用 PROFILE，首先需要以 SYSTEM 用户的身份执行脚本 pupbld.sql。这个脚本位于 Oracle 主目录（$Oracle_HOME）下的\sqlplus\admin 子目录中。例如：

```
D:\app\Administrator\product\11.2.0\dbhome_1\sqlplus\admin pupbld.sql
                                                              [000435]
```

其中，$Oracle_HOME 是对环境变量 Oracle_HOME 的引用，它代表 Oracle 的主目录（D:\app\Administrator\product\11.2.0\dbhome_1）。 在 Windows 系统中，应以下面的方式执行这个脚本：

```
SQL>@%Oracle_HOME%\sqlplus\admin\pupbld.sql;
```

或

```
SQL>@D:\app\Administrator\product\11.2.0\dbhome_1\sqlplus\admin\pupbld
.sql;                                                         [000436]
```

在数据库中需要创建 PROFILE 这种数据库对象，在 PROFILE 中指定对用户所施加的各种限制，并将 PROFILE 指定给用户，这样用户的口令以及对资源的消耗就会受到限制。PROFILE 被创建，可以指定给多个用户。

创建 PROFILE 的操作一般由 SYS 用户完成，如果普通用户希望创建 PROFILE，需要具有 CREATE PROFILE 系统权限。创建 PROFILE 的命令格式为：

```
CREATE PROFILE profile
LIMIT { resource_parameters（资源限制）  | password_parameters（口令限制）  }
```

其中资源限制 resource_parameters 的内容如下：

```
{
    {
        SESSIONS_PER_USER |
        CPU_PER_SESSION |
        CPU_PER_CALL |
        CONNECT_TIME |
        IDLE_TIME |
        LOGICAL_READS_PER_SESSION |
        LOGICAL_READS_PER_CALL |
        COMPOSITE_LIMIT
    }
    {
        integer |
        UNLIMITED |
        DEFAULT
    }
    | PRIVATE_SGA
    {
        integer [ K | M ] |
```

```
            UNLIMITED | DEFAULT
        }
    }
```

口令限制 password_parameters 的内容如下：

```
{
    {
        FAILED_LOGIN_ATTEMPTS |
        PASSWORD_LIFE_TIME |
        PASSWORD_REUSE_TIME |
        PASSWORD_REUSE_MAX |
        PASSWORD_LOCK_TIME |
        PASSWORD_GRACE_TIME
    }
    {
        expr |
        UNLIMITED |
        DEFAULT
    }
    | PASSWORD_VERIFY_FUNCTION
    {
        function |
        NULL |
        DEFAULT
    }
}
```

创建 PROFILE 语法相关解释说明如表 5-8 所示。

表 5-8

创建 PROFILE 语法相 关参数部分	解释说明		
profile	Profile 为配置文件的名称。Oracle 数据库以以下方式强迫资源限制。		
	强迫资源限 制的方式	描述	
	Connect_time 或 idle_time	如果用户超过了 connect_time 或 idle_time 的会话资源限制，数据 库就回滚当前事务，并结束会话。用户再次执行命令，数据库则返 回一个错误，如果用户试图执行超过其他的会话资源限制的操作， 数据库放弃操作，回滚当前事务并立即返回错误。用户之后可以提 交或回滚当前事务，必须结束会话。提示：可以将一条分成多个段， 如 1 小时（1/24 天）来限制时间，可以为用户指定资源限制，但是 数据库只有在参数生效后才会执行限制	
	Unlimited	分配该 profile 的用户对资源使用无限制，当使用密码参数时， unlimited 意味着没有对参数加限制	
	Default	指定为 default 意味着忽略对 profile 中的一些资源限制，Default profile 初始定义对资源不限制，可以通过 alter profile 命令来改变	

创建 PROFILE 语法相关参数部分	解释说明	
Resource_parameter 部分	Resource_parameter 部分	描述
	Session_per_user	指定限制用户的并发会话的数目
	Cpu_per_session	指定会话的 CPU 时间限制，单位为百分之一秒
	Cpu_per_call	指定一次调用（解析、执行和提取）的 CPU 时间限制，单位为百分之一秒
	Connect_time	指定会话的总的连接时间，以分钟为单位
	Idle_time	指定会话允许连续不活动的总的时间，以分钟为单位，超过该时间，会话将断开。但是长时间运行查询和其他操作的不受此限制
	Logical_reads_per_session	指定一个会话允许读的数据块的数目，包括从内存和磁盘读的所有数据块
	Logical_read_per_call	指定一次执行 SQL（解析、执行和提取）调用所允许读的数据块的最大数目
	Private_sga	指定一个会话可以在共享池（SGA）中所允许分配的最大空间，以字节为单位。（该限制只在使用共享服务器结构时才有效，会话在 SGA 中的私有空间包括私有的 SQL 和 PL/SQL，但不包括共享的 SQL 和 PL/SQL）
	Composite_limit	指定一个会话的总的资源消耗，以 service units 单位表示。Oracle 数据库以有利的方式计算 cpu_per_session，connect_time，logical_reads_per_session 和 private_sga 总的 service units
Password_parameter 部分	Password_parameter 部分	描述
	Failed_login_attempts	指定在账户被锁定之前所允许尝试登录的的最大次数
	Password_life_time	指定同一密码所允许使用的天数。如果同时指定了 password_grace_time 参数，如果在 grace period 内没有改变密码，则密码会失效，连接数据库被拒绝。如果没有设置 password_grace_time 参数，默认值 unlimited 将引发一个数据库警告，但是允许用户继续连接
	Password_reuse_time 和 Password_reuse_max	这两个参数必须互相关联设置，password_reuse_time 指定了密码不能重用前的天数，而 password_reuse_max 则指定了当前密码被重用之前密码改变的次数。两个参数都必须被设置为整数

续上表

创建 PROFILE 语法相关参数部分	解释说明	
Password_parameter 部分	Password_parameter 部分	描述
	Password_reuse_time 和 Password_reuse_max	（1）如果为这两个参数指定了整数，则用户不能重用密码直到密码被改变。password_reuse_max 指定的次数以后在 password_reuse_time 指定的时间内。例如，password_reuse_time=30，password_reuse_max=10，用户可以在 30 天以后重用该密码，要求密码必须被改变超过 10 次。（2）如果指定了其中的一个为整数，而另一个为 unlimited，则用户永远不能重用一个密码。（3）如果指定了其中的一个为 default，Oracle 数据库使用定义在 profile 中的默认值，默认情况下，所有的参数在 profile 中都被设置为 unlimited，如果没有改变 profile 默认值，数据库对该值总是默认为 unlimited。（4）如果两个参数都设置为 unlimited，则数据库忽略它们
	Password_lock_time	指定登录尝试失败次数到达后账户的锁定时间，以天为单位
	Password_grace_time	指定宽限天数，数据库发出警告到登录失效前的天数。如果数据库密码在这中间没有被修改，则过期会失效
	Password_verify_function	该字段允许将复杂的 PL/SQL 密码验证脚本作为参数传递到 create profile 语句。Oracle 数据库提供了一个默认的脚本，但是可以创建自己的验证规则或使用第三方软件验证。对 Function 名称，指定的是密码验证规则的名称，指定为 Null 则意味着不使用密码验证功能。如果为密码参数指定表达式，则该表达式可以是任意格式，除了数据库标量子查询

另外，数据库对登录用户默认的资源限制状态是无效的，如通过如下命令查看：

```
SQL>show parameter resource_limit;                              [000437]
```

若使之生效，则需要通过下面的命令：

```
SQL>alter SYSTEM set resource_limit=true;                       [000438]
```

下面通过一个具体的示例来说明如何给用户加施加必要的访问（操作）限制。

1．创建一个 profile

```
SQL>create profile pf_1  limit password_reuse_max 10 password_reuse_time
30;                                                             [000439]
```

2. 设置 profile 资源限制

```
SQL>create profile pf_2 limit
  sessions_per_user unlimited
  cpu_per_session unlimited
  cpu_per_call 3000
  connect_time 45
  logical_reads_per_session default
  logical_reads_per_call 1000
  private_sga 15k
  composite_limit 5000000;                              [000440]
```

总的 resource cost（资源成本）不超过五百万 service units（服务单位）。计算总的 resource cost 的公式由 alter resource cost 语句来指定。

3. 设置密码限制 profile

```
SQL>create profile pf_3 limit
  failed_login_attempts 5
  password_life_time 60
  password_reuse_time 60
  password_reuse_max 5
  -- password_verify_function verify_function --指定一个外部验证规则
  password_lock_time 1/24
  password_grace_time 10;                               [000441]
```

4. 将配置文件分配给用户

```
SQL>alter user user1 profile pf_3;
```

在创建用户时，可以为其指定 PROFILE。对于一个已经存在的用户，也可以为其指定 PROFILE。例如：

```
SQL>CREATE USER user5 identified by "1234" PROFILE pf_3;
SQL>ALTER USER user5 PROFILE pf_2;                      [000442]
```

为每个用户只能指定一个 PROFILE。从数据字典视图 dba_users 中可以获得为每个用户指定的 PROFILE。例如：

```
SQL>SELECT profile FROM dba_users WHERE username='USER1';   [000443]
```

在一个 PROFILE 中所包含的各种限制可以从数据字典视图 dba_profiles 中获得。例如，下面的命令用户查询 P1 对用户使用口令及使用资源进行的限制：

```
SQL>SELECT profile,resource_name,limit FROM dba_profiles WHERE PROFILE
='PF_3';                                                [000444]
```

从上述命令的执行结果可以看出，除了明确设置的限制外，PROFILE 中所包含的大部分限制都采用了默认值。

删除 PROFILE 的命令是 DROP PROFILE。如果一个 PROFILE 已经被指定给某个用户，那么在删除 PROFILE 需要指定 CASCADE 关键字。例如：

```
SQL>DROP PROFILE pf_3 CASCADE;                          [000445]
```

5.4.2　如何利用 PROFILE 对用户口令进行控制

对用户口令的限制主要涉及口令的使用期限，在一个 PROFILE 中可以指定多种限制。表 5-9 列出了对用户口令可以施加的限制。

表 5-9

用户口令限制参数	描述
FAILED_LOGIN_ATTEMPTS	允许的失败登录次数。如果用户的失败登录达到指定的次数，用户账号将被锁定。这个参数的默认值为 10
PASSWORD_LOCK_TIME	账号锁定时间。当用户失败的登录达到指定的次数后，用户账号将被锁定指定的天数。该参数的默认值为 1 天
PASSWORD_LIFE_TIME	口令的有效期。当用户口令到达有效期后，必须进行修改，如果不修改，用户账号将被锁定。该参数的默认值为 180 天
PASSWORD_GRACE_TIME	口令有效期的延长期。对口令的有效期可以指定延长期。在延长期内用户仍然可以登录，但是每次登录都将接收到警告信息。如果用户在延长期内没有修改口令，用户账号将被锁定。该参数的默认值为 7 天
PASSWORD_REUSE_TIME	为了再次使用过去用过的口令，必须经过的天数
PASSWORD_REUSE_MAX	为了再次使用过去用过的口令，必须使用不同口令的次数。其中最后两个参数是一起使用的。如果为两个参数都指定了具体的值，那么在指定的天数内，用户的口令必须被修改过指定的次数后，才能使用过去用过的口令。如果为其中一个参数指定了具体值，而将另外一个参数值指定为 UNLIMITED，那么用户将永远不能使用过去用过的口令。如果把两个参数都设置为 UNLIMITED，那么对用户的口令没有限制

例如，下面创建的 PROFILE 对用户的失败登录次数进行控制，如果用户失败的登录次数达到 3 次，这个用户账号将被锁定 5 天。

```
SQL>CREATE PROFILE pf_4 LIMIT FAILED_LOGIN_ATTEMPTS 3 PASSWORD_LOCK_TIME
5;                                                           [000446]
```

又如，下面创建的 PROFILE 对用户修改口令进行限制，要求用户在 30 天内必须把口令修改过 5 次后，才能使用过去用过的口令。

```
SQL>CREATE PROFILE pf_5 LIMIT PASSWORD_REUSE_TIME 30 PASSWORD_REUSE_MAX
5;                                                           [000447]
```

为了通过 PROFILE 对用户使用口令的情况进行控制，必须把 PROFILE 指定给某个用户。例如：

```
SQL>ALTER USER user2 PROFILE pf_5;                           [000448]
```

5.4.3　如何利用 PROFILE 对用户使用资源进行控制

对用户使用资源的限制主要包括对连接时间、CPU 时间、数据块数量所进行的限制。可以从两个层次对用户使用系统资源进行限制，一个是会话级，另一个是调用级。其中会话级限制是指，对用户在整个会话范围内所使用资源总和进行的限制。而调用级限制是指对用户执行的每条命令所使用资源进行的限制。

在默认情况下，即使创建了 PROFILE，而且也为用户指定了 PROFILE，用户使用 CPU 的时间、可以访问的数据块还是不受限制的。为了使 PROFILE 对用户使用系统资源所做的限制起作用，需要在数据库中将初始化参数 RESOURCE_LIMIT 的值设置为 TRUE。

```
SQL>ALTER SYSTEM set resource_limit=TRUE;                    [000449]
```

表 5-10 列出了可以对用户的一个会话施加的限制。

表 5-10

会话限制参数	描　述
SESSIONS_PER_USER	一个用户所允许的并发会话的数目
CPU_PER_SESSION	用户在一个会话内所使用的 CPU 时间的总和，时间单位为 0.01 秒
LOGICAL_READS_PER_SESSION	用户在一个会话内所能访问的数据块的数量（这个数量包括物理读和逻辑读的数量）
CONNECT_TIME	一个用户会话所能持续的时间，以分钟为单位。超过这个时间，会话将自动断开
IDLE_TIME	一个用户会话所允许的连续的空闲时间，以分钟为单位。超过这个时间，会话将自动断开
PRIVATE_SGA	如果数据库服务器的连接模式为共享模式，该参数用来限制为一个用户会话所分配的 SGA 空间

表 5-11 列出了可以对用户执行的每条命令施加的限制。

表 5-11

命令限制参数	描　述
CPU_PER_CALL	用户执行的每条命令所使用的 CPU 时间，时间单位为 0.01 秒
LOGICAL_READS_PER_CALL	用户执行的每条命令所能访问的数据块的数量

如果能够对用户消耗 CPU 时间、访问数据块的数量等这些资源进行限制，那么就可以有效地防止诸如死循环的执行、访问一个大表中的所有数据这类情况的发生。

例如，下面创建的 PROFILE 用来对一个在会话范围内所使用的 CPU 时间、能够访问的数据块以及会话的持续时间进行限制：

```
SQL>CREATE PROFILE pf_6 LIMIT
SESSIONS_PER_USER 100
LOGICAL_READS_PER_SESSION 500
CONNECT_TIME 5;
SQL>CREATE PROFILE pf_7 LIMIT
CPU_PER_CALL 10
LOGICAL_READS_PER_CALL 50;                                   [000450]
```

5.4.4　默认的 PROFILE

在数据库中有一个默认 PROFILE，名称为 DEFAULT，如果没有为用户指定 PROFILE，那么用户使用口令、使用系统资源是受这个默认 PROHLE 限制的。如果要对所有用户进行同样的限制，那么只要修改这个默认 PROFILE 中所包含的限制，并且不要为用户指定其他的 PROFILE。

如果在一个 PROFILE 中没有对某个限制进行设置，那么这样的限制将采用默认值。默认值实际上就来自这个默认的 PROFILE。

```
SQL>SELECT resource_name,limit FROM dba_profiles WHERE PROFILE='DEFAULT';
                                                              [000451]
```

在以前版本的数据库中，默认 PROFILE 中包含的所有限制都采用 UNLIMITED，即没有限制。在 Oracle 11g 的数据库中，对一部分限制进行了设置，其余限制仍然采用 UNLIMITED。

关于是否给登录账户设置 PROFILE，要依据实际情况定。比如，正常的用户登录数据库，需要提供数据库的账户和密码。但是对于非法用户（有可能是黑客）来说，必然通过反复的测试来破解密码，这时就需要使用到 profile，通过设置密码错误次数，来停止登录；再如，用户登录到数据库后，仅允许操作半个小时，这种情况就需要为该用户设置最大持续时间；假如该用户登录后什么也不干，也不行，需要设置最大空闲时间，等等。

5.5　本章小结

在本章主要介绍了用户管理、用户权限的管理、角色的管理以及 PROFILE（用户配置文件）的管理等。这些内容对于 Oracle 运维及开发非常重要，它是 Oracle 数据库应用中最基本的安全机制，渗透在 Oracle DBA 工作的每一个角落里，烦琐但要慎重，一不留神就可能前功尽弃，因此要求读者务必了解和掌握。

接下来，我们进入第 6 章基本数据库对象管理，它是整个 Oracle 数据库学习中极为重要且基础的环节，掌握了对象管理，才有可能把 Oracle 数据库用好。

第6章 基本数据库对象管理

无论是数据库管理员，还是普通用户，都需要经常对数据库对象进行管理，如数据库对象的创建、删除、修改等。Oracle 数据库中的对象包括表、索引、视图、存储程序、序列及触发器等，这些数据库对象以一种逻辑关系组织在一起，这就是模式（schema）。

模式是一个用户所拥有的所有数据库对象的集合。每个数据库对象都属于某个用户，一个用户所拥有的数据库对象就组成一个模式，模式的名称与用户名相同。当创建用户时，就同时产生了一个模式，在默认的情况下，用户在自己的模式中拥有所有的权限。

关于 Oracle 数据库对象管理之一的"表的管理"，主要涉及普通表与特殊表的管理，普通表管理包括表的结构、表的创建以及表的修改与删除等操作，特殊表主要指临时表、分区表和索引组织表 3 种类型，其表管理和普通表一样，包括表的结构、表的创建以及表的修改与删除等操作。下面详细介绍。

对本章的一个说明：本章中的"表的管理"与第 2 章中有关表的维护，二者是从不同角度来说明对 Oracle 数据库中的表如何进行维护，后者是从 DDL 语句的角度来说明的；本章是从对象管理的角度来说明的，二者并不矛盾，前者是对后者的一个补充和完善。这一点，请读者注意。

6.1　普通表的管理

Oracle 数据库的表划归数据库对象层级，用户对表的维护操作要求具有相应的对象操作权限，如增、删、查以及改的对象操作权限。

表是数据库最基础最重要的对象之一，无论应用系统大小，都离不开数据库表的支持。

本章对特殊表的定义是把 Oracle 数据库的分区表、簇表及索引组织表统称为特殊表。

本章对普通表的定义是把特殊表（分区表、簇表及索引组织表）以外的表统称为普通表。在本节首先针对普通表的管理展开介绍，主要包括表的结构、表的创建以及表的修改与删除等操作。

6.1.1　普通表的结构

在数据库中，表是最基本的数据库对象，用来存储系统或用户的数据。表中的数据是按照行和列的格式存放的。表中的各行数据一般以写入的先后顺序存放，而一行中的各列一般按照定义表时指定的顺序存放的。

在逻辑结构上，一个表位于某个表空间。当创建一个表时，将同时创建一个表段，用于存放表中的数据。在物理结构上，表中的数据都存放在数据块中，因而在数据块中存放的是一行行的数据。如图 6-1 所示为数据块中一行数据的结构。

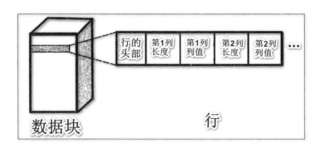

图 6-1

其中，行的头部记录了该行中列的个数、行间的全连接、加锁信息等。列长度记录一个列实际占用的字节数，而列值则记录了该列实际存放的数据。

表中的每一行数据都有一个行号，用于标识该行数据的物理位置。根据这个行号可以直接定位该行数据。行号可以通过伪列 ROWID 获得。例如，以下查询得到表 DEPT 中的数据及每行的行号。

```
SQL>SELECT ROWID,DEPTNO,DNAME,LOC FROM DEPT;                    [000452]
```

运行结果如图 6-2 所示。

```
SQL> SELECT ROWID,DEPTNO,DNAME,LOC FROM DEPT;

ROWID                 DEPTNO DNAME          LOC
-------------------- ------- -------------- --------------
AAAR3qAAEAAAACEAAA        80 NETWORK        NOWHERE
AAAR3qAAEAAAACEAAB        90 DEVELOP        NOWHERE
AAAR3qAAEAAAACEAAC        10 MAINTAIN       NOWHERE
AAAR3qAAEAAAACEAAD         6 network        nowhere
AAAR3qAAEAAAACGAAA        50 NETWORK        AEIJING
AAAR3qAAEAAAACGAAB         5 network        nowhere
AAAR3qAAEAAAACGAAC         2 network        nowhere
AAAR3qAAEAAAACHAAB        20 RESEARCH       DALLAS
AAAR3qAAEAAAACHAAC        30 SALES          CHICAGO
AAAR3qAAEAAAACHAAD        40 OPERATIONS     BOSTON
AAAR3qAAEAAAACHAAE        60 MONITOR        WASHINGTON

ROWID                 DEPTNO DNAME          LOC
-------------------- ------- -------------- --------------
AAAR3qAAEAAAACHAAF         3 network        nowhere
AAAR3qAAEAAAACHAAG         4 network        nowhere

已选择13行。
```

图 6-2

行号（ROWID）是由数据库服务器自动生成的字符串，包含 18 个字符。行号的组成如图 6-3 所示。

图 6-3

其中前 6 个字符表示数据库对象的编号,用来指定该行数据属于哪个数据库对象。在数据库中每个数据库对象都有一个唯一的编号。

从第 7 到第 9 共 3 个字符表示数据文件的相对编号,用来指定该行数据存储在哪个数据文件中。在数据库中每个数据文件中有两个编号:一个是绝对编号,它是数据文件在整个数据库范围内的编号;另一个是相对编号,它是数据文件在一个表空间范围内的编号。

从第 10 到第 15 共 6 个字符表示数据块的编号,用来指定该行数据位于哪个数据块中。

最后 3 个字符表示行号,用来指定该行数据在数据块中位于第几行。为了使用户对行号进行解析,Oracle 提供了一个 DBMS_ROWID 程序包,利用这个程序包中的函数可以对行号进行解析。DBMS_ROWID 中各个函数的用法如表 6-1 所示。

表 6-1

函　　数	说　　明
ROWID_RELATIVE_FNO	返回一行数据所在数据文件的相对文件号
ROWID_OBJECT	返回一行数据所在数据库对象的编号
ROWID_BLOCK_NUMBER	返回一行数据所在的数据块的编号
ROWID_ROW_NUMBER	返回一行数据所在数据块中的行号

例如,以下查询将得到 dept 表中每行数据所在的文件编号、数据库对象的编号、数据块编号和在数据块中的行号:

```
SQL>SELECT DBMS_ROWID.ROWID_RELATIVE_FNO(ROWID) AS 相对文件号,
DBMS_ROWID.ROWID_OBJECT(ROWID) AS 对象编号,
DBMS_ROWID.ROWID_BLOCK_NUMBER(ROWID) AS 数据块编号,
DBMS_ROWID.ROWID_ROW_NUMBER(ROWID) AS 行号 FROM dept;          [000453]
```

6.1.2　普通表的创建

在创建表时,可以同时为表指定一些重要的属性,如存储参数、所属表空间等。这些属性都通过 CREATE TABLE 命令的子句指定。

1. PCTFREE 和 PCTUSED 子句

这两个参数的作用是用来控制数据块的空间使用情况。为了减少数据块间的迁移,在创建表时可以通过 PCTFREE 和 PCTUSED 子句指定数据块空间的使用情况。考虑以下创建表的语句:

```
SQL>CREATE TABLE T_1(name varchar2(10)) PCTFREE 20 PCTUSED 40;[000454]
```

在表 T_1 中，每个数据块都有 20% 的保留空间。当可用空间使用完后，新的数据将被写入另外一个数据块。当从表中删除数据时，数据块中已用空间不断减少，当减少到 40% 时，可再次向该数据块中插入数据。

在使用 PCTFREE 和 PCTUSED 子句时，可以参考以下原则：

- PCTFREE 和 PCTFUSED 的值必须小于或等于 100%；
- 如果在一个表上很少执行 UPDATE 操作，可以将 PCTFREE 设置得尽量小；
- PCTFREE 与 PCTUSED 之和越接近 100%，数据块的空间利用率越高。

注：关于 PCTFREE 和 PCTUSED 参数的指定，在 Oracle 11g 中均采用默认设置，无需人为改变设定。

2．TABLESPACE 子句

TABLESPACE 子句用来指定将表创建在哪个表空间上。如果不指定 TABLESPACE 子句，用户将在自己的默认表空间上创建表。

为了能够在指定的表空间上创建表，当前用户必须在该表空间上有足够的空间配额或在数据库中具有 UNLIMITED TABLESPACE 权限。

3．INITRANS 和 MAXTRANS 子句

数据库中的数据存储在数据块中，用户的事务最终要修改数据块中的数据。Oracle 允许多个并发的事务同时修改一个数据块中的数据。每当用户的事务开始作用于一个数据块时，数据库服务器将在该数据块的头部为该事务分配一个事务项，以记录事务的相关信息。事务结束时，对应的事务项将被删除。

INITRANS 和 MAXTRANS 参数用于控制一个数据块上的并发事务数量，其中 INITRANS 用于指定初始的事务数量。MAXTRANS 用于指定最大的并发事务数量。

当创建一个表时，数据库服务器按照 INITRANS 的值为每个数据块分配一定的事务项，这些事务项将一直保留到该表被删除。当一个事务访问数据块时，将占用其中的一个事务项，事务结束时，将释放事务项。当这些预先创建的事务项全部被占用后，如果又有新的并发事务发生，数据库服务器将在数据块的可用空间中为事务创建一个新的事务项。在任一时刻，数据块中的事务项不会超过 MAXTRANS 参数值。

例如，在利用以下语句创建表时，指定初始的事务项为 10，最大的并发事务数量为 200。

```
SQL>CREATE TABLE T_2(name varchar2(10)) INITRANS 10 MAXTRANS 200;[000455]
```

INITRANS 和 MAXTRANS 参数的值可以根据用户对表的访问情况进行设置。如果参数值过大，事务项将占用更多的数据块空间，那么数据可以利用的空间将减少。如果参数设置过小，有些事务将因为无法分配到事务项而等待，从而降低了数据库的性能。一般情况下，如果多个用户同时访问表的情况很少发生，可以为这两个参数设置较小的

参数值；反之，要为这两个参数指定较大的参数值。

4．CACHE 子句

CACHE 子句用于指定将表中的数据放在数据库高速缓存中，并保留一段时间。如果在创建表时指定了 CACHE 子句，那么在用户第一次访问表中的数据时，这个表将整个被读到数据库高速缓存中，并保留较长的一段时间，这样用户以后再访问该表时，可直接访问数据库高速缓存中的数据，从而提高访问的效率。

在默认情况下，创建表时使用 NOCACHE 子句。对于一些较小的、用户访问频繁的表，在创建时可以考虑使用 CACHE 子句，以提高访问效率。

```
SQL>CREATE TABLE T_3(name varchar2(10)) CACHE ;          [000456]
```

5．PARALLEL 子句

在一般情况下，通过 insert 命令向表中写入数据时，一次写入一行数据，这样的写操作是串行进行的。如果在创建表时指定了 parallel 子句，那么在向表中以批量方式写入大量数据时以并发方式进行，这样可以大大提高处理的速度。例如，利用以下语句创建表时，将实现并发操作。

```
SQL>CREATE TABLE T_4_1(name varchar2(10)) PARALLEL ;     [000457]
```

如果不希望在表上以并发方式写入数据，在创建表时需要指定 NOPARALLEL。

```
SQL>CREATE TABLE T_4_2 PARALLEL AS SELECT * FROM emp;    [000458]
```

6．LOGGLING 子句

在默认情况下，用户在表上执行 DDL 和 DML 命令时，服务器进程都会产生重做日志。如果不希望产生重做日志，在创建表时需要指定 NOLOGGING 子句。使用 NOLOGGING 子句有以下好处：

- 由于不写重做日志，因而节约了重做日志文件的存储空间；
- 减少了处理时间；
- 在以并行方式向表中写入大量数据时提高了效率。

当然在使用 NOLOGGING 子句时也有不好的一面。因为没有重做日志，当表被破坏时，将无法进行恢复，所以在表创建后应该及时对其进行备份。

7．COMPRESS 子句

如果在创建表时使用了 COMPRESS 子句，那么一个数据块中两行完全相同的数据将被压缩为一行，并存储在数据块的开始，在数据块中本应存储这两行数据的地方只存储该行数据的引用。

使用表的压缩功能可以减少表所占用的存储空间和数据库高速缓存空间，并且可以提高查询速度。

表的压缩功能一般用在向表中批量插入数据的情况（如基于查询创建表）。一个表中可以包含压缩的和未压缩的数据，所有 DML 操作均可应用于这些压缩的数据。

例如，下面的语句用于创建表 T_5，这个表具有压缩功能，支持并发的数据写入，对 DDL 和 DML 命令不产生重做日志。

```
SQL>CREATE TABLE T_5_1(name varchar2(10)) PARALLEL NOLOGGING COMPRESS ;
SQL>CREATE TABLE T_5_2 PARALLEL NOLOGGING COMPRESS AS SELECT * FROM EMP;
                                                              [000459]
```

临时表是一种特殊类型的表，表中的数据并不会永久保存，而是一些临时数据。这些临时数据只在当前事务或当前会话中有效，当事务或会话结束时，这些临时数据将被全部删除。

创建临时表的命令是 CREATE GLOBAL TEMPORARY TABLE。在创建临时表时还需要通过 ON COMMIT 子句指定临时数据的有效范围。如果指定了 ON COMMIT DELETE ROWS 子句，那么临时表是事务级的，当事务提交或回滚时，临时表中的数据即被删除。如果指定了 ON COMMIT PRESERVE ROWS 子句，那么临时表是会话级的，表中的数据将一直保留，直到当前会话结束时才被删除。

以下语句用于创建一个事务级的临时表：

```
SQL>CREATE GLOBAL TEMPORARY TABLE T_6( name varchar2(10)) ON COMMIT DELETE
ROWS;                                                         [000460]
```

6.1.3　普通表的修改

在数据库服务器的运行过程中，如果发现表的设计不合理，可以对其进行修改。一般来说，对表的修改涉及以下内容：

- 表的结构的修改，如增加列、删除列、修改某个列的定义；
- 约束的修改，如添加约束、删除约束、激活约束与禁止约束；
- 修改表的物理属性，如 PCTFREE 参数、PCTUSED 参数；
- 表的移动，如移动到一个新的数据段或表空间；
- 表的存储空间的手动分配和回收。

修改表的命令是 ALTER TABLE，普通用户只能修改自己的表。如果要修改其他用户的表，必须具有 ALTER ANY TABLE 系统权限。

1．修改表的物理属性

在创建表时可以指定 PCTFREE、PCTUSED、INITRANS、CACHE 等参数，这些参数对于表中存储空间的利用有直接的影响。表在创建以后，用户也可以对这些参数进行修改。例如，下面的语句对表 T_5_2 的参数进行了修改：

```
SQL>ALTER TABLE T_5_2 PCTFREE 30 PCTUSED 60 INITRANS 15 MAXTRANS 220 CACHE
NOLOGGING;                                                    [000461]
```

2．表的移动

表的移动意味着把表中的数据移动到一个新的表段中，同时可以把表段移动到另一个表空间中。表的移动在以下场合非常有用：

- 消除表中的存储碎片；
- 消除表中数据块间的链接；
- 把表移动到另一个表空间中；
- 修改表所使用的数据块大小。

在对表进行移动时，表中的数据将被重新排列，这样就可以消除表中的存储碎片和数据块的链接。如果两个表空间所使用的数据块大小不同，那么表在两个表空间中移动时，也将使用不同大小的数据块。

移动表所使用的命令是 ALTER TABLE。在移动表时，先为表创建一个新的表段，然后把表中的数据移动到这个新段中，最后删除原来的表段。例如：

```
SQL>ALTER TABLE T_2 MOVE;                                    [000462]
```

又如，下面的 ALTER 语句用于把表 T2 移动到表空间 TS_ZGDT_YJ_3 中：

```
SQL>ALTER TABLE T_2 MOVE TABLESPACE TS_ZGDT_YJ_3;           [000463]
```

值得注意的是，表被移动后，表的行号将发生变化，所以表上原来的索引将不可用。在表移动后应删除原来的索引并重新创建。

3. 存储空间的手动分配和回收

表在创建后，随着数据的增加，Oracle 将按照存储参数的设置不断为表分配新的区。这一过程是自动进行的，不需要用户的干预。

在有些情况下，用户希望为表分配一个指定大小的区，这时需要利用 ALTER TABLE 命令及其 ALLOCATE EXTENTS 子句为表手动分配一个区。

在手动为表分配区时，可以为其指定大小。如果没有指定大小，数据库服务器将按照该表所在表空间的区大小，为表分配一个区。例如，以下语句为表 T_2 手动分配了一个 512KB 的区：

```
SQL>ALTER TABLE T_2 ALLOCATE EXTENT (SIZE 512K);            [000464]
```

实际上，手动指定的区大小与该表所在表空间的区大小可能不一致。假设表空间的区大小是 64KB，那么上述命令的执行结果是为表 T2 分配了 8 个 64KB 的区。

在表段的 HWM 以下，可能有一些尚未使用的数据块。为了节省磁盘空间，可以通过命令把这些存储空间回收。例如：

```
SQL>ALTER TABLE T_2 DEALLOCATE UNUSED;                      [000465]
```

6.1.4 普通表的删除

当一个表不需要时，可以将其删除。删除表时，将产生以下结果：

- 表的结构信息从数据字典中被删除，表中的数据不可访问；
- 表上的所有索引和触发器被一起删除；

- 所有建立在该表上的同义词、视图和存储程序变为无效；
- 所有分配给表的区被标记为空闲，可被分配给其的对数据库对象。

一般情况下，普通用户只能删除自己的表。若希望删除其他用户的表，则必须具有 DROP ANY TABLE 系统权限。

为了防止用户对表进行误删除，在数据库中提供了一个回收站。当表被删除时，表所占用的存储空间并不是立即被释放，而是被放入回收站。

回收站实际上是一个数据字典表，用于记录被删除的表、索引等数据库对象的信息。当一个数据库对象被删除时，它所占用的存储空间并不立即释放，而是被重命名后放入回收站。如果后来用户发现某个对象是被误删除的，可以从回收站中将其恢复。

当用户删除一个表空间时，表空间中的数据库对象并不被放入回收站，而且回收站中原来属于该表空间的数据库对象也将被清除。当一个用户被删除时，属于这个用户的数据库对象也不被放入回收站，而且回收站中原来属于该用户的数据库对象也将被清除。

用户可以在回收站中查看属于自己的、被删除的数据库对象，数据库管理员可以查看所有被删除的数据库对象。用户可以通过以下的语句查看回收站中的内容：

```
SELECT * FROM RECYCLEBIN;                                [000466]
```

数据库对象被删除后，它将被重命名并放入回收站。重命名的目的是为了防止被删除对象的名称相互冲突。重命名的规则为：

```
BIN$id$版本
```

其中，id 是由 Oracle 产生的包含 26 个字符的字符串，是被删除数据库对象的唯一标识。版本是由数据库服务器自动指定的版本号。

为了查看回收站的方便，Oracle 数据库提供了两个数据字典视图：

- USER_RECYCLEBIN：包含当前用户的被删除的数据库对象，RECYCLEBIN 是它的同义词；
- DBA_RECYCLEBIN：包含所有被删除的数据库对象，仅数据库管理员可以访问。

例如，以下语句用于查询 SCOTT 用户被删除的数据库对象：

```
SQL>SELECT object_name, original_name FROM DBA_RECYCLEBIN WHERE owner =
'SCOTT';                                                 [000467]
```

用户也可以通过执行 SQL*Plus 命令 show recyclebin 来查看回收站。例如：

```
SQL>show recyclebin                                      [000468]
```

尽管表已经被放入回收站，用户还是可以访问表中的数据，只是表名必须使用它在回收站中的名称。例如：

```
SQL>SELECT * FROM "BIN$UA58qo92Tuq8xGXVAUhINg==$0";      [000469]
```

当用户确信一个数据库对象不再需要时，可以执行 PURGE 命令将其从回收站中清除，该对象及其相关对象所占用的存储空间将一起被释放。清除数据库对象时，可以使用回收站中的名称，也可以使用被删除前的名称。例如，以下两条语句的作用都是从回收站中清除表 TB_3、TB_4。

```
SQL>PURGE TABLE "BIN$zCZvo0BGQOCmBtsLWh+gtA==$0";
SQL>PURGE TABLE TB_4;                                         [000470]
```

注：在采用数据库的自动命名时，要加双引号引起来，类似于"BIN$zCZvo0BGQOCmBtsLWh+gtA==$0"。

如果希望在删除表的同时释放存储空间，可以在 DROP TABLE 命令中使用 PURGE 子句，这个表就直接被删除了，而不是被放入回收站中。例如：

```
SQL>DROP TABLE T_1 PURGE;                                     [000471]
```

用户还可以选择清除回收站中原来属于某个表空间的所有数据库对象，或者清除某个用户的原来属于某个表空间的所有数据库对象，还可以清除属于自己的数据库对象。这 3 种操作对应的命令格式分别为：

```
SQL>PURGE TABLESPACE USERS;  -- 清除回收站中原来属于某个表空间的所有数据库对象
SQL>PURGE TABLESPACE USERS USER SCOTT; -- 清除某个用户的原来属于某个表空间的所有数据库对象
SQL>PURGE RECYCLEBIN; -- 清除属于自己的数据库对象                   [000472]
```

对于第三种用法，数据库管理员可用来清除回收站中的所有内容，只是要将 RECYCLEBIN 替换为 DBA_RECYCLEBIN。

如果一个数据库对象被删除了，那么在被从回收站中清除之前，可以通过执行 FLASHBACK 命令将其恢复，并可通过 RENAME TO 子句为其指定一个新的名称。例如，首先删除一张表 YPB，然后再进行恢复：

```
SQL>DROP TABLE ypb;                                           [000473]
```

从回收站中看一下这张被删除的表 ypb：

```
SQL>show recyclebin                                           [000474]
```

运行结果如图 6-4 所示。

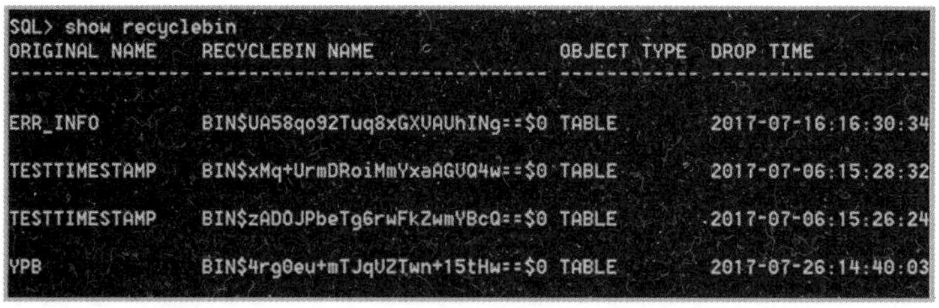

```
SQL> show recyclebin
ORIGINAL NAME    RECYCLEBIN NAME                OBJECT TYPE  DROP TIME
---------------- ------------------------------ ------------ -------------------

ERR_INFO         BIN$UA58qo92Tuq8xGXVAUhINg==$0 TABLE        2017-07-16:16:30:34

TESTTIMESTAMP    BIN$xMq+UrmDRoiMmYxaAGUQ4w==$0 TABLE        2017-07-06:15:28:32

TESTTIMESTAMP    BIN$zADOJPbeTg6rwFkZwmYBcQ==$0 TABLE        2017-07-06:15:26:24

YPB              BIN$4rg0eu+mTJqVZTwn+15tHw==$0 TABLE        2017-07-26:14:40:03
```

图 6-4

从回收站中恢复这张表，代码如下：

```
SQL>FLASHBACK TABLE ypb TO BEFORE DROP RENAME TO YPB_2;       [000475]
```

运行结果如图 6-5 所示。

```
SQL> FLASHBACK TABLE ypb TO BEFORE DROP RENAME TO YPB_2;
闪回完成。
```

图 6-5

以上语句把表 YPB 从回收站中恢复到被删除前的状态，并将其重命名为 YPB_2。如果没有通过 RENAME TO 子句为它指定名称，它将使用原来的名称。

6.2　分区表的管理

随着数据库系统的运行，数据库中存储的数据越来越多。在现代企业的数据库中，许多表的存储空间可达几百个 GB，甚至几个 TB。对于这样的大型表，如果执行全表查询或者 DML 操作时，效率非常低。

为了提高大型表的访问效率，Oracle 提供了一种分区技术，利用这种技术可以把表、索引等数据库对象中的数据分割成小的单位，分别存放在一个个单独的段中，用户对表的访问便转化为对相对较小段的访问。

6.2.1　分区的概念

分区是指将表、索引等数据库对象划分为较小的可管理片段的技术，每个片段称为一个分区或子分区。每个分区存储在一个单独的段中，可分别进行管理。这些分区具有相同的逻辑结构，例如，一个分区表中的所有分区与表有相同的列定义和约束定义。

一个表被分区后，对表的查询操作可以局限于某个分区进行，而不是整个表，这样可以大大提高查询速度。例如，银行将用户交易信息记录在一个表中，在这个表中一年产生 40GB 的数据。假设要对用户的交易信息按照季度进行统计，那么这样的统计需要在全表范围内进行。如果对该表按季度进行分区，那么每个分区的大小平均为 10GB 左右，这样在进行统计时，只需在 10GB 范围内进行。当在表上进行并行 DML 操作时，可以在所有分区上同时进行，同样可以大大减少处理时间。

尽管一个表的所有分区具有相同的结构，但是它们被单独存储在一个段中，这些段可以位于同一个表空间中，也可以位于不同的表空间中。将这些分区放在不同的表空间上具有以下的好处：

（1）减少了所有数据都损坏的可能性；

（2）可以针对每个分区单独进行备份和恢复；

（3）可以将同一个表中的数据分布在不同的磁盘上，从而均衡磁盘上的 I/O 操作；

（4）提高了表的可管理性、可利用性和访问效率。

在创建分区表时，以表中某个列或多个列的组合为依据，创建多个分区。表中的数据将按照分区列上数据的不同，分布在不同的分区中。目前 Oracle 支持的分区方法有以下几种：

（1）范围分区；

（2）列表分区；

（3）散列分区；

（4）范围—列表分区；

（5）范围—散列分区。

6.2.2 范围分区

范围分区的方法是按照某个列或几个列的值的范围来创建分区，当用户向表中写入数据时，数据库服务器将按照这些列上的数据的大小，将数据写入相应的分区。

在创建范围分区时，首先要指定按照哪些列进行分区，然后为每个分区指定数据范围。范围分区的原则是：数据应尽可能均匀地分布在各个分区中，如果做不到这一点，应该考虑使用其他类型的分区。

【示例 6-1】创建一个分区表 call，用来记录用户的电话通话信息，包括主叫、被叫、通话的年、月、日及时长，并且根据月进行分区。

具体的实现语句如下：

```
SQL>CREATE TABLE call(
caller char(15), -- 主叫
callee char(15), -- 被叫
year number(4), -- 通话年
month number(2), -- 通话月
day number(2), -- 通话日
duration number(4)) -- 通话时长
PARTITION BY RANGE(month)
(PARTITION P1 VALUES LESS THAN (4) TABLESPACE BDBFTS_2,
 PARTITION P2 VALUES LESS THAN (7) TABLESPACE JF_DATA,
 PARTITION P3 VALUES LESS THAN (10) TABLESPACE BKJ_ZDGL_1,
 PARTITION P4 VALUES LESS THAN (13) TABLESPACE BTS_1
);                                                         [000476]
```

需要说明的是，在上述例子中创建的表可能不符合常规，这仅仅是为了说明分区表的创建方法，因为在一般的表中，年、月、日这样的列是合在一起，通过一个列实现的。

在创建分区表时，首先通过"PARTITION BY RANGE"子句指定分区的类型为范围分区，然后在这个子句之后的小括号中指定一个或多个列，作为分区的依据。

表中的每个分区都可以通过"PARTITION"子句指定一个名称，如果没有指定，数据库服务器将自动为其指定一个名称。每个分区都有一个本表数据范围，通过"VALUE LESS THAN"子句可以为分区指定上界（最大值），而它的下界（最小值）是前一个分区的上界。对于最后一个分区，它的上界可以用"MAXVALUE"来代替。

这张分区表的意思是：

● P1 存放的是月份在 1～3 的数据，相当于：月份>=1 and 月份<4；

- P2 存放的是月份在 4～6 的数据，相当于：月份>=4 and 月份<7；
- P3 存放的是月份在 7～9 的数据，相当于：月份>=7 and 月份<10；
- P4 存放的是月份在 10～12 的数据，相当于：月份>=10 and 月份<13。

当在分区表中执行 DML 操作时，实际上是在各个分区上透明地修改数据。当执行 SELECT 命令时，可以指定查询哪个分区上的数据，如果不指定，则查询整个表中的数据。例如下面的代码：

```
SQL>INSERT INTO call values('123456789','123456788',2016,1,1,5);
INSERT INTO call values ('123456789','123456788',2016,2,1,5);
INSERT INTO call values('123456789','123456788',2016,3,1,5);
INSERT INTO call values('123456789','123456788',2016,4,1,5);
INSERT INTO call values('123456789','123456788',2016,5,1,5);
INSERT INTO call values ('123456789','123456788',2016,6,1,5);
INSERT INTO call values('123456789','123456788',2016,7,1,5);
INSERT INTO call values('123456789','123456788',2016,8,1,5);
INSERT INTO call values('123456789','123456788',2016,9,1,5);
INSERT INTO call values('123456789','123456788',2016,10,1,5);
INSERT INTO call values('123456789','123456788',2016,11,1,5);
INSERT INTO call values('123456789','123456788',2016,12,1,5);
commit;
SQL>SELECT * FROM call PARTITION(P1);
SQL>SELECT * FROM call PARTITION(P2);
SQL>SELECT * FROM call PARTITION(P3);
SQL>SELECT * FROM call PARTITION(P4);                        [000477]
```

6.2.3　列表分区

范围分区是按照某个列上的数据范围进行分区的。如果某个列上的数据无法通过划分范围的方法进行分区，并且该列上的数据是相对固定的值，可以考虑使用列表分区。一般说来，对于数字型或者日期型的数据，适合采用范围分区的方法。而对于字符串型数据，则适合采用列表分区方法。

我们还是通过一个小的示例来演示列表的分区。

【示例 6-2】创建一个产品销售记录表 sales，记录产品的销售情况。

注意：由于产品只在几个固定的城市销售，所以可以按照销售城市对该表进行分区。

具体实现语句如下：

```
SQL>CREATE TABLE sales(
sales_Id number(6),
year    number(4),
month number(2),
day number(2),
salesman char(8),
city    char(10)
)
PARTITION BY LIST(CITY)
(PARTITION P1 VALUES('北京','上海'),
```

```
PARTITION P2 VALUES ('天津','广州'),
PARTITION P3 VALUES ('沈阳','武汉'),
PARTITION P4 VALUES ('西安','成都')
);                                                    [000478]
```

在创建列表分区时，通过 PARTITION BY LIST 子句指定对表进行列表分区，然后通过 PARTITION 子句定义多个分区，在每个分区中分区列的取值通过 VALUES 子句指定。当用户向表中插入数据时，只要分区列的数据与 VALUES 子句指定的数据之一相等，该行数据便被写入对应的分区中。

6.2.4 散列分区

在很多情况下，用户无法预测某个列上数据的变化范围，因而无法事先创建固定数量的范围分区或列表分区，使用户的数据按照分区列上的数据分布在相应的分区中。

在这种情况下，可以创建散列分区。当用户向表中写入数据时，数据库服务器将根据一个散列函数对数据进行计算，把数据均匀地分布在各个分区。在散列分区中，用户无法预测数据将被写入哪个分区。

现在重新考虑产品销售表的例子。如果销售城市不是相对固定的，而是遍布全国各地，这时很难对该表进行列表分区。如果为该表进行散列分区，可以很好地解决这个问题。

【示例 6-3】创建产品销售散列分区表。

实现代码如下：

```
SQL>CREATE TABLE sales_2(
sales_id number(6),
year      number(4),
month number(2),
day number(2),
salesman char(8),
city      char(10))
PARTITION BY HASH(city)
(PARTITION P1,
 PARTITION P2,
 PARTITION P3,
 PARTITION P4
);                                                    [000479]
```

上面 SQL 创建了散列分区表，以 city 列作为分区键，数据会根据 city 的 hash（哈希）值被均匀地分布到 P1、P2、P3 及 P4 分区上。

6.2.5 复合分区

复合分区是指先对表进行范围分区，然后对每个分区再进行散列分区或列表分区，产生若干子分区。根据子分区的划分方法不同，复合分区可分为：

- 范围-散列分区；

● 范围-列表分区。

对表进行复合分区后，分区仅仅是逻辑上的概念，只有子分区才是物理上的对象。每个子分区对应一个段，它们可分别位于不同的表空间中，但是同一个分区的所有子分区具有相同的存储参数。

【示例 6-4】创建产品销售复合分区表。

现在仍以产品销售表为例来说明复合分区的用法。如果销售数据很多，并且销售城市遍布全国各地，那么可以考虑先按照销售的月份对表进行范围分区，使销售数据按季度分布在 4 个范围分区中，然后对每个分区再进行散列分区，划分若干子分区，使一个季度的销售数据再按照销售城市的不同而均匀分布在各个子分区中。

下面的代码是创建这个分区表的语句，先按照月份对表进行范围分区，定义了 4 个分区，然后对每个分区再按照城市进行散列分区，产生 3 个子分区，这样一共产生了 12 个子分区。

```
SQL>CREATE TABLE sales_3(
sales_id number(6),
year number(4),
month number(2),
day number(2),
salesman char(8),
city    char(10))
PARTITION BY RANGE(month)
SUBPARTITION BY HASH(city)
(PARTITION P1 VALUES LESS THAN (4)
    (SUBPARTITION P11,
     SUBPARTITION P12,
      SUBPARTITION P13
    ),
PARTITION P2 VALUES LESS THAN (7)
    (SUBPARTITION P21,
     SUBPARTITION P22,
     SUBPARTITION P23
     ),
PARTITION P3 VALUES LESS THAN (10)
    (SUBPARTITION P31,
     SUBPARTITION P32,
     SUBPARTITION P33
     ),
PARTITION P4 VALUES LESS THAN (13)
    (SUBPARTITION P41,
     SUBPARTITION P42,
     SUBPARTITION P43
     )
);                                                    [000480]
```

我们再来看下面的代码，先按照月份对表进行范围分区，定义了 4 个分区，然后对每个分区再按照城市进行列表分区，产生 4 个子分区，这样一共产生了 16 个子分区，定义子分区的子句是 SUBPARTITION。

```
SQL>CREATE TABLE sales_4(
sales_id number(6),
year number(4),
month number(2),
day number(2),
salesman char(8),
city    char(10))
PARTITION BY RANGE(month)
SUBPARTITION BY LIST(city)
(PARTITION P1 VALUES LESS THAN (4)
    (SUBPARTITION P11 VALUES('北京','上海'),
     SUBPARTITION P12 VALUES ('天津','广州'),
     SUBPARTITION P13 VALUES ('沈阳','武汉'),
     SUBPARTITION P14 VALUES ('西安','成都')
    ),
PARTITION P2 VALUES LESS THAN (7)
    (SUBPARTITION P21 VALUES('北京','上海'),
     SUBPARTITION P22 VALUES ('天津','广州'),
     SUBPARTITION P23 VALUES ('沈阳','武汉'),
     SUBPARTITION P24 VALUES ('西安','成都')
    ),
PARTITION P3 VALUES LESS THAN (10)
    (SUBPARTITION P31 VALUES('北京','上海'),
     SUBPARTITION P32 VALUES ('天津','广州'),
     SUBPARTITION P33 VALUES ('沈阳','武汉'),
     SUBPARTITION P34 VALUES ('西安','成都')
    ),
PARTITION P4 VALUES LESS THAN (13)
    (SUBPARTITION P41 VALUES('北京','上海'),
     SUBPARTITION P42 VALUES ('天津','广州'),
     SUBPARTITION P43 VALUES ('沈阳','武汉'),
     SUBPARTITION P44 VALUES ('西安','成都')
    )
);                                                          [000481]
```

对于每个分区，可以为其指定存储参数，该分区中的所有子分区都使用同样的存储参数。对于每个子分区，可以用 TABLESPACE 子句为其指定所属的表空间，使这些子分区分别位于不同的表空间中。

总之，创建分区表的目的是把数据的查询或统计限制在一定范围之内，以减少磁盘 I/O。在这些表上执行 DML 命令时，和普通表没有什么区别，只不过数据将按照分区的条件被写入不同的段中。

6.2.6　非分区表转换为分区表的分区

由于当初设计上考虑得不够周全，比如，现在看来：当初设计上应该把一些表设计为分区表，而当前的状态是这些表为普通表，即非分区表。这种情况比较多见，设计人员当初不可能预知未来会怎么样，谁也做不到先知先觉。而当前这些表的数据足够庞大，庞大到一张表数据可能是几个 G，一旦查询起来，如果再外加 DML 操作，结果是可想而知的，那就是 99%宕机，除非使用超算。当出现这种情况时，解决的方法虽不多但有几种，假如脱离数据库环境解决，可行的方案是：使用 Sphinx 搜索引擎，这属于另一个领域的问题，在这里不讨论。我们在这里要讨论的是：不脱离数据库自身，完全依靠数据库自身的潜力解决，可行的方案只有一个，那就是把普通表转换成分区表。

下面，详细介绍转换方法。

1. 转换方法介绍

将普通表转换成分区表有如下 4 种方法，如表 6-2 所示。

表 6-2

方　　法	描　　述	是否中断外部访问	是否推荐
Export/import	导出/导入，通过 Oracle 的导出/导入命令实现，即把要转换的普通表数据通过 exp 导出来。在导入之前需创建好与这些普通表对应的分区表后实施导入。 优势：相对简便；弊端：如果表很大，需要很长的时间	是	否
Insert with a subquery	通过子查询将普通表数据插入分区表中。例如，insert into xx2 select * from xx1。其中 xx1 为普通表，xx2 为分区表。优势：最简便；弊端：如果表很大，需要很长的时间	是	否
Partition exchange（交换分区）	Partition Exchange 提供了一种方式，可以在表与表或分区与分区之间迁移数据。这里需要注意的是，不是将表转换成分区或非分区的形式，而只是迁移表中数据（互相迁移），由于其采用了更改数据字典的方式，因此效率最高（几乎不涉及 io 操作）。Partition Exchange 适用于所有分区格式，可以将数据从分区表迁移到非分区表，也可以从非分区表迁移至分区表，或者从 hash partition 到 range partition，但不支持 range partition 和 range partition 之间交换。优势：数据加载快速；弊端：有可能导致目标表（一般是分区表）上索引失效以及无效数据，对于失效的索引，需要重建。如果表很大，索引创建的时间会很长；对于无效数据，这是致命的问题了	是	视情况而定
DBMS_REDEFINITION（在线重定义）	一般用于普通大表到分区表的转换，只有在很短时间内表不可操作，大大增加了在线调整的可行性	否	是

2. 交换分区的使用

交换分区（Partition exchange）的主要使用步骤如下：

（1）创建分区表，假设有两个分区（P1，P2）；

（2）普通表 A 数据必须满足 P1 分区规则，用表 A 和 P1 分区交换，即把表 A 的数据加载到 P1 分区；

（3）普通表 B 数据必须满足 P2 分区规则，用表 B 和 P2 分区交换，即把表 B 的数据加载到 P2 分区。

【示例 6-5】通过交换分区（Partition exchange）实现把普通表数据载入分区表。

关于通过交换分区（Partition exchange）把普通表转换为分区表的说明。

涉及交换的两表之间表结构必须一致，除非附加 with validation 子句。

如果是从非分区表向分区表做交换，非分区表中的数据必须符合分区表中指定分区的规则，除非附加 without validation 子句。

如果从分区表向分区表做交换，被交换的分区的数据必须符合分区规则，除非附加 without validation 子句。

Global（全局）索引或涉及数据改动了的 global（全局）索引分区会被置为 unusable（无效），除非附加 update indexes 子句。

注意：一旦附加了 without validation 子句，则表示不再验证数据有效性，因此指定该子句时务必慎重。

在将未分区表的数据迁移到分区表中时，可能出现 ora-14099 的错误，虽然可以用 without validation 屏蔽该错误，但此时进入分区表的数据可能不符合分区规则，因此有可能使得数据无效。所以 without validation 一定要慎用。

（1）创建分区表。

```
SQL>
-- 创建范围分区表。
drop table gcc_a cascade constraints purge;
CREATE TABLE gcc_a (a INTEGER)
  PARTITION BY RANGE(a)
 (PARTITION p1 VALUES LESS THAN (5),
  PARTITION p2 VALUES LESS THAN (9)
  );
-- 创建索引，这是必须，且为 local（本地）索引，要和普通表上的索引一致。
create index INDEX_GCC_A on gcc_a(a) local;                    [000482]
```

（2）创建两个分别对应分区的基表。

```
SQL>
-- 创建普通表 gcc_temp1，用于分区 p1。
drop table gcc_temp1 cascade constraints purge;
create table gcc_temp1 (a integer);
insert into gcc_temp1 values(0);
insert into gcc_temp1 values(1);
insert into gcc_temp1 values(2);
insert into gcc_temp1 values(3);
insert into gcc_temp1 values(4);
commit;
-- 创建索引，这是必须，且确保和分区本地索引一致。
create index INDEX_gcc_temp1 on gcc_temp1(a);
-- 创建普通表 gcc_temp2，用于分区 p2。
drop table gcc_temp2 cascade constraints purge;
create table gcc_temp2 (a integer);
```

```
insert into gcc_temp2 values(5);
insert into gcc_temp2 values(6);
insert into gcc_temp2 values(7);
insert into gcc_temp2 values(8);
commit;
-- 创建索引，这是必须，且确保和分区本地索引一致。。
create index INDEX_gcc_temp2 on gcc_temp2(a);                    [000483]
```

（3）将两个基表与两个分区进行交换。

```
SQL>
-- 将 gcc_temp1 表数据加载进 gcc_a 分区表的 p1 分区，且使得分区表的索引不失效，不在
验证数据有效性。
-- alter table gcc_a exchange partition p1  with table gcc_temp1 including
indexes without validation;
-- 将 gcc_temp1 表数据加载进 gcc_a 分区表的 p1 分区，且使得分区表的索引不失效，验证
数据有效性。
alter table gcc_a exchange partition p1  with table gcc_temp1 including
indexes;
-- 将 gcc_temp2 表数据加载进 gcc_a 分区表的 p2 分区，且使得分区表的索引不失效，不在
验证数据有效性。
-- alter table gcc_a exchange partition p2  with table gcc_temp2 including
indexes without validation;
-- 将 gcc_temp2 表数据加载进 gcc_a 分区表的 p2 分区，且使得分区表的索引不失效，验证
数据有效性。
alter table gcc_a exchange partition p2  with table gcc_temp2 including
indexes;                                                         [000484]
```

（4）查看 gcc_a 分区表上的分区索引是否还有效。

```
SQL>
-- 查看 gcc_a 分区表上的分区索引是否还有效。
select a.Partition_Name, a.status from User_Ind_Partitions a where
a.Index_Name='INDEX_GCC_A';                                      [000485]
```

数据加载到 gcc_a 后，如图 6-6 所示。

图 6-6

图 6-6 说明分区索引有效。

（5）查看 gcc_a 数据。

```
SQL>
-- 查看加载后的数据。
select * from gcc_a;
```

```
-- 查看加载后分区 p1 的数据。
select * from gcc_a Partition(p1);
-- 查看加载后分区 p2 的数据。
select * from gcc_a Partition(p2);                                    [000486]
```

数据加载到 gcc_a 后，如图 6-7 所示。

图 6-7

3. 分区的在线重定义

Oracle 支持在线重定义表，也就是说，我们可以在修改表结构（DDL）的同时进行相关的 DML 操作，使得前端的 DML 根本感觉不到表结构实际上已经发生了变化，对于用户而言是完全透明的。当然在在线重定义期间，前端性能会稍微有所下降。通过 Oracle 提供的重定义包 dbms_redefinition 来完成此操作，其实质是 Oracle 使用了智能物化视图及物化视图日志的方式。在对象结构重组期间，表现为一个本地对象的复制，重组期间发生的任何变化都会被刷新到最新。

因此，在线重定义能保证数据的一致性，在大部分时间内，表都可以正常进行 DML 操作。只在切换的瞬间锁表，具有很高的可用性。这种方法具有很强的灵活性，对各种不同的需要都能满足。而且，可以在切换前进行相应的授权并建立各种约束，可以做到切换完成后不再需要任何额外的管理操作。

对于将非分区表数据载入分区表的需求，建议采用该方法。下面，简要介绍在线重定义所具有的功能、限制条件及操作流程等。

（1）在线重定义表具有以下功能：

- 修改表的存储参数；
- 将表转移到其他表空间；
- 增加并行查询选项；
- 增加或删除分区；
- 重建表以减少碎片；
- 将堆表改为索引组织表或相反的操作。
- 增加或删除一个列。

（2）使用在线重定义的一些限制条件：

- 必须有足够的空间容纳两份表；

- 主键列不能修改；
- 表必须有主键；
- 重新定义必须在同一模式中完成；
- 在重新定义操作之前，添加的新列不能为空；
- 表中不能包含用户定义的类型；
- 簇表不能被重新定义；
- 无法重新定义 sys 或系统架构中的表；
- 不能定义在它们上的实化视图日志或实体化视图的表；
- 在重新定义期间不能执行数据的同级子设置。

（3）在线重定义的大致操作流程如下：

1）创建基础表 A，如果存在，就不需要操作；

2）创建临时的分区表 B；

3）开始重定义，将基表 A 的数据导入临时分区表 B；

- 结束重定义，此时在 DB 的 Name Directory 里，已经将两个表进行交换，即基表 A 成了分区表，创建的临时分区表 B 成了普通表。此时可以删除创建的临时表 B。

【示例 6-6】通过 Oracle 的在线重定义包 dbms_redefinition 实现将非分区表（普通表）数据载入分区表。

操作的详细步骤如下。

第 1 步：创建基本表。

```
SQL>
-- 切换到 scott 账户，其中服务名为你的数据库服务名，默认为你的数据库实例名
conn scott/tiger@服务名
-- 创建基本表并加入数据
drop table gcc_objects cascade constraints purge;
create table gcc_objects as select * from dba_objects;
delete from gcc_objects where object_id is null;
-- 查看数据
select count(1) from gcc_objects;
-- gcc_objects 建立主键和索引
alter table gcc_objects add constraint pk_gcc_objects primary key (cre
ated,object_id);
create index i_gcc_objects on gcc_objects(object_id, STATUS);
-- 表有主键，确认表可以重定义
-- EXEC DBMS_REDEFINITION.CAN_REDEF_TABLE('scott','gcc_objects');
EXEC DBMS_REDEFINITION.CAN_REDEF_TABLE('scott','gcc_objects',
DBMS_REDEFINITION.CONS_USE_PK);

-- 若表无主键 可以采用 rowid 重定义：
-- EXEC DBMS_REDEFINITION.CAN_REDEF_TABLE('scott','gcc_objects',2);
--                                                        exec
```

```
dbms_redefinition.can_redef_table('scott','gcc_objects',DBMS_REDEFINITION.
CONS_USE_ROWID);                                                    [000487]
```

第 2 步：收集表的统计信息。

```
SQL>exec dbms_stats.gather_table_stats('scott','gcc_objects',cascade =>
true);                                                              [000488]
```

第 3 步：创建临时分区表。

```
sql>
drop materialized view GCC_OBJECTS_TEMP;
drop table GCC_OBJECTS_TEMP cascade constraints purge;
create table GCC_OBJECTS_TEMP
(
    "OWNER" VARCHAR2(30 BYTE),
    "OBJECT_NAME" VARCHAR2(128 BYTE),
    "SUBOBJECT_NAME" VARCHAR2(30 BYTE),
    "OBJECT_ID" NUMBER,
    "DATA_OBJECT_ID" NUMBER,
    "OBJECT_TYPE" VARCHAR2(19 CHAR),
    "CREATED" DATE,
    "LAST_DDL_TIME" DATE,
    "TIMESTAMP" VARCHAR2(19 CHAR),
    "STATUS" VARCHAR2(7 CHAR),
    "TEMPORARY" VARCHAR2(1 CHAR),
    "GENERATED" VARCHAR2(1 CHAR),
    "SECONDARY" VARCHAR2(1 CHAR),
    "NAMESPACE" NUMBER,
    "EDITION_NAME" VARCHAR2(30 BYTE)
)partition by range(created)(
    partition P20100401 values less than (TO_DATE('2010-04-01 23:59:59',
'YYYY-MM-DD  HH24:MI:SS','NLS_CALENDAR=GREGORIAN')),
    partition P20200607 values less than (TO_DATE('2020-06-07 23:59:59',
'YYYY-MM-DD HH24:MI:SS','NLS_CALENDAR=GREGORIAN')),
    partition P20201231 values less than (TO_DATE('2020-12-31 23:59:59',
'YYYY-MM-DD  HH24:MI:SS','NLS_CALENDAR=GREGORIAN'))
);                                                                 [000489]
```

第 4 步：进行重定义操作。

1）检查重定义的合理性。

2）如果合理性没有问题，开始重定义，这个过程可能要等一会儿。

这里要注意：如果分区表和源表列名相同，可以用如下方式进行。

```
SQL>
BEGIN
DBMS_REDEFINITION.start_redef_table(
uname => 'scott',
orig_table => 'gcc_objects',
int_table => 'GCC_OBJECTS_TEMP');
```

```
END;
/                                                    [000490]
```

如果分区表的列名和源表不一致，那么在开始重定义时，需要重新指定映射关系：

```
SQL>
BEGIN
DBMS_REDEFINITION.START_REDEF_TABLE('scott','gcc_objects','gcc_objects
_temp','OWNER OWNER,OBJECT_NAME  OBJECT_NAME, SUBOBJECT_NAME SUBOBJECT_NAME,
OBJECT_ID OBJECT_ID, DATA_OBJECT_ID  DATA_OBJECT_ID,OBJECT_TYPE OBJECT_TYPE,
CREATED CREATED, LAST_DDL_TIME LAST_DDL_TIME,TIMESTAMP TIMESTAMP, STATUS
STATUS, TEMPORARY TEMPORARY, GENERATED GENERATED, SECONDARY SECONDARY,
NAMESPACE NAMESPACE, EDITION_NAME EDITION_NAME', -- 在这里指定新的映射关系
DBMS_REDEFINITION.CONS_USE_PK);
END;
/                                                    [000491]
```

若无主键，需要指定以 rowid 重定义。

```
SQL>   exec DBMS_REDEFINITION.START_REDEF_TABLE('scott','gcc_objects',
'gcc_objects_temp',null,2);
```

这一步操作结束后，数据就已经同步到这个临时的分区表里了。

第 5 步：同步新表，这是可选的操作。

```
SQL>
BEGIN
    dbms_redefinition.sync_interim_table(
    uname => 'scott',
    orig_table =>'gcc_objects',
    int_table =>'gcc_objects_temp');
    END;
    /                                                [000492]
```

第 6 步：在使用基表主键重定义的情况下，需创建索引，在线重定义只重定义数据，索引还需要单独建立，否则，可越过这步。

```
SQL>
alter table gcc_objects_temp add constraint pk_gcc_objects_temp primar
y key(created, object_id) using index local;
create index i_gcc_objects_temp on gcc_objects_temp(object_id,
STATUS) local;                                       [000493]
```

第 7 步：收集新表的统计信息。

```
SQL>EXEC DBMS_STATS.gather_table_stats('scott','gcc_objects_temp',casc
ade=>TRUE);                                          [000494]
```

第 8 步：结束重定义。

```
SQL>
exec DBMS_REDEFINITION.FINISH_REDEF_TABLE(uname   =>'scott',orig_table
=>'gcc_objects',int_table =>'gcc_objects_temp');
--     EXEC DBMS_REDEFINITION.FINISH_REDEF_TABLE('scott','GCC_OBJECTS',
```

```
'GCC_OBJECTS_TEMP');                                              [000495]
```

结束重定义的意义：

基表 GCC_OBJECTS 和临时分区表 GCC_OBJECTS_TEMP 进行了交换。此时，临时分区表 GCC_OBJECTS_TEMP 成了普通表，基表 GCC_OBJECTS 成了分区表。

在重定义时，基表 GCC_OBJECTS 可以进行 DML 操作。只有在两个表进行切换时会有短暂的锁表。

在 FINISH_REDEF_TABLE（结束重定义）之前，可以使用 abort_redef_table 停止重定义。

```
SQL>
select * from cat;
exec DBMS_REDEFINITION.ABORT_REDEF_TABLE  ('scott','gcc_objects','gcc_
objects_temp');
select * from cat;                                                [000496]
```

第 9 步：删除临时表。

```
SQL>drop table gcc_objects_temp cascade constraints purge;       [000497]
```

第 10 步：修改索引，约束名称和原表一致。

下列 SQL 语句是针对基表（普通表）具有主键和索引且使用了主键进行了重定义操作。如果使用 rowid 重定义，则无须执行下列 SQL，需要在分区表 gcc_objects 重建主键和索引。

```
SQL>
alter index I_GCC_OBJECTS_TEMP rename to I_GCC_OBJECTS;
alter index PK_GCC_OBJECTS_TEMP rename to PK_GCC_OBJECTS;
alter table gcc_objects    rename constraint pk_gcc_objects_temp to pk_
gcc_objects;                                                      [000498]
```

如果使用 rowid 重定义，需要在分区表 gcc_objects 重建主键和索引。

```
SQL>
Alter table gcc_objects add constraint pk_gcc_objects primary key(created,
object_id) using index local;
Create index i_gcc_objects on gcc_objects(object_id, STATUS) local;
                                                                 [000499]
```

第 11 步：查看分区索引是否有效。

```
SQL>
-- 查看 gcc_objects 分区表上的分区索引是否还有效。
select a.Partition_Name, a.status  from User_Ind_Partitions  a  where
a.Index_Name='i_gcc_objects' or a.Index_Name='I_GCC_OBJECTS';    [000500]
```

第 12 步：查看分区数据。

```
SQL>
-- 查看转换后的数据。
select * from gcc_objects;
```

```
P20100401 P20200607 P20201231
-- 查看转换后分区 P20100401 的数据。
select * from gcc_objects Partition(P20100401);
-- 查看转换后分区 P20200607 的数据。
select * from gcc_objects Partition(P20200607);
-- 查看转换后分区 P20201231 的数据。
select * from gcc_objects Partition(P20201231);                    [000501]
```

关于 Oracle 分区表，很重要，应用比较广泛，要求务必掌握。对于节中的示例，一定要搞清楚。接下来介绍 Oracle 数据库索引的管理。

6.3　索引的管理

索引是一种数据库对象，它建立在表的一个或多个列上，目的是为了提高该表上的查询速度。索引有两种创建方式：一种方式是在表上指定主键约束或唯一性约束时自动创建；另一种方式是通过命令手动创建。这里主要介绍后一种方式。

索引虽然可以提高表的查询速度，但是如果在表上执行 DML 操作，索引中的数据可能需要重新排序，从而降低数据库的性能。因此，如果在表上主要执行 DML 操作，而不是查询操作，那么应考虑减少甚至不创建索引。如果要通过 SQL*Loader 或者 Import 工具向表中插入大量的数据，那么可以考虑在这个操作完成之后再创建索引。

索引的形式很多，按照数据的组织形式不同，可以把索引分为 B*树索引、反向索引、位图索引、基于函数的索引和分区索引等多种形式。其中 B*树索引是最常用的索引形式，在本章中主要介绍其他几种形式的索引。

索引虽然建立在某个表之上，但一般情况下它被单独存放在一个索引段中，因此在创建索引时可以为索引段指定物理属性和存储参数等信息。例如，下面的语句用于在表 dept 的 dname 列上创建一个索引。

```
SQL>CREATE INDEX dept_idx1 ON dept(dname)
TABLESPACE users PCTFREE 20 INITRANS 5 MAXTRANS 10 NOLOGGING PARALLEL;
                                                                   [000502]
```

在 CREATE INDEX 命令中所使用的子句与创建表时使用的子句意义基本相同。需要注意的是，在创建索引时不能使用 PCTUSED（已使用空间百分比）和 CACHE（缓存空间）子句。

索引的管理主要包括索引的创建、删除、修改以及索引的重新组织等操作，这里不再重复。本章将主要介绍几种特殊的索引，如反向索引、位图索引等，这些索引虽然并不常用，但是在特殊的场合能起到非常重要的作用。

6.3.1　反向索引

B*树索引是最常用的索引形式。在一个表中，索引列上的数据越随机，就越能体现 B*树索引的优越性。然而，如果表中某个列上的数据已经有序，或者基本有序，那么在这个列上建立 B*树索引就没有什么意义。在这种情况下，如果按照该列上相反顺序的值建立索引，那么可以降低索引的层次，从而达到创建索引的目的。

实际上，反向索引是一种特殊形式的 B*树索引，只不过是把索引列上的值按照相反的顺序存储在索引中，从而把该列上数据的有规律分布转换为无规律的分布，然后按照转换后的数据创建一个 B*树索引。如图 6-8 所示为反向索引的构成。

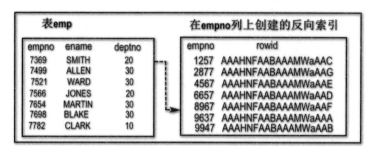

图 6-8

如果表中一个列上的值已经有序，或者基本有序，那么在该列上建立索引时，应该选择反向索引。创建反向索引的方法与创建 B*树索引的方法类似，只需使用 REVERSE 关键字进行区别。例如，假设要在表 lbkp 的 syh 列上创建反向索引，可以执行下面的语句：

```
SQL>CREATE INDEX lbkp_idx_1 ON lbkp(syh) REVERSE;                [000503]
```

需要注意的是，反向索引并不像 B*树索引那样可以直接起作用。为了使用反向索引，首先要对表进行分析，收集统计它的数据。例如，为了使用反向索引 lbkp_idx_1，应执行以下语句对表 lbkp 进行分析：

```
SQL>ANALYZE TABLE lbkp COMPUTE STATISTICS;                       [000504]
```

6.3.2 位图索引

如果在一个表中某个列上的重复值很多，那么在该列上创建 B*树索引或者反向索引都不合适。例如，用品卡片（lbkp）的人员编号（rybh）及用品（yp）重复的值较多，如果在该列上创建 B*树索引，那么在根据它们对该表进行查询时，大约要对表中 50%的数据进行扫描，这显然失去了索引的意义。

如果一个表中某个列上的重复值很多，那么适合在该列上创建位图索引。在位图索引中，为索引列上每个不同的值分配一个位图，这个不同的值称为键值。表中的每行数据在位图中对应一个二进制位。如果该行中索引列的值与键值相同，那么对应二进制位 1，否则对应二进制位 0。

例如，在表 lbkp 中，人员编号（rybh）及用品（yp）重复的值较多，当在这两列上创建位图索引时，每个人员编号及用品将对应一个位图。位图结构如图 6-9 所示。

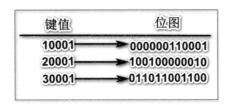

图 6-9

从图 6-9 中可以看出，表 lbkp 的 rybh 列上，其中有 3 个不同的值，所以对应 3 个位图。其中列值为 10001 的行，其键值为 10001，位图中这些行对应相应的二进制位。列值为 20001 的行，其键值为 20001，位图中这些行对应相应的二进制位。其他依此类推。

注意：位图是由数据库自动生成的。

如果要在表 lbkp 的 rybh 列上创建位图索引，可以执行下面的语句：

```
SQL>CREATE BITMAP INDEX idx_lbkp_rybh ON lbkp(rybh);          [000505]
```

使用位图索引有两个好处，一是可以减少索引所占用的磁盘空间，表中的每行数据在位图索引的每个位图中只占用一个二进制位，而位图的数量取决于表中索引列上不重复值的多少。显然不重复的值越少，重复值越多，那么位图的数量就越少，这样可以大大节省索引所占用的磁盘空间。二是可以加快查询速度，如果要根据索引列对表进行查询，如要查询用品卡片（lbkp）的 rybh 列，那么首先在位图索引中查找键值为 10001 的位图，然后在这个位图中查找所有与二进制位 1 对应的行，从而在表中获得满足条件的数据。

如果一个表比较大，那么创建位图索引可能需要较长的时间。为了加快创建索引的速度，可以通过初始化参数 CREATE_BITMAP_AREA_SIZE 在 SGA 中为其指定更大的内存空间。

在使用位图索引时注意，位图索引并不能直接起作用。在 SELECT 语句中通过关键字 INDEX_COMBINE 指定提示，可以使该语句使用指定的位图索引。例如：

```
SQL>SELECT /* + index_combine(lbkp rybh) */ SUM(sl) FROM lbkp WHERE
rybh='gdd-001687';                                            [000506]
```

6.3.3　基于函数的索引

基于函数的索引是将索引建立在某个函数或者某个表达式的基础上。在一些查询中，需要对某个列的值进行某种运算，在这种情况下，可以创建基于函数的索引。例如，考虑下面的查询：

```
SQL>SELECT * FROM emp WHERE lower(ename) = 'smith';          [000507]
```

如果没有在表 emp 的 ename 列上创建索引，那么在执行这条语句时，需要把 ename 列的值转换成小写，然后与字符串"smith"进行比较。为了加快查询速度，可以在 ename

列上创建一个索引，先对该列上的值进行相应的转换，然后把转换后的值存储在索引中，这样在执行查询时就不需要再进行转化了。以下语句用来在表 emp 的 ename 列上创建基于函数 lower 的索引。

```
SQL>CREATE INDEX idx_emp_ename ON emp(lower(ename));          [000508]
```

索引所基于的函数可以是预定义函数，也可以是用户自定义的函数。无论是哪种情况，函数必须已经存在。例如，为了计算员工的个人所得税，在数据库中先创建一个用来计算员工个人所得税的函数，假设税率为 5%。

```
CREATE OR REPLACE FUNCTION income_tax(gongz IN EMP.SAL%TYPE,jiangj IN
EMP.COMM%TYPE,shuil IN EMP.SAL%TYPE) RETURN NUMBER  DETERMINISTIC  IS
BEGIN
    RETURN (gongz + NVL(jiangj,0)) * shuil;
END;
/                                                             [000509]
```

利用上面的函数，可以很方便地计算员工应缴纳的个人所得税。假设经常要根据个人所得税查询员工的信息，可以在表 emp 上创建一个基于上述函数的索引：

```
SQL>CREATE INDEX emp_Income_tax_indx ON emp(income_tax(sal,comm,0.05 ));
                                                             [000510]
```

这样，以后在查询语句中即可引用这个索引，例如：

```
SQL>SELECT ename, sal,comm FROM emp WHERE Income_tax(sal,comm,0.05)>80;
                                                             [000511]
```

基于函数的索引还有另外一种形式，那就是用一个表达式代替函数。例如，个人所得税可以通过表达式(sal + nvl(comm,0))*0.03 来计算，那么可以基于这个表达在表 emp 上创建一个索引：

```
SQL>CREATE INDEX emp_idx3 ON emp((sal+nvl(comm,0))*0.05);      [000512]
```

这个索引在以下形式的查询中将起作用：

```
SQL>SELECT ename, sal,comm FROM emp WHERE (sal+nvl(comm,0))*0.05 >80;
                                                             [000513]
```

需要注意的是，基于函数的索引并不是可以直接起作用的。在创建基于函数的索引之后，应该对表进行分析。例如：

```
SQL>ANALYZE TABLE emp COMPUTE STATISTICS;                      [000514]
```

也就是说，经过 "ANALYZE TABLE emp COMPUTE STATISTICS" 以后，在这个表上建立的基于函数或表达式的索引才能起作用。

6.3.4 分区索引

和表的分区一样，也可以对索引进行分区。分区后的索引对应若干个索引段。分区索引是建立在分区表之上的。在分区表上建立索引时，可以选择是建立全局索引还是本地索引。如果是全局索引，那么索引中的数据将存储在同一个索引段中。如果建立本地索引，那么索引中的数据将存储在若干个索引段中，表中的每个分区将对应一个单独的索引段。

例如，下面的语句将在分区表 gcc_objects（在 6.3.3 节中使用在线重定义转换过来的分区表）上创建一个全局索引：

```
SQL>
CREATE INDEX gcc_objects_global ON gcc_objects(OBJECT_NAME) GLOBAL -- 全
局索引;                                                    [000515]
```

下面的语句将在分区表 gcc_objects 上创建一个本地索引：

```
SQL>create index gcc_objects_local on gcc_objects(TIMESTAMP)  LOCAL  --
本地索引 ;                                                   [000516]
```

注意：对于 LOCAL 选项，必须是分区表。

关于分区索引的使用建议，由于全局索引和本地索引的效率高低跟查询条件有直接的影响，因此，创建索引时需要根据业务的使用场景进行创建。

而分区表的创建也是受使用场景所影响的，所以在创建分区表和分区索引时都需要事先了解业务的需求，尽量把业务需要统计的信息放在同一个分区中，这样使分区表的性能实现最大化。

6.3.5　索引的维护

索引的维护内容主要包含修改索引的物理属性、手动分配和回收存储空间、重建索引以及合并索引等。用户必须是索引的属主，或者具有 ALTER ANY INDEX 系统权限。

例如，以下语句用于修改索引 dept_idxl 的一些属性：

```
SQL>ALTER INDEX dept_idx1 INITRANS 6 MAXTRANS 12  LOGGING  NOPARALLEL;
                                                           [000517]
```

对于那些因施加主键约束或唯一性约束而产生的索引，则需要通过执行 ALTER TABLE 命令来修改它的存储参数。例如：

```
SQL>ALTER TABLE dept ENABLE PRIMARY KEY USING INDEX PCTFREE 20 INITRANS
10 MAXTRANS 100;                                          [000518]
```

出现上面的异常，原因是同名的索引已经存在，改用：

```
SQL>alter table dept drop constraint dept_pk cascade;
    alter table dept add constraint dept_pk primary key (deptno) USING INDEX
PCTFREE 20 INITRANS 5 MAXTRANS 100;                       [000519]
```

效果是一样的。

注意：PCTFREE 20：保留 20% 的空闲空间。

　　　　INITRANS 5 MAXTRANS 10：初始事务数量为 5，最多为 100。

当索引段的空间被使用完以后，它可以自动扩展。用户也可以手动为索引段分配一些空间，也可以手动回收那些没有使用的存储空间。例如，下面的语句为索引 dept_idx1 分配一个 256KB 的区：

```
SQL>ALTER INDEX dept_idx1 ALLOCATE EXTENT(SIZE 256K);          [000520]
```

在为索引手动分配区时，如果没有指定区的大小，则采用索引所在表空间的区大小。实际上，手动指定的区大小与索引所在表空间的区大小可能不一致。假设表空间的区大小是 64KB，那么上述命令的执行结果是为索引分配了 4 个 64KB 的区。

下面的语句用于回收索引 dept_idx1 中未使用的存储空间：

```
SQL>ALTER INDEX dept_idx1 DEALLOCATE UNUSED;                  [000521]
```

重建索引是提高索引访问效率的一种有效方法。随着用户不断地在表上执行 DML 操作，索引段中碎片将越来越多，重建索引可以把索引段中的数据移动到另一块存储区，并把它们以紧凑的方式重新排列，从而提高索引的访问效率。例如：

```
SQL>ALTER INDEX dept_idx1 REBUILD;                           [000522]
```

对于在线创建的索引，可以对其进行在线重建。在线重建的意思是在表上有用户正在执行 DML 操作时，对索引进行重建。例如：

```
SQL>ALTER INDEX dept_idx1 REBUILD ONLINE;                    [000523]
```

合并索引可以使索引的存储空间得到充分利用。如果相邻的数据块中有空闲空间，可以将这些数据块中的索引项合并在一个数据块中。例如：

```
SQL>ALTER INDEX dept_idx1 COALESCE;                          [000524]
```

6.4　簇的管理

簇是一种数据库对象，它由一组共享相同数据块的表组成。簇中的表根据簇键组合在一起，簇键相同的行存储在相同的数据块或相邻的数据块中。簇键是一个列或多个列的组合，簇中的每个表都必须具有与簇键相同的列。

在常规的情况下，每个表对应一个单独的表段，表中的数据存储在表段中。当多个表以簇的形式组织在一起后，单独的表段将不存在，表中的数据都将存储在一个簇段中。

把表组织为簇的主要目的，是在进行多表联合查询时，减少磁盘操作次数，提高查询速度。例如，假设要经常执行下面的查询：

```
SQL>SELECT empno,ename,sal,dname FROM emp,dept WHERE emp.deptno=dept.
deptno;                                                      [000525]
```

由于是在两个表之间进行连接查询，所以至少需要两次磁盘读操作。如果把这两个表以簇的形式组织在一起，磁盘操作的次数可以减少到一次。由于表 emp 和 dept 都有 deptno 列，所以这个列在簇中就作为簇键。两个表中簇键相同的行将存储在同一个数据块或相邻的多个数据块中。如图 6-10 所示为簇与普通表的区别。

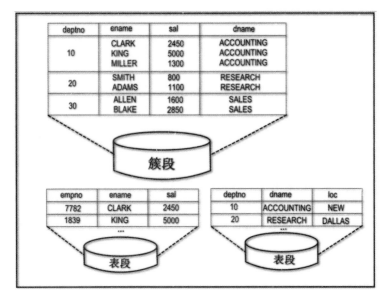

图 6-10

6.4.1　簇的创建

要把表以簇的形式组织在一起，首先需要创建一个簇，然后在簇中创建表。用户需要具有 CREATE CLUSTER 系统权限和表空间中的配额。如果希望在其他用户的模式中创建簇，需要具有 CREATE ANY CLUSTER 系统权限。在创建簇时应注意以下原则：

（1）簇中的表主要用来查询，而不应频繁地执行 DML 操作；

（2）簇中的表应该是经常用来进行连接查询的表；

（3）簇中的表必须包含一个或多个共同的列，并把这样的列作为簇键；

（4）由于簇中的数据存储在簇段中，所以可以为簇指定存储参数；

（5）可以为每个簇键列的值和相关行指定平均大小。

创建簇的命令是 CREATE CLUSTER。例如，下面的语句将创建簇 clu_emp_dept：

```
SQL>CREATE CLUSTER clu_emp_dept(deptno number(4)) TABLESPACE USERS SIZE
1024 PCTFREE 20;                                                    [000526]
```

其中，deptno 是簇中的簇键。当在簇中创建表时，每个表都必须包含与簇键相同的列，最好将两个表的主键和外键作为簇键。SIZE 子句的作用是为每个簇键列的值和相关行指定平均大小，单位为字节。簇键值相同的行存储在同一个数据块中，或者相邻的多个数据块中。簇键值不同的行也可存储在同一个数据块中。如果 SIZE 指定的大小不合适，那么可能发生数据块的迁移，或者浪费数据块空间，所以在创建簇之前，应该充分估计簇键列的值和相关行的大小。

在创建簇以后，即可在簇中创建表。由于表中的数据存储在簇段中，所以不能为表指定存储参数。在创建表时必须通过 CLUSTER 指定表所在的簇及簇键。下面的语句用于在簇 clu_emp_dept 中创建表 dept_1 和 emp_1。

```
SQL>CREATE TABLE dept_1(deptno number(4) primary key,dname varchar2(10),
loc varchar2(20)) CLUSTER clu_emp_dept(deptno);
    CREATE TABLE emp_1(empno number(4) primary key,ename varchar(10),deptno
number(4) references dept(deptno)) CLUSTER clu_emp_dept(deptno);   [000527]
```

在往簇中的表里插入数据之前，必须在簇上创建索引。创建簇索引的用户必须是簇的属主，或者具有 CREATE ANY CLUSTER 系统权限。除了要指定所在的簇以外，簇索引的创建方法与普通索引类似，索引和簇可以位于同一个表空间，也可以位于不同的表空间中。下面的语句将用于在簇 clu_emp_dept 上创建索引：

```
SQL>CREATE INDEX clu_emp_dept_idx ON CLUSTER clu_emp_dept TABLESPACE users;
                                                                [000528]
```

6.4.2 簇的修改

簇的修改涉及簇本身的修改、表的修改和索引的修改等内容。

由于簇是存在于簇段中的。因此可以像修改其他段一样修改簇的物理属性和存储参数，还可以修改每个簇键值及相关行的平均大小。修改簇的用户必须是簇的属主，或者具有 ALTER ANY CLUSTER 系统权限。例如，下面的语句将用来修改簇 clu_emp_dept：

```
SQL>ALTER CLUSTER clu_emp_dept SIZE 512 PCTFREE 30 PCTUSED 60 INITRANS 10
PARALLEL CACHE DEALLOCATE UNUSED;                               [000529]
```

簇修改参数注释如表 6-3 所示。

表 6-3

簇修改参数	描　　述
SIZE 512	每行的大小为 512 字节
PCTFREE 30	一旦 DML（INSERT）操作使得数据块的 70% 被使用，这个数据块就从空闲列表（free list）中移出
PCTUSED 60	一旦 DML 操作使得数据块的 60% 空闲，则这个数据块加入空闲列表（free list）
INITRANS	初始化事务数量为 10 个
PARALLEL	并行模式
Cache	放在内存中进行缓存（数据库高速缓存）
DEALLOCATE UNUSED	收回段中未使用的数据扩展

表的修改主要涉及表结构的修改。由于簇中的表并不是单独存储在一个表段中，而是存储在簇段中，因此不能修改表的物理属性和存储属性。用户可以在表上增加、修改列，删除非主键列，创建约束，还可以创建触发器。这些内容在相关章节已经做了详细介绍，这里不再赘述。

簇索引的修改主要涉及物理属性和存储参数的修改。与普通索引类似，簇索引也是单独存放在索引段中的，因此它的修改方法是相似的，详细信息请参阅索引的有关内容。

6.4.3　簇的删除

当簇中的表不再需要时，可以将簇删除。簇被删除后，簇中的表和索引都将不再存在。

删除簇的用户必须是簇的属主，或者具有 DROP ANY CLUSTER 系统权限。如果簇中包含一个或多个表，应该先将这些表删除，然后删除这个空的簇，删除表的方法与删除其他普通表的方法相似。删除表的用户必须是簇的属主，或者具有 DROP ANY CLUSTER 系统权限，除此之外不需要有其他权限，即使这个表位于其他模式中。假设簇 clu_emp_dept 中的所有表都已经被删除，下面的语句用于将这个空簇删除：

```
SQL>DROP CLUSTER clu_emp_dept;                                    [000530]
```

如果簇中的表尚未删除，可以使用 DROP 语句和 INCLUDEING TABLES 将簇和表一起删除。例如：

```
SQL>DROP CLUSTER clu_emp_dept INCLUDING TABLES;                   [000531]
```

如果簇中的某个表包含一个主键，而在簇之外的另一个表通过外键引用这个表，那么用上面的语句无法直接删除簇。在这种情况下，需要通过 DROP 语句和 CASCADE ConSTRAINS 子句将簇删除。例如：

```
SQL>DROP CLUSTER clu_emp_dept INCLUDING TABLES CASCADE ConSTRAINS; [000532]
```

簇索引可以单独被删除，当簇被删除时簇索引也将一起被删除。如果簇索引单独被删除，簇中的表也将无法使用，这时必须为簇重新创建簇索引。

6.4.4　簇信息的查询

簇的相关信息都存储在数据字典中，用户可以通过查询相关的数据字典来了解簇的信息。与簇有关的数据字典如表 6-4 所示。

表 6-4

与簇有关的数据字典	描　　述
dba_clusters	记录数据库中的所有簇
all_clusters	记录当前用户所能访问的所有簇
user_clusters	记录当前用户所拥有的所有簇
dba_clu_columns	记录簇键与表中的列的对应关系
user_clu_columns	记录簇键与表中的列的对应关系（当前用户所拥有的簇）

例如，要了解簇中的簇键，以及表中与簇键对应的列，可以执行以下查询：

```
SELECT * FROM user_clu_columns WHERE cluster_name='CLU_EMP_DEPT';[000533]
```
在查询结果中，3 个列分别代表簇键列、簇中的表以及表中与簇键对应的列。

6.5 索引组织表的管理

索引组织表（IndexOrganized Table，IOT）是一种特殊类型的表，它把表中的数据和表的索引存放在同一个段中，并以 B*树的方式组织在一起，从而可以加快表的查询速度。在索引组织表中必须有一个主键，表中的数据按照主键进行排序，在树的叶块中同时存储主键列和非主键列。

在传统的表中，表中的数据和索引分别存放在两个段中，表中的数据是无序存放的。在索引段中只存放索引列的值和每行数据的 ROWID，并且按照索引列排序。当对表进行查询时，首先根据索引列的值在索引中找到相应的 ROWID，再根据 ROWID 在表中获得对应的数据。如果要经常根据主键列进行查询，可以创建一个索引组织表，按照主键列对该表进行排序，并以 B*树的方式组织数据，这样在进行查询时，根据主键列的值可直接获得所需的数据，从而加快查询速度。如图 6-11 所示为普通表和索引组织表的区别。

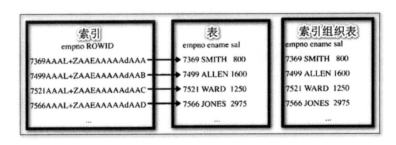

图 6-11

由于索引组织表是将整行数据都组织在索引中的，因而索引可能十分庞大。为了加快查询速度，可以为每个索引组织表定义为一个"溢出区"。当表中非主键列的数据超过数据块大小的一定比例时，将一部分非主键列移动到溢出区，而主键列和其他一些需要经常访问的非主键列仍然存储在索引中。用户在创建索引组织表时，可以指定溢出区的位置，需要移动到溢出区中的非主键列以及非主键列在数据块中占用空间的比例。

除了数据的组织方式与普通表不同外，索引组织表具有普通表的所有功能，用户可以在表上创建约束、触发器、视图，还可以创建其他索引。像其他数据库对象一样，索引组织表的管理包括创建、删除、修改等操作。

注意：索引组织表的删除与普通表完全相同，这里不再介绍。

6.5.1 索引组织表的创建

创建索引组织表的命令是 CREATE TABLE。例如，下面的语句用于创建索引组织表 employee。

```
SQL>CREATE TABLE emp_loyee(
empno number(4) PRIMARY KEY,
ename varchar(10),
sal number(7,2),
deptno number(2),
photo blob)
ORGANIZATION INDEX
TABLESPACE users
PCTTHRESHOLD 20
INCLUDING deptno
OVERFLOW TABLESPACE SYSTEM;                          [000534]
```

在创建索引组织表时，需要通过 PRIMARY KEY 关键字定义一个主键。如果主键只包含一个列，则可以在列级或表级定义，如果包含多个列，则必须在表级定义。为了说明该表为索引组织表，在 CREATE TABLE 命令中需要使用 ORGANIZATION INDEX 子句。

在 CREATE TABLE 命令中还可以使用其他子句，如表 6-5 所示。

表 6-5

创建表命令涉及的子句	描　述
TABLESPACE	指定表所在的表空间，表与溢出区可以位于不同的表空间中
PCTTHRESHOLD	指定一个百分数，例如 20。当表中非主键列的数据超过数据块大小的这个比例时，一部分非主键列将被移动到溢出区中
OVERFLOW TABLESPACE	指定溢出区所位于的表空间
INCLUDING	指定表中的一个列，当非主键列的数据超过数据块大小的指定比例时，该列之后的所有非主键列将被移动到溢出区中，而该列及之前的非主键列和主键列将仍然保留在原来的表中

为了加快索引组织表的查询速度，应把那些不经常被访问的列移动到溢出区中。在创建表时，应合理安排各个列的顺序，并指定一个合适的百分比和一个分界点，使经常被访问的列确实能被存储在原来的表中，而不经常访问的列在某个时刻可以被移动到溢出区中。

6.5.2 索引组织表的维护

索引组织表是一种特殊类型的表，所有针对普通表的维护都适用于索引组织表，用户可以像对待普通表一样，在索引组织表上执行 ALTER TABLE 命令。

需要注意的是，索引组织表中的溢出区与普通表一样，也存储在表段中。用户可以同时修改索引组织表和溢出区的相关信息。例如：

```
SQL>ALTER TABLE emp_loyee INITRANS 5 OVERFLOW PCTFREE 30 INITRANS 10;
                                                                    [000535]
```

针对索引组织表的特点，相关的维护工作主要涉及溢出区的操作。用户可以重新指定非主键列在数据块中的比例，以及需要移动到溢出区中的非主键列。例如：

```
SQL>ALTER TABLE emp_loyee PCTTHRESHOLD 30 INCLUDING sal;         [000536]
```

如果在创建表时没有指定溢出区，可以通过 **ALTER TABLE** 命令为其添加溢出区。例如：

创建一个未指定溢出区的索引表，代码如下：

```
SQL>CREATE TABLE emp_loyee_1(
empno number(4) PRIMARY KEY,
ename varchar(10),
sal number(7,2),
deptno number(2),
photo blob)
ORGANIZATION INDEX
TABLESPACE users
PCTTHRESHOLD 20;                                                 [000537]
```

为未指定溢出区的索引表添加溢出区，SQL 语句如下：

```
SQL>ALTER TABLE emp_loyee_1 ADD OVERFLOW TABLESPACE users;       [000538]
```

将非主键的 deptno 列移动到溢出区中，SQL 语句如下：

```
SQL>ALTER TABLE emp_loyee_1 INCLUDING deptno ;                   [000539]
```

对于一个索引组织表，还可以通过 **ALTER TABLE** 命令将表和溢出段一起移动到其他的表空间中。例如：

```
SQL>ALTER TABLE emp_loyee MOVE TABLESPACE bdbfts_2 OVERFLOW TABLESPACE
bts_1;                                                          [000540]
```

当索引组织表被移动到另一个表空间时，表上的索引同时被重建。重建索引是减少索引中存储碎片的一种有效方法。由于索引组织表将表和索引组织在一起，随着 DML 操作的频繁运行，索引中的存储碎片将逐渐增加，这将大大降低数据库的性能。重建索引也可以在原来的表空间中进行，只要对表进行移动操作，索引重建便随之进行。例如：

```
SQL>ALTER TABLE emp_loyee MOVE;                                 [000541]
```

6.6 本章小结

本章至此已告一段落，在本章中主要介绍了数据库对象管理的"普通表的管理""分区表的管理""索引的管理""簇的管理"及"索引组织表的管理"等。如何活学活用这些管理，并不是简单的事情，要依据自身的业务场景及未来可能的情况预估，来做出正确的决定。

本章重点谈到了普通表转分区表并说明了转换的原因。这里需要指出的是，做任何事都要未雨绸缪，不能等到"火上房"的时候再去应急。Oracle 数据库提供了这些技术，足可以让你"未雨绸缪"了，这里最为关键的是你能不能把握好这些技术，且活学活用。

对于 Oracle 的分区表、索引组织表、簇及索引，都是与性能息息相关的，做好了，性能会有很大的提升，做不好，反而会使性能下降。因此，要充分把握这些概念。

还有，这些技术都是在数据库设计之初必须要考虑的。也就是说你的应用，在未来可能会是什么样子，要为长久做打算。另外，这些技术并不是用得越多越好，该用则用，不该用绝对不用。至于在什么情况下，在什么时候，使用何种技术等问题，要具体问题具体对待或者说具体情况具体分析，但目标只有一个，就是提高效率。在充分把握这些技术的基础上，一般都能做出正确的决定。

接下来进入 Oracle 数据库的编程开发篇，第 7 章 PL/SQL 编程。

第 7 章　PL/SQL 编程

如果说 SQL 是一种标准的数据库访问语言，那么 PL/SQL 则是 Oracle 公司开发的一种编程语言，它是对 SQL 的扩充。在 PL/SQL 程序中，可以定义变量、数据类型、函数及过程，可以使用流控制语句，可以包含 SQL 语句，还可以进行错误处理。利用 PL/SQL 程序，可以对数据库进行复杂的访问。

与 SQL 相比，PL/SQL 有很多特点，例如，PL/SQL 体现了模块化的程序设计思想，在 PL/SQL 程序中可以定义函数和过程，用来完成不同的功能。PL/SQL 程序还可以在不同平台、不同计算机之间方便地移植。另外，利用 PL/SQL 程序可以大大提高访问数据库的效率，因为 PL/SQL 程序可以在 SQL*Plus 中执行，也可以在用户端的应用程序中调用执行，只需知道 PL/SQL 程序的名字，即可调用它。PL/SQL 程序与传统 SQL 执行方式的比较如图 7-1 所示。

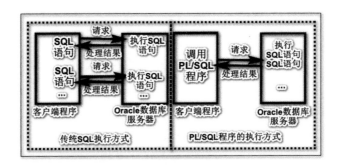

图 7-1

从图 7-1 中可以看出，传统的 SQL 命令是单独执行的，用户端每执行一条 SQL 语句，都要向数据库服务器发出一次请求，并从服务器返回一次结果。而 PL/SQL 程序是作为一个整体执行的，用户端只需发出一次请求，服务器执行后只返回一个结果。

PL/SQL 是一种结构化编程语言，程序的基本单元是块，主要的块形式有函数、过程和匿名块。一个 PL/SQL 块由以下 3 部分组成：

```
DECLARE
变量声明部分
可执行部分
EXCEPTION
异常处理部分
END
```

其中，变量声明部分用来定义变量、类型、游标、子程序、触发器、异常等。被声明的元素在本块范围内有效。这一部分在 PL/SQL 块中是可选的。

可执行部分是 PL/SQL 块的主体，它包含了 PL/SQL 块的可执行代码，是必不可少的部分。PL/SQL 块的功能主要体现在这一部分。

异常处理部分用来处理 PL/SQL 块在执行过程中发生的错误。如果块执行正常，则块正常结束，否则从出现错误的语句开始，转至异常处理部分开始执行，即进行异常处理。这部分在 PL/SQL 块中也是可选的。

最简单的 PL/SQL 块仅包含由 BEGIN 和 END 限定的可执行部分。例如：

```
BEGIN
DBMS_OUTPUT.PUT_LINE('Hello,World');
END;                                                    [000542]
```

运行结果如图 7-2 所示。

本章介绍 PL/SQL 有关的内容，主要包括匿名块、存储过程和存储函数 3 种形式的 PL/SQL 块，以及在 PL/SQL 中如何使用变量、类型、流控制语句、游标、触发器、异常等内容，重点介绍如何利用 PL/SQL 块访问数据库中的数据。

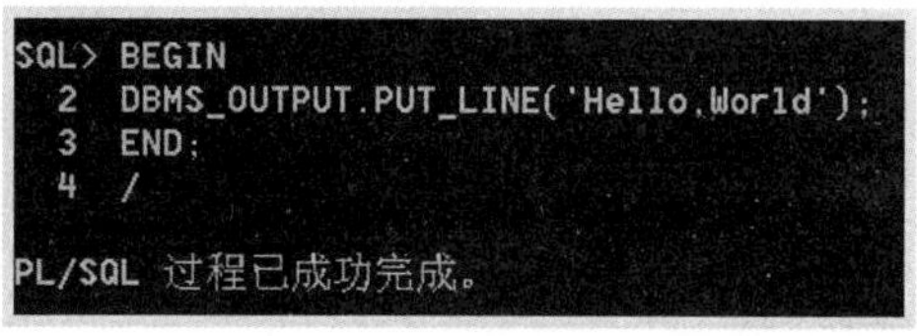

图 7-2

7.1　PL/SQL 中的变量

在 PL/SQL 块中可以定义变量和数据类型，这使得 PL/SQL 块对数据的处理更加灵活。变量和类型的定义放在 PL/SQL 块的变量声明部分。

7.1.1　变量的定义与使用

变量的定义有两种格式，分别为：

```
变量名　类型　[约束]　[DEFAULT 默认值]
变量名　类型　[约束]　[:=初始值]
```

其中用方括号限定的部分是可选的。约束用来规定变量必须满足的条件，如 "NOT NULL" 约束指定变量不能为空值，这样在定义变量时就要为其指定初始值或默认值。

变量名要遵守一定的命名规则。变量名必须以字母开头，包含数字、字母、下画线以及$、#符号，长度不能超过 30 字符，并且不能与 Oracle 关键字相同。变量名与大小写无关。

变量的类型可以是 PL/SQL 提供的数据类型，也可以是用户自定义的类型。表 7-1 列出了基本的数据类型。

表 7-1

基本的数据类型	说　明
binary_integer	整数类型的数据
number[(精度,小数)]	可表示整数和浮点数
Char[(最大长度)]	字符串，长度可达 32 767 字节
LONg	长字符串
LONg raw	与数据库中的 LONG RAW 一致
Varchar2(最大长度)	与数据库中的 VARCHAR2 一致
Date	与数据库中的 DATE 一致
boolean	取值为 TRUE 和 FALSE

除了上述基本类型外，PL/SQL 还定义了一些子类型。在 PL/SQL 块中既可以使用这些基本数据类型，也可以使用它们的子类型，但数据的最终类型仍然是它的基本类型，表 7-2 列出了部分数据类型的子类型。

表 7-2

子　类　型	父　类　型	说　明
NATURAL 与 NATURALN	BINARY_INTEGER	自然数，其中后者不能为空
POSITIVE 与 POSITIVEN	BINARY_INTEGER	正整数，其中后者不能为空
SIGNTYPE	BINARY_INTEGER	可取值-1、0/1
INT 与 INTEGER	BINARY_INTEGER	整数型数据
DEC、DECIMAL、NUMERIC	BINARY_INTEGER	等价于 NUMBER，提供了 ANSI 兼容性
FLOAT	BINARY_INTEGER	126 位二进制的浮点数
REAL	BINARY_INTEGER	63 位二进制的浮点数
CHARACTER	CHAR	与 CHAR 等价，提供了 ANSI 兼容性
STRING	VARCHAR2	与 VARCHAR2 等价，提供了 ANSI 兼容性
VARCHAR	VARCHAR2	与 VARCHAR2 等价

变量在定义时可以指定默认值或初始值，在 PL/SQL 块的运行过程中还可以为其赋值。赋值的格式为：

变量名：=表达式

如果需要输出变量的值，则要调用 DBMS_OUTPUT 程序包中的过程 PUT_LINE，这个过程的参数是要输出的变量或表达式。除了变量的声明外，变量的赋值、输出等操作都要放在 PL/SQL 块的可执行部分。

下面的代码演示了变量的声明、赋值和输出操作。

【示例 7-1】通过匿名块实现对变量 id、name 及 birthday 的声明、赋值和输出。

下面的代码是一个匿名块，所谓匿名块，就是没有名称只是临时存放在 SQL*Plus 缓冲区中的 PL/SQL 块，是能够动态地创建和执行过程代码的 PL/SQL 结构，而不需要以持久化的方式将代码作为数据库对象存储在系统对象目录中，可以在 SQL*Plus 或 SQL Developer 环境中执行，这是 Oracle 数据库的一大特色，其他数据库不支持匿名块，如 MySQL。关于匿名块，这里做一个简单介绍。

下面演示 PL/SQL 的变量声明、赋值和输出。

```
SET SERVEROUTPUT ON ;
DECLARE
id integer NOT NULL DEFAULT 100;
name varchar2(20):='SMITH';
birthday date DEFAULT SYSDATE;
BEGIN
id:=200;
dbms_output.put_line('id 的值为: '|| id);
dbms_output.put_line('name 的值为: '|| name);
dbms_output.put_line('birthday 的值为: '||birthday);
END;
/                                                          [000543]
```

运行结果如图 7-3 所示。

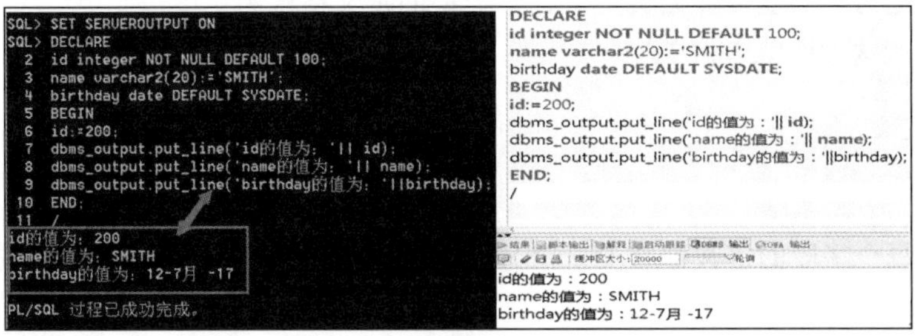

图 7-3

在输出变量之前，要确保 SQL*Plus 的输出是打开的，否则将得不到输出结果。也就是说，首先要在 SQL*Plus 中对参数 SERVEROUTPUT 进行设置：

```
SQL>SET SERVEROUTPUT ON;                                   [000544]
```

PL/SQL 块的代码可以直接在"SQL>"提示符下输入。输入结束后，执行命令"/"即可使该 PL/SQL 块执行。如果发现代码执行时有错误，可以输入 ed 命令进行修改。通过 ed 命令将打开一个文本编辑器，对缓冲区中的内容进行编辑。编辑完后重新输入命令"/"，可以再次执行 PL/SQL 块。

在定义变量时，除了直接为变量指定类型外，还可以通过%TYPE 属性为变量指定类型，%TYPE 用于获得另一个变量或者表中某个列的类型，使得新定义的变量与该变量或该列的类型完全一致。%TYPE 属性的用法为：

```
变量名 另一变量%TYPE
变量名 表.列%TYPE
```

使用%TYPE 属性的一个好处是当原来的变量或列的类型被修改后，不需要修改新变量的类型。另一个好处是，只希望一个变量与另一个变量的类型相同，但是可以不关心它到底是什么类型。例如：

```
id integer DEFAULT 100;
no id%TYPE;
name emp.ename%TYPE;                                    [000545]
```

在上述示例中，首先定义了一个变量 id，然后定义了一个变量 no，通过%TYPE 属性使变量 no 的类型与 id 变量的相同。最后又定义了变量 name，它的类型与 emp 表中的列 ename 的类型一致。

7.1.2 如何在 PL/SQL 中自定义数据类型

用户可以在 PL/SQL 块中根据需要自定义数据类型，然后利用这个类型定义变量。常用的自定义类型包括记录类型和集合类型，它们都是复合数据类型。

1. 记录类型自定义变量

记录类型允许在一个类型中包含若干类型不同的字段，字段类型可以是基本数据类型，也可以是另一个复合数据类型。记录类型的定义格式为：

```
TYPE 类型名 IS RECORD(
字段1定义,
字段2定义,
...
);
```

其中，每个字段的定义都与变量定义的方法完全相同，即包括字段名、类型、约束、默认值或初始值等几部分。

例如，要存储学生的信息，可以定义一个记录类型，包括姓名、年龄、学号、成绩等字段。该记录的定义为：

```
TYPE student is RECORD
(
name char(10),
age integer DEFAULT 20,
no char(10),
score number(5,2)
);                                                      [000546]
```

定义了记录类型后，现在即可定义该类型的变量。例如，下面的代码定义了两个 student 类型的变量，分别表示两个学生。

```
stu1 student;
stu2 student;                                           [000547]
```

在使用记录类型变量时，要单独引用它的每个字段，引用的方法为：

变量.字段

记录型变量中字段的使用方法与普通变量基本相同，可以为其赋值，也可以输出它的值。

【示例 7-2】在 PL/SQL 块中自定义数据类型示例。

下面的代码是在定义上述类型和变量的基础上，某个 PL/SQL 块的可执行部分：

```
SET SERVEROUTPUT ON ;
DECLARE
TYPE student is RECORD
(
name char(10),
age integer DEFAULT 20,
no char(10),
score number(5,2)
);
stu1 student;
stu2 student;
BEGIN
stu1.name:='smith';
stu1.no:='020300';
stu1.score:=97;
dbms_output.put_line(stu1.name);
dbms_output.put_line(stu1.age);
dbms_output.put_line(stu1.no);
dbms_output.put_line(stu1.score);
END;
/                                                    [000548]
```

由于 student 记录类型中的 age 字段使用了默认值，因此当没有为变量 stu1 中的 age 字段赋值时，该字段的值就为默认值。运行结果如图 7-4 所示。

定义记录类型变量的另一个简便方法是使用表属性。%ROWTYPE 属性可以取得表中各个字段的定义，使得记录类型变量的结构与表中一行的结构完全一致。例如，根据 emp 表的结构可以定义记录类型变量 employee：

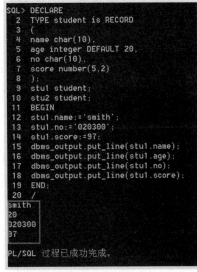

```
employee emp%ROWTYPE;
```

这样就定义了一个记录类型变量 employee，它所包含的字段及其类型、长度与表 emp 的各列完全相同。在 PL/SQL 块中可以直接使用这个变量的各个字段，例如：

```
SET SERVEROUTPUT ON ;
declare
employee emp%ROWTYPE;
BEGIN
employee.empno:=100;
employee.ename:='SMITH';
dbms_output.put_line(employee.empno);
dbms_output.put_line(employee.ename);
END;
/                                   [000549]
```

图 7-4

运行结果如图 7-5 所示。

使用%ROWTYPE 属性的好处是可以根据表的结构直接定义结构类型变量，而不需要事先知道这个表的结构，而且当表的结构发生改变时，PL/SQL 块中的变量定义不需要修改。

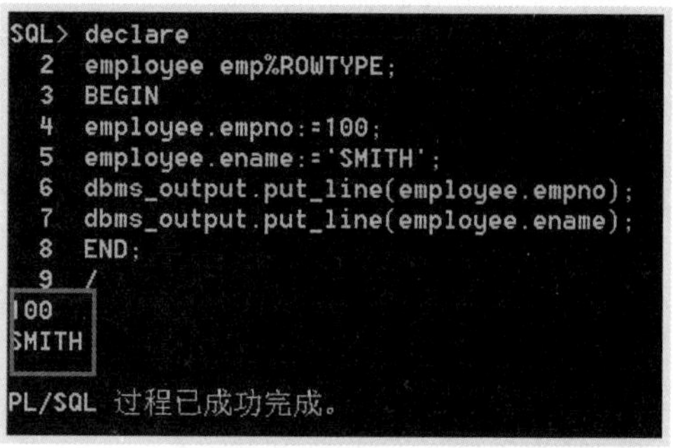

记录类型变量中包含若干类型不同的数据，而集合类型变量中包含多个相同类型的元素。

2. 集合类型自定义变量

要创建一个集合，先要定义一个集合类型，然后定义该类型的集合变量。定义集合类型的格式如下：

```
TYPE 集合类型名 IS TABLE OF 集合
元素数据类型 [index by 下标数据类型];
```

图 7-5

其中，"集合类型名"是要创建的集合类型的名字；"集合元素数据类型"是指集合中每个元素的类型，每个元素的类型都相同。元素类型可以是基本的数据类型，也可以是使属性取得的另一个变量的类型，更复杂的情况是表中的一行，即集合中的每个元素是表中的一行数据；"index by 下标数据类型"，为可选可不选，其中"下标数据类型"是指规定集合元素下标的数据类型，可以是 BINARY_INTEGER 或 varchar2 等。

在这里，可以把集合数据类型理解为一个一维数组。

例如，下面的语句定义了一个集合类型，元素类型是整数，下标数据类型为 BINARY_INTEGER。

```
TYPE IntSet IS TABLE OF integer index by BINARY_INTEGER;
```

在定义集合类型变量时，需要调用集合的构造函数，对集合变量进行初始化，为集合指定初始的元素，或者将其初始化为一个空集合。例如：

```
intSet1 IntSet:= IntSet(10,20,30);
intSet2 IntSet:= IntSet();                              [000550]
```

在上述代码中定义了两个集合变量 intSet1 和 intSet2，并分别调用构造函数进行初始化，intSet1 中包含三个元素，intSet2 是一个空集合，不包含任何元素。

（1）集合类型方法

集合类型类似于面向对象技术中的类，除了提供构造函数外，还提供了一些方法，可以用来对集合进行操作，集合的部分方法如表 7-3 所示。

表 7-3

集合变量方法	描 述
EXTEND(m,n)	将集合的第 n 个元素追加到集合末尾共 m 次。若不指定 n，则追加 m 个空元素。若不指定 m 和 n，则追加一个空元素
COUNT	返回集合当前包含的元素的个数
FIRST	返回第一个元素的下标
LAST	返回最后一个元素的下标
NEXT(n)	返回第 n 个元素之后的元素的下标
PRIOR(n)	返回第 n 个元素之前的元素的下标
EXISTS(n)	判断第 n 个元素是否存在，若存在，返回真值，否则返回假值

　　通过这种方法定义的集合类型变量中的元素个数是确定的，通过 EXTEND 方法可以对变量中的元素进行扩展。在使用集合变量时，一般是单独使用其中的每个元素，可以对某个元素赋值，也可以输出某个元素的值。集合元素可以通过集合变量名和下标来引用，引用的方法为：

集合变量（下标）

（2）集合类型自定义变量示例

1）简单示例

【示例 7-3】自定义集合类型变量简单使用。

```
SET SERVEROUTPUT ON ;
DECLARE
TYPE IntSet IS TABLE OF integer;
intSet1 IntSet:=intSet(10,20,30);
intSet2 IntSet:=intSet();
BEGIN
dbms_output.put_line('集合 intSet1 中元素的个数为: '|| intSet1.count);
intSet1.extend(2,3);
dbms_output.put_line('扩充后集合 intSet1 中元素的个数为:'|| intSet1.count);
for i in 1..intSet1.count loop
dbms_output.put_line ('第 '||i||' 个元素的值为: '|| intSet1(i));
end loop;
intSet2.extend(3);
intSet2(1):=100;
intSet2(2):=200;
intSet2(3):=300 ;
dbms_output.put_line ('集合 intSet2 中元素为: ');
for i in 1..intSet2.count loop
dbms_output.put_line('第 '|| i || ' 个元素的值为: '|| intSet2(i));
end loop;
END;
/                                                              [000551]
```

运行结果如图 7-6 所示。

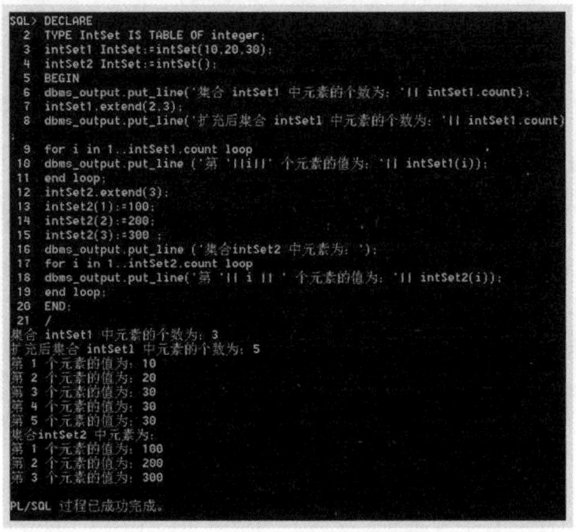

图 7-6

图 7-6 演示了简单集合变量的使用，如果在集合变量定义中，加入"INDEX BY"，即限定集合数据下标数据类型，下标数据类型可以是 BINARY_INTEGER 或 varchar2 等。通过这种方法定义的集合类型变量不需要进行初始化，在 PL/SQL 块的可执行部分可以任意地为第 n 个元素赋值，但是不能通过 EXTEND 方法对变量进行扩展。元素的实际数量就是被赋值的元素的个数。

在下面的示例中加入"INDEX BY"定义集合变量。

【示例 7-4】使用 INDEX BY 定义集合变量下标数据类型。

```
SET SERVEROUTPUT ON ;
DECLARE
TYPE xyz IS TABLE OF integer INDEX BY BINARY_INTEGER;
intSet3  xyz;
BEGIN
intSet3(1):=100;
intSet3(2):=200;
intSet3(10):=1000;
dbms_output.put_line('集合 intset3 中元素的个数为: '|| intSet3.count);
dbms_output.put_line('集合 intSet3 中元素为: ');
for i in 1..intSet3.count - 1 loop
dbms_output.put_line('第 '|| i || ' 个元素的值为: '|| intSet3(i));
end loop;
for i in 10..intSet3.count + 7 loop
dbms_output.put_line('第 '|| i || ' 个元素的值为: '|| intSet3(i));
end loop;
--intSet3.extend(2); -- 集合增加 2 个元素
END;
/                                                              [000552]
```

运行结果如图 7-7 所示。

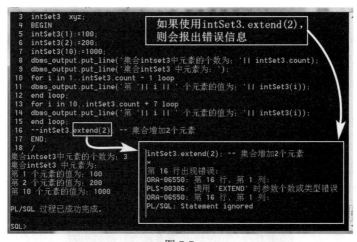

图 7-7

在图 7-7 中，如果使用 intSet3.extend(2)，则会报出错误信息。

2）复杂示例

接下来的示例相对比较复杂一点，分别是："关联数组类型的集合变量与表结合并输出示例""嵌套表类型的集合变量与表结合并输出示例"及"可变长数组类型的集合变量与表结合并输出示例"。

首先来看关联数组类型的集合变量与表结合并输出示例。

【示例 7-5】关联数组类型的集合变量与表结合并输出。

关联数组（也称为索引表，第一种集合类型）是一组键值对。每个"键"都是唯一的，并且被用于定位相应的值。键可以是整数或字符串，只能用于 PL/SQL 环境。

注意：该示例使用到 scott 账户下的 emp 表数据。

```
set serverout on --开启 sqlplus 屏幕打印功能
DECLARE
-- ****************集合变量下标类型为 BINARY_INTEGER 部分****************
    TYPE gcc_employee_1 IS TABLE OF VARCHAR2(30) INDEX BY BINARY_INTEGER;
    --声明 gcc_employee_1 为关联集合类型 相对于创建一个集合类型
    --这里由于 varchar2(30)类型是数据库自带的，就不需要单独创建
    vgcc_employees_1 gcc_employee_1; -- 声明 vgcc_employees_1 为 gcc_
employee_1 类型
    -- 这里 key 为 binary_integer 类型 value 为 varchar2(30)
    v_row_1    NUMBER;
-- ****************集合变量下标类型为 varchar2 部分****************
    type gcc_employee_2 is table of varchar2(30) index by varchar2(30);
    --声明 gcc_employee_2 为关联集合类型 相对于创建一个集合类型
    --这里由于 varchar2(30)类型是数据库自带的，就不需要我们单独创建
    vgcc_employees_2 gcc_employee_2; -- 声明 vgcc_employees_2 为 gcc_
employee_2 类型
    -- 这里 key 为 varchar2 类型,value 为 varchar2(30)
    v_row_2    varchar2(10);

    BEGIN
-- ****************集合变量下标类型为 BINARY_INTEGER 输出部分****************
    vgcc_employees_1(1001) := 'SCOTT'; --往 vgcc_employees 中添加元素 相当
于 map(1001,'SCOTT');
    vgcc_employees_1(1002) := 'JONES';
     --使用 FIRST 方法获取集合中的一个行号
    v_row_1 := vgcc_employees_1.first;
    WHILE (v_row_1 IS NOT NULL) LOOP
        --遍历集合中的元素
        dbms_output.put_line(v_row_1 || ':' || vgcc_employees_1(v_row_1));
        v_row_1 := vgcc_employees_1.next(v_row_1);
    END LOOP;
-- ****************集合变量下标类型为 varchar2 输出部分****************
    vgcc_employees_2('K1') := 'SCOTT'; --往 vgcc_employees 中添加元素 相当
于 map(1001,'SCOTT');
    vgcc_employees_2('K2') := 'JONES';
     --使用 FIRST 方法获取集合中的一个行号
    v_row_2 := vgcc_employees_2.first;
    WHILE (v_row_2 IS NOT NULL) LOOP
```

```
        --遍历集合中的元素
        dbms_output.put_line(v_row_2 || ':' || vgcc_employees_2(v_row_2));
        v_row_2 := vgcc_employees_2.next(v_row_2);
    END LOOP;

END;
/                                                                    [000553]
```

运行结果如图 7-8 所示。

图 7-8

下面介绍通过集合变量与数据表结合（嵌套表）的示例。

【示例 7-6】嵌套表类型的集合变量与表结合并输出。

从概念上讲，嵌套表（第二种集合类型）好比一个元素数量任意多个的一维数组。

我们可以把表的行数据放进嵌套表中，嵌套表中的行没有特定的顺序。当提取嵌套表到 PL/SQL 变量时，嵌套表中的每行给出从 1 开始的连续下标，通过这些类似数组的下标访问行数据。

嵌套表的大小可以动态增加和删除的。

注意：该示例使用到 scott 账户下的 emp 表数据。

```
DECLARE
    TYPE gcc_employee IS TABLE OF emp%ROWTYPE;--声明 gcc_employee 为嵌套表
emp 集合类型
    vgcc_employees gcc_employee := gcc_employee(); --初始化 vgcc_employees
    c_big_number  NUMBER := power(2,31); --2 的 31 次幂
    -- Binary_Integer 与 Pls_Integer 都是整型类型. Binary_Integer 类型变量值
计算是由 Oracle 来执行,
    --不会出现溢出，但是执行速度较慢，因为它是由 Oracle 模拟执行。
    -- 而 Pls_Integer 的执行是由硬件即直接由 CPU 来运算，因而会出现溢出，但其执行速
度较前者快许多。
    l_start_time  PLS_INTEGER;
    CURSOR cur_employee IS    --从 emp 表取数游标
    SELECT * FROM emp;
    vrt_employees cur_employee%ROWTYPE;
BEGIN
    OPEN cur_employee;
    LOOP
        FETCH cur_employee INTO vrt_employees;
        EXIT WHEN cur_employee%NOTFOUND;
        vgcc_employees.extend;--嵌套表 extend 扩展一个元素
        vgcc_employees(vgcc_employees.last) := vrt_employees;--添加元素
    END LOOP;
    CLOSE cur_employee;
    --循环遍历元素
    FOR i IN 1 .. vgcc_employees.count LOOP
        --vgcc_employees.count 表示集合中元素的个数
        --vgcc_employees 一条记录相当于一个实体,列名相对于是实体属性,通过点(".")
的方式获取
        dbms_output.put_line('empnofrom:' || vgcc_employees(i).empno ||
        ' ename:' || vgcc_employees(i).ename || ' deptno:' || vgcc_employees
(i).deptno);
        --把满足条件的客户信息打印到屏幕
    END LOOP;
    dbms_output.put_line('嵌套表 vgcc_employees 中元素个数:'||vgcc_employees.
count);
    -- 打印集合的元素总数
END;
--sqlplus 执行过程命令
/
```

运行结果如图 7-9 所示。

```
 1 DECLARE
 2    TYPE gcc_employee IS TABLE OF emp%ROWTYPE;--声明gcc_employee为嵌套表emp集合类型
 3    vgcc_employees gcc_employee := gcc_employee(); --初始化vgcc_employees
 4    c_big_number  NUMBER := power(2,31); --2的31次幂
 5    -- Binary_Integer 与 Pls_Integer 都是整型类型. Binary_Integer类型变量值计算是由Oracle来执行
 6    --不会出现溢出，但是执行速度较慢，因为它是由Oracle模拟执行。
 7    -- 而Pls_Integer的执行是由硬件即直接由CPU来运算，因而会出现溢出，但其执行速度较前者快许多。
 8    l_start_time  PLS_INTEGER;
 9
10    CURSOR cur_employee IS   --从emp表取数游标
11    SELECT * FROM emp;
12    vrt_employees cur_employee%ROWTYPE;
13 BEGIN
14    OPEN cur_employee;
15    LOOP
16       FETCH cur_employee INTO vrt_employees;
17       EXIT WHEN cur_employee%NOTFOUND;
18       vgcc_employees.extend;--嵌套表extend扩展一个元素
19       vgcc_employees(vgcc_employees.last) := vrt_employees; --添加元素
20    END LOOP;
21    CLOSE cur_employee;
22    --循环遍历元素
23    FOR i IN 1 .. vgcc_employees.count LOOP
24       --vgcc_employees.count表示集合中元素的个数
25       --vgcc_employees 一条记录相当于一个实体,列名相对于是实体属性，通过点（"."）的方式获取
26       dbms_output.put_line('empnofrom:' || vgcc_employees(i).empno ||
27       ' ename:' || vgcc_employees(i).ename || ' deptno:' || vgcc_employees(i).deptno);
28    --把满足条件的客户信息打印到屏幕
29    END LOOP;
30    dbms_output.put_line('嵌套表vgcc_employees中元素个数:'||vgcc_employees.count);
31    -- 打印集合的元素总数
32 END;
33 --sqlplus执行过程命令
34 /
```

```
anonymous block completed
empnofrom:7369 ename:SMITH deptno:20      empnofrom:7839 ename:KING deptno:10
empnofrom:7499 ename:ALLEN deptno:30      empnofrom:7844 ename:TURNER deptno:30
empnofrom:7521 ename:WARD deptno:30       empnofrom:7876 ename:ADAMS deptno:20
empnofrom:7566 ename:JONES deptno:20      empnofrom:7900 ename:JAMES deptno:30
empnofrom:7654 ename:MARTIN deptno:30     empnofrom:7902 ename:FORD deptno:20
empnofrom:7698 ename:BLAKE deptno:30      empnofrom:7934 ename:MILLER deptno:10
empnofrom:7782 ename:CLARK deptno:10      嵌套表vgcc_employees中元素个数:14
empnofrom:7788 ename:SCOTT deptno:20
```

输出结果

图 7-9

下面介绍通过集合变量输出可变长的数组示例。

【示例 7-7】可变长数组类型的集合变量与表结合并输出。

可变数组（第三种集合类型）与嵌套表相似，也是一种集合。一个可变数组是对象的一个集合，其中每个对象都具有相同的数据类型。可变数组的大小由创建时决定。在表中建立可变数组后，可变数组在主表中作为一个列对待。从概念上讲，可变数组是一个限制了行集合的嵌套表，换句话说表列的内容是一张表。

可变长的数组是一个 VARRAY 数据类型的集合。当声明 VARRAY 类型时，就必须指

定它能包含的最大元素个数。VARRAY 可以包含可变数据的元素，从零到最大值。VARRAY 索引有一个固定的下限 1 和一个可扩展的上限。和嵌套表类型相同的是，它们都可以用于 PL/SQL 和数据库。但是和嵌套表不同的是，在向 VARRAY 中保存数据或者提取数据时，它的元素是有序的。

```
--删除表 students
drop table students cascade constraints purge
/
--创建集合类型 gcc_course 用于存放学生课程表，最多 5 门课程
create or replace type gcc_course is varray(6) of varchar2(100)
/
--创建表 students，表中引用了可变集合类型 gcc_course  存放学生和课程信息
create table students( student_name varchar2(20) , cource gcc_course,
cource2 gcc_course,cource3 gcc_course)
/
declare
vgcc_gcc_courses gcc_course := gcc_course();--构造函数初始化
vgcc_gcc_courses2 gcc_course := gcc_course();--构造函数初始化
vgcc_gcc_courses3 gcc_course := gcc_course();--构造函数初始化
--定义 v_cource 为 students.cource 类型变量
v_cource students.cource%TYPE;  --定义 v_cource 为表 students.cource 类型变量
v_cource2 students.cource2%TYPE; --定义 v_cource2 为表 students.cource2 类
型变量
v_cource3 students.cource3%TYPE; ----定义 v_cource3 为表 students.cource3
类型变量
v_students students%ROWTYPE; --定义 v_students 为 students 表行类型变量
--定义游标
CURSOR cur1 IS  SELECT * FROM students;
v_num number :=1; --行号
begin
vgcc_gcc_courses.extend(2); -- 集合增加 2 个元素
vgcc_gcc_courses(1) := '英语'; --跟一维数组添加元素一样
vgcc_gcc_courses(2) := '语文';
vgcc_gcc_courses2.extend(2); -- 集合增加 2 个元素
vgcc_gcc_courses2(1) := '英语 2'; --跟一维数组添加元素一样
vgcc_gcc_courses2(2) := '语文 2';
vgcc_gcc_courses3.extend(2); -- 集合增加 2 个元素
vgcc_gcc_courses3(1) := '英语 3'; --跟一维数组添加元素一样
vgcc_gcc_courses3(2) := '语文 3';
-- 把集合数据添加到 students 表中
insert into students (student_name, cource,cource2,cource3)
values ('XXXX1', vgcc_gcc_courses,vgcc_gcc_courses2,vgcc_gcc_courses3);
insert into students (student_name, cource,cource2,cource3)
values ('XXXX2', vgcc_gcc_courses,vgcc_gcc_courses2,vgcc_gcc_courses3);
commit;-- 提交事务
-- 通过 select 赋值，将 varray 类型值赋给 v_cource
```

```
    select  s.cource  into  v_cource  from  students  s  where  s.student_name
='XXXX2';
    -- 输出 v_cource 内容
    FOR I IN 1..v_cource.COUNT() LOOP
    DBMS_OUTPUT.PUT_LINE('v_cource('||I||')=' || v_cource(I));
    END LOOP;
    --打开游标
       OPEN cur1;
    --循环游标
       LOOP
       --将行内容赋值给 v_students
          FETCH cur1 INTO v_students;
          --游标指针到达末尾退出
          EXIT WHEN cur1%NOTFOUND;
          --将 varray 类型 v_students.cource 赋值给 v_cource
          v_cource :=v_students.cource;
           --输出 varray 类型 v_cource 内容
            FOR I IN 1..v_cource.COUNT() LOOP
               DBMS_OUTPUT.PUT_LINE('v_cource('||I||')=' || v_cource(I));
            END LOOP;
            DBMS_OUTPUT.PUT_LINE('第' || to_char(v_num) ||'行---cource 列,
varray 类型---');
          --将 varray 类型 v_students.cource2 赋值给 v_cource2
          v_cource2 :=v_students.cource2;
          --输出 varray 类型 v_cource2 内容
             FOR I IN 1..v_cource2.COUNT() LOOP
                DBMS_OUTPUT.PUT_LINE('v_cource2('||I||')=' || v_cource2(I));
             END LOOP;
             DBMS_OUTPUT.PUT_LINE('第' || to_char(v_num) ||'行---cource2 列,
varray 类型---');
          --将 varray 类型 v_students.cource3 赋值给 v_cource3
          v_cource3 :=v_students.cource3;
          --输出 varray 类型 v_cource3 内容
             FOR I IN 1..v_cource3.COUNT() LOOP
                DBMS_OUTPUT.PUT_LINE('v_cource3('||I||')=' || v_cource2(I));
             END LOOP;
             DBMS_OUTPUT.PUT_LINE('第' || to_char(v_num) ||'行---cource3 列,
varray 类型---');
             v_num := v_num +1;
       END LOOP;
       CLOSE cur1;
    end;
    /
    select * from table (select s.cource3 from students s where s.student_
name='XXXX2');                                                    [000555]
```

运行结果如图 7-10 所示。

```
1  --删除表students
2  drop table students cascade constraints purge
3  /
4  --创建集合类型gcc_course 用于存放学生课程表，最多5门课程
5  create or replace type gcc_course is varray(6) of varchar2(100)
6  /
7  --创建表students，表中引用了可变集合类型gcc_course 存放学生和课程信息
8  create table students( student_name varchar2(20) , cource gcc_course,
9  cource2 gcc_course,cource3 gcc_course)
10 /
11 declare
12 vgcc_gcc_courses gcc_course := gcc_course();--构造函数初始化
13 vgcc_gcc_courses2 gcc_course := gcc_course();--构造函数初始化
14 vgcc_gcc_courses3 gcc_course := gcc_course();--构造函数初始化
15 --定义v_cource为students.cource类型变量
16 v_cource students.cource%TYPE;  --定义v_cource为表students.cource类型变量
17 v_cource2 students.cource2%TYPE;  --定义v_cource2为表students.cource2类型变量
18 v_cource3 students.cource3%TYPE;  --定义v_cource3为表students.cource3类型变量
19 v_students students%ROWTYPE;  --定义v_students为students表行类型变量
20 --定义游标
21 CURSOR cur1 IS   SELECT * FROM students;
22 v_num number :=1; --行号
23 begin
24 vgcc_gcc_courses.extend(2); -- 集合增加2个元素
25 vgcc_gcc_courses(1) := '英语';--跟一维数组添加元素一样
26 vgcc_gcc_courses(2) := '语文';
27 vgcc_gcc_courses2.extend(2); -- 集合增加2个元素
28 vgcc_gcc_courses2(1) := '英语2';--跟一维数组添加元素一样
29 vgcc_gcc_courses2(2) := '语文2';
30 vgcc_gcc_courses3.extend(2); -- 集合增加2个元素
31 vgcc_gcc_courses3(1) := '英语3';--跟一维数组添加元素一样
32 vgcc_gcc_courses3(2) := '语文3';
33 -- 把集合数据添加到students表中
34 insert into students (student_name, cource,cource2,cource3)
35 values ('XXXX1', vgcc_gcc_courses,vgcc_gcc_courses2,vgcc_gcc_courses3);
36 insert into students (student_name, cource,cource2,cource3)
37 values ('XXXX2', vgcc_gcc_courses,vgcc_gcc_courses2,vgcc_gcc_courses3);
38 commit;-- 提交事务
39 -- 通过select赋值，将varray类型值赋给v_cource
40 select s.cource into v_cource from students s where s.student_name='XXXX2';
41 --输出v_cource内容
42 FOR I IN 1..v_cource.COUNT() LOOP
43 DBMS_OUTPUT.PUT_LINE('v_cource('||I||')=' || v_cource(I));
44 END LOOP;
45 --打开游标
46   OPEN cur1;
47 --循环游标
48   LOOP
49   --将行内容赋值给v_students
50     FETCH cur1 INTO v_students;
51     --游标指针到达末尾退出
52     EXIT WHEN cur1%NOTFOUND;
53     --将varray类型v_students.cource赋值给v_cource
54     v_cource :=v_students.cource;
55     --输出varray类型v_cource内容
56     FOR I IN 1..v_cource.COUNT() LOOP
57       DBMS_OUTPUT.PUT_LINE('v_cource('||I||')=' || v_cource(I));
58     END LOOP;
59     DBMS_OUTPUT.PUT_LINE('第' || to_char(v_num) ||'行---cource列，varray类型---'
60     --将varray类型v_students.cource2赋值给v_cource2
61     v_cource2 :=v_students.cource2;
62     --输出varray类型v_cource2内容
63     FOR I IN 1..v_cource2.COUNT() LOOP
64       DBMS_OUTPUT.PUT_LINE('v_cource2('||I||')=' || v_cource2(I));
65     END LOOP;
66     DBMS_OUTPUT.PUT_LINE('第' || to_char(v_num) ||'行---cource2列，varray类型--
67     --将varray类型v_students.cource3赋值给v_cource3
68     v_cource3 :=v_students.cource3;
69     --输出varray类型v_cource3内容
70     FOR I IN 1..v_cource3.COUNT() LOOP
71       DBMS_OUTPUT.PUT_LINE('v_cource3('||I||')=' || v_cource2(I));
72     END LOOP;
73     DBMS_OUTPUT.PUT_LINE('第' || to_char(v_num) ||'行---cource3列，varray类型--
74     v_num := v_num +1;
75   END LOOP;
76   CLOSE cur1;
77 end;
78 /
79 select * from table (select s.cource3 from students s where s.student_name='XXXX2
```

```
 drop table students 成功。          第1行---cource3列，varray类型---
 type gcc_course 已编译。            v_cource(1)=英语
 create table 成功。                 v_cource(2)=语文
 anonymous block completed          第2行---cource列，varray类型---
 v_cource(1)=英语                    v_cource2(1)=英语2
 v_cource(2)=语文                    v_cource2(2)=语文2
 v_cource(1)=英语                    第2行---cource2列，varray类型---
 v_cource(2)=语文                    v_cource3(1)=英语3
 第1行---cource列，varray类型---       v_cource3(2)=语文3
 v_cource2(1)=英语2                  第2行---cource3列，varray类型---
 v_cource2(2)=语文2
 第1行---cource2列，varray类型---      COLUMN_VALUE
 v_cource3(1)=英语2                  --------------
 v_cource3(2)=语文2                  英语3
                                    语文3

                                    2 rows selected
```

图 7-10

下面演示可变长数组元素为对象类型的集合变量并与表结合输出示例。

【示例 7-8】可变长数组元素为对象类型的集合变量并与表结合输出。

```
--删除表 user_info
drop table user_info cascade constraints purge
/
-- 创建对象类型 gcc_info
CREATE OR REPLACE TYPE gcc_info FORCE AS OBJECT (
no number(3),
comm_type varchar2(20),
comm_no varchar2(30))
/
-- 创建可变数组类型 gcc_info_list
CREATE  OR REPLACE TYPE gcc_info_list AS VARRAY(50) OF gcc_info
/
--创建列数据类型含有可变数组类型的表，其中列 user_comm 数据类型为可变数组类型
create table user_info (
user_id number(6),
user_name varchar2(20),
user_comm gcc_info_list)
/
--向表中插入数据
insert into user_info values(1,'mary',
gcc_info_list(gcc_info(1,'手机','199123456'),
gcc_info(2,'呼机','199123457')))
/
insert into user_info values(2,'carl',
gcc_info_list(gcc_info(1,'手机','189123456'),
gcc_info(2,'呼机','189123457')))
/
commit;

--查询数据

select user_comm from user_info where user_id=1;
--comm_type,comm_no 为对象类型 gcc_info 中的参数，user_comm 列的值相当于
--以 gcc_info 对象类型中的那些参量为列名的一张表。
--也就是 user_info 表中，user_id=1 的 user_comm 列值相当于一张表，这张表的列名分别是
--no、comm_type 和 comm_no。注意这里查询必须使用 table()表函数。
select * from user_info;

select no,comm_type,comm_no from
table(select user_comm from user_info where user_id=1)
where no=1 ;

--select no,comm_type,comm_no from table(select user_comm from user_info )
where no=1 ;
```

　　--会报出 SQL 错误：ORA-01427：单行子查询返回多个行，也即是一次查询只能查一条记录中的 VARRAY

　　--数据。　　　　　　　　　　　　　　　　　　　　　　　　　　　　　　　[000556]

　　运行结果如图 7-11 所示。

```
1  --删除表user_info
2  drop table user_info cascade constraints purge
3  /
4  -- 创建对象类型gcc_info
5  CREATE OR REPLACE TYPE gcc_info FORCE AS OBJECT (
6  no number(3),
7  comm_type varchar2(20),
8  comm_no varchar2(30))
9  /
10 -- 创建可变数组类型gcc_info_list
11 CREATE  OR REPLACE TYPE gcc_info_list AS VARRAY(50) OF gcc_info
12 /
13 --创建列数据类型含有可变数组类型的表，其中列user_comm数据类型为可变数
14 create table user_info (
15 user_id number(6),
16 user_name varchar2(20),
17 user_comm gcc_info_list)
18 /
19 --向表中插入数据
20 insert into user_info values(1,'mary',
21 gcc_info_list(gcc_info(1,'手机','199123456'),
22 gcc_info(2,'呼机','199123457')))
23 /
24 insert into user_info values(2,'carl',
25 gcc_info_list(gcc_info(1,'手机','189123456'),
26 gcc_info(2,'呼机','189123457')))
27 /
28 commit;
29
30 --查询数据
31
32 select user_comm from user_info where user_id=1;
33 --comm_type,comm_no为对象类型gcc_info中的参数，user_comm列的值相当
34 --以gcc_info对象类型中的那些参数为列名的一张表。
35 --也就是user_info表中，user_id=1的user_comm列值相当于一张表，这张表的
36 --no、comm_type和comm_no。注意这里查询必须使用table()表函数。
37 select * from user_info;
38
39 select no,comm_type,comm_no from
40 table(select user_comm from user_info where user_id=1)
41 where no=1 ;
42
43 --select no,comm_type,comm_no from table(select user_comm from user
44 --会报出SQL 错误: ORA-01427: 单行子查询返回多个行，也即是一次查询只能查
45 --数据。
46
47
```

```
 drop table user_info 成功。
 TYPE gcc_info 已编译。
 OR 已编译。
 create table 成功。
 1行 已插入
 1行 已插入
 commit 成功。
USER_ID    USER_NAME    USER_COMM
----------------------------------------------------------------
1      mary    SCOTT.GCC_INFO(SCOTT.GCC_INFO(1,手机,199123456),SCOTT.GCC_INFO(2,呼机,1991234
2      carl    SCOTT.GCC_INFO(SCOTT.GCC_INFO(1,手机,189123456),SCOTT.GCC_INFO(2,呼机,1891234

2 rows selected

NO       COMM_TYPE      COMM_NO
----------------------------------------------------------------
1        手机        199123456

1 rows selected
```

图 7-11

示例 7-8 的补充解释：

comm_type,comm_no 为对象类型 gcc_info 中的参数，user_comm 列的值相当于以 gcc_info 对象类型中的那些参量为列名的一张表。也就是 user_info 表中，user_id=1 的 user_comm 列值相当于一张表，我们把这样的表称为嵌套表，这张嵌套表的列名分别是 no、comm_type 和 comm_no。注意，这里查询必须使用 table() 表函数。

关于变长数组其他简要说明如下。

● 创建变长数组类型语法

```
SQL>CREATE OR REPLACE TYPE varray_type_1 AS VARRAY(2) OF VARCHAR2(50);
/
```

这个变长数组最多可以容纳两个数据，数据的类型为 varchar2(50)。

● 更改元素类型的大小或精度

可以更改变长数组类型和嵌套表类型元素的大小。

```
SQL>ALTER TYPE varray_type_1 MODIFY ELEMENT TYPE varchar2(100) CASCADE;
```

CASCADE 选项把更改传播到数据库中的依赖对象，即：将数据库中与"varray_type_1"可变长数组相关联的对象一并修改。CASCADE 选项将引发系列操作，由数据库自动完成，无需人工干预。如果不打算这样做，可以使用 INVALIDATE 选项。INVALIDATE 选项使依赖对象无效，即：数据库中与"varray_type_1"可变长数组相关联的对象不会被修改，依然维持原有的状态。

● 增加变长数组的元素数目

```
SQL>ALTER TYPE varray_type_1 MODIFY LIMIT 5 CASCADE;
```

● 使用变长数组

```
SQL>CREATE TABLE table2( c1 varchar2(10), varray1 varray_type_1 );
INSERT INTO table2 VALUES('01', varray_type_1('xxxx','xx'));
Commit;
```

● 获得变长数组的信息

```
SQL>DESC  varray_type_1;
```

得到数据库中变长数组的信息。

```
SQL>SELECT * FROM user_varrays WHERE type_name = 'VARRAY_TYPE_1';
```

● 更改变长数组元素

要想更改变长数组的一个元素，需要把其他元素一起更改，整个变长数组作为一个整体来进行。

```
SQL>UPDATE table2 SET varray1 = varray_type_1('yyyy','yy')WHEREc1='01';
Commit;
```

● 查询变长数组元素

```
Select * from table(select varray1 from table2 WHERE c1='01' );
```

关于 Oracle 数据库的自定义数据类型，不是很好理解，但它为数据库开发提供了强有力的手段。尤其是集合类型变量，意味着 Oracle 数据库引入了"数组"的概念，在数据库开发中，通过使用集合变量，给数据库开发带来极大便利，就像前述的 Over 使用前后一样。

7.2　PL/SQL 中的流控制

PL/SQL 提供了丰富的流控制语句，用来对程序的执行流程进行控制。通过流控制语句，可以编写更复杂的 PL/SQL 块。流控制语句分为两类，即条件判断语句和循环语句。

7.2.1　IF 语句

IF 语句是一种条件判断语句，它根据条件判断的结果执行不同的代码。最简单的 IF 语句格式为：

```
IF 条件 THEN
    代码
END IF
```

如果条件成立，就执行指定的代码，否则执行 IF 语句后面的代码。如果还要求在条件不成立时执行另外的代码，则可以使用下面的形式：

```
IF 条件 THEN
    代码 1
ELSE
    代码 2
END IF
```

那么当条件成立时执行代码 1，条件不成立时执行代码 2。

在更复杂的情况下，要先后判断多个条件，这时要用到下面的形式：

```
IF 条件 1 THEN
    代码 1
ELSIF 条件 2
    代码 2
ELSE
    代码 n
END IF
```

在执行上面的 IF 语句时，首先判断条件 1。当条件 1 成立时执行代码 1，否则继续判断条件 2，如果成立则执行代码 2，否则继续判断下面的条件。如果前面的条件都不成立，则执行 ELSE 后面的代码 n。

上面提到的 IF 形式每次只进行一个条件的判断，如果这个条件成立，则执行相应的代码，否则继续判断下面的条件。有时候需要一次判断多个条件，根据多个条件的综合情况执行相应的代码，这就要用到条件的联合。

条件的联合有"与"和"或"两种形式。"与"运算通过 AND 运算符连接多个条件，只有当所有条件都成立时，整个条件判断才算成立。如果有一个条件不成立，则整个条件判断不成立。"与"运算的格式为：

```
条件 1 AND 条件 2 AND 条件 3…
```

我们来看下面的小示例。

【示例 7-9】要计算 1+2+3+…+500 的值，当和大于 100 000 时停止，求"累计和"大于 100 000 的最后一个整数。

我们可以构造两个条件，其中一个条件要求求和的数据小于等于 500，另一个条件要求求和的结果小于等于 100 000，只要这两个条件同时满足，就可以继续求和。只要其中一个条件不满足，则求和停止。用于求和的 PL/SQL 块的代码如下。在块中用到了 LOOP 循环。

```
SET SERVEROUTPUT ON ;
DECLARE
    i INTEGER:=0;
    total INTEGER:=0;
BEGIN
LOOP
IF i<=500 and total<=100000 THEN
    i:=i+1;
    total:=total + i;
    -- dbms_output.put_line(i);
    -- dbms_output.put_line(total);
ELSE
    EXIT;
END IF;
END LOOP;
dbms_output.put_line(i);
dbms_output.put_line(total);
END;
/                                              [000557]
```

图 7-12

运行结果如图 7-12 所示。

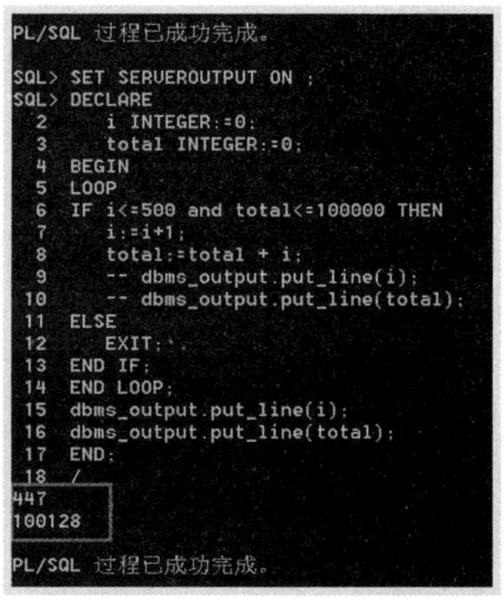

7.2.2 LOOP 语句

LOOP 是一种循环语句，它使一部分代码反复执行。LOOP 语句的基本格式为：

```
LOOP
循环体
END LOOP
```

如果不做特殊处理，LOOP 中的代码将无限制地执行。一般可以用 EXIT WHEN 或者 EXIT 语句结束 LOOP 循环。EXIT WHEN 指定一个条件，当条件满足时退出循环。

EXIT 语句使循环结束，一般与 IF 语句结合使用。

我们结合下面的示例来看一下 LOOP 语句的具体使用。

【示例 7-10】计算 1+2+3+…的值，当和大于 500 时停止，求"累计和"大于 500 的最后一个整数。

在下面的代码中，最主要的一句话是"EXIT WHEN total > 500"。

```
SET SERVEROUTPUT ON ;
DECLARE
    i INTEGER:=0;
    total INTEGER:=0;
BEGIN
LOOP
    i:=i+1;
    total:=total+i;
    EXIT WHEN total > 500;
END loop;
dbms_output.put_line(i);
END;
/                                       [000558]
```

图 7-13

运行结果如图 7-13 所示。

在上述例子中，语句 EXIT WHEN total > 500 使得当求和结果大于 500 时停止循环。这条语句可以用 EXIT 语句代替，这时需要用 IF 语句判断和是否大于 500：

```
IF total>500 THEN EXIT; END IF;
```

7.2.3 WHILE 语句

WHILE 语句的功能是根据条件判断的结果循环执行一部分代码，只要条件成立，则反复执行这段代码。WHILE 语句的格式为：

```
WHILE 条件
LOOP
循环体
END LOOP
```

在执行 WHILE 循环时，首先判断条件是否成立，如果成立，则执行循环体。然后再判断条件，如果条件成立，接着执行循环体，直到条件不成立时，循环结束。我们把上一节的示例稍作改变，来看看 WHILE 语句的用法。

【示例 7-11】求表达式 1+2+3+…+ 100 的值（请用 WHILE 语句实现）。

在下面的代码中，由 while 的条件，即"i<=100"控制循环何时终止，当 i=101 时终止循环。

```
SET SERVEROUTPUT ON ;
DECLARE
    i INTEGER:=1;
    total INTEGER:=0;
BEGIN
    while i<=100
        LOOP
        total:=total+i;
        i:=i+1;
END LOOP;
dbms_output.put_line(total);
END;
/                                        [000559]
```

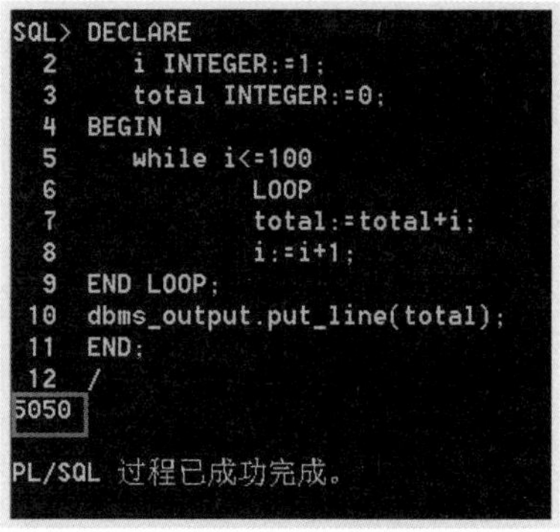

图 7-14

运行结果如图 7-14 所示。

7.2.4　FOR 语句

FOR 语句的功能是指定一个起始值，一个终止值，在这个范围内反复执行一段代码，并由一个循环变量控制循环的执行。循环变量从起始值开始，每执行一次循环，循环变量自动加 1 或减 1，直到与终止值相等时，循环结束。FOR 语句的格式为：

```
FOR 循环变量 IN [REVERSE] 起始值..终止值 LOOP
    循环体
END LOOP
```

在 FOR 语句中，在 IN 的后面，从起始值开始到终止值之间的整数构成一个集合，集合中的元素依次加 1。在执行 FOR 语句时，循环变量先取集合中的第一个元素，执行一次循环体，然后依次取集合中的每个元素，分别执行一次循环体，直到把集合中的元素都取一次。如果使用 REVERSE，则按照相反的顺序取集合中的元素，即先取最后一个元素，然后依次取前面的元素，直到第一个元素。

我们还是用上一节的例子来看看 FOR 语句的用法差异。

【示例 7-12】求表达式 1+2+3+…+100 的值（请用 FOR 语句实现）。

在下面的代码中，通过 for 循环求 1+2+3+…+100 的值，相对上面示例比较简单。

```
SET SERVEROUTPUT ON ;
DECLARE
    total INTEGER:=0;
BEGIN
    FOR i IN 1..100
    LOOP
        total:=total+i;
    END LOOP;
dbms_output.put_line(total);
END;
/                                        [000560]
```

运行结果如图 7-15 所示。

从上面的示例可以看出，在 FOR 循环中，循环变量不需要定义，也不需要显式地将集合中的元素赋给它，也不需要进行条件判断，所以用 FOR 语句编写的代码比较简洁。需要注意的是，循环变量只能在 FOR 循环内使用。

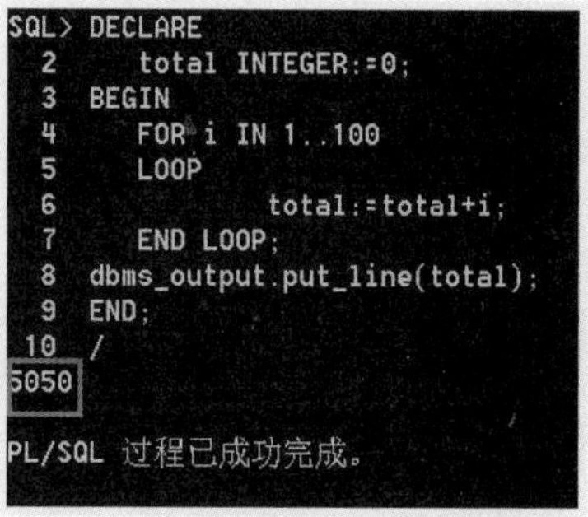

```
SQL> DECLARE
  2      total INTEGER:=0;
  3  BEGIN
  4      FOR i IN 1..100
  5      LOOP
  6              total:=total+i;
  7      END LOOP;
  8  dbms_output.put_line(total);
  9  END;
 10  /
5050

PL/SQL 过程已成功完成。
```

图 7-15

7.3 PL/SQL 如何访问数据库

编写 PL/SQL 块的主要目的是对数据库进行访问，因此，在 PL/SQL 块中可以包含 SELECT 语句、DML 语句，还可以包含 DCL 语句。需要注意的是，在 PL/SQL 块中不能直接包含 DDL 语句，如果要利用 PL/SQL 块完成诸如创建表、修改表结构等操作，需要通过其他方法。

通过 SQL 语句以及流控制语句，可以编写复杂的 PL/SQL 块，对数据库进行复杂的访问。由于 PL/SQL 块一般是在应用程序中调用执行，而不是以交互方式执行，所以在 PL/SQL 块中的 SQL 语句与一般的 SQL 语句有所不同，这一点在学习时要注意。

7.3.1 如何对数据进行查询

在 PL/SQL 块中通过 SELECT 语句从数据库中检索数据。由于要对数据进行查询以及处理，而不仅仅是显示出来，所以 SELECT 语句需要采用下面的特殊格式：

```
SELECT 列 1,列 2… INTO 变量 1,变量 2… FROM 表
```

与一般的 SELECT 语句相比，PL/SQL 块中的 SELECT 语句使用了 INTO 子句，其余部分相同。利用 INTO 子句，把查询到的数据存放在变量中，以进行相应的处理。为了更好地理解 SELECT 语句的用法，我们来看下面的示例。

【示例 7-13】通过 select into 把查询到的数据存放在变量中并进行处理。

首先从部门表中检索部门 30 的名称、地址等信息，分别存放在变量 d_name 和 d_location 中，然后从雇员表中查询该部门中员工的工资、奖金总和，分别存放在变量 total_sal 和变量 totaLcomm 中，最后打印出这些信息。为了使程序更加灵活，首先定义了一个变量 dtio，用来存放部门编号，这样在 SELECT 语句中就可以使用这样的变量，具体实现代码如下：

```
SET SERVEROUTPUT ON ;
DECLARE
    dno integer;
    d_name dept.dname%type;
    d_location dept.loc%type;
    total_sal number;
```

```
    total_comm number;
BEGIN
    dno:=30;
    SELECT dname,loc INTO d_name,d_location FROM dept WHERE deptno=dno;
    dbms_output.put_line('名称: '|| d_name ||'位置: '|| d_location);
    SELECT sum(sal),sum(nvl(comm,0)) INTO total_sal,total_comm FROM emp
WHERE deptno=dno;
    dbms_output.put_line ('工资总和: '|| total_sal || '  奖金总和: ' ||
total_comm);
    end;
    /                                                          [000561]
```

运行结果如图 7-16 所示。

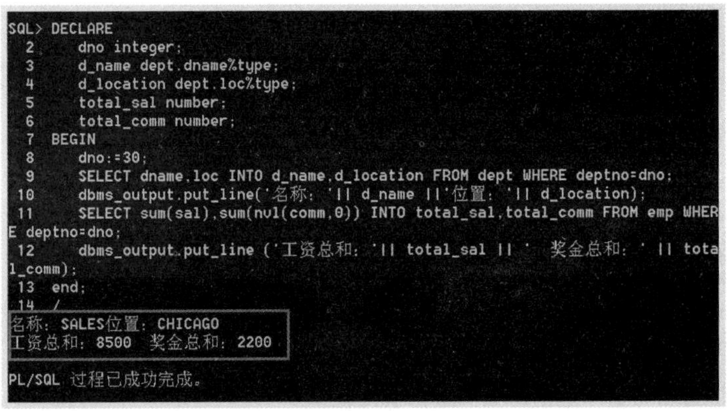

图 7-16

需要注意的是，在 SELECT 语句中，需要查询的列与 INTO 子句中的变量在数目、类型上要一致，否则会发生错误。

在执行 SELECT 语句时，可能会发生两种例外情况，一是没有查询到满足条件的数据，二是存在多行满足条件的数据，这就是通常所说的异常。Oracle 预定义了一些异常，例如，在第一种情况下发生的是异常 NO_DATA_FOUND，在第二种情况下发生的是异常 TOO_MANY_ROWS。对于这样的异常必须做出处理，否则会影响 PL/SQL 块的正确执行。

为了使程序简洁，在 INTO 子句中可以使用一个记录型变量，以代替多个单独的变量，把查询的数据存储在这个记录型变量中。

我们对上面的 PL/SQL 块进行改造，首先定义一个记录类型 department 以及一个该类型的变量 depart。然后定义一个记录类型 employee 以及一个该类型的变量 employ。在变量 depart 中存放需要查询的部门的信息，在变量 employ 中存放员工的总工资和总奖金。

具体实现代码如下：

```
SET SERVEROUTPUT ON ;
```

```
DECLARE
    dno integer;
    TYPE department is RECORD (d_no integer,d_name dept.dname%type,
d_location dept.loc%type );
    depart department;
    TYPE employee is RECORD (total_sal number,total_comm number );
    employ employee;
BEGIN
    dno:=30;
    SELECT deptno,dname,loc INTO depart FROM dept WHERE deptno=dno;
    dbms_output.put_line ('名称: ' || depart.d_name || '位置: ' || depart.
d_location);
    SELECT sum(sal),sum(nvl(comm,0)) INTO employ FROM emp WHERE deptno=
dno;
    dbms_output.put_line('工资总和: '|| employ.total_sal ||'   奖金总和:'||
employ.total_comm);
    END;
    /                                                            [000562]
```

运行结果如图 7-17 所示。

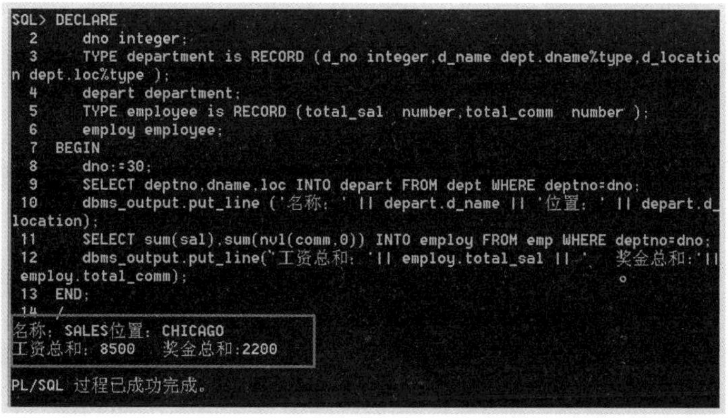

图 7-17

在使用记录型变量时要注意，SELECT 之后的列要与记录型变量各个字段在数目与类型上保持一致，否则程序执行时会发生错误。

7.3.2　如何使用 DML 语句

在 PL/SQL 块中可以包含 INSERT、DELETE、UPDATE 语句，用于对数据库中的表进行增、删、改等操作。在这些语句中，可以使用数字、字符串等形式的常量，也可以使用变量，还可以使用记录型变量。例如，下面的程序向 dept 表中插入两行：

```
SET SERVEROUTPUT ON ;
DECLARE
    dno integer;
```

```
    d_name dept.dname%type;
    d_location dept.loc%type;
BEGIN
    INSERT INTO dept(DEPTNO, DNAME, LOC) VALUES(80,'NETWORK','NOWHERE');
    dno:=90;
    d_name:='DEVELOP';
    d_location:='NOWHERE';
    INSERT INTO dept(DEPTNO, DNAME, LOC) VALUES(dno,d_name,d_location);
    commit;
END;
/                                                           [000563]
```

两条 INSERT 语句都是将三个常量作为三个列的值，将其插入表中。

在使用记录型变量时，可以将各个字段的值作为表中各列的值，向表中插入一行，在 INSERT 语句的 VALUES 子句中必须指定记录型变量各个字段的值。例如：

```
SET SERVEROUTPUT ON ;
DECLARE
    TYPE department is RECORD(d_no integer,d_name dept.dname%type,
d_location dept.loc%type);
    depart department;
BEGIN
    depart.d_no:=1;
    depart.d_name:='MAINTAIN';
    depart.d_location:='NOWHERE';
    INSERT INTO dept(deptno,dname,loc) VALUES(depart.d_no,depart.d_name,
depart.d_location);
    commit;
END;
/                                                           [000564]
```

在删除表中的数据时，在 DELETE 语句的 WHERE 子句中也可以使用变量，例如，以下例子要从 dept 表中删除某个部门的信息，部门编号由变量 dno 指定。

```
SET SERVEROUTPUT ON ;
DECLARE
    dno number;
BEGIN
    dno:=70;
    DELETE FROM dept WHERE deptno=dno;
    commit;
END;
/                                                           [000565]
```

在修改表中的数据时，在 UPDATE 语句的 SET 子句和 WHERE 子句中可以使用变量，也可以使用记录型变量。如果是记录型变量，则要单独使用该变量的各个字段。例如，下面的例子要修改某部门的信息，部门编号由变量 dno 指定，该部门的信息存放在记录型变量 depart 中。

```
SET SERVEROUTPUT ON ;
DECLARE
    dno number;
    TYPE department is RECORD
    (
    d_name dept.dname%type,d_location dept.loc%type
    );
    depart department;
BEGIN
    dno:=60;
    depart.d_name := 'MONITOR';
    depart.d_location := 'WASHINGTON';
    UPDATE  dept  SET  dname=depart.d_name,loc=depart.d_location   WHERE
deptno=dno;
    commit;
END;
/                                                              [000566]
```

7.4 子程序设计

利用 PL/SQL 可以进行模块化程序设计。在一个 PL/SQL 块中，可以定义若干个子程序。把一些功能相对独立、需要经常执行的代码定义为一个子程序，在需要时根据子程序的名字进行调用。这样不仅便于程序设计和编码，而且利于程序的调试。

PL/SQL 有两种形式的子程序，即过程和函数。在子程序中也可以定义变量、类型、游标等，也可以进行异常处理。在调用子程序时，可以向子程序传递参数。过程与函数的区别在于函数具有返回值，可以向调用者返回执行结果，而过程没有返回值。

7.4.1 如何使用过程

子程序的定义出现在 PL/SQL 块的声明部分，而它的调用则出现在 PL/SQL 块的可执行部分。过程的定义格式如下：

```
PROCEDURE 过程名 (参数 1 定义，参数 2 定义...)
IS
    变量声明部分
BEGIN
    可执行部分
EXCEPTION
    异常处理部分
END;
```

在过程中可以定义参数，在调用该过程时，可以向过程传递实际参数。如果没有参数，则过程名后面的圆括号及参数列表可以省略。参数的定义形式为：

参数名 参数传递模式   数据类型   :=默认值

其中参数名和数据类型是必不可少的部分，其他两部分可以省略。参数传递模式包括 IN、OUT 以及 IN OUT 3 种形式，其中 IN 是默认的传递模式，如果没有指定，则默认为 IN，是指从调用者向过程中传递一个实际参数。

OUT 是指从过程中向调用者传递参数，即过程有返回结果。如果要使用这种传递模式，则需要明确指定。在调用过程时，过程的执行情况会影响这个变量的值，即返回结果。

IN OUT 是一种双向传递模式，一方面从调用者向过程传递参数，另一方面从过程向调用者传递结果，如果要使用这种形式，则需要明确指定。

3 种参数传递模式的比较如表 7-4 所示。

表 7-4

说明项目 / 三种参数	IN	OUT	IN OUT
是否默认	默认	必须明确指定	必须明确指定
参数传递方向	从调用者到过程	从过程到调用者	两个方向
形式参数的作用	一个常量	没有初始化的变量	经过初始化的变量
实际参数的形式	常量、表达式、变量	必须是一个变量	必须是一个变量

参数默认值的作用是在调用过程时，如果没有提供实际参数，则将此默认值作为实际参数传递给过程。数据类型用来指定参数的类型，在参数定义中不能指定对参数的约束条件，即不能指定参数的长度和是否为空等属性。我们通过一个具体的例子来看一下过程的参数传递。

【示例 7-14】使用存储过程把外部参数传递到内部使用。

在下面的 PL/SQL 块中定义了两个过程，其中 gongzjj_add 过程用于对某部门的员工增加工资和奖金，而 zongsrsj 过程用于计算某部门员工的总收入和应缴的税。

具体实现代码如下：

```
SET SERVEROUTPUT ON ;
DECLARE
dnONo number;
procedure gongzjj_add (salary IN integer, commiss IN integer, d_no IN
integer:=0)
    is
BEGIN
    if d_no=0 then   --表示所有部门
        UPDATE emp set sal=sal+salary,comm=comm+commiss;
    else --表示指定的部门
        UPDATE emp set sal=sal+salary,comm=comm+commiss WHERE deptno=d_no;
    END if;
    commit;
END;

procedure  zONgsrsj(d_no IN integer:=0)
```

```
    is
        empno integer;
        total number;
        tax number;
    BEGIN
        if d_no=0 then  --表示所有部门
            SELECT sum(sal+nvl(comm,0)),sum(sal*0.03) INTO total,tax FROM emp;
        else --表示指定的部门
            SELECT sum(sal+nvl(comm,0)), sum(sal*0.03) INTO total,tax FROM emp
WHERE deptno=d_no;
        END if;
        commit;
        dbms_output.put_line('总收入: '|| total ||'  总税款: '|| tax);
    END;

    BEGIN   --PL/SQL 块的可执行部分
        dnONo:=10;
        gongzjj_add(200,100,dnONo);
        zONgsrsj (dnONo);
    END;
    /                                                                [000567]
```

运行结果如图 7-18 所示。

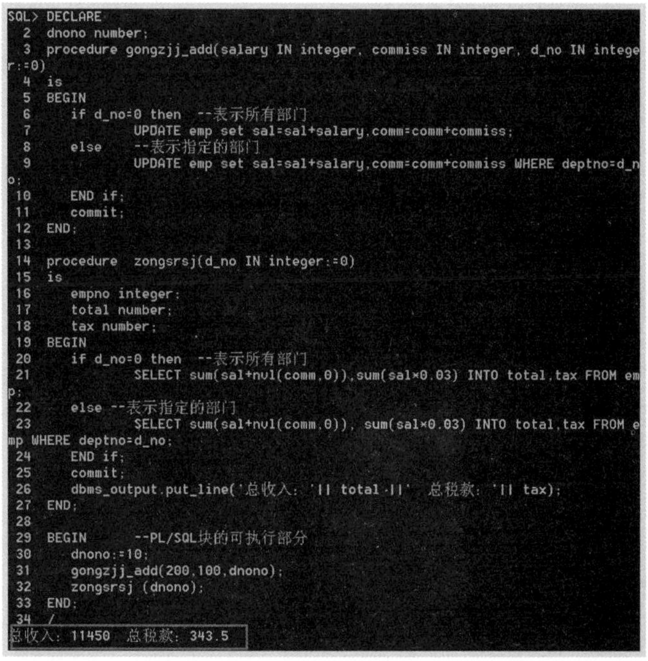

图 7-18

在过程 gongzjj_add 中定义了 3 个参数，其中参数 d_no 带有默认值，这样在调用该过程时，如果没有为该参数提供实际参数，则使用默认值。例如，在上述例子中，为部门 10 中的员工增加了 200 元工资。如果采用下面的调用形式，则为所有部门的员工增加200 元工资：

```
gongzjj_add(200,0);                                  [000568]
```

在调用过程时，需要为过程中的参数提供实际参数，它们在顺序上是对应的。为了确保将参数正确地传给过程，要求在定义过程时，将所有带默认值的参数集中放在参数列表的右边。因为只有这样才能将其他实际参数一对一地赋给前面的不带默认值的参数。

如果过程有多个参数，在调用过程时，也可以不按照参数列表的顺序提供实际参数，这时需要两种参数之间的对应关系。例如，过程 gongzjj_addimi 可以采用以下调用形式：

```
gongzjj_add(d_no=>dno,commiss=>0,salary=>200);       [000569]
```

过程 zongsrsj 中的参数 d_no 也带有默认值，这样在调用该过程时，如果提供了实际参数，则计算指定部门的员工总收入和总税款，如果采用以下调用形式：

```
zongsrsj();                                          [000570]
```

则计算所有部门的员工总收入和总税款。

在上述两个过程中，所有参数的传递模式都是 IN，即把实际参数从调用者传递给过程。这种形式是默认的，可以省略 IN 关键字。如果需要把过程的执行情况反馈给调用者，则需要使用 OUT 形式，或者 IN OUT 形式。

为了计算员工总收入和总税款，并把结果反馈到主程序中，对过程 zongsrsj 进行了一些改造，增加了两个参数，传递模式都是 OUT。改造后的 PL/SQL 块代码如下：

```
SET SERVEROUTPUT ON ;
DECLARE
    dnONo number;
    zONgsr number;
    zONgsj number;
procedure zongsrsj(d_no IN integer,total OUT number,tax OUT number)
is
    begin
    if d_no=0 then   --表示所有部门
        SELECT sum(sal+nvl(comm,0)), sum(sal*0.03) INTO total,tax FROM emp;
    else --仅表示指定的部门
        SELECT sum(sal+nvl(comm,0)), sum(sal*0.03) INTO total,tax FROM emp
WHERE deptno=d_no;
    END if;
END;

BEGIN   -- PL/SQL 块的可执行部分
dnONo:=10;
zongsrsj (dnONo,zONgsr,zongsj);
dbms_output.put_line('总收入: '|| zONgsr || ' 总税款: '|| zongsj );
END;
/                                                    [000571]
```

运行结果如图 7-19 所示。

图 7-19

在调用过程 zongsrsj 时，提供了三个实际参数，其中参数 zongsr 和 zongsj 没有实际的值，即使有，在这里也不起任何作用，因为这两个参数的传递模式是 OUT。过程在执行时，将参数 total 和 tax 的值分别赋给 zongsr 和 zongsj，这样就将过程中的数据传给了调用者。

7.4.2 如何使用函数

函数是另一种形式的子程序，它不仅可以像过程那样定义数据和类型，传递参数，还可以向调用者返回执行结果。函数的定义语法格式如下：

```
FUNCTION 函数名(参数1，参数2...) RETURN 数据类型 IS
    声明部分
BEGIN
    可执行部分
EXCEPTION
    异常处理部分
END;
```

其中参数的定义、传递模式都与在过程中的情况相同。例如，下面这个函数的功能是根据参数 n 的值，计算 $1+2+3+\cdots+n$ 的值，最后将结果返回。

```
FUNCTION total(n IN integer) RETURN integer IS
    result integer:=0;
    i integer;
BEGIN
    FOR i in 1..n LOOP
        result:=result+i;
    END LOOP;
    RETURN result;
END;
```

[000572]

从函数中应当向调用者传递一个返回值。在函数参数列表之后的 RETURN 语句规定了函数的返回值类型，它可以是简单类型，也可以是记录、集合等复杂类型。在函数的可执行部分应当至少包含一个 RETURN 语句，用于向调用者返回执行结果。任何一条 RETURN 语句的执行都将导致函数的执行结束，并返回调用者。

除了具有返回值外，函数在其他方面的用法与过程基本相同。在调用函数时，可以将函数的返回值赋给一个变量，变量的类型必须与函数的返回值相同。

下面的代码，首先定义了两个函数 income 和 tax，然后在"PL/SQL 块的可执行部分"调用这两个函数。

【示例 7-15】在匿名块里调用自定义函数 income() 及 tax()。

```
SET SERVEROUTPUT ON ;
DECLARE
    total_income number ;    --PL/SQIj 块中的变量
    total_tax number;
function income(d_no emp.deptno%type) RETURN number --函数 income
is
total number;
BEGIN    --函数 income 的可执行部分
    SELECT sum(sal+nvl(comm,0)) INTO total FROM emp WHERE deptno= d_no;
    RETURN total;
END;

function tax(d_no emp.deptno%type) RETURN number --函数 tax
is
total number;
BEGIN    --函数 tax 的可执行部分
    SELECT sum(sal+nvl(comm,0))*0.03 INTO total FROM emp WHERE deptno=
d_no;
    RETURN total;
END;
BEGIN    --PL/SQL 块的可执行部分
    total_income:=income(10);
    dbms_output.put_line('总收入为: ' || total_income);
    total_tax:=tax(10);
    dbms_output.put_line('总共应交税: ' || total_tax);
END;
/                                                              [000573]
```

运行结果如图 7-20 所示。

在这个 PL/SQL 块中定义了两个函数 income 和 tax，分别用于计算指定部门的员工的总收入和应当交纳的所得税。两个函数都使用了一个参数，代表需要处理的部门号，由于没有指定参数的传递模式，故采用默认的 IN 方式。在两个函数中经过计算后返回计算结果。

在 PL/SQL 块的可执行部分，分别调用这两个函数，并将函数的返回值赋给变量 total_income 和 total_tax，然后进行输出。

```
SQL> DECLARE
  2      total_income number :   --PL/SQl块中的变量
  3      total_tax number;
  4  function income(d_no emp.deptno%type) RETURN number --函数income
  5  is
  6  total number;
  7  BEGIN      --函数income的可执行部分
  8      SELECT sum(sal+nvl(comm,0)) INTO total FROM emp WHERE deptno= d_no;
  9      RETURN total;
 10  END;
 11
 12  function tax(d_no emp.deptno%type) RETURN number --函数 tax
 13  is
 14  total number;
 15  BEGIN      --函数tax的可行部分
 16      SELECT sum(sal+nvl(comm,0))×0.03 INTO total FROM emp WHERE deptno= d_no;
 17      RETURN total;
 18  END;
 19  BEGIN      --PL/SQL块的可执行部分
 20      total_income:=income(10);
 21      dbms_output.put_line('总收入为: ' || total_income);
 22      total_tax:=tax(10);
 23      dbms_output.put_line('总共应交税: ' || total_tax);
 24  END;
 25  /
总收入为: 11450
总共应交税: 343.5

PL/SQL 过程已成功完成。
```

图 7-20

在 PL/SQL 块的主程序和函数中都可以定义变量，主程序的变量定义在该块的声明部分，变量的作用范围是整个块，包括各个函数。函数的变量定义在函数的声明部分，其作用范围仅限于该函数。如果 PL/SQL 块的变量与函数的变量同名，那么主程序的变量在该函数中不起作用。这个规则也适用于过程。

为了说明 PL/SQL 块的变量和函数变量的关系，再看看下面示例中的 PL/SQL 块。

【示例 7-16】PL/SQL 块的变量和函数变量的关系。

代码如下：

```
SET SERVEROUTPUT ON ;
DECLARE
    total number := 100;
procedure funl
is
    total number := 0;
BEGIN
    dbms_output.put_line('在函数 funl 中 total 的值为: ' || total);
END;
procedure fun2
is
BEGIN
    dbms_output.put_line('在函数 fun2 中 total 的值为: '|| total);
END;
BEGIN
    total:=total+100;
    funl;
    fun2;
    dbms_output.put_line('在块中 total 的值为: ' || total);
END;
/                                                            [000574]
```

运行结果如图 7-21 所示。

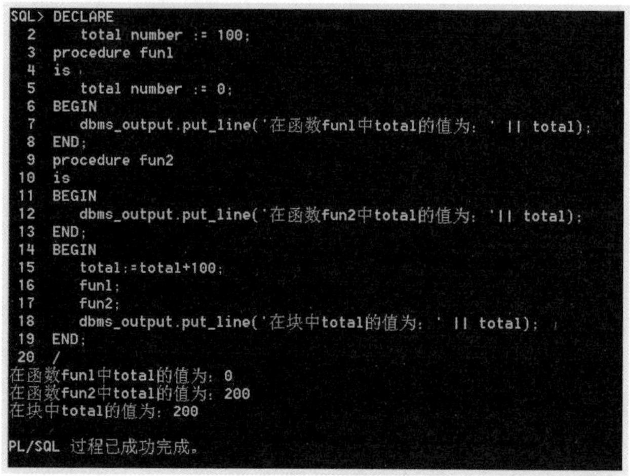

```
SQL> DECLARE
  2     total number := 100;
  3  procedure fun1
  4  is
  5     total number := 0;
  6  BEGIN
  7     dbms_output.put_line('在函数fun1中total的值为: ' || total);
  8  END;
  9  procedure fun2
 10  is
 11  BEGIN
 12     dbms_output.put_line('在函数fun2中total的值为: '|| total);
 13  END;
 14  BEGIN
 15     total:=total+100;
 16     fun1;
 17     fun2;
 18     dbms_output.put_line('在块中total的值为: ' || total);
 19  END;
 20  /
在函数fun1中total的值为: 0
在函数fun2中total的值为: 200
在块中total的值为: 200

PL/SQL 过程已成功完成。
```

图 7-21

在块的声明部分定义了一个变量 total，并赋初值为 100。在函数 fun1 中也定义了一个同名的变量，并赋初值为 0，在该函数中起作用是自己的变量，所以调用函数 fun1 时变量 total 的值为 0。在函数 fun2 中没有定义同名的变量，该函数中的变量 total 就是主程序中的变量，在调用该函数之前已经使这个变量增加了 100，所以调用函数 fun2 时变量 total 的值为 200。在主程序中当然使用的是自己的变量，而不可能是函数中的变量。

7.4.3 函数与过程的重载

函数与过程是一段具有特定功能的程序段，在 PL/SQL 块中根据它们的名字进行调用。函数和过程的名字原则上可以由用户任意指定，只要满足命名规则即可，但是最好能够体现这段代码的功能。

在调用函数或过程时，根据它们的定义可能需要提供实际参数。如果实际参数的类型或数目与形式参数不一致，子程序将出现错误信息，并停止执行。如果需要对不同类型或不同数目的参数进行相似的处理，可以定义多个名字相同的函数，这就是子程序的重载。

重载子程序的名字相同，但是参数的类型或数目不同，返回值也可能不同。如果完全相同，就不是重载了，而是重复定义，这是不允许的。

在调用重载子程序时，主程序将根据实际参数的数目，自动确定调用哪个子程序。例如，要对整数和浮点数分别求整数次幂，可以编写两个重载子程序，参数的数目分别是三个和两个。这样在调用时，如果提供的实际参数数目是三个，则自动调用实际参数数目是三个的子程序。如果提供的实际参数数目是两个，则自动调用实际参数数目是两个的子程序。

我们来看下面的小示例。

【示例 7-17】定义两个重载函数，分别对整数 8 和浮点数 8.8 求 10 次幂。

在下面的代码中，定义了两个 ppower 函数，第一个是 ppower (x integer, n integer,ww integer)，3 个形参；第 2 个是 ppower (x float, n integer)，2 个形参，当 ppower(float_number,m) 时，Oracle 会选取第 2 个 ppower，因为 2 个实参与 2 个形参是吻合的；当 ppower(int_number,m,w)时，Oracle 会选取第 1 个 ppower，因为 3 个实参与 3 个形参是吻合的。

这里需要注意的是，如果两个或两个以上函数名或过程名相同，则它们的形参不能完全相同，否则，Oracle 认为非法。形参不同，比如个数上不同、个数相同但类型不同，Oracle 认为合法；形参个数相同，形参数据类型也相同，则 Oracle 认为非法。

```
SET SERVEROUTPUT ON ;
DECLARE
     m integer;w integer;int_number  integer;int_result  integer;float_
number float; float_result float;
    function ppower (x integer, n integer,ww integer) RETURN integer  -- 对
整数 x 求 n 次幂
    is
    result integer := 1;
    BEGIN
        for i in 1..n loop
           result := result * x;
        END loop;
        result := result * ww;
    RETURN result;
    END;
    function ppower (x float, n integer) RETURN float  -- 对浮点数 x 求 n 次幂
    is
    result float := 1;
    BEGIN
        for i in 1..n loop
           result := result * x;
        END loop;
    RETURN result;
    END;
    BEGIN
        m := 10; w := 1; int_number := 8;    float_number := 8.8;
        float_result := ppower(float_number,m); -- 调用第二个 ppower 函数
        dbms_output.put_line('对浮点数求幂的结果为: ' ||float_result);
        int_result := ppower(int_number,m,w);  -- 调用第一个 ppower 函数
        dbms_output.put_line('对整数求幂的结果为: '|| int_result);
    END;
    /                                                      [000575]
```

运行结果如图 7-22 所示。

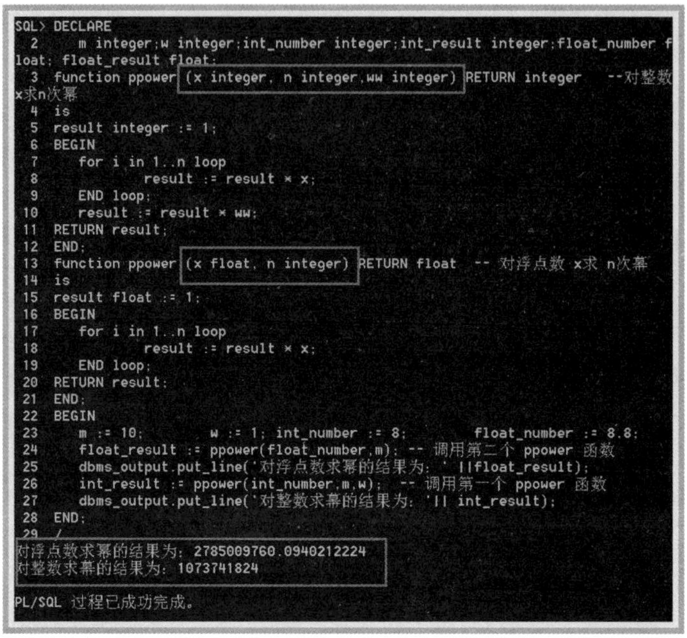

图 7-22

上面的 PL/SQL 块提供了两个重载函数，在调用时根据参数数目不同自动确定调用哪一个函数。下面再看一个例子，根据参数的数目不同自动确定调用哪个过程。

【示例 7-18】通过重载存储过程 increase_salary 更新 emp 表。

在下面的代码中，定义了两个 increase_salary 过程，第一个是 increase_salary(d_no emp.deptno%type, amount float)，2 个形参；第 2 个是 increase_salary(amount float)，1 个形参，当 increase_salary (10,100.50)时，Oracle 会选取第 1 个 increase_salary，因为 2 个实参与 2 个形参是吻合的；当 increase_salary (200)时，Oracle 会选取第 2 个 increase_salary，因为 1 个实参与 1 个形参是吻合的。

这里需要注意的是，如果两个或两个以上函数名或过程名相同，则它们的形参不能完全相同，否则，Oracle 认为非法。形参不同，比如个数上不同、个数相同但类型不同，Oracle 认为合法；形参个数相同，形参数据类型也相同，则 Oracle 认为非法。

```
SET SERVEROUTPUT ON ;
DECLARE
procedure increase_salary(d_no emp.deptno%type, amount float) is
BEGIN
    UPDATE emp set sal=sal+amount WHERE deptno=d_no;
END;
procedure increase_salary(amount float) is
BEGIN
    UPDATE emp set sal=sal+amount;
END;
```

```
BEGIN
    increase_salary (10,100.50);  --调用第一个 increase_salary 过程
    increase_salary (200);     -- 调用第二个 increase_salary 过程
END;
/                                                              [000576]
```

运行结果如图 7-23 所示。

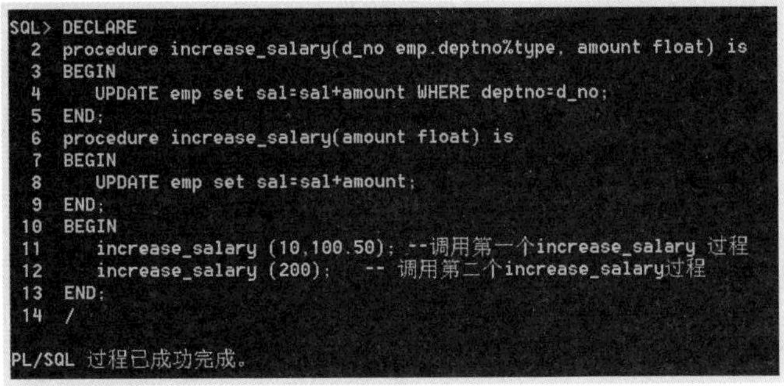

图 7-23

在这个例子中定义了两个重载过程，用于为员工增加工资。第一个过程有两个参数，分别是部门号和增加的额度。第二个过程只有一个参数，即增加的额度。在调用过程时，如果提供了部门号和增加额度两个实际参数，则调用第一个 increasejalary 过程，为指定部门的员工增加工资。如果只提供了增加额度这一个参数，则调用第二个过程，为所有员工增加工资。

7.4.4　函数与过程的递归调用

子程序定义好以后，需要在主程序或其他子程序中调用后才能执行，执行完后返回到调用者。在有些情况下，子程序在执行过程中还可能要调用自己，调用结束后返回当前调用的地方。子程序自己调用自己的现象称为递归调用。

考虑求整数 n 的阶乘的情况。n!的值为 n*(n-1)!，为了求 n 的阶乘，首先要求出(n-1)!。同样，要计算(n-1)!，首先要计算(n-2)!的值，一直到 1 的阶乘，而 1 的阶乘的值是已知的。如果编写一个函数 fact，这个函数可以求得任何整数的阶乘，那么这个函数就是一个递归函数。下面是求阶乘的递归过程：

```
fact(n)=n*fact(n-1)
=n*(n-1)*fact(n-2)
=...
=n*(n-1)*(n-2)*...*fact(1)
```

在调用函数 fact 求 n 的阶乘时，首先要求 n-1 的阶乘，这时需要调用函数自己，不过这次传递的参数是 n-1。同样，求 n-1 的阶乘时，需要再次调用函数本身，求得 n-2 的阶乘，这次传递的参数是 n-2。依此类推，最后要调用 fact 函数求 1 的阶乘，而 1 的阶乘

是已知的，这是递归返回的条件。求得 1 的阶乘后，便可返回调用 fact(1)的地方，求得 2 的阶乘。求得 2 的阶乘后再返回到调用 fact(2)的地方，求得 3 的阶乘。这样每返回一次，就可求得上一个数的阶乘，直到求得 n 的阶乘。我们看下面这个示例。

【示例 7-19】通过递归调用，求整数 *m*（*m*=10）的阶乘，即 10*9*8*7*6*5*4*3*2*1 的结果。

下面的代码，通过函数的递归调用求得整数的阶乘。递归调用，就是自己调自己，反复地调。

```
SET SERVEROUTPUT ON ;
DECLARE
    m integer;
    result integer;
function fact(n integer) RETURN integer
is
BEGIN
    if n=1 then
        RETURN 1;
    else
        RETURN  n * fact(n-1); --递归调用
    END if;
END;
BEGIN
    m := 10;
    result := fact(m);   --调用函数，求整数10的阶乘
    dbms_output.put_line(m ||'的阶乘为: ' || result);
END;
/                                                          [000577]
```

运行结果如图 7-24 所示。

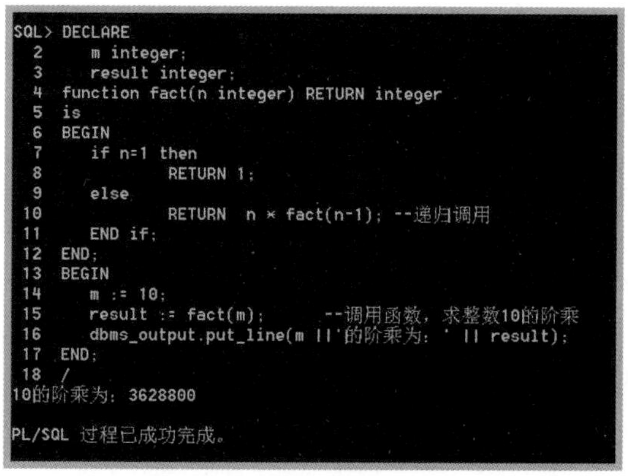

图 7-24

再来看一个递归调用的例子。

【示例 7-20】通过存储过程的递归调用（即反复使用）得到某个员工的经理以及该经理的更上一级领导的信息。

表 emp 中存放的是公司员工的信息，其中包括员工号、员工姓名以及经理编号等信息。以下是表 emp 中这 3 个列的数据。

注：下面这条 SQL 语句放在 SQL Developer 环境下运行。Emp 表在 scott 账户下，该示例请在 scott 账户下进行。关于 scott 账户的解锁、权限授予及登录，请参阅前述。

```
SELECT empno,ename,mgr FROM emp;                              [000578]
```

运行结果如图 7-25 所示。

	EMPNO	ENAME	MGR
1	7369	SMITH	7902
2	7499	ALLEN	7698
3	7521	WARD	7698
4	7566	JONES	7839
5	7654	MARTIN	7698
6	7698	BLAKE	7839
7	7782	CLARK	7839
8	7788	SCOTT	7566
9	7839	KING	(null)
10	7844	TURNER	7698
11	7876	ADAMS	7788
12	7900	JAMES	7698
13	7902	FORD	7566
14	7934	MILLER	7782

图 7-25

从查询的结果可以看出，除员工 KING 外，其他人都有一个经理，而经理同时也是一个员工，其中 KING 是公司的最高领导。如果指定任何一个员工号，希望得到这个员工的经理，以及这个经理的经理，一直到最高领导这样的垂直、直接领导关系。借助于子程序的递归调用，可以完成这样的需求。以下是用过程递归的方法编写的一个 PL/SQL 块。

```
SET SERVEROUTPUT ON ;
DECLARE
procedure manager(employee_no emp.empno%type)
is
    name emp.ename%type;  -- 员工姓名
    manager_no emp.empno%type;  --员工经理编号
    manager_name emp.ename%type;  -- 员工经理姓名
BEGIN
    SELECT  ename,mgr  INTO  name,manager_no  FROM  emp  WHERE  empno=
employee_no;
    if manager_no is not null then  -- 如果员工的经理编号不为空，则查询其姓名
        SELECT ename INTO manager_name FROM emp WHERE empno=manager_no;
        dbms_output.put_line('员工: '||name||'-> 的直属领导（二猫）: '||
manager_name);
        manager (manager_no);     --递归调用，查询谅经理的经理
    else --如果员工的经理编号为空，说明该员工即为最高领导
```

```
        dbms_output.put_line(name || '是最高层领导（大猫）');
END if;
END;
BEGIN
    manager(7369);
EXCEPTION
    when NO_DATA_FOUND then dbms_output.put_line('没有这样的员工');
END;
/                                                                    [000579]
```

运行结果如图 7-26 所示。

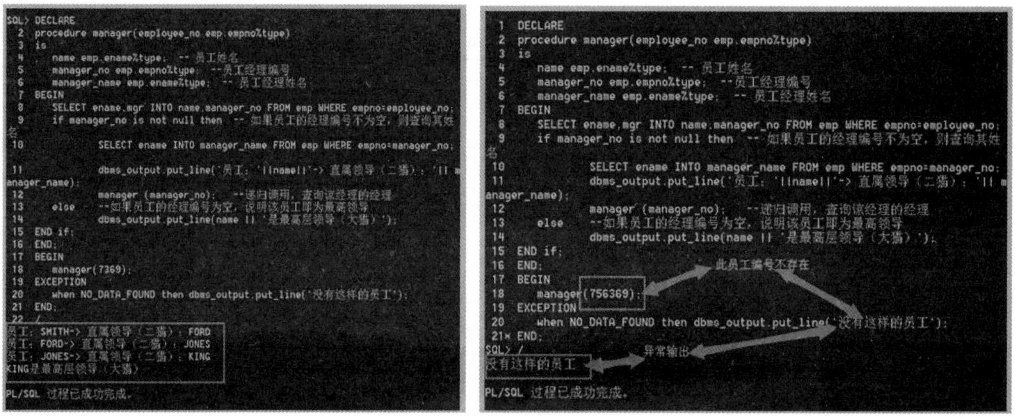

图 7-26

过程 manager 以一个员工号为参数，首先查询该员工的经理编号。如果经理编号为空，则说明该员工为公司的最高领导，这时输出相应的信息，并结束过程的执行。否则查询该经理的姓名，并输出它们之间的领导关系，然后递归调用过程本身，以该经理的编号作为参数，继续查询他的经理的信息。

从程序的运行结果可以看出，编号为 7369 的员工姓名为 SMITH，他的经理为 FORD，而 FORD 的经理是 JONES，这样可以一直向上追溯到最高领导 KING。为了防止在程序中指定一个不存在的员工号而导致程序执行出错，在程序中增加了异常处理，如果没有查询到任何信息，则输出相应的出错信息。

7.5 存储过程与存储程序

在前面的部分介绍了 PL/SQL 块的基本编写方法。在 SQL*plus 中编写 PL/SQL 程序，并在 SQL*plus 中执行它，PL/SQL 块的代码就存放在 SQL*plus 的缓冲区中。如果在 SQL*plus 中执行了其他的 SQL 语句或 PL/SQL 块，缓冲区中就会存放新的代码，原来的 PL/SQL 块就会被从缓冲区中清除出去。这种没有名称只是临时存放在缓冲区中的 PL/SQL 块叫作匿名块。

匿名块是能够动态地创建和执行过程代码的 PL/SQL 结构，而不需要以持久化的方式将代码作为数据库对象存储在系统目录中。顾名思义，匿名块没有名称，因此不能从其他对象引用它们。尽管匿名块是动态地构建的，但可以轻松地将它们存储为操作系统文件中的脚本，以重复执行。

匿名块是标准的 PL/SQL 块。它们的语法和遵循的规则适用于所有 PL/SQL 块，包括声明、变量范围、执行、异常处理以及 SQL 和 PL/SQL 的使用。

匿名块的编译和执行被合并到一个步骤中，而 PL/SQL 存储过程的定义改变时，在使用它之前必须进行重新定义，这是匿名块与持久化命名数据库对象（如存储过程和用户定义函数）相比的一个显著优势，因为它缩短了在代码中实现更改和实际执行之间的时间间隔。这个优点让匿名块在诊断问题、原型化和测试过程代码时发挥重要作用，因为这些任务通常需要多个更改—执行过程。

匿名块的另一个好处是它们不需要创建任何依赖项，在创建对象时也不需要任何特权，从而避免在生产环境中出现冲突。匿名块能够灵活地基于简单的选择特权运行任何操作序列，并且允许你在不创建或指向任何现有数据库对象的情况下进行测试。

匿名块就是没有名字的 PL/SQL 块，它可以运行在 SQL*plus 环境，脚本被存放在 SQL*plus 缓冲区中，也可以在 SQL Developer 中执行。如果希望 PL/SQL 块能随时被调用执行，并且能被数据库用户共享，就需要创建存储程序。存储程序是有名字的 PL/SQL 块，用户可以根据它的名字进行多次调用。存储程序在创建时经过了编译与优化，被存放在数据库中，任何用户只要有适当的权限，就可以调用它。而且在调用时无须再进行编译，因此能以很快的速度执行。

与匿名块相比，存储程序是作为数据库对象存储在数据库中的，因此，首先要在数据库中创建存储程序。

存储程序的调用可以在 SQL 语句中、应用程序中、SQL*Plus 中以及其他 PL/SQL 块中进行。在第一次被调用时，存储程序的代码被装载到系统全局区的共享池中，以后再次调用时直接从共享池中取出代码即可执行。

存储程序与前面介绍的子程序的区别在于子程序是完成某个特定功能的程序段，它本身并不能单独执行，只能作为一个模块，在一个 PL/SQL 块内部被调用执行。而存储程序是一个可单独执行的程序，它可以包含多个子程序，可以在 SQL 语句中、应用程序中、SQL*plus 中以及其他 PL/SQL 块中被调用执行。

存储程序的形式包括存储过程、存储函数、触发器和程序包等。

7.5.1　存储过程

如果用户要在自己的模式中创建存储过程，需要具有 CREATE PROCEDURE 系统权限，如果要在其他用户的模式中创建存储过程，则需要具有 CREATE ANY PROCEDURE 系统权限。

创建存储过程的语法为：

```
CREATE OR REPLACE PROCEDURE 过程名 (参数 1,参数 2...)
AUTHID  CURRENT_USER|DEFINEK
AS
    声明部分
BEGIN
    可执行部分
EXCEPTION
    异常处理部分
END;
```

其中，**OR REPLACE** 选项的作用是当同名的存储过程存在时，首先将其删除，再创建新的存储过程。当然，条件是当前用户具有删除原存储过程的权限。存储过程在创建过程中已经进行了编译和优化。如果需要对存储过程进行修改，不能直接修改它的源代码，只能执行 **CREATE** 命令重新创建。存储过程、存储程序、程序包都是这样的情况。

存储过程可以带有参数，这样在调用存储过程时就需要指定相应的实际参数。如果没有参数，过程名后面的圆括号和参数列表就可以省略了。每个参数的定义格式为：

参数名　参数传递模式　数据类型 := 默认值

参数各定义中各部分的用法与子程序中的参数完全相同，详细信息请参阅本章"子程序设计"部分。

AUTHID 选项用来规定存储过程执行时的权限。这个选项有两个可选值，即 CURRENT_USER 和 DEFINER，二者只能选择其中一个。过程的执行者和创建者可能不是同一个用户，如果使用 CURRENT_USER 创建存储过程，那么在调用时，该过程以当前登录用户的身份执行。为此，过程的创建者必须授予当前用户执行该过程的权限。如果以 DEHNER 创建存储过程，那么在调用时，该过程将以创建者身份执行，这是创建存储过程时默认的选项。

在存储过程中可以定义变量、类型、子程序、游标等元素，定义的方法与在匿名块中完全相同，这里不再详细描述。存储过程的声明部分开始于关键字 **AS**，结束于关键字 **BEGIN**，而且不需要使用关键字 **DECLARE**。

存储过程的可执行部分是它的主要部分，它可以包含 SQL 语句和流控制语句，是存储过程功能的集中体现。异常处理部分用来处理存储过程在执行过程中可能出现的错误。例如，下面的代码用来创建存储过程 total_income，它的功能是计算某部门员工的总收入。这个过程有一个参数，代表部门编号，并指定了默认值。这样，在调用时，如果提供了参数，则计算指定部门的数据，否则将计算所有员工的数据。

```
CREATE OR REPLACE PROCEDURE total_income(d_no IN integer:=0) AUTHID DEFINER
AS
total number;
```

```
BEGIN
    if d_no=0 then   --表示所有部门
        SELECT sum(sal+nvl(comm,0)) INTO total FROM emp;
    else --仅表示指定的部门
        SELECT sum(sal+nvl(comm,0)) INTO total FROM emp WHERE deptno=d_no;
END if;
dbms_output.put_line('总收入: '|| total);
END;
/                                                                    [000580]
```

存储过程创建以后，即可随时调用执行。在 SQL*plus 中调用存储过程的命令是 EXECUTE，命令的使用格式为：

```
EXECUTE 过程名（实际参数）
```

例如，要计算部门 10 的员工总收入和应缴的税，则可以下形式调用刚才创建的存储过程 total_income。

```
SQL>EXECUTE total_income(10)                                         [000581]
```

运行结果如图 7-27 所示。

如果要在一个 PL/SQL 块中调用存储过程，则不需要 EXECUTE 命令，只要通过过程名和实际参数就可以调用，调用的格式为：

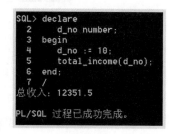

图 7-27

```
过程名 (实际参数)
```

例如：

```
declare
    d_no number;
begin
    d_no := 10;
    total_income(d_no);
end;
/                                                                    [000582]
```

运行结果如图 7-28 所示。

再看一个存储过程带返回结果的例子。

【示例 7-21】输出存储过程返回的 zongsr（总收入）及 zongsj（总税款）结果。

下面的 PL/SQL 块，主要关注存储过程 zongsrsj 中的参数 "total OUT number,tax OUT number"，total 和 tax 为输出变量，即返回结果。

图 7-28

```
create or replace procedure zongsrsj(d_no IN integer,total OUT number,tax
OUT number) AUTHID DEFINER
    as
    begin
        if d_no=0 then   --表示所有部门
```

```
        SELECT sum(sal+nvl(comm,0)), sum(sal*0.03) INTO total,tax FROM emp;
    else --仅表示指定的部门
        SELECT sum(sal+nvl(comm,0)), sum(sal*0.03) INTO total,tax FROM emp
WHERE deptno=d_no;
    END if;
END;
/
DECLARE
    dnono number;
    zongsr number;
    zongsj number;
BEGIN    -- PL/SQL 块的可执行部分
dnono:=10;
zongsrsj (dnono,zongsr,zongsj);
dbms_output.put_line('总收入: '|| zongsr || '  总税款: '|| zongsj );
END;
/                                                              [000583]
```

运行结果如图 7-29 所示。

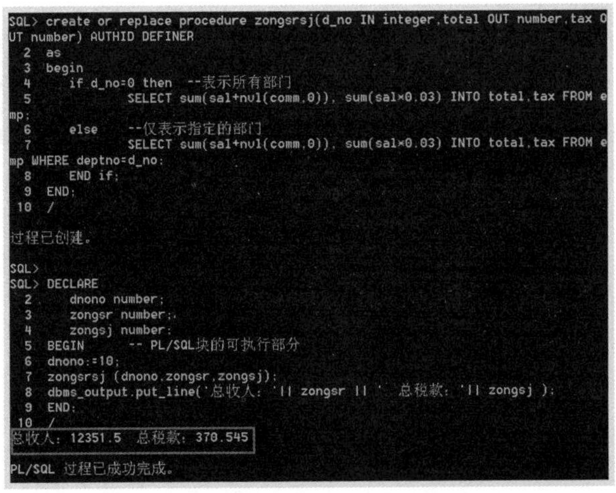

图 7-29

通过上例说明，和匿名块一样，存储过程也是可以有返回结果的。

再看一个存储过程加入子程序并返回结果的例子。

【示例 7-22】在存储过程中以重载的形式加入子存储过程，经过一系列处理后，最后返回 zongsr（总收入）及 zongsj（总税款）结果。

下面的 PL/SQL 块，主要关注存储过程 zongsrsj2 中的参数"total OUT number,tax OUT number"，total 和 tax 为输出变量，即返回结果。还要关注子程序部分，在子程序里定义了两个 increase_salary 过程，用于重载。

在 PL/SQL 块的可执行部分，当发出 zongsrsj2 (dnono,amm,zongsr,zongsj)，dnono 的值被 d_no 接收，amm 的值被 am 接收，这里 dnono=20，amm=355.55；zongsr（总收入）及 zongsj（总税款）为存储过程输出变量，即返回结果。

当 zongsrsj2 存储过程接收到 d_no=20 和 am=355.55 后，便开始进行处理，首先由子程序部分进行处理，即对 emp 表更新操作。更新操作结束后，进行求和运算处理，求和运算处理在子程序的外部进行，即 "sum(sal+nvl(comm,0)), sum(sal*0.03)"，最后，将运算结果返回。

```
create or replace procedure zongsrsj2(d_no IN integer,am IN float,total
OUT number,tax OUT number) AUTHID DEFINER as
    begin
        -- 子程序定义部分开始
        DECLARE
        procedure increase_salary(dno emp.deptno%type, amount float) is --
第一个 increase_salary 过程
            BEGIN
                UPDATE emp set sal=sal+amount WHERE deptno=dno;
                commit;
            END;
        procedure increase_salary(amount float) is  --第二个 increase_salary 过程
            BEGIN
                UPDATE emp set sal=sal+amount;
                commit;
            END;
            BEGIN
                if d_no=0 then   --表示所有部门
                    increase_salary (am); -- 调用第二个 increase_salary 过程
                else --仅表示指定的部门
                    increase_salary (d_no,am); --调用第一个 increase_salary 过程
                END if;
            END;
        -- 子程序定义结束
        if d_no=0 then   --表示所有部门
            SELECT sum(sal+nvl(comm,0)), sum(sal*0.03) INTO total,tax FROM emp;
        else --仅表示指定的部门
            SELECT sum(sal+nvl(comm,0)), sum(sal*0.03) INTO total,tax FROM emp
WHERE deptno=d_no;
        END if;
    END;
    /
    -- PL/SQL 块开始
    DECLARE
        dnono number;
        amm float;
        zongsr number;
        zongsj number;
    BEGIN   -- PL/SQL 块的可执行部分
    dnono:=20;
    amm := 355.55;
    zongsrsj2 (dnono,amm,zongsr,zongsj);
    dbms_output.put_line('总收入: '|| zongsr || ' 总税款: '|| zongsj );
    END;
    /                                                    [000584]
```

这个例子是加入子程序运用的例子，先给所有部门或某部门增加工资后，再计算总收入和总税款，然后，将这两个值返回调用处。

每个用户都可以执行自己创建的存储过程，如果要执行其他用户的存储过程，则需要具有对该存储过程的 EXECUTE 权限。为此，存储过程的所有者要将 EXECUTE 权限授予这个用户。授予 EXECUTE 权限的语句格式为：

```
GRANT EXECUTE ON 过程名 TO 用户
```

例如，存储过程 total_income 的所有者要将它的执行权限授予用户 zgdt，则可以执行下面的 SQL 语句：

```
SQL>GRANT EXECUTE ON total_income TO zgdt;                    [000585]
```

如果要删除一个存储过程，可以执行 DROP 命令，这个命令的格式为：

```
DROP PROCEDURE 过程名
```

7.5.2 存储函数

存储函数也是一种存储程序，它被创建后便存储在数据库中，用户可以直接调用。存储函数与存储过程的区别在于，存储函数必须向调用环境返回一个执行结果。一般情况下是把存储函数作为一个表达式来使用的，它可用于普通表达式能够使用的场合，这是因为每个函数都有一个返回值，在调用存储函数时，这个返回值便是存储函数的执行结果。例如，可以将存储函数赋给一个变量，或者将这个函数与另一个表达式进行计算等。

创建存储函数的语法格式为：

```
CREATE OR REPLACE FUNCTION 函数名(参数1 ,参数2...) RETURN 返回类型
AUTHID CURRENT_USER|DEFINER
AS
    声明部分
BEGIN
    可执行部分
    RETURN 表达式;
EXCEPTION
    异常处理部分
END;
```

可以看出，创建存储函数的格式与创建存储过程的格式大致相同，只有三个不同的地方，第一，用 FUNCTION 关键字代替了 PROCEDURE 关键字，以表明创建的对象是存储函数；第二，在参数列表之后用 RETURN 关键字规定了存储函数返回值的类型；第三，在存储函数的可执行部分至少有一条 RETURN 语句，将执行结果返回给调用者。

在存储函数的可执行部分中，可能会出现多条 RETURN 语句，用于向调用者返回不同的数据，但是经过逻辑处理后，只能有一条 RETURN 语句被执行，确保从存储函数中返回一个确定的数据，这样就符合了程序的"单出口"的原则。

如果用户要在自己的模式中创建存储函数，需要具有 CREATE FUNCTION 系统权限，

如果要在其他模式中创建存储函数，则需要具有 **CREATE ANY FUNCTION** 系统权限。

例如，下面的存储函数用来计算每个员工的总收入。这个函数有两个参数，即工资和奖金，它的功能是求出工资和奖金之和，然后将结果返回。创建这个函数的语句为：

```
CREATE OR REPLACE FUNCTION total_income2(sal number,comm number) RETURN
number
    AS
    result number := 0;
BEGIN
    result := sal+nvl(comm,0);
    RETURN result;
END;
/                                                           [000586]
```

如果要利用这个存储函数求员工的总收入，可以将这个函数用在 SELECT 语句中，作为 SELECT 语句的一个表达式，并且向它传递实际参数，最后得到它的计算结果。例如：

```
SQL>SELECT ename,total_income2(2000,300) as total FROM emp;    [000587]
```

再如，下面的存储函数用于计算员工应缴的个人所得税，这个函数以部门号为参数，计算该部门中全部员工的所得税总和。假设税率为 3%，该函数用 **SUM** 函数计算全体员工的工资总和，然后乘以 3%，并将最后的结果返回。函数的代码如下。

```
CREATE OR REPLACE FUNCTION shuij(dno integer) RETURN number
    as
    result number := 0;
BEGIN
    SELECT sum(sal)*0.03 INTO result FROM emp WHERE deptno=dno GROUP BY
deptno;
    RETURN result;
END;
/                                                           [000588]
```

与其他存储函数一样，这个函数可以用在 SELECT 语句中，也可以在其他匿名块、存储过程、存储函数中调用执行。例如，在下面的匿名块中调用了该函数，计算部门 20 的所得税。

```
DECLARE
dno integer;
total_tax number;
BEGIN
    dno := 20;
    total_tax := shuij(dno);
    dbms_output.put_line('应缴纳所得税款的部门：  '||dno||'，税款：'||
total_tax );
END;
/                                                           [000589]
```

再看一个例子，在存储函数中加入子程序的定义。

【示例 7-23】 在存储函数中以重载的形式加入子存储过程，经过一系列处理后，最后返回 dno（应缴纳所得税款的部门）及 total_tax（总税款）结果。

上面的示例是在存储过程中加入子程序，接下来的这个示例是在存储函数中加入子程序。处理过程和示例 7-22 相同。

```
CREATE OR REPLACE FUNCTION shuij2(dno integer,am float) RETURN number
as
    result number := 0;
BEGIN
    -- 子程序定义部分开始
    DECLARE
    procedure increase_salary(d_no emp.deptno%type, amount float) is --
第一个 increase_salary 过程
    BEGIN
        UPDATE emp set sal=sal+amount WHERE deptno=d_no;
        commit;
    END;
    procedure increase_salary(amount float) is  --第二个 increase_salary 过程
    BEGIN
        UPDATE emp set sal=sal+amount;
        commit;
    END;
    BEGIN
        increase_salary (dno,am); --调用第一个 increase_salary 过程
        increase_salary (am);    -- 调用第二个 increase_salary 过程
    END;
    -- 子程序定义结束
    SELECT sum(sal)*0.03 INTO result FROM emp WHERE deptno=dno GROUP BY
deptno;
    RETURN result;
END;
/
DECLARE
dno integer;
amm float;
total_tax number;
BEGIN
    dno := 20;
    amm := 200.55;
    total_tax := shuij2(dno,amm);
    dbms_output.put_line('应缴纳所得税款的部门：'||dno||'，税款：'|| total_
tax );
END;
/                                                                  [000590]
```

上面的例子是在增加工资后再计算部门应缴税款总和并返回这个值。该例子主要说明子程序在存储函数中的运用。在存储过程中的运用与此完全相同。

每个用户都可以直接调用自己创建的存储函数，如果要调用其他用户的存储函数，则需要具有对相应存储函数的 EXECUTE 权限。为此，存储函数的所有者要将 EXECUTE 权限授予适当的用户。授予 EXECUTE 权限的语句格式为：

```
GRANT EXECUTE ON 函数名 TO 用户
```

例如，存储函数 shuij 的所有者要将它的执行权限授予用户 zgdt，则可以执行下面的
SQL 语句：

```
SQL>GRANT EXECUTE ON shuij TO zgdt                          [000591]
```

如果要删除一个存储函数，可以执行 DROP 命令，这个命令的格式为：

```
DROP FUNCTION 过程名
```

总之，存储过程和存储函数都是存储程序，它们的区别在于存储过程可以没有返回
值，只能被单独调用执行，在功能上类似于一条命令，而存储函数有返回值，可以用在
SELECT 语句和运算表达式中，它的作用相当于一个普通的表达式。在存储过程和存储函
数中都可以定义子程序，这里把重点放在存储过程和存储函数本身的使用上，对子程序
在存储过程和存储函数中的用法只是简单进行了描述，详细的使用方法请参阅 7.5 节的相
关内容。

7.5.3 程序包

程序包是一种 Oracle 数据库对象，它是一组逻辑上相关的数据类型、变量、过程、
函数和游标等的集合。程序包被创建后，存储在数据库中，用户可以直接使用包中的数
据类型和变量，也可以直接调用包中的过程和函数。

程序包有两种形式，一种是用户根据需要创建的程序包，另一种是系统预定义的程序
包。这里介绍自定义程序包的创建、使用、删除等操作，以及预定义程序包的使用方法。

用户可以根据需要创建自己的程序包。在程序包中可以定义数据类型、变量、过程、
函数、异常和游标等元素，这些元素具有全局的特性，可以在程序包中使用，也可以在
程序包之外使用。

一个程序包由两部分组成：程序包的头部和包体。其中头部用来定义类型、变量、
异常、声明游标、过程和函数，它的作用相当于程序包的接口。在包体中可以利用头部
的类型定义变量、过程、游标、函数、代码。

在创建程序包时，头部和包体是分别创建的，并且头部必须在包体之前创建。程序
包创建之后，如果要对其功能进行修改，这时只需修改包体的代码即可，不用修改头部，
仅当需要改变参数类型、参数个数等信息时，才需要修改程序包的头部。

创建程序包头部的命令是 CREATE PACKAGE，这条命令的语法格式为：

```
CREATE [OR REPLACE] PACKAGE 包名
AUTHID CURRENT_USER|DEFINER
AS
类型的定义；
变量的定义；
子程序的声明；
游标的声明；
异常的声明；
```

```
END;
```

其中，OR REPLACE 选项的作用是当指定的包已经存在时重新创建它。AUTHID 选项用来规定程序包以哪个用户的身份执行。这个选项有两个可选值，即 CURRENT_USER 和 DEF1NER，二者只能选择其中一个。

子程序的声明就是定义过程和函数的原型，即子程序的名称、参数和返回值，不包含它的代码部分。

类型定义部分允许用户根据需要创建自己的数据类型。

例如，要对部门员工的总收入和所得税进行统计，为此需要编写一个程序包。在程序包中首先定义了一个记录类型 total，然后声明了一个函数 tax_per_depart，用来统计某个部门的所得税，过程 total_per_depart 用来统计各个部门的员工总收入。最后还定义了一个游标 c1。需要注意的是，在程序包的头部定义游标时需要指定它的返回类型。以下是创建程序包 employee 头部的代码：

```
CREATE OR REPLACE  PACKAGE employee
AS
type total is record(dno emp.deptno%type,total_income number);
function tax_per_depart(dno integer) RETURN number;
procedure total_per_depart;
cursor c1 RETURN total;
END;
/                                                        [000592]
```

程序包的包体是对头部的实现，主要用来定义过程和函数的可执行代码。创建包体的命令是 CREATE PACKAGE BODY，这条命令的语法格式为：

```
CREATE [OR REPLACE] PACKAGE BODY 包名
AS
游标的实现;
子程序的实现;
END;
```

其中，包名与创建头部时使用的名字完全相同。游标的实现是指定游标中所使用的 SELECT 语句。子程序的实现是写出过程和函数的代码，过程和函数的编写方法与前面介绍的方法完全相同。以下是创建程序包 employee 的包体的代码。

```
CREATE OR REPLACE PACKAGE BODY employee
AS
CURSOR c1 RETURN total --定义游标
is
SELECT deptno,sum(sal) FROM emp GROUP BY deptno;
function tax_per_depart(dno integer) -- 定义函数 tax_per_depart
RETURN number
as
result number;
BEGIN
    SELECT sum(sal)*0.03 INTO result FROM emp WHERE deptno=dno  GROUP BY
deptno;
```

```
        RETURN result;
    END;    --函数 tax_per_depart 结束

    procedure total_per_depart  -- 定义过程 total_per_depart
    as
        depart total;
    BEGIN
        open c1;
        fetch c1 INTO depart;    --利用取出游标中的数据
        while c1%found loop
            dbms_output.put_line('部门' || depart.dno || '总收入: ' || depart.
total_income );
            fetch c1 INTO depart;
        END loop;
        close c1;
    END; --过程 total_per_depart 结束
END; --包体结束
/                                                                    [000593]
```

定义了程序包 employee 后，用户即可在 PL/SQL 块或者 SQL*Plus 中使用这个包中的类型、游标、变量、过程和函数，使用的方法如下：

> 包名.元素名

要利用程序包 employee 中的过程 total_per_depart 统计各个部门员工的总收入，可以在 SQL*Plus 中调用这个过程：

```
SQL>EXEC employee.total_per_depart                                    [000594]
```

运行结果如图 7-30 所示。

再如，在一个匿名块中调用程序包 employee 中的函数 tax_per_depart，计算部门 20 的所得税，这个匿名块的代码如下：

```
SQL> EXEC employee.total_per_depart
部门30总收入：17576.5
部门20总收入：22272.5
部门10总收入：17356.4

PL/SQL 过程已成功完成。
```

图 7-30

```
DECLARE
dno integer;
total_tax number;
t1 employee.total; --利用程序包 employee 中的类型 total 定义一个变量
BEGIN
t1.dno:=10; -- 向包体中传递变量值
t1.total_income:=1000; -- 向包体中传递变量值
dno:=20;
total_tax:=employee.tax_per_depart(dno);
dbms_output.put_line('应缴税款部门: '||dno ||'应缴税款:' || total_tax );
END;
/                                                                    [000595]
```

运行结果如图 7-31 所示。

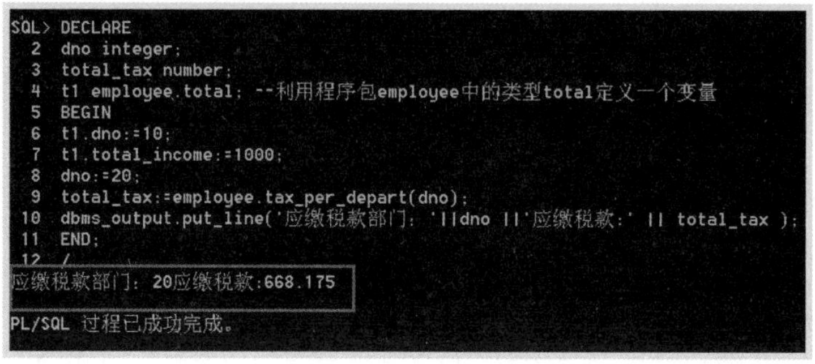

```
SQL> DECLARE
  2   dno integer;
  3   total_tax number;
  4   t1 employee.total; --利用程序包employee中的类型total定义一个变量
  5  BEGIN
  6   t1.dno:=10;
  7   t1.total_income:=1000;
  8   dno:=20;
  9   total_tax:=employee.tax_per_depart(dno);
 10   dbms_output.put_line('应缴税款部门: '||dno ||'应缴税款:' || total_tax );
 11  END;
 12  /
应缴税款部门: 20应缴税款:668.175
PL/SQL 过程已成功完成。
```

图 7-31

如果一个程序包不再需要，可以将其从数据库中删除。删除程序包时，可以选择只删除包体，或者删除整个包。删除整个程序包的命令是 DROP PACKAGE，格式如下：

```
DROP  PACKAGE   包的名字;
```

这样，程序包的头部和包体都将从数据库中被删除。

如果只删除包体，相应的命令为 DROP PACKAGE BODY，格式如下：

```
DROP  PACKAGE  BODY   包的名字;
```

7.5.4　系统预定义程序包

Oracle 提供了一些预定义的程序包，利用这些包可以完成一些复杂的操作。这些程序包提供了一些常用的类型、变量、过程和函数，用户可以在 PL/SQL 块和应用程序中直接使用它们。正确地使用这些预定义的程序包，可以使开发工作达到事半功倍的效果。常用的预定义程序包及其用途如表 7-5 所示。

表 7-5

Oracle 预定义程序包	描　　述
DBMS_OUTPUT	实现基本的输入/输出功能
UTL_FILE	对操作系统文件进行读、写等操作
DBMS_SQL	执行 DDL 语句
DBMS_PIPE	用于在两个进程间以管道方式进行通信
DBMS_JOB	管理数据库中的作业

下面将对最常用的程序包 DBMS_OUTPUT、UTL_FILE 和 DBMS_SQL 做简单的介绍。

1．DBMS_OUTPUT 程序包

DBMS_OUTPUT 程序包的功能是将 PL/SQL 块的执行结果显示在屏幕上，这种输出操作通过缓冲区来完成。SQL*Plus 为存储程序、PL/SQL 块、触发器的执行提供了一个缓冲区，用于存放程序执行期间所产生的数据，这个缓冲区以"先进先出"的方式管理其中的数据。

在默认情况下，PL/SQL 块的执行结果是输出到缓冲区里的，如果进行一些特殊的设置，缓冲区中的数据就会输出到屏幕上，然后从缓冲区中清除。DBMS_OUTPUT 包提供了对缓冲区进行设置、读和写等操作的功能，它提供了一系列的过程和函数，分别对缓冲区进行设置、读和写等操作。用户利用 DBMS_OUTPUT 包中的过程或函数可以向缓冲区中写入数据，也可以从缓冲区中读数据。

缓冲区的设置操作主要包括使其可用和不可用等操作。使缓冲区不可用的过程是 DISABLE，这个过程可以在 SQL*Plus 中以如下形式执行：

```
SQL>EXEC dbms_output.disable;                              [000596]
```

如果要在存储程序、PL/SQL 块和触发器中调用这个过程，则不需要 EXEC 命令，可以直接调用执行。

与 DISABLE 相对的操作是 ENABLE 过程，它可以使缓冲区可用，并且可以设置缓冲区的大小。它的调用形式为：

```
SQL>EXEC dbms_output.enable (缓冲区的大小)
```

如果在调用这个过程时不指定任何参数，则结果是使缓冲区可用，并将其大小设置为默认大小，即 20 000 字节。例如，要将缓冲区的大小设置为 1 024 字节，这个过程的调用形式为：

```
SQL>EXEC dbms_output.enable(1024);                         [000597]
```

缓冲区的写操作是指向缓冲区中写入数据，目前允许的数据类型有数字型、字符串型和日期型。写操作涉及的存储过程如表 7-6 所示。

表 7-6

存储过程	描　　　　述
PUT（参数）	将指定的参数写入缓冲区
PUT_LINE（参数）	将指定的参数写入缓冲区，并在行末写一个换行符
NEW_LINE	在缓冲区中当前位置处写一个换行符

缓冲区中的数据是以行的形式组织的，每行最多存储 255 个字符，一行写满时，自动从下一行开始继续写。由于缓冲区的大小有限，写数据的原则是“先进先出”，当缓冲区写满时，如果还要继续写，那么最先写入缓冲区中的数据就会被从缓冲区中清除出去，以便腾出空间容纳新数据。

PUT 和 PUT_LINE 过程的作用都是向缓冲区当前位置处写入一行数据，它们之间的区别是，PUT_LINE 在写完数据后在当前行的末尾写入一个换行符，而 PUT 过程不写入换行符。过程 NEW_LINE 的作用仅仅是在缓冲区当前位置处写入一个换行符。实际上，调用一次过程 PUT_LINE，相当于先调用一次过程 PUT，然后再调用一次过程 NEW_LINE。

如果要使缓冲区中的数据显示在显示器上，必须使选项 SERVEROUTPUT 有效，这个选项的作用就是使缓冲区中的数据可以输出到屏幕上。为了使这个选项有效，在

SQL*Plus 中执行 SET 命令:

```
SQL>SET SERVEROUTPUT ON;
```

这个选项的另一个可选值是 OFF, 它的作用正好与 ON 相反。

为了说明这几个过程的用法, 首先观察下面这个 PL/SQL 块的执行情况。

```
set serveroutput on
DECLARE
data1 integer:=100;
data2 varchar2(10) := 'Hello';
data3 date DEFAULT SYSDATE;
BEGIN
    dbms_output.put(data1);
    dbms_output.put_line(data2);
    dbms_output.put_line(data3);
END;
/
```

[000598]

运行结果如图 7-32 所示。

缓冲区的读操作是指将缓冲区中的数据以行的形式读出来。与缓冲区的读操作有关的过程有两个:

图 7-32

- GET_LINE:从缓冲区中读一行;
- GET_LINES:从缓冲区中读多行。

过程 GET_LINE 的作用是将目前缓冲区中最先写入的一行数据读出, 并将这一行数据从缓冲区中删除。它的调用形式为:

```
GET_LINE(变量,状态)
```

其中变量用于存放从缓冲区中读出的数据, 它的类型必须与要读的数据一致。状态也是一个变量, 用来表示本次读操作是否成功, 它的传递模式为 OUT。在这个过程执行结束后, 如果状态变量的值为 0, 表示成功;如果为 1, 则表示缓冲区中没有数据。

过程 GET_LINES 的作用是将目前缓冲区中最先写入的几行数据读出, 并将它们从缓冲区中删除。它的调用形式为:

```
GET_LINES (变量,行数)
```

其中变量是一个集合类型变量, 用来存放读到的几行数据。行数也是一个变量, 在读操作之前, 这个参数用于指定需要读的行数, 在读操作之后, 这个参数表示实际读到的数据行数。

下面再通过一个例子说明读操作和写操作的综合应用。

【示例 7-24】dbms_output 包中的 put()、put_line()及 get_line()等方法使用简单示例。

```
set serveroutput on
DECLARE
```

```
    data integer;    --表示数据的变量
    stat integer;    --表示状态的变量
BEGIN
    dbms_output.put(100); --将100写入缓冲区
    dbms_output.put_line(200); --将200写入缓冲区，并在行末写一个换行符
    dbms_output.get_line(data,stat); --读取缓冲区内容
    dbms_output.put_line('缓冲区中的数据: '|| data); --输出缓冲区的内容
    dbms_output.put_line('状态' || stat); --输出缓冲区的内容
END;
/                                                              [000599]
```

运行结果如图 7-33 所示。

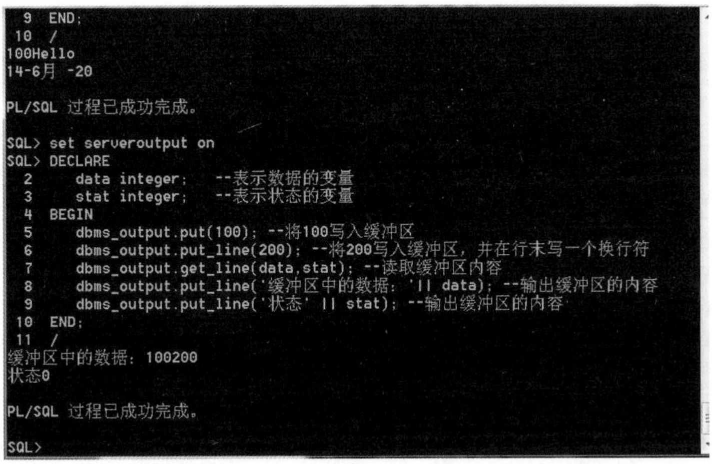

图 7-33

在上述 PL/SQL 块中，第一次向缓冲区中写 100 时使用了过程 PUT，写入数据后没有换行。第二次向缓冲区中写 200 时使用了过程 PUT_LINE，这样 100 和 200 被写在同一行。在读数据时使用了过程 GET_LINE，将刚才写入的一行数据读到变量 data 中，于是变量 data 的值为 100 200。而变量 stat 用来表示本次读操作是否成功，其值为 0，表示读操作成功。由此可见，在从缓冲区中读数据时，是以行为单位进行的，而不是以数据为单位。

实际上，DBMS_OUTPUT 程序包本身并没有输入/输出的功能，它所能做的就是对缓冲区进行读/写操作。如果使 SERVEROUTPUT 选项有效，则缓冲区的内容就被输出到屏幕上，PUT 和 PUT_LINE 过程只需把数据写入缓冲区中即可，这就相当于完成了输出工作。而 GET_LINE 的功能是从缓冲区中读一行数据，如果缓冲区中有数据，则它把当前缓冲区中最先写入的数据读出，这就相当于完成了输入工作。

注意：关于 DBMS_OUTPUT 程序包，更为详细介绍还需参阅其他章节。

2．UTL_FILE 程序包

UTL_FILE 程序包的功能是对本地操作系统的文件进行访问。在 PL/SQL 块中访问文

件的能力是有限的，主要包括文件的打开、关闭、读、写等操作。在访问文件之前，必须先打开文件，这时系统将返回一个文件标识，对文件的读、写等操作都是通过这个文件标识进行的。文件访问完后，还应该及时关闭文件。

UTL_FILE 程序包中与文件的打开和关闭操作有关的函数和过程如表 7-7 所示。

表 7-7

UTL_FILE	描　述
FOPEN（存储函数）	打开一个文件，在对文件进行读写动作之前，都需要先执行该函数来打开文件。其语法格式为：UTL_FILE.FOPEN (location IN VARCHAR2,filename IN VARCHAR2,open_mode IN VARCHAR2,max_linesize IN BINARY_INTEGER DEFAULT 1024)，RETURN（返回）FILE_TYPE
IS_OPEN（存储函数）	判断文件是否被打开，其语法格式为：UTL_FILE.IS_OPEN (file IN FILE_TYPE)，RETURN（返回）BOOLEAN
FCLOSE（存储函数）	关闭一个打开的文件。其语法格式为：UTL_FILE.FCLOSE (file IN OUT FILE_TYPE)。其中 file 参数，调用 FOPEN 或者 FOPEN_NVCHAR 返回的活动中的文件指针。当 FCLOSE 执行时，如果还有缓冲数据没有及时写入文件中，那么程序就会发生一个异常：WRITE_ERROR。为了避免这个异常，可以在 PUT_LINE 时加上参数 autoflush => TRUE，或者在每次 PUT 之后执行：FFLUSH
FCLOSE ALL（存储过程）	此 procedure 将会关闭本次 session 所有打开的文件。它用来紧急情况的清理功能，例如，当 PL/SQL 程序在 EXCEPTION 部分退出时。其语法格式为：UTL_FILE.FCLOSE_ALL。FCLOSE_ALL 不会修改所打开的文件的状态，也就是说执行 FCLOSE_ALL 后，再用 IS_OPEN 去检测文件，结果还是打开状态，但是之后，这些文件仍然不能去 read（读）或者 write（写）。而 FCLOSE 执行后，相关的文件则完全关闭了，这是与 FCLOSE 的不同之处
GET_LINE（存储过程）	读取指定文件的一行到提供的缓存。其语法为：UTL_FILE.GET_LINE (file IN UTL_FILE.FILE_TYPE, buffer OUT VARCHAR2)，其中 file 由 FOPEN 返回的文件句柄，buffer 读取的一行数据的存放缓存。buffer 必须足够大。否则，会抛出 VALUE_ERROR 异常，行终止符不会被传进 buffer。GET_LINE 有可能抛出的异常有 NO_DATA_FOUND、VALUE_ERROR、UTL_FILE.INVALID_FILEHANDLE、UTL_FILE.INVALID_OPERATION 及 UTL_FILE.READ_ERROR
PUT（存储过程）	在当前行输出数据。其语法为：UTL_FILE.PUT (file IN UTL_FILE.FILE_TYPE, buffer OUT VARCHAR2)，其中 file 由 FOPEN 返回的文件句柄,buffer 包含要写入文件的数据缓存；Oracle 8.0.3 及以上最大允许 32KB。UTL_FILE.PUT 输出数据时不会附加行终止符。PUT 有可能抛出的异常有 UTL_FILE.INVALID_FILEHANDLE、UTL_FILE.INVALID_OPERATION 及 UTL_FILE.WRITE_ERROR
NEW_LINE（存储过程）	在当前位置输出新行或行终止符，必须使用 NEW_LINE 来结束当前行，或者使用 PUT_LINE 输出带有行终止符的完整行数据。其语法为：UTL_FILE.NEW_LINE (file IN UTL_FILE.FILE_TYPE, lines IN NATURAL := 1)。其中 file 由 FOPEN 返回的文件句柄，lines 要插入的行数。如果不指定 lines 参数，NEW_LINE 会使用默认值 1，在当前行尾换行。如果要插入一个空白行，可以使用 UTL_FILE.NEW_LINE(my_file,2) 语句。如果 lines 参数为 0 或负数，什么都不会写入文件。NEW_LINE 有可能抛出的异常有 VALUE_ERROR、UTL_FILE.INVALID_FILEHANDLE、UTL_FILE.INVALID_OPERATION 及 UTL_FILE.WRITE_ERROR。例如，如果要在 UTL_FILE.PUT 后立刻换行，可以这样写：PROCEDURE add_line (file_in IN UTL_FILE.FILE_TYPE, line_in IN VARCHAR2) IS BEGIN UTL_FILE.PUT (file_in, line_in);UTL_FILE.NEW_LINE (file_in);END;
PUT_LINE（存储过程）	输出一个字符串以及一个与系统有关的行终止符。其语法为：UTL_FILE.PUT_LINE (file IN UTL_FILE.FILE_TYPE, buffer IN VARCHAR2)。其中 file 由 FOPEN 返回的文件句柄，buffer 包含要写入文件的数据缓存；Oracle 8.0.3 及以上最大允许 32KB。在调用 UTL_FILE.PUT_LINE 前，必须先打开文件。PUT_LINE 有可能抛出的异常有 UTL_FILE.INVALID_FILEHANDLE、UTL_FILE.INVALID_OPERATION 及 UTL_FILE.WRITE_ERROR

续上表

UTL_FILE	描　　述
PUTF（存储过程）	以一个模板样式输出至多 5 个字符串。其语法为：UTL_FILE.PUTF (file IN FILE_TYPE,format IN VARCHAR2 ,arg1 IN VARCHAR2 DEFAULT NULL,arg2 IN VARCHAR2 DEFAULT NULL,arg3 IN VARCHAR2 DEFAULT NULL,arg4 IN VARCHAR2 DEFAULT NULL,arg5 IN VARCHAR2 DEFAULT NULL)。其中，file 由 FOPEN 返回的文件句柄，format 决定格式的格式串，argN 可选的 5 个参数，最多 5 个格式串可使用的样式为：%s 在格式串中可以使用最多 5 个%s，与后面的 5 个参数一一对应；%s 会被后面的参数依次填充，如果没有足够的参数，%s 会被忽视，不被写入文件；\n 换行符在格式串中没有个数限制。PUTF 有可能抛出的异常有 UTL_FILE.INVALID_FILEHANDLE、UTL_FILE.INVALID_OPERATION 及 UTL_FILE.WRITE_ERROR
FFLUSH（存储过程）	确保所有数据写入文件。其语法为：UTL_FILE.FFLUSH (file IN UTL_FILE.FILE_TYPE)，其中 file 由 FOPEN 返回的文件句柄。需要注意的是，操作系统可能会缓存数据来提高性能。因此可能调用 put 后，打开文件却看不到写入的数据。在关闭文件前要读取数据可以使用 UTL_FILE.FFLUSH。典型的使用方法包括分析执行进度和调试记录。有可能抛出的异常有 UTL_FILE.INVALID_FILEHANDLE、UTL_FILE.INVALID_OPERATION 及 UTL_FILE.WRITE_ERROR
FRENAME（存储过程）	修改一个文件的名称，这样可以把一个文件从一个位置移动到另外一个位置。其语法为：FRENAME(location VARCHAR2, filename VARCHAR2, dest_dir VARCHAR2, dest_file VARCHAR2, [overwrite BOOLEAN])，其中 location 目录名称，存放在 pg_catalog.edb_dir.dirname 中，这个目录包含要改名的文件；filename 要改名的源文件名称；dest_dir 目录名称，存放在 pg_catalog.edb_dir.dirname 中，这个目录是被改名文件所在的目录；dest_file 原始文件的新名称；overwrite 如果设置为 "true"，在 dest_dir 目录中覆盖任何名为 dest_file 的文件，若设置为 "false"，就会产生异常，这是默认情况
FREMOVE（存储过程）	用于从系统中删除一个文件。其语法为：FREMOVE(location VARCHAR2, filename VARCHAR2)，其中 location 目录名称，存放在 pg_catalog.edb_dir.dirname 中，这个目录包含要删除的文件；filename 要删除文件的名称。如果要删除的文件不存在，那么会产生一个异常
FCOPY（存储过程）	把一个文件中文本复制到另外一个文件中。其语法为：FCOPY(location VARCHAR2, filename VARCHAR2,dest_dir VARCHAR2, dest_file VARCHAR2[, start_line PLS_INTEGER [, end_line PLS_INTEGER]])。其中 location 表示目录名称，存放在 pg_catalog.edb_dir.dirname 中，这个目录包含要复制的文件；filename 要复制文件的名称；dest_dir 表示目录名称，存放在 pg_catalog.edb_dir.dirname 中，是源文件要复制到目的目录；dest_file 目标文件的名称；start_line 源文件中文本行号，用于指定开始复制的位置，默认值是 1；end_line 源文件中最后一行要复制文本的行号。如果省略这个参数或者这个参数为空，那么就一直复制到文件中最后一行

在访问文件之前，首先要用函数 FOPEN 打开文件。这个函数的调用格式为：

```
FOPEN (目录,文件名,打开模式)
```

其中目录为文件所在的位置，它与文件名一起确定了要访问的文件。打开模式是指以什么样的方式打开文件。UTL_FILE 程序包规定了 6 种打开模式，如表 7-8 所示。

表 7-8

文件打开模式	描　　述
r	只读方式，用于读出文件的内容
w	写方式，用于向文件中写入数据
a	追加方式，用于在文件末尾写入数据
rb	只读（字节）

续上表

文件打开模式	描　　述
Wb	只写（字节）
ab	追加（字节）
说明：当使用模式 a 或者 ab 时，如果文件不存在，则会以 write 模式创建此文件	

UTL_FILE 程序包访问文件的功能很有限，并不是所有的文件都可以访问。利用该程序包只能访问指定目录中的文本文件。为了访问某个目录中的文件，必须通过 create or replace directory 指定这个目录，指定的格式为：

```
create or replace directory ddir as 目录; --数据库不需要重启，立即生效。
```
　　或
```
alter SYSTEM set UTL_FILE_DIR =目录 SCOPE=spfile; --将目录放入参数文件，数
据库需需要重启才能生效。
```

例如，为了访问目录 d:\中的文件，需要在执行的文件中添加以下内容：
```
create or replace directory ddir as 'd:\';
```
　　或
```
alter SYSTEM set UTL_FILE_DIR ='d:\' SCOPE=spfile;
```

如果没有指定目录，那么在访问一个目录中的文件时，Oracle 将抛出一个预定义的异常 UTL_FILE.INVALID_PATH。

如果要访问所有目录中的文件，可以用代表任何目录的符号代替上面某个具体目录，但这种做法不提倡，因为这将带来安全隐患。

如果文件打开成功，FOPEN 函数将返回一个 FILE_TYPE 类型的文件标识，以后对文件的访问就是通过这个文件标识进行的。FILE_TYPE 类型是在 UTL_FILE 包中定义的类型，用户可以直接使用。

函数 IS_OPEN 用于判断一个文件是否已经被打开，它只有一个参数，就是 FOPEN 函数返回的文件标识。如果文件已经被打开，函数 IS_OPEN 将返回真值，否则返回假值。

文件访问结束后，应该调用过程 FCLOSE 关闭文件。这个过程只有一个参数，就是 FOPEN 函数返回的文件标识。如果打开了多个文件，可以调用过程 FCLOSE_ALL 关闭所有文件，这个过程没有任何参数。

与文件读操作有关的过程为 GET_LINE，它的调用格式为：
```
GET_LINE (文件标识,变量)
```

其中文件标识就是用函数 FOPEN 打开文件时的返回值。变量是一个字符串类型的变量，用于存放从文件中读到的数据。因为对文件的读操作是以行为单位进行的，所以这个变量要能够存放文件中的一行数据。如果一个文件是空的，或者当前已经读到了文件末尾，这时系统将抛出异常 NO_DATA_FOUND。

下面的例子演示了文件的打开、读和关闭操作。文件打开后将它的第一行数据读出，并输出到显示器上。

```
create or replace directory ddir as 'D:\';
DECLARE
    fp UTL_FILE.FILE_TYPE;
    line varchar2(300);
BEGIN
    fp := UTL_FILE.FOPEN('DDIR','a.sql','r'); --这里，目录要用大写
    UTL_FILE.GET_LINE(fp,line);
     DBMS_OUTPUT.PUT_LINE(line);
    UTL_FILE.FCLOSE(fp);
END;
/                                                            [000600]
```

对文件写操作涉及的过程较多，这里仅介绍用得最多的过程 PUT_LINE。这个过程以行的形式将数据写入文件，每写入一行，就在行的末尾添加一个换行符，它的调用形式为：

PUT_LINE (文件标识，变量)

这个过程将变量中的数据写入文件标识所代表的文件中。在下面的例子中，首先以只读方式打开第一个文件，然后以追加方式打开第二个文件。从第一个文件中读一行数据到变量中，在这行数据的前后各添加一个"#"后再写入第二个文件，最后关闭两个文件。

```
create or replace directory ddir as 'D:\';
DECLARE
fp1 UTL_FILE.FILE_TYPE;
fp2 UTL_FILE.FILE_TYPE;
line varchar2(100);
BEGIN
fp1:=utl_file.fopen('DDIR','a.sql','r');
fp2:=utl_file.fopen('DDIR','b.sql','a');
utl_file.get_line(fp1,line);
utl_file.put_line(fp2,'#'||line||'#');
utl_file.fclose_all;
END;
/                                                            [000601]
```

注意：关于 UTL_FILE 程序包，更为详细介绍还需参阅其他章节。

3. DBMS_SQL 包

在 PL/SQL 块中可以利用 SELECT 命令从数据库中检索数据，也可以利用 INSERT、DELETE 和 UPDATE 语句对数据库中的数据进行增加、删除、修改等操作。但是像创建表、删除表、修改表结构这样的操作在 PL/SQL 块中不能直接完成，也就是说，在 PL/SQL 块中不能直接执行 CREATE、DROP、ALTER 这样的 DDL 命令。如果要在 PL/SQL 块中进行这样的操作，就要借助于 Oracle 提供的程序包，即 DBMS_SQL。

DBMS_SQL 包使得在 PL/SQL 包中执行 DDL 命令成为可能。利用 DBMS_SQL 包执行 DDL 命令时，首先要打开一个游标，然后通过这个游标执行 DDL 命令，最后关闭这个游标。

DBMS_SQL 包提供了一系列的过程和函数，利用这些过程和函数可以完成所需的操作。用来打开游标的函数是 OPEN_CURSOR，该函数没有任何参数。如果游标打开成功，这个函数将返回一个整数，这个整数就是游标的标识。以后执行 SQL 语句就是通过这个游标的标识进行的。

对 SQL 语句进行分析的存储过程是 PARSE，该过程对 SQL 语句进行语法分析，将其与打开的游标进行关联，然后执行这条 SQL 语句。这个过程的调用格式为：

PARSE（游标标识，SQL 语句，语言标志）

其中游标标识就是打开游标时的返回值。SQL 语句是需要执行 DDL 命令的完整形式。语言标志指定该过程以什么样的方式处理 SQL 语句，这个参数有 3 个可选值：

- DBMS_SQL.V6：采用 Oracle 6 的方式处理 SQL 语句。

- DBMS_SQL.V7：采用 Oracle 7 的方式处理 SQL 语句。

- DBMS_SQL.NATIVE：采用一般方式处理 SQL 语句。

SQL 语句执行结束后，应及时关闭游标。关闭游标的过程是 CLOSE_CURSOR，这个过程只有一个参数，就是通过函数 OPEN_CURSOR 打开的游标的标识。

我们来看下面的小示例。

【示例 7-25】通过 dbms_sql 包执行 DDL（CREATE、DROP 及 ALTER 等）命令。

在下面的 PL/SQL 块中，首先打开一个游标，游标的标识为 cur_1，然后利用这个游标执行一条 SQL 语句，创建表 tb_1，这个表有两个列，id 和 name。最后关闭这个游标。这个块的执行结果是在当前用户的模式中创建了一个表 tb_1。

```
set serveroutput on
DECLARE
    cur_1 integer;
    str varchar2(100);
BEGIN
    str :='CREATE table tb_1(id integer,name varchar2(10))';
    cur_1 := dbms_sql.open_cursor;
    dbms_sql.parse(cur_1,str,DBMS_SQL.V7);
    dbms_sql.close_cursor(cur_1);
end;
/                                                            [000602]
```

运行结果如图 7-34 所示。

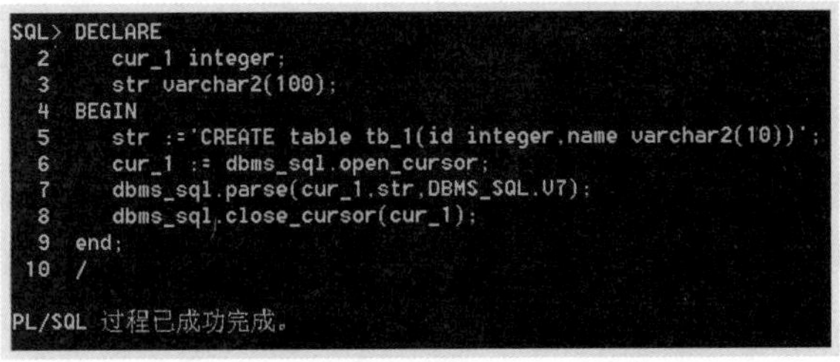

图 7-34

　　如果已经有一个同名的表存在，上述 PL/SQL 块执行时将出错。为了向用户报告出错的情况，可以在 PL/SQL 块中捕捉错误，并进行异常处理，将出错的情况报告给用户，这样的 PL/SQL 块才算是一个完整的、健壮的程序。下面是增加了异常处理的 PL/SQL 块：

```
set serveroutput on; --dbms 输出开关打开
DECLARE
    cur_1 integer;
    str varchar2(100);
    already_exists EXCEPTION;
    PRAGMA EXCEPTION_INIT(already_exists,-00955);
BEGIN
    str :='CREATE table tb_1(id integer,name varchar2(10))';
    cur_1 := dbms_sql.open_cursor;
    dbms_sql.parse(cur_1,str,DBMS_SQL.V7);
    dbms_sql.close_cursor(cur_1);
EXCEPTION
    WHEN already_exists THEN dbms_output.put_line('需要创建的表已经存
在...');
end;
/                                                                    [000603]
```

运行结果如图 7-35 所示。

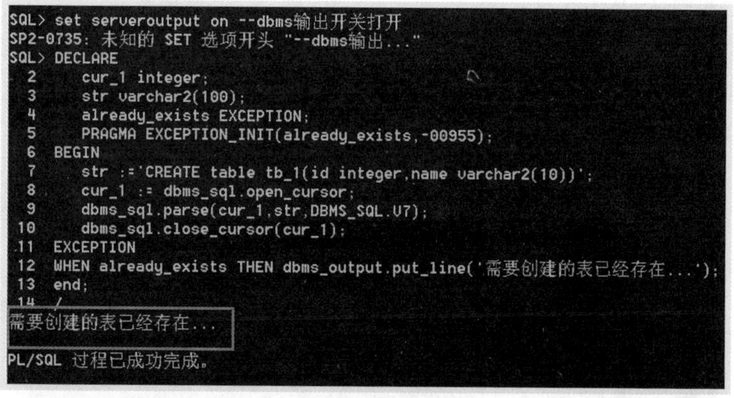

图 7-35

　　在这个块中定义了一个异常 already_exists，然后将它与错误号-00955 关联起来。错误号-00955 代表的错误情况是指定的名称已经被其他对象使用。这样，当发生这个错误时，系统将抛出异常 akeady_exists。在块的最后，进行异常的处理，将错误的情况显示给用户。

　　实际上，在 PL/SQL 块中还有一种执行 DDL 和 DCL 语句的方法，那就是把这样的语句作为 EXECUTE IMMEDIATE 命令的参数。EXECUTE IMMEDIATE 命令的功能是执行动态的 SQL 语句，它的参数可以是一个变量或一个表示 SQL 语句的字符串，还可以是用"||"符号连接在一起的若干字符串等。例如：

```
set serveroutput on; --dbms 输出开关打开
DECLARE
```

```
        sql_stmt varchar2(200);
        already_exists955 EXCEPTION;
        already_exists942 EXCEPTION;
        PRAGMA EXCEPTION_INIT(already_exists942,-00942); -- 00942: 名称或对象
不存在
        PRAGMA EXCEPTION_INIT(already_exists955,-00955); -- 00955: 名称或对象
已经被占用
    BEGIN
        sql_stmt := 'CREATE TABLE  '||'tb_6'||'(id number,name char(10))';
        EXECUTE IMMEDIATE sql_stmt; -- tb_6若存在则抛出异常，然后提示: 需要创建的
表已存在....
        EXECUTE IMMEDIATE 'GRANT select,update ON tb_6 to scott';
        EXECUTE IMMEDIATE 'DROP TABLE tb_4'; -- tb_4若不存在则抛出异常，然后提
示: 需要删除的表不存在...
    EXCEPTION
        WHEN already_exists942 THEN dbms_output.put_line('需要删除的表不存
在...');
        WHEN already_exists955 THEN dbms_output.put_line('需要创建的表已经存
在...');
    end;
    /                                                              [000604]
```

运行结果如图 7-36 所示。

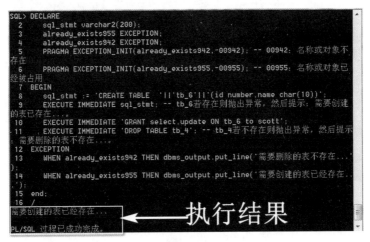

图 7-36

注意：关于 DBMS_SQL 程序包，更为详细介绍还需参阅其他章节。

7.5.5 与存储程序有关的数据字典

在数据库中，存储过程、存储函数以及程序包的信息是存放在数据字典中的。与存储程序有关的数据字典如表 7-9 所示。

表 7-9

user_procedures	当前用户拥有的存储过程和存储函数
user_objects	当前用户所拥有的所有类型的数据库对象，包括表、视图、 触发器、序列、存储过程、存储函数以及程序包等
user_source	当前用户的存储过程、存储函数和程序包的源代码
user_errors	当前用户在创建存储程序时发生的错误

在数据字典 user_procedures 中存放的是当前用户所拥有的存储过程和存储函数信息。例如，要想查看当前用户所拥有的存储过程和存储函数，执行下面的 SELECT 语句：

```
SELECT object_name,object_type, authid FROM user_procedures;        [000605]
```

数据字典 user_objects 用来存放当前用户所拥有的所有类型的数据库对象，包括表、视图、触发器、序列、存储过程、存储函数以及程序包等。如果要了解当前用户所拥有的数据库对象类型，可以执行下面的 SELECT 语句：

```
SQL>SELECT distinct object_type FROM user_objects;        [000606]
```

从执行结果可以看出，在当前用户所拥有的模式中，有索引、表、存储过程、存储函数和程序包 5 种数据库对象。程序包的头部和包体的类型分别为 PACKAGE 和 PACKAGE BODY。如果要查看某个数据库对象的详细信息，同样可以执行相应的 SELECT 语句。例如，以下 SELECT 语句用来查看对象"total_income2"的详细信息：

```
SQL>SELECT object_name,object_type,created,status FROM user_objects WHERE
object_name= 'TOTAL_INCOME2';        [000607]
```

数据字典 use_source 用来存放存储过程、存储函数和程序包的源代码。当然，这个视图的目的只是为了查看源代码，PL/SQL 程序的执行并不是从这里开始的，因为程序在创建时已经经过了编译，在数据库中以二进制形式存储。因此，试图通过修改这个数据字典而达到修改存储程序的功能是行不通的。Oracle 在创建 PL/SQL 程序时，将按照用户在编写时的自然格式，以行的形式存储程序代码，并记录每行的行号，所有代码行合起来就是该程序的源代码。例如，要查看函数 shuij2 的源代码，可以执行下列 SELECT 语句：

注意：下面的 SQL 语句放在 SQL Developer 环境下执行。

```
SELECT line,text FROM user_source WHERE name='SHUIJ2';        [000608]
```

如果在创建存储过程、存储函数或者程序包时发生了语法错误，SQL*Plus 将把错误信息在屏幕上显示，同时 Oracle 把错误信息记录在数据字典中。数据字典 user_errors 就是用来存放当前用户在创建存储程序时发生的错误的。例如，在创建存储函数 total_income3 时，错把 SELECT 语句中的"WHERE deptno=dno"写成了"WHERE deptno=ddno"，于是发生了错误：

```
SQL>CREATE OR REPLACE FUNCTION total_income3(dno emp.deptno%type) RETURN
number as
    result number;
```

```
BEGIN
    SELECT sum(sal) INTO result FROM emp WHERE deptno=ddno GROUP BY deptno;
    RETURN result;
END;
/                                                                [000609]
```

运行结果如图 7-37 所示。

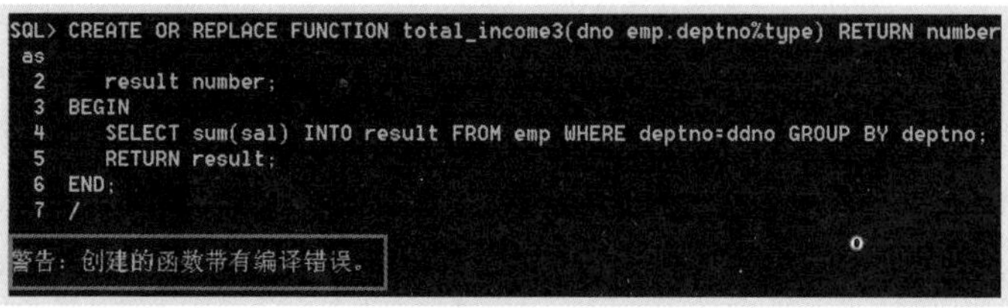

```
SQL> CREATE OR REPLACE FUNCTION total_income3(dno emp.deptno%type) RETURN number
 as
  2     result number;
  3  BEGIN
  4     SELECT sum(sal) INTO result FROM emp WHERE deptno=ddno GROUP BY deptno;
  5     RETURN result;
  6  END;
  7  /
警告: 创建的函数带有编译错误。
```

图 7-37

图 7-37 的错误在于“deptno=ddno”，“ddno”变量不存在，为了确定发生的所有错误的位置，执行下列查询语句：

```
SQL>SELECT sequence,line,position FROM user_errors WHERE name='TOTAL_
INCOME3';                                                        [000610]
```

运行结果如图 7-38 所示。

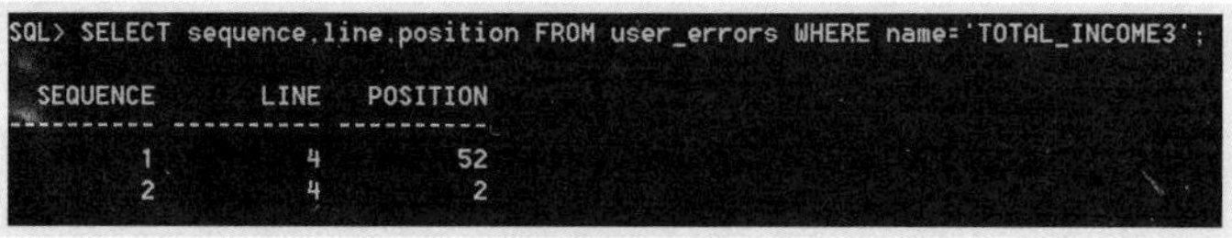

```
SQL> SELECT sequence,line,position FROM user_errors WHERE name='TOTAL_INCOME3';

  SEQUENCE       LINE   POSITION
---------- ---------- ----------
         1          4         52
         2          4          2
```

图 7-38

可以看出，发生了两个错误，第一个位于第 4 行第 52 个字符处，第二个位于第 4 行第 2 个字符处。为了查看第一个错误的详细信息，需要检索 TEXT 列的数据：

```
SQL>SELECT text FROM user_errors WHERE SEQUENCE=1;               [000611]
```

运行结果如图 7-39 所示。

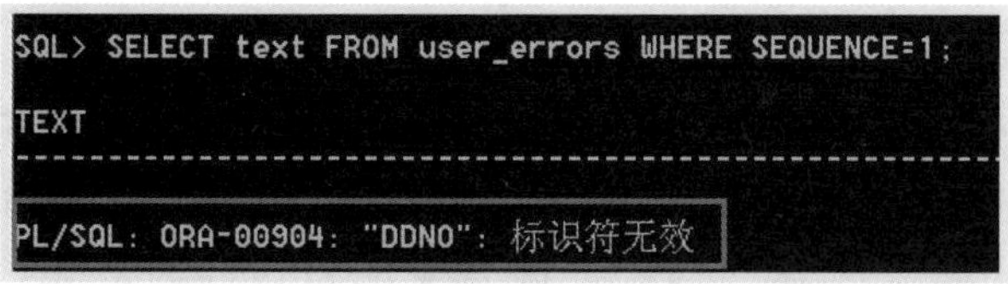

```
SQL> SELECT text FROM user_errors WHERE SEQUENCE=1;

TEXT
--------------------------------------------------------

PL/SQL: ORA-00904: "DDNO": 标识符无效
```

图 7-39

根据这些错误信息很快便可以确定错误的原因，从而进行纠正。在很多情况下，发生的多个错误是由同一个原因引起的，只要修改了出现错误的程序代码，多个错误可能一起消失。这需要用户在编写程序的过程中不断积累经验。

SQL*Plus 还提供了一种查看错误信息的简便方法，用 show errors 命令可以查看当前发生的错误，而不需要了解数据字典的详细结构。这个命令的用法如下：

```
SQL>show errors                                           [000612]
```

运行结果如图 7-40 所示。

图 7-40

或者在查看错误信息时指定发生错误的对象的类型和名称，在这种情况下，使用命令 show errors，其格式如下：

```
SQL>show errors 对象类型   对象名称
```

例如下面的语句：

```
SQL>show errors function total_income3                    [000613]
```

运行结果如图 7-41 所示。

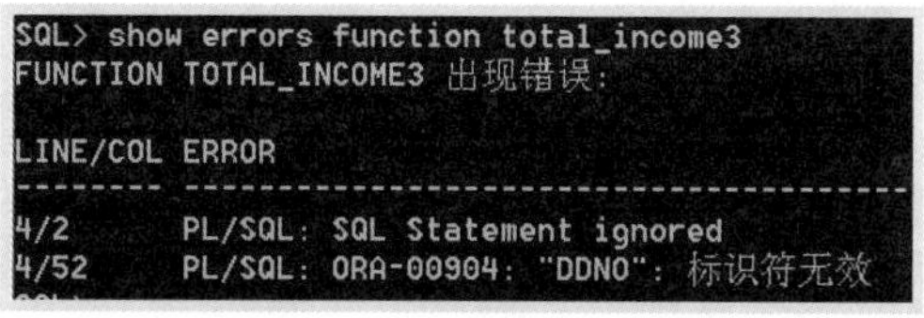

图 7-41

7.6　异常处理

用户编写的 PL/SQL 块在执行过程中不可避免地会发生一些错误。这里涉及的错误并不是由于程序的语法错误引起的，而是因为处理的数据超出处理的范围而引发的错误。如果给这样的错误起一个名字，这就是异常。当 PL/SQL 块在执行过程中检测到一个错误时，就会抛出相应的异常。在块中应当处理这样的异常，否则会引起应用程序运行停止。

7.6.1　异常处理程序

异常一般是在 PL/SQL 程序执行错误时由数据库服务器抛出，也可以在 PL/SQL 块中由程序员在一定的条件下显式抛出。无论是哪种形式的异常，都可以在 PL/SQL 块的异常处理部分编写一段程序进行处理，如果不做任何处理，异常将被传递到调用者，由调用者统一处理。如图 7-42 所示为两种不同的异常处理方式。

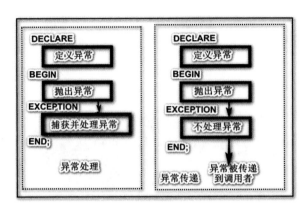

图 7-42

如果要在 PL/SQL 块中对异常进行处理，就需要在异常处理部分编写处理程序。异常处理程序的形式如下：

```
DECLARE
    变量声明
BEGIN
    执行代码
EXCEPTION
    WHEN 异常 1 OR 异常 2 THEN
        异常处理程序 1
    WHEN 异常 3 OR 异常 4 THEN
        异常处理程序 2
    WHEN OTHERS THEN
        异常处理程序 n
END;
```

异常处理程序以关键字 EXCEPTION 开始，结束于关键字 END。在这部分可以对多个异常分别进行不同的处理，也可以进行相同的处理。如果没有列出所有异常，可以用关键字 OTHERS 代替其他的异常，在异常处理程序的最后加上一条 WHEN OTHERS 子句，用来处理前面没有列出的所有异常。

如果 PL/SQL 块执行出错，或者遇到显式抛出异常的语句，则程序立即停止执行，转去执行异常处理程序。异常被处理结束后，整个 PL/SQL 块的执行便告结束。所以一旦发生异常，则在 PL/SQL 块的可执行部分中，从发生异常的地方开始，以后的代码将不再执行。

在 PL/SQL 块中有三种类型的异常，即预定义的异常、非预定义的异常和用户自定义的异常。下面分别介绍这几种异常的使用方法。

7.6.2　预定义异常

Oracle 把一些常见的错误定义为有名字的异常，这就是预定义异常。Oracle 有许多预定义异常，在进行处理时不需要再定义，只需编写相应的异常处理程序即可。当 PL/SQL

块执行发生错误时，数据库服务器将自动抛出相应的异常，并执行编写的异常处理程序。表 7-10 列出了部分预定义的异常名称。

表 7-10

系统预定义异常名称	引发异常的错误
NO_DATA_FOUND	用 select 命令检索数据时，没有发现满足要求的数据
TOO_MANY_ROWS	用 select 命令检索数据时，得到多行数据
DUP_VAL_ON_INDEX	在主键列上写入一个重复的值
CURSOR_ALREADY_OPEN	操作游标时，试图打开一个已经打开的游标
INVALID_NUMBER	将字符串转换为数字时，字符串不是数字型的字符串
LOGIN_DENIED	当连接 Oracle 数据库时被拒绝，可能是因为没有权限
NOT_LOGGED_ON	在没有登录数据库的情况下试图对数据库进行访问
ZERO_DIVIDE	在进行算术运算时，0 作为除数
PROGRAM_ERROR	PL/SQL 块在运行时发生了内部错误
INVALID_CURSOR	试图操作一个无效的游标
VALUE_ERROR	进行数据运算时发生错误

其中，NO_DATA_FOUND 及 TOO_MANY_ROWS 是最常见的异常。

通过人为制造引发这两个异常的条件，使得 NO_DATA_FOUND 及 TOO_MANY_ROWS 这两个异常被引发。

```
set serveroutput on --dbms 输出开关打开
DECLARE
    name emp.ename%type;
BEGIN
    SELECT ename INTO name FROM emp WHERE deptno=100 ; --其实没有编号为100
的部门 。
    -- SELECT ename INTO name FROM emp WHERE deptno=10 ; --编号为 10 的部门将
超过 1 条。
EXCEPTION    -- 这里将引发 NO_DATA_FOUND 异常。
    WHEN NO_DATA_FOUND  THEN
        dbms_output.put_line( '没有满足条件的数据...');
    WHEN TOO_MANY_ROWS THEN
        dbms_output.put_line ('太多的数据');
END;
/                                                                    [000614]
```

运行结果如图 7-43 所示。

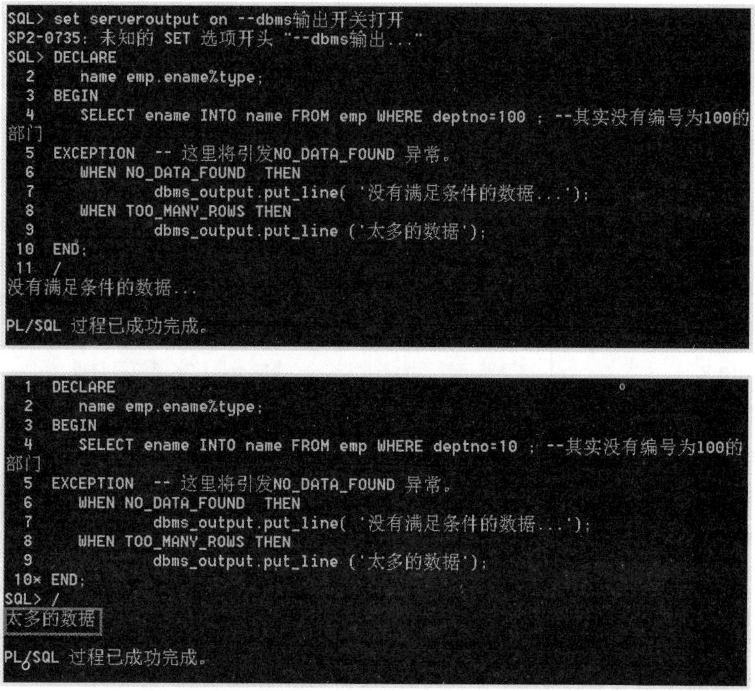

图 7-43

因为编号为 100 的部门不存在，所以 PL/SQL 程序在执行这条 SELECT 语句时引发了 NO_DATA_FOUND 异常。但是，如果对一个存在的部门进行查询，可能返回多行数据。例如，如果将 WHERE 子句的条件改为 "deptno=10"，因为部门 10 有多个员工，这时将返回多行数据，从而引发 TOO_MANY_ROWS 异常。由此可见，在 PL/SQL 程序通过传统的 SELECT 命令只能查询一行数据，如果查询 0 行或多行数据，都会引发异常。如果要对 0 行或多行数据的情况进行处理，就要用到游标了。

在向表的主键列上写入一个重复的值时将引发异常 DUP_VAL_ON_INDEX。例如，在部门表中列 deptno 是主键列，这就要求这个列上的值不能重复。如果已经存在部门 10，再向这个表插入一行数据，部门编号也为 10，这时将引发异常 DUP_VAL_ON_INDEX。例如：

```
set serveroutput on; -- 打开 dbms 输出开关
BEGIN
    INSERT INTO dept VALUES(10,'network','nowhere','abc');
    commit;
EXCEPTION
    WHEN DUP_VAL_ON_INDEX THEN
    dbms_output.put_line('主键列上的值重复 ...');
END;
/
```

[000615]

运行结果如图 7-44 所示。

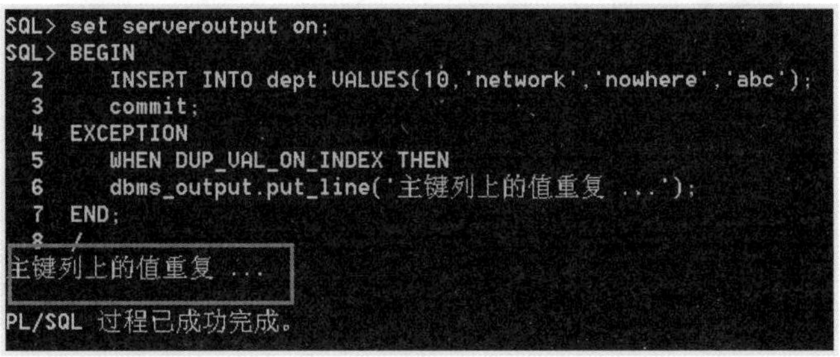

图 7-44

在 PL/SQL 块的异常处理部分，由 WHEN 引导的代码即为异常处理程序。一般在一个 PL/SQL 块中有多个异常处理程序，分别用于处理不同的异常。但是一般只可能执行其中一段异常处理程序，因为当发生一个异常时，PL/SQL 块的执行立即从可执行部分转入异常处理部分，当处理完异常后 PL/SQL 块的执行便宣告结束，这时将不会有别的异常出现。

一般针对一个异常可以编写一段单独的异常处理程序，也可以对多个异常编写同一段异常处理程序，如果发生不同的异常，可以进行同样的处理。这样在 WHEN 子句中可以指定多个异常的名字，相互之间用 OR 分隔。例如：

```
WHEN NO_DATA_FOUND  OR  TOO_MANY_ROWS THEN
dbms_output.put_line ('SELECT 语句出错...');
...
```

Oracle 提供了两个内置函数，SQLCODE 用于返回发生的错误的代码，SQLERRM 用于返回错误的原因。有了这两个函数，就可以编写通用的异常处理程序，处理所有的异常。

例如，将错误代码和错误信息显示给用户。

【示例 7-26】通过 SQLCODE 和 SQLERRM 这两个函数提示错误代码及错误信息。
命令代码如下：

```
set serveroutput on;
declare
BEGIN
    INSERT INTO dept VALUES(10,'network','nowhere','jbgt' );
EXCEPTION
    WHEN others THEN
    dbms_output.put_line('错误代码: ' ||SQLCODE);
    dbms_output.put_line('错误原因: '|| SQLERRM);
END;
/                                                        [000616]
```

运行结果如图 7-45 所示。

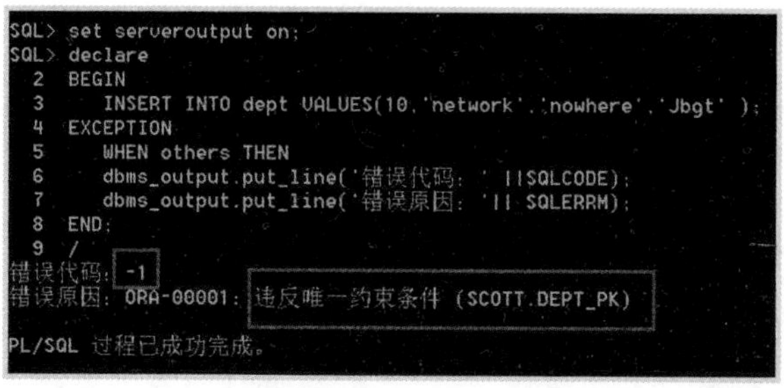

图 7-45

在上面的异常处理的例子中，仅仅把发生错误的信息显示出来。如果希望把所有发生的错误记录下来，可以创建一个表，在 PL/SQL 的异常处理部分把错误的情况写入这个表，生成日志信息。例如，在数据库中创建表 err_info，其结构如表 7-11 所示。

表 7-11

列 名	类 型	为 空	描 述
err_time	DATE	NO	错误发生的时间
err_user	VARCHAR(30)	YES	因执行 PL/SQL 而引发错误的用户
err_code	INTEGER	YES	错误代码
err_message	VARCHAR(200)	YES	错误原因

```
SQL>    Create   table   err_info(err_time   DATE,   err_user   VARCHAR(30),
err_code INTEGER, err_message VARCHAR(200));                    [000617]
```

这样在处理异常时，就可以直接将异常的情况写入这个表，而不用显示给用户。如果要对所有的异常进行相同的处理，那么在异常处理部分就不需要分别列出每个异常，只要用 OTHERS 代替即可。我们看下面这个小例子。

【示例 7-27】将错误信息写入错误日志表。

下面的代码，第一个块，使用 dbms_sql 包创建 err_info 错误信息日志表，如果表存在则触发异常处理，提示"需要创建的表已经存在..."。在第二个块中，将错误信息写入 err_info 错误信息日志表。

```
set serveroutput on;
DECLARE
    cur_1 integer;
    str varchar2(200);
    already_exists EXCEPTION;
    PRAGMA EXCEPTION_INIT(already_exists,-00955);
BEGIN
    str  :='CREATE  table  err_info(err_time  date  not  null,err_user
varchar2(30) null,err_code integer null,err_message varchar(200) null)';
    cur_1 := dbms_sql.open_cursor;
    dbms_sql.parse(cur_1,str,DBMS_SQL.V7);
    dbms_sql.close_cursor(cur_1);
EXCEPTION
    WHEN already_exists THEN dbms_output.put_line('需要创建的表已经存
```

```
在...');
    end;
/
DECLARE
    name emp.ename%type;
    err_code Integer;
    err_message varchar(200);
BEGIN
    SELECT ename INTO name FROM emp WHERE deptno=100;
EXCEPTION    --这里将引发 NO_DATA_FOUND 异常
WHEN OTHERS THEN
    err_code := SQLCODE;
    err_message := SQLERRM;
    INSERT INTO err_info VALUES(SYSDATE,USER,err_code,err_message);
    COMMIT;
END;
/
select * from err_info;                                              [000618]
```

运行结果如图 7-46 所示。

图 7-46

这个块的执行结果是将异常的信息记录在表 err_info 中。

引发异常的一个重要原因是处理数时发生错误。统计表明，SELECT 语句、DML 语句以及游标操作语句更容易引发异常。编写 PL/SQL 块的主要目的是处理数据,而 PL/SQL 块在逻辑上与数据是分开的,程序员根本无法预料数据的变化。例如,要查询部门 10 的员工,程序员根本不知道这个部门中有没有员工,有一个还是有多个员工。所以在编写程序时,程序员应该考虑各种可能出现的异常,在程序中编写这些异常的处理代码,这样的程序才能经受各种错误的考验。

7.6.3 非预定义异常

在 PL/SQL 中还有一类会经常遇到的错误。每个错误都有相应的错误代码和错误原因,但是由于 Oracle 没有为这样的错误定义一个名称,因而不能直接进行异常处理。在一般情况下,只能在 PL/SQL 块执行出错时查看其出错信息。

编写 PL/SQL 程序时,应该充分考虑到各种可能出现的异常,并且都做出适当的处理,这样的程序才是健壮的。对于这类非预定义的异常,由于它也被自动抛出,因而只需定义一个异常,把这个异常的名称与错误的代码关联起来,然后就可以像处理预定义异常那样处理这样的异常了。

非预定义异常的处理过程如图 7-47 所示。

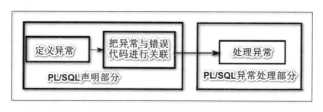

图 7-47

异常的定义在 PL/SQL 块的声明部分进行,定义的格式为:

```
异常名称 EXCEPTION
```

其中,异常名称是用户自定义的一个名字,此时它仅仅是一个符号,没有任何意义。只有把这个名称与某个错误代码关联以后,这个异常才代表这个错误。把异常的名称与错误代码进行关联的格式为:

```
PRAGMA EXCEPTION_INIT(异常名,错误代码)
```

这种关联也是在 PL/SQL 块的声明部分进行。这样,这个异常的名字就代表这个特定的错误了,当 PL/SQL 程序在执行的过程中发生这个错误时,这个异常将被自动抛出,这时就可以对其进行处理了。

例如,错误代码-02292 的含义是违反了关联完整性。如果两个表通过主键和外键建立了关联关系,这时要从主表中删除一行,就可能会违反它们之间的关联完整性。例如,员工表 emp 与部门表 dept 通过列 deptno 建立了关联关系,如果要从部门表 dept 删除一行,必须确保 EMP 表中没有这个部门的员工,否则就违反了它们之间的关联完整性。下面的代码演示了试图删除部门 10 的数据时发生的错误，因为在表 emp 中还有部门 10 的员工。

```
SQL>DELETE FROM dept WHERE deptno=10;                        [000619]
```

运行结果如图 7-48 所示。

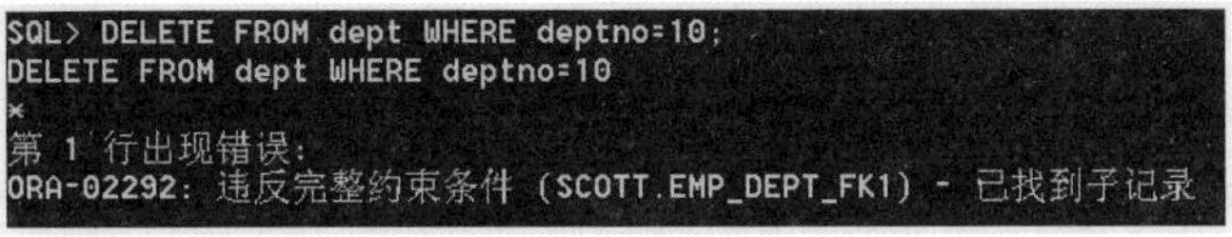

图 7-48

如果这时定义一个异常，把这个异常与错误代码-02292 关联起来，即可在 PL/SQL 块的异常处理部分对其进行处理。下面是处理这个异常的代码：

```
set serveroutput on;
DECLARE
    reference_err  EXCEPTION;
    PRAGMA EXCEPTION_INIT(reference_err,-02292);
BEGIN
    DELETE FROM dept WHERE deptno=10;
EXCEPTION
    WHEN reference_err THEN
    dbms_output.put_line('您所进行的操作违反了关联完整性...');
END;
/                                                            [000620]
```

执行结果如图 7-49 所示。

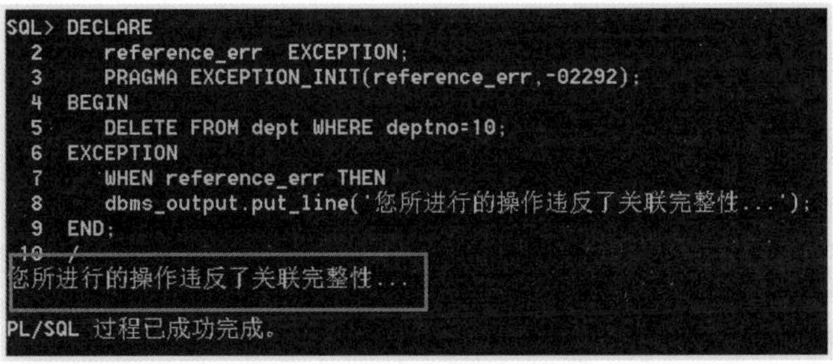

图 7-49

7.6.4　用户自定义异常

除了 Oracle 定义的两种异常外，在 PL/SQL 中还可以自定义异常。程序员可以把一些特定的状态定义为异常。这样的异常一般由程序员自己决定，在一定的条件下抛出，然后利用 PL/SQL 的异常机制进行处理。

对于用户自定义异常，有以下两种处理方法。

方法一：先定义一个异常，并在适当的时候抛出，然后在 PL/SQL 块的异常处理部分进行处理。

用户自定义的异常一般在一定的条件下抛出，于是这个条件就成为引发这个异常的原因；第二种方法是向调用者返回一个自定义的错误代码和一条错误信息。

这里先介绍第一种方法。异常的定义在 PL/SQL 块的声明部分进行，定义的格式为：

```
异常名称 exception
```

异常名称这时仅仅是一个符号，仅当在一定条件下抛出时，这个异常才有意义。抛出异常的命令是 RAISE，异常的抛出在 PL/SQL 块的可执行部分进行。RAISE 命令的格式为：

```
RAISE 异常名称
```

异常一般在一定的条件下抛出，因此 RAISE 语句通常跟在某个条件判断的后面，这样就把这个异常与这个条件关联起来了。抛出异常的原因可能是数据出错，也可能是满足了某个自定义的条件，处理自定义异常的方法与处理前两种异常的方法相同。

我们来看一下下面这个小示例。

【示例 7-28】编写一个 PL/SQL 块，求 1+2+3+…100 的值。在求和的过程中如果发现结果超出了 1 000，则抛出异常，并停止求和。

在下面的块代码中，主要看 "RAISE out_of_range" 这句话，这句话的意思是：抛出异常。

```
set serveroutput on;
DECLARE
    out_of_range  EXCEPTION; --定义异常
    result integer := 0;
BEGIN
    for i in 1..100 loop
        result := result + i;
        if result>1000 then
            RAISE out_of_range; --抛出异常
        END if;
    END loop;
EXCEPTION
WHEN out_of_range THEN  -- 处理异常
dbms_output.put_line('当前的计算结果为: '|| result || '已超出范围');
END;
/                                                          [000621]
```

执行结果如图 7-50 所示。

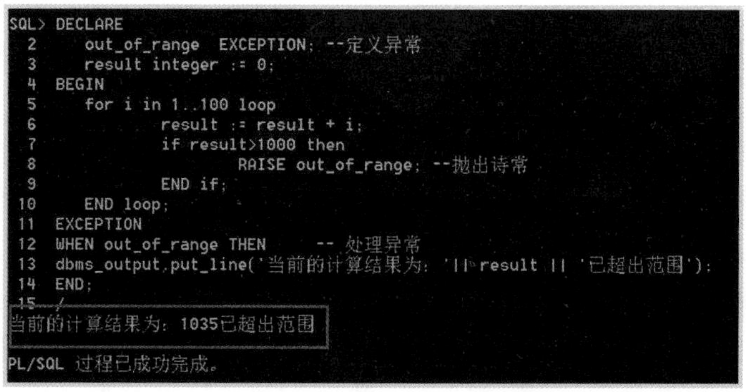

图 7-50

用 RAISE 命令不仅可以抛出一个自定义的异常，也可以抛出一个预定义异常和非预定义异常。例如，在上面求和的例子中，当计算结果超过 1 000 时可以抛出异常 VALUE_ERROR。修改后的 PL/SQL 块代码如下：

```
set serveroutput on;
DECLARE
    result integer := 0;
BEGIN
    for i in 1..100 loop
        result := result+i;
        if result>1000 then
            RAISE VALUE_ERROR;  --当条件满足时抛出一个预定义的异常
        END if;
    END loop;
EXCEPTION
WHEN VALUE_ERROR THEN
    dbms_output.put_line('当前的计算结果为: '|| result || '已超出范围');
END;
/                                                                    [000622]
```

执行结果如图 7-51 所示。

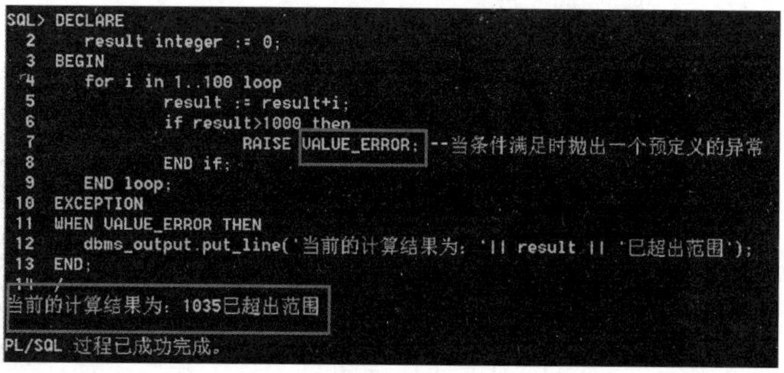

图 7-51

方法二：当 PL/SQL 块的执行满足一定的条件时，可以向 PL/SQL 程序返回一个错误代码和一条错误信息。错误代码的范围为-20000～-20999，这个范围的代码是 Oracle 保留的，本身没有任何意义。程序如果把一个错误代码与某个条件关联起来，那么在条件满足时系统将引发这样的错误。当然这是人为制造的一种错误，并不表示程序或数据真正出现了错误。

PL/SQL 提供了一个过程，用于向 PL/SQL 程序返回一个错误代码和一条错误信息。这个过程是 **RAISE_APPLICATION_ERROR**，过程的调用格式为：

```
RAISE_APPLICATION_ERROR (错误代码，错误信息)
```

例如，对上面求和的例子加以修改，当计算结果大于 1 000 时，PL/SQL 程序便得到一个错误代码-20001 和一条错误信息。修改后的代码如下：

```
DECLARE
    result integer := 0;
```

```
BEGIN
   for i in 1..100 loop
      result := result+i;
      if result>1000 then
         RAISE_APPLICATION_ERROR(-20001,'当前的计算结果为' || result || '
已超出范围');
      END if;
   END loop;
END;
/                                                                    [000623]
```

执行结果如图 7-52 所示。

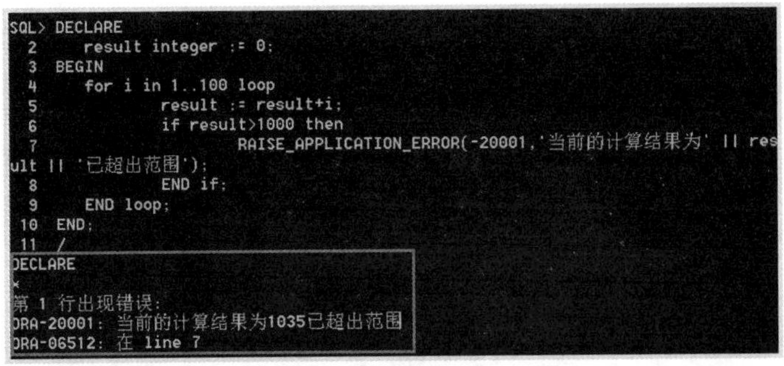

```
SQL> DECLARE
  2     result integer := 0;
  3  BEGIN
  4     for i in 1..100 loop
  5             result := result+i;
  6             if result>1000 then
  7                     RAISE_APPLICATION_ERROR(-20001,'当前的计算结果为' || res
ult || '已超出范围');
  8             END if;
  9     END loop;
 10  END;
 11  /
DECLARE
*
第 1 行出现错误:
ORA-20001: 当前的计算结果为1035已超出范围
ORA-06512: 在 line 7
```

图 7-52

从程序运行的结果来看，程序的执行过程确实发生了错误，返回了指定的错误代码和错误信息。在这一点上用户自定义异常与非预定义异常相似。只不过非预定义异常是由数据库服务器自动抛出的，并且错误代码和错误信息都是由数据库服务器指定的，而用户自定义异常是由程序员抛出的，错误代码和错误信息都是由程序员指定的。

在处理非预定义异常时，为每个错误代码指定了一个异常名称，然后就可以根据这个名称进行异常处理。既然用户自定义异常也可以向调用者返回错误代码和错误信息，那么也可以采用同样的方法处理这样的异常。

首先定义一个异常，然后把这个异常与某个错误代码关联起来。这两步都在 PL/SQL 块的声明部分进行。然后在 PL/SQL 程序的可执行部分根据一定的条件，抛出这个异常。最后在 PL/SQL 块的异常处理部分捕捉并处理这个命名的异常。例如，用这种方法重新处理上述求和的例子中的异常，代码如下：

```
set serveroutput on;
DECLARE
   result integer := 0;
   out_of_range  EXCEPTION;
   PRAGMA EXCEPTION_INIT(out_of_range,-20001);
BEGIN
   for i in 1..100 loop
      result := result+i;
      if resuLt>1000 then
         RAISE_APPLICATION_ERROR(-20001,'当前的计算结果为: ' || result ||
'已超出范围');
```

```
        END if;
    END loop;
EXCEPTION
    WHEN out_of_range THEN
    dbms_output.put_line('错误代码: ' || SQLCODE);
    dbms_output.put_line ('错误信息: ' || SQLERRM);
END;
/                                                         [000624]
```

执行结果如图 7-53 所示。

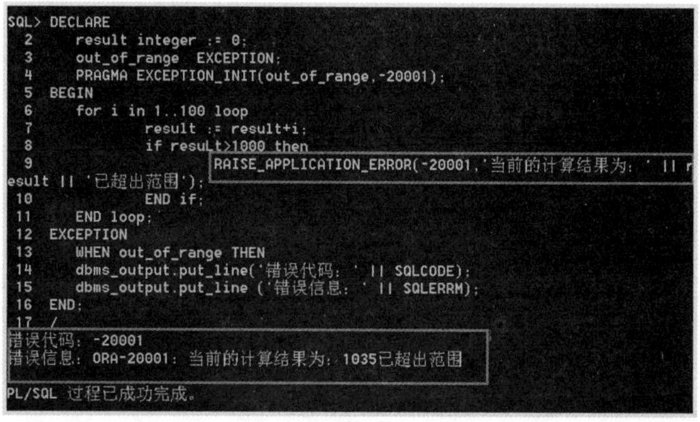

图 7-53

从上述 PL/SQL 块可以看出，首先在声明部分定义了一个异常 out_of_range，然后把这个异常与错误代码-20001 关联起来，一旦程序在运行过程中发生了这个错误，就是抛出了异常 out_of_range。在块的可执行部分，如果在累加的过程中变量 result 的值超过了 1 000，则返回错误代码-20001 以及相应的错误信息。这样在异常处理部分就可以捕捉并处理异常 out_of_range。

在处理用户自定义异常时，也可以使用函数 SQLCODE 和 SQLERRM，这两个函数分别用于返回指定的错误代码和错误信息。从程序的运行结果可以看出，这两个函数确实返回了指定的错误代码和错误信息。这样的错误代码和错误信息是在可执行部分通过过程 RAISE_APPLICATION_ERROR 指定的。

7.6.5　异常的传递

如果 PL/SQL 程序在执行的过程中发生了错误，则转去执行相应的异常处理程序，然后结束块的执行。如果没有定义相应的异常处理程序，那么 PL/SQL 程序将向调用者返回出错的相关信息，也就是把异常传递到程序的调用者，然后结束程序的执行。如果这个程序是在 SQL*Plus 中执行的，那么异常就会传递到 SQL*Plus 环境，从而把错误信息显示在屏幕上。例如，下面的块在检索数据时引发了 TOO_MANY_ROWS 异常，并把异常传递到 SQL*Plus 中。

```
set serveroutput on;
DECLARE
    name emp.ename %type;
BEGIN
    SELECT ename INTO name FROM emp WHERE deptno=10;
EXCEPTION   -- 这里将引发 TOO_MANY_ROWS 异常
    -- when TOO_MANY_ROWS then
    -- dbms_output.put_line( '满足条件的数据(部门号等于10的记录)超过1行...');
    when NO_DATA_FOUND then
    dbms_output.put_line( '没有满足条件的数据...');
END;
/                                                              [000625]
```

执行结果如图 7-54 所示。

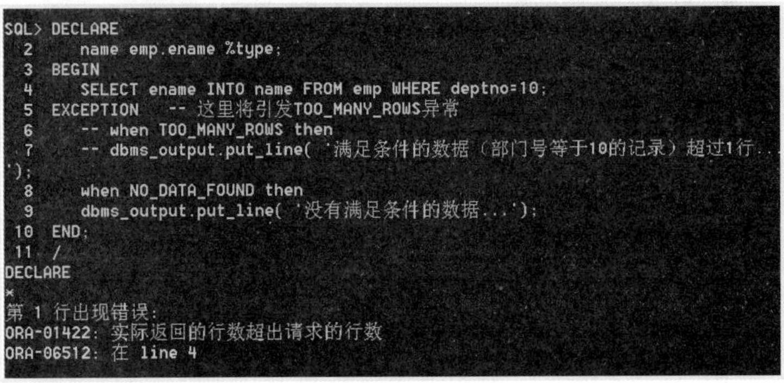

图 7-54

从程序的执行结果可以看出，由于在程序中没有处理异常 TOO_MANY_ROWS，所以这个异常被传递到程序的调用者——SQL*Plus 中。

在 PL/SQL 块中可以定义过程、函数等形式的子程序，在每个子程序中也可以分别定义异常处理程序。这样当子程序执行出现错误时，就转去执行相应的异常处理程序。然后子程序的执行便告结束，PL/SQL 块接着从子程序调用处的下一条语句开始执行。如果子程序对出现的异常进行了处理，就可以认为子程序的执行正常结束。例如，再来考虑子程序重载的这个例子。在这个块中定义了两个重载过程 increase_salary，用来对员工增加工资。第一个过程有两个参数，分别是部门编号和增加的额度，用于对指定的部门的员工增加工资。第二个过程带有一个参数，即增加的额度，用于对所有员工增加工资。

这里在第一个过程中添加了处理异常 NO_DATA_FOUND 的程序，还添加了一条 SELECT 语句。如果在调用过程时指定了一个不存在的部门，那么在查询该部门信息时将引发 NO_DATA_FOUND 异常，这个过程的执行流程就会转到异常处理部分。

```
set serveroutput on;
DECLARE
procedure increase_salary(d_no emp.deptno%type,amount float) is
    d_name dept.dname%type;
BEGIN
```

```
    SELECT dname INTO d_name FROM dept WHERE deptno=d_no;  --其实 d_no=100
不存在
    UPDATE emp set sal=sal+amount WHERE deptno=d_no;
    commit;
  EXCEPTION
    WHEN NO_DATA_FOUND THEN dbms_output.put_line(' 这个部门不存在');
  END;
  procedure increase_salary(amount float) is
  BEGIN
    UPDATE emp set sal = sal+amount;
    commit;
  END;
  BEGIN
  increase_salary(100,100.50);  -- 调用第一个过程
  increase_salary(200); -- 调用第二个过程
  END;
  /
```
[000626]

执行结果如图 7-55 所示。

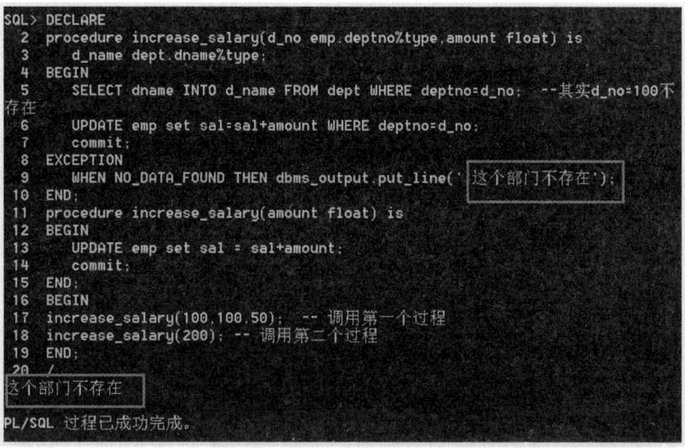

```
SQL> DECLARE
  procedure increase_salary(d_no emp.deptno%type,amount float) is
    d_name dept.dname%type;
  BEGIN
    SELECT dname INTO d_name FROM dept WHERE deptno=d_no;  --其实d_no=100不
存在
    UPDATE emp set sal=sal+amount WHERE deptno=d_no;
    commit;
  EXCEPTION
    WHEN NO_DATA_FOUND THEN dbms_output.put_line('这个部门不存在');
  END;
  procedure increase_salary(amount float) is
  BEGIN
    UPDATE emp set sal = sal+amount;
    commit;
  END;
  BEGIN
  increase_salary(100,100.50);  -- 调用第一个过程
  increase_salary(200); -- 调用第二个过程
  END;
  /
这个部门不存在

PL/SQL 过程已成功完成。
```

图 7-55

从块的执行结果可以看出，当调用第一个重载过程时，因为传递了一个不存在的部门编号，所以引发了 NO_DATA_FOUND 异常。这个过程在处理异常后便执行结束，PL/SQL 块接着执行第二条调用语句，调用第二个过程。第一个过程因为处理了出现的异常，所以可以认为是正常结束，它并不会影响块整个程序中其他语句的执行。

对异常的处理应当遵循“不扩散”的原则。在子程序中发生的错误应该在子程序中进行处理，不要扩散到主程序中。同样，在 PL/SQL 块的可执行部分出现的错误应该在块中进行处理，不要扩散到调用该块的 SQL*Plus 或应用程序中。

如果在子程序中没有处理出现的错误，情况会怎么样呢？再来考虑上面的例子，取消第一个 increase_salary 过程中的异常处理部分。为了便于测试，在两条调用语句中间添加一条输出语句。修改后的代码如下：

```
set serveroutput on;
```

```
DECLARE
procedure increase_salary(d_no emp.deptno%type, amount float) is
    d_name dept.dname%type;
BEGIN
    SELECT dname INTO d_name FROM dept WHERE deptno=d_no;
    UPDATE emp set sal = sal+amount WHERE deptno=d_no;
    commit;
END;
procedure increase_salary(amount float) is
BEGIN
    UPDATE emp set sal = sal+amount;
END;
BEGIN
    increase_salary (100,100.50);    --调用第一个 increase_salary 过程
    dbms_output.put_line('第一个过程执行结束');
    increase_salary(200); -- 调用第二个 increase-salary 过程
END;
/                                                                    [000627]
```

执行结果如图 7-56 所示。

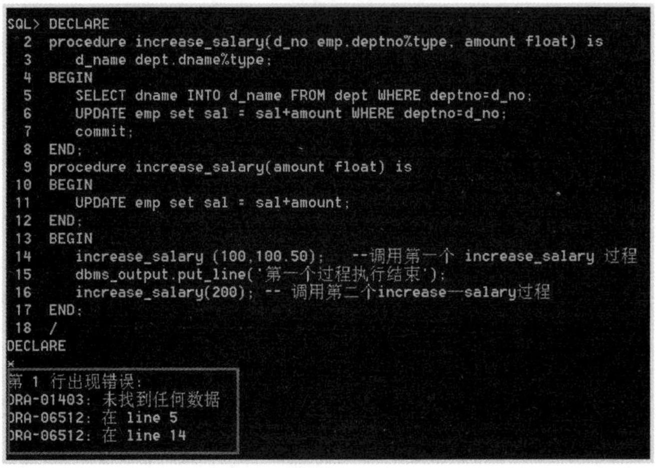

图 7-56

在调用第一个 increase_salary 过程时，由于指定了一个不存在的部门编号，所以引发了异常 NO_DATA_FOUND。在子程序中没有处理这个异常，所以过程非正常结束。从程序的执行结果可以看出，指定的输出并没有产生，可以断定，第一条调用语句以下的所有语句都没有得到执行。

如果子程序没有处理出现的异常错误，那么异常就被传递到它的调用者，即 PL/SQL 主程序，从而在主程序中也会产生错误。所以主程序将在调用子程序的地方停止执行，而去处理这个异常。但是因为主程序也没有定义异常处理程序，所以这个异常又被传递到块的调用者——SQL*Plus，从而在屏幕上显示出错的信息。

从子程序中传递到 PL/SQL 主程序中的异常，能不能在主程序中进行处理呢？答案是肯定的。如果在主程序中定义了异常处理程序，那么异常被从子程序传递到主程序中后，就像在主程序中产生的异常一样进行处理。这样可以在主程序中编写统一的异常处理程序，无论异常是在主程序中抛出的，还是在子程序中抛出的，都可以得到同样的处理。这种做法虽然可行，但是它不符合"不扩散"原则。如果程序出现异常，不容易确定是什么地方出现错误，也无法对程序的不同部分产生的异常进行单独的处理。例如，把上述例子中第一个 increase_salary 过程的异常处理放在 PL/SQL 块中。如果调用过程时引发了异常，便可以进行处理。修改后的代码如下（这里去掉了第二个过程）：

```
set serveroutput on;
DECLARE
procedure increase_salary(d_no emp.deptno%type,amount float) is
    d_name dept.dname%type;
BEGIN
    SELECT dname INTO d_name FROM dept WHERE deptno=d_no;
    UPDATE emp set sal = sal + amount WHERE deptno=d_no;
END;
BEGIN
    increase_salary(100,100.50);
EXCEPTION
    WHEN NO_DATA_FOUND then
    dbms_output.put_Line('这是在过程中产生的异常被传递出来');
END;
/                                                              [000628]
```

执行结果如图 7-57 所示。

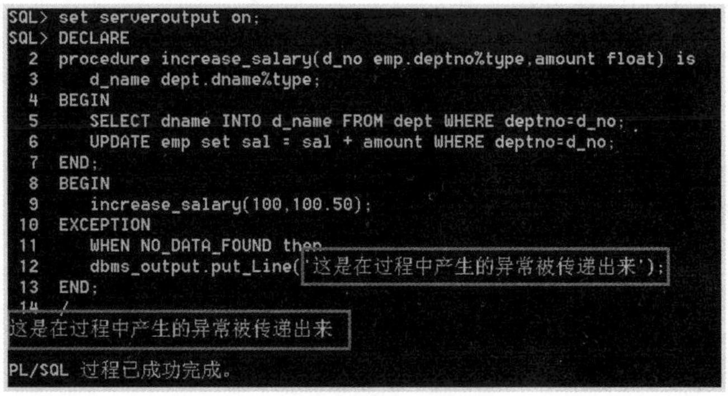

图 7-57

从上述执行结果可以看出，从子程序中传递到主程序的异常确实可以在主程序中进行处理。但是在主程序中也可能产生同样的异常，这时如果输出同样的信息就不合适了。

从上面的例子可以看出，在主程序、各个子程序之中可能会因为不同的原因引发同一个异常。为了方便地确定异常产生的原因，应该在 PL/SQL 程序的每部分都定义异常处理程序。

7.7 游标的应用

游标是一种私有的工作区，用于保存 SQL 语句的执行结果。在执行一条 SQL 语句时，数据库服务器会打开一个工作区，将 SQL 语句的执行结果保存在这里。

在 Oracle 数据库中有两种形式的游标：隐式游标和显式游标。隐式游标由数据库服务器定义，显式游标是用户根据需要自己定义的。

7.7.1 隐式游标

隐式游标是数据库服务器定义的一种游标。在执行一条 DML 语句或 SELECT 语句时，数据库服务器将自动打开一个隐式游标，存放该语句的执行结果。在一个 PL/SQL 块中可能有多条 DML 或 SELECT 语句，隐式游标始终存放最近一条语句的执行结果。

隐式游标有几个很有用的属性，可以帮助了解游标的信息。表 7-12 列出了隐式游标的几个常用属性。

表 7-12

属　　性	描　　述
SQL%ISOPEN	判断当前游标是否打开。如果打开，该属性值为 TRUE，否则为 FALSE
SQL%ROWCOUNT	对于 DML 语句，该属性为受影响的行数。对于 SELECT 语句，如果不发生异常，其值为 1
SQL%FOUND	对于 DML 语句，该属性表明表中是否有数据受到影响。如果 DML 语句没有影响任何数据，该属性的值为 FALSE，否则为 TRUE。对于 SELECT 语句，如果不发生异常，其值为 TRUE
SQL%NOTFOUND	与属性 SQL%FOUND 相反

其中，SQL%FOUND 属性值为布尔值，表示是否找到了满足条件的数据，如果找到了相应的数据，其值为 TRUE，否则为 FALSE。SQL%ROWCOUNT 属性表示某个操作影响的数据行数。对于 UPDATE 语句，表示修改的行数；对于 INSERT 语句，表示插入的行数，对于 DELETE 语句，表示被删除的行数。例如，可以在每一条 DML 语句之后输出该操作影响的行数。

```
BEGIN
    UPDATE emp set sal=sal+100;
    if SQL%FOUND then
        dbms_output.put_line('被修改的行数: '|| SQL%ROWCOUNT );
    END if;
    DELETE FROM emp;
    if SQL%FOUND then
        dbms_output.put_line('被删除的行数: ' || SQL%ROWCOUNT );
    END if;
INSERT INTO dept VALUES(70,'aa','aa','aa');
INSERT INTO dept VALUES(71,'bb','bb','bb');
if SQL%FOUND then
    dbms_output.put_line('最近插入的行数: '||SQL%ROWCOUNT);
```

```
END if;
ROLLBACK;
END;
/                                                                    [000629]
```

执行结果如图 7-58 所示。

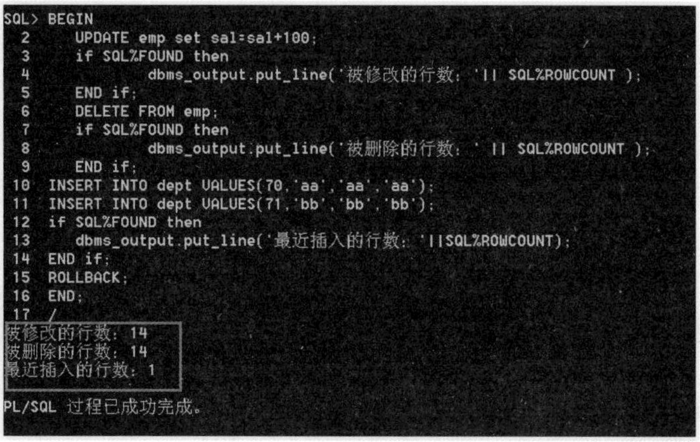

图 7-58

从这个例子可以看出，当有多条 DML 语句时，隐式游标只记录最近一条 DML 语句的执行情况。如果是 SELECT 语句，情况则比较特殊。因为当 SELECT 语句没有检索到满足条件的数据时，将引发 NO_DATA_FOUND 异常，而当检索到多行满足条件的数据时，将引发 TOO_MANY_ROWS 异常。所以只有当 SELECT 语句正好检索到一行数据时，才可以使用隐式游标的这些属性。如果要处理这两种特殊情况，就需要借助于显式游标。

7.7.2　显式游标

对于 PL/SQL 块中的 SELECT 语句，可以用显式游标来处理。显式游标是一个打开的工作区，在这个工作区里保存 SELECT 语句的执行结果。用显式游标可以处理返回 0 行、1 行、多行等各种情况，并且在返回 0 行或多行数据这两种特殊情况下，不会引发 NO_DATA_FOUND 和 TOO_MANY_ROWS 异常。使用游标处理 SELECT 语句的步骤如下：

（1）声明游标；

（2）打开游标；

（3）逐行取出游标中的行，并分别进行处理；

（4）关闭游标。

游标的工作过程如图 7-59 所示。

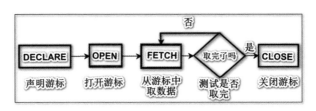

图 7-59

游标的声明在 PL/SQL 块的声明部分进行。声明的语法格式为：

```
DECLARE
CURSOR 游标名 IS
SELECT 语句;
```

例如，下面的语句声明了一个名为 cur_1 的游标：

```
DECLARE
CURSOR cur_1 IS
SELECT * FROM emp;                                    [000630]
```

由于 SELECT 语句的执行结果将存放在工作区中，因此不需要使用 INTO 子句将返回的数据赋给变量。

为了处理游标中的数据，首先要打开游标。打开游标意味着将指定的 SELECT 语句交给数据库服务器执行，并将返回结果存放在工作区中。打开游标的命令是 OPEN，其语法格式为：

```
OPEN 游标名
```

例如，打开游标 cur_1 的语句为：

```
OPEN cur_1;
```

游标打开后，即可取出游标中的数据，并对其进行处理。从游标中取出数据的命令是 FETCH。FETCH 命令一次取出一行数据，并将其赋给指定的变量。FETCH 命令的格式为：

```
FETCH 游标名 INTO 变量1,变量2,...
```

游标中的数据只有在取出后才能进行处理。为此，需要在 FETCH 语句中用 INTO 子句指定多个变量，分别存放一行数据中各个列的值。FETCH 命令将一行数据中各列的值依次赋给指定的变量。需要注意的是，变量的类型、数目要与游标中一行的各列相对应。

在用 FETCH 命令取出游标中的数据时，可以设想有一个指针，指向游标中的一行数据。当游标刚刚打开时，指针指向第一行，以后每取出一行，指针自动指向下一行，直到将所有的数据都取出为止。

用 FETCH 命令取数据的过程如图 7-60 所示。

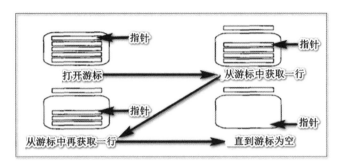

图 7-60

游标在使用完后，应该及时关闭，以释放它所占用的内存空间。关闭游标的命令是 CLOSE，其语法格式为：

```
CLOSE 游标名
```

当游标关闭后，不能再从游标中获取数据。如果需要，可以再次打开游标。

【示例 7-29】通过游标从 emp 表中检索员工 7902 的姓名、工资、工作时间。

检索 7902 的员工，SELECT 命令仅返回 1 行数据，处理过程比较简单，代码如下：

```
set serveroutput on;
DECLARE
    name emp.ename%type;
    salary emp.sal%type;
    hire_date emp.hiredate%type;
    CURSOR cur_1 IS
    SELECT ename,sal,hiredate FROM emp WHERE empno=7902;
BEGIN
    open cur_1;
    fetch cur_1 INTO name,salary,hire_date;
    dbms_output.put_line('姓名: '|| name || '工资: '|| salary ||'工作时间:
'|| hire_date );
    close cur_1;
END;
/                                                                    [000631]
```

运行结果如图 7-61 所示。

```
SQL> DECLARE
  2      name emp.ename%type;
  3      salary emp.sal%type;
  4      hire_date emp.hiredate%type;
  5      CURSOR cur_1 IS
  6      SELECT ename,sal,hiredate FROM emp WHERE empno=7902;
  7  BEGIN
  8      open cur_1;
  9      fetch cur_1 INTO name,salary,hire_date;
 10      dbms_output.put_line('姓名: '|| name || '工资: '|| salary ||'工作时间:
'|| hire_date );
 11      close cur_1;
 12  END;
 13  /
姓名: FORD工资: 5115.5工作时间: 03-7月 -17

PL/SQL 过程已成功完成。
```

图 7-61

为了使程序更加简洁，在 PL/SQL 块中可以使用记录变量。首先声明一个记录变量，它的结构与游标的结构相同。然后使用 FETCH 语句将游标中的一行数据取出后存放在记录变量中，接下来就可以对这个记录变量进行处理。例如，对上面的 PL/SQL 块进行修改，在 PL/SQL 块中使用记录变量。修改后的代码如下：

```
set serveroutput on;
DECLARE
    CURSOR cur_2 IS
    SELECT ename,sal,hiredate FROM emp WHERE empno=7902;
    e cur_2%rowtype;
BEGIN
    open cur_2;
    fetch cur_2 INTO e;
    dbms_output.put_line('姓名: '||e.ename||'工资: '||e.sal||'工作时间:
'||e.hiredate);
    close cur_2;
END;
/                                                                   [000632]
```

运行结果如图 7-62 所示。

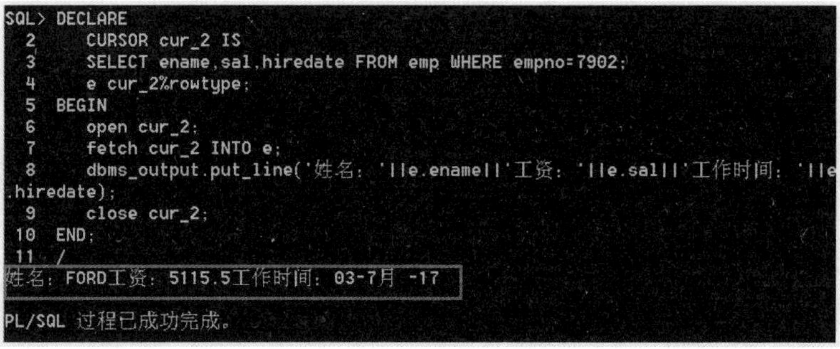

图 7-62

这个块的执行结果与使用简单变量时的结果完全相同。

在上面的块中通过一个简单的游标，处理一行数据。在使用游标时，必须考虑各种特殊情况。如果 SELECT 语句没有返回结果，游标是空的，这时 FETCH 语句将取不到数据。如果 SELECT 语句返回多行数据，这时用一条 FETCH 语句仅能取到游标中的一行数据。利用游标的属性可以了解游标当前的状态，防止各种意外情况的发生。

表 7-13 列出了显式游标的若干属性，表 7-14 列出了隐式游标的若干属性。

表 7-13

属　　性	描　　述	备　　注
cursor%ISOPEN	判断当前游标是否打开。如果打开，该属性值为 TRUE，否则为 FALSE	Cursor 为 PL/SQL 块中的游标名称
cursor %ROWCOUNT	表示到当前为止，用 FETCH 语句已经取到的行数	
cursor %FOUND	表示最后一次 FETCH 操作是否从游标中取到一行数据，如果已经取到，其值为 TRUE，否则为 FALSE	
cursor %NOTFOUND	与属性 cursor %FOUND 相反	

表 7-14

属　　性	描　　述
SQL%ISOPEN	判断当前游标是否打开。如果打开，该属性值为 TRUE，否则为 FALSE
SQL%ROWCOUNT	对于 DML 语句，该属性为受影响的行数。对于 SELECT 语句，如果不发生异常，其值为 1
SQL%FOUND	对于 DML 语句，该属性表明表中是否有数据受到影响。如果 DML 语句没有影响任何数据，该属性的值为 FALSE，否则为 TRUE。对于 SELECT 语句，如果不发生异常，其值为 TRUE
SQL%NOTFOUND	与属性 SQL%FOUND 相反

在下面的 PL/SQL 块中使用了显式游标的属性，使得 PL/SQL 块能够处理各种例外情况，如没有取到合适的数据，或者取到多行数据。

【示例 7-30】通过使用显式游标属性来处理例外情况。

在下面的块代码中主要看"cur_3%ISOPEN"和"cur_3%found"这两个关键词，前者是判断游标是否被打开，后者是判断数据是否被找到。

```
set serveroutput on;
DECLARE
    CURSOR cur_3 IS SELECT ename,sal,hiredate FROM emp WHERE deptno=20;
    e cur_3%rowtype;
BEGIN
    if not cur_3%ISOPEN then --如果游标没有打开，则打开它
       open cur_3;
    END if;
    fetch cur_3 INTO e; --取出第一行数据
    while cur_3%found loop
       dbms_output.put_line('姓名: '|| e.ename || '工资: '||e.sal||'工作时
间: '|| e.hiredate);
       fetch cur_3 INTO e;
    END loop;
    dbms_output.put_line('员工总数: '||cur_3%rowcount); --获取的总行数
    close cur_3 ; --关闭游标
END;
/                                                              [000633]
```

运行结果如图 7-63 所示。

这个 PL/SQL 块的功能是查询部门 20 的所有员工的姓名、工资和工作时间。如果这个部门不存在，则不显示任何员工的信息，仅显示'员工总数-0'的信息。如果该部门有一个或多个员工，则显示它们的信息，并打印该部门员工总数。

在块中首先用游标的%ISOPEN 属性判断游标是否打开，如果没有打开，则打开它。然后用 FETCH 语句取出第一行，并用游标的%FOUND 属性判断是否取到数据。如果游标是空的，则这个属性的值为 FALSE，这样就不用继续取数据了。如果取到了数据，则处理这行数据，并试图取下一行。这样通过循环的方式，每取到一行数据，就试图再取下一行，然后判断是否取到数据，直到将所有数据取出。

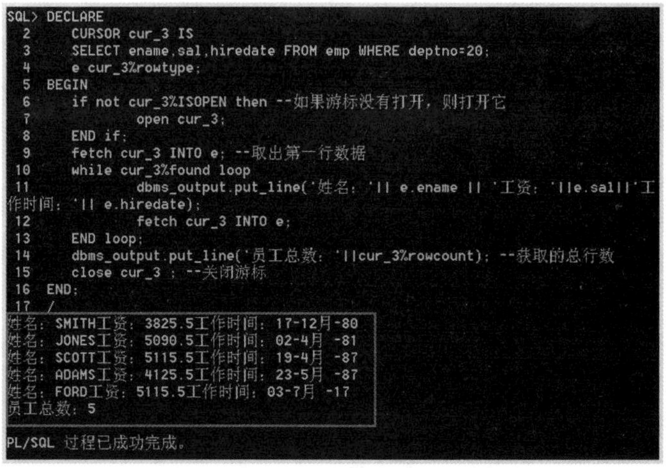

图 7-63

在游标的 4 个属性中，%ISOPEN 属性用于测试游标的状态。其他 3 个属性用来测试 FETCH 命令的执行结果，%FOUND、%NOTFOUND 属性用来测试最近的一次 FETCH 是否取到数据，%ROWCOUNT 属性表示自游标打开以来，到目前为止，用 FETCH 命令获取的行数。

上面的例子使用的是 while 循环处理游标，下面改用 loop 循环处理游标。

```
set serveroutput on;
DECLARE
    CURSOR cur_4 IS
    SELECT ename,sal,hiredate FROM emp WHERE deptno=20;
    e cur_4%rowtype;
BEGIN
    if not cur_4%ISOPEN  then --如果游标没有打开，则打开它
    open cur_4;
    END if;
    loop
        fetch cur_4 INTO e;
        EXIT WHEN cur_4%NOTFOUND; -- 如果最近一次 FETCH 没有取到数据，则退出循
环，否则，对取到的数据进行处理
        dbms_output.put_line('姓名; '||e.ename || '工资: '||e.sal ||'工作时
间: '|| e.hiredate);
    END loop;
    dbms_output.put_line('员工，总数: '|| cur_4%rowcount);  --获取的总行数
    close cur_4;--关阳游标
END;
/                                                              [000634]
```

运行结果如图 7-64 所示。

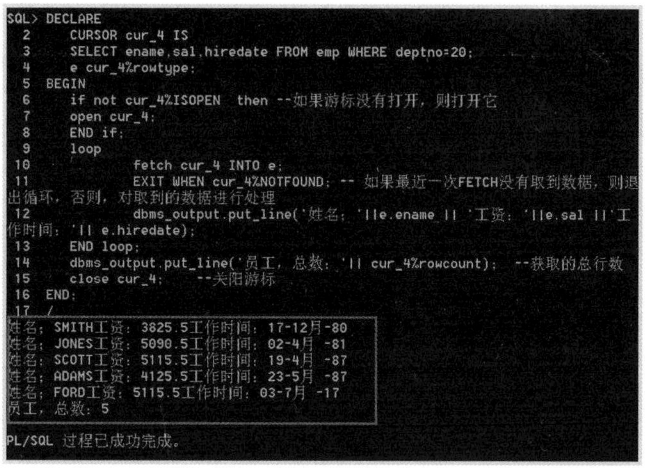

图 7-64

游标中的数据一般是通过循环方式来处理的。在上面两个例子中定义了两个游标和cur_4，并用常规的循环方法进行处理。PL/SQL 提供了一种更简便的方法处理游标，这种方法利用 FOR 循环，逐行处理游标中的行。FOR 语句的格式为：

```
FOR 变量 IN 游标名 LOOP
处理变量
END LOOP;
```

这里把游标中的数据当作一个集合，一次从中取出一行，赋给一个记录类型变量，然后就可以处理这个变量。这个变量在使用之前不需要定义，在循环开始时自动产生，在 FOR 语句中可以直接使用，这个变量的结构与游标的结构完全相同。

利用 FOR 循环从游标中取数据时，不需要用 OPEN 命令打开游标。当循环开始执行时，游标被自动打开。游标在使用完后，也不需要执行 CLOSE 命令关闭。

FOR 循环的循环体每执行一次，就会自动取出游标中的一行数据，赋给记录类型变量，然后指针自动往下移动，所以不需要通过 FETCH 命令获取游标中的数据。例如，下面的 PL/SQL 块利用 FOR 循环处理游标中的数据。

```
set serveroutput on;
DECLARE
    CURSOR cur_5 IS
    SELECT ename,sal,hiredate FROM emp WHERE deptno=20;
    e_count integer := 0;
BEGIN
    for e in cur_5 loop
    dbms_output.put_line('姓名: '||e.ename || '工资: ' || e.sal || '工作时
间: '|| e.hiredate);
    e_count := e_count + 1;
    END loop;
    dbms_output.put_line('员工总数: '|| e_count);
END;
/
```

运行结果如图 7-65 所示。

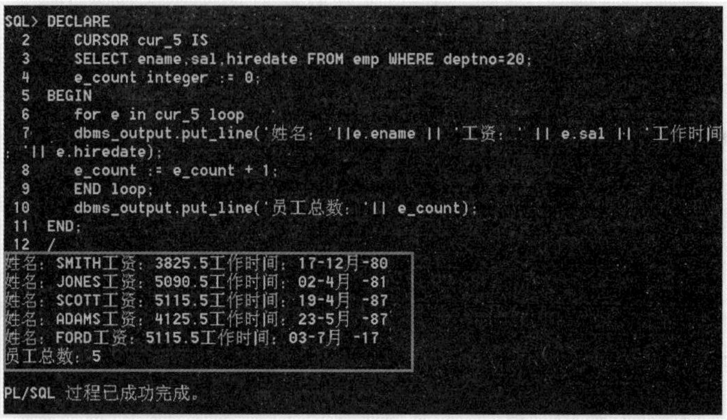

图 7-65

由于在循环执行结束时，游标已经关闭，因此无法再用游标的%ROWCOUNT 属性统计获取数据的行数。在块中声明了一个变量 e_count，每进行一次循环，变量 e_count 加 1，这样就可以统计出获取的总行数。

从上面的例子可以看出，利用 FOR 循环可以大大简化游标的处理过程。

需要注意的是，为了重点说明游标的用法，在与游标有关的例子中，对于从游标中取出的数据，仅仅显示在屏幕上。读者可以根据需要，对这些数据进行其他的处理，如写入其他表中。

7.7.3　带参数的游标

在前面介绍游标的例子中，SELECT 语句都没有 WHERE 子句，或者用 WHERE 子句指定了一个固定的条件，这样每次都查询同样的数据。在更多的情况下，可能要根据实际情况查询不同的数据。为了通过游标对数据进行更加灵活的处理，可以为游标定义参数，这些参数可以用在 WHERE 子句中。在打开游标时，指定实际的参数值，这样游标在每次打开时，可以根据不同的实际参数值，返回所需的不同数据。

定义带参数的游标的语法格式为：

```
DECLARE
CURSOR 游标名（参数1,参数2, ...）
IS
SELECT 语句;
```

其中，参数的定义方法与子程序中的参数定义完全相同，可以指定默认值，指定参数传递模式。默认的参数传递模式为 IN，如果要使用 OUT 或者"IN OUT"模式，就需要明确指定。由于游标一般不需要通过参数向调用者传递数据，所以 OUT 模式在游标中没有什么实际用处。

在用 OPEN 命令打开游标时，要向游标提供实际参数，游标根据提供的参数值，查询符合条件的数据。打开游标的语法格式为：

```
OPEN 游标名 ( 实际参数 1, 实际参数 2...);
```

例如，考虑在下面定义的游标。

【示例 7-31】通过使用带参数的游标输出 scott 账户下 emp 表满足游标参数（形参）设定值（实参）的记录。

在下面的块代码中，主要看游标的参数定义及使用，如"d_no IN emp.deptno%type, min_sal IN emp.sal%type := 1000"为游标 cur_6 的参数，min_sal 的值默认为 1 000。"open cur_6(20,2000)"中的 20 和 2 000 为游标实参，分别对应 d_no 和 min_sal 这两个形参。

```
set serveroutput on;
DECLARE
    CURSOR cur_6(d_no IN emp.deptno%type,min_sal IN emp.sal%type := 1000) IS
    SELECT ename,sal,hiredate FROM emp WHERE deptno=d_no and sal>=min_sal;
    e cur_6%rowtype;
BEGIN
    if not cur_6%ISOPEN then      --如果游标没有打开，则打开它
        open cur_6(20,2000);
    END if;
    fetch cur_6 INTO e; --取出第一行数据
    while cur_6%found loop
        dbms_output.put_line('姓名: '||e.ename||'工资: '|| e.sal||'工作时间:
'||e.hiredate);
        fetch cur_6 INTO e;
    END loop;
    dbms_output.put_line('员工总数: '|| cur_6%rowcount); --获取的总行数
    close cur_6; --关闭游标
END;
/                                                                    [000636]
```

运行结果如图 7-66 所示。

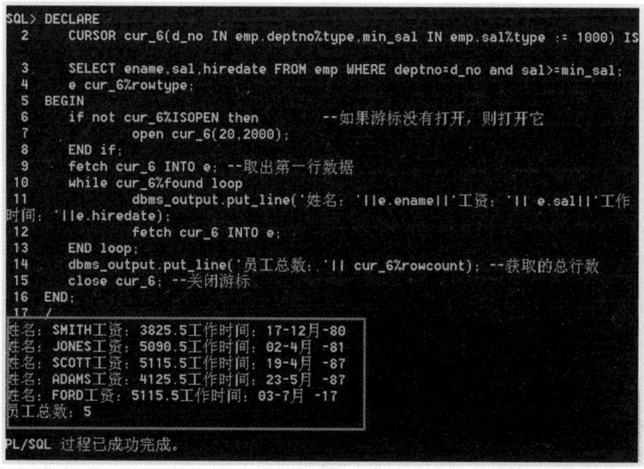

图 7-66

在这个例子中，用传统的循环方法处理游标。首先定义了一个带参数的游标，参数

d_no 表示部门编号，min_sal 表示最低工资，两个参数的传递模式都是 IN。游标的功能是查询属于指定部门并且工资不低于指定值的所有员工。

在打开游标时，指定了两个实际参数 20 和 2 000，这样，检索出来的数据就是属于部门 20，并且工资不低于 2 000 的所有员工。如果再次以"open cur_6(30,3000)"的形式打开游标，那么检索到的数据就是属于部门 30，并且工资不低于 3 000 的员工。由此可见，带参数的游标在查询数据时更加灵活。

如果要用 FOR 循环处理游标中的数据，可以按照同样的方法定义游标。由于没有使用 OPEN 命令打开游标，所以实际参数在 FOR 语句中指定。这时 FOR 语句的格式为：

```
FOR 变量 IN 游标(实际参数1,实际参数2...) LOOP
...
END LOOP;
```

这样，在循环开始执行时，游标自动打开，并根据指定的实际参数查询数据。例如，用 FOR 循环处理带参数的游标，对上面的 PL/SQL 块进行修改，代码如下：

```
alter session set nls_date_format='yyyy-mm-dd hh24:mi:ss' --修改当前会话
日期显示格式;
set serveroutput on;
DECLARE
    CURSOR cur_7(d_no IN emp.deptno%type,min_sal IN emp.sal%type) IS
    SELECT ename,sal,hiredate FROM emp WHERE deptno=d_no and sal>=min_sal;
     e_count integer := 0;
BEGIN
    FOR e IN cur_7(10,3000) LOOP
        dbms_output.put_line('姓名: '||e.ename||'工资: '||e.sal||'工作时间:
'||e.hiredate);
        e_count := e_count + 1;
    END LOOP;
    dbms_output.put_line('员工总数: '||e_count);
END;
/                                                                [000637]
```

运行结果如图 7-67 所示。

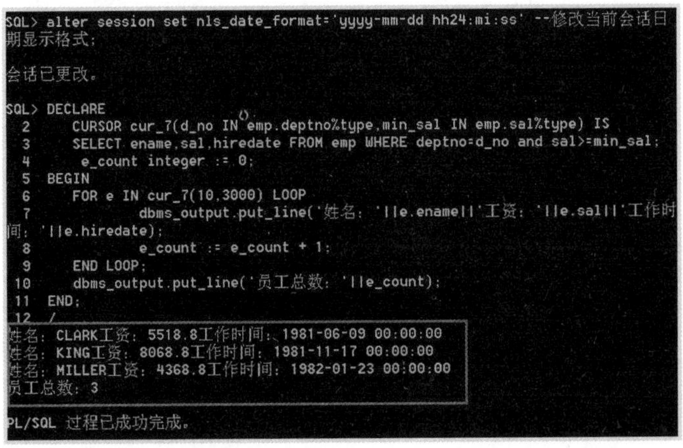

图 7-67

7.7.4　如何通过游标修改表中的数据

游标的主要作用是查询数据，并对数据逐行进行处理。对于游标中的数据还可以根据需要进行修改，例如修改某个列的值，或者删除某一行。在定义游标时，需要把游标定义为可以修改的形式，定义格式如下：

```
DECLARE
    CURSOR 游标名(参数1,参数2...) IS
    SELECT 语句  FOR UPDATE;
```

游标可以带参数，或者不带参数。SELECT 语句中的 FOR UPDATE 子句的作用是加锁，它的功能是把游标中的数据锁定，这样可以防止其他用户同时修改这些数据。由于在并发环境中许多用户可能同时访问数据库，如果把游标打开后不希望其他用户同时修改这些数据，就需要对游标加锁，否则就会导致数据的不一致。

SELECT 语句中的 FOR UPDATE 子句就是为了在游标打开后对它进行加锁，待游标关闭时再释放锁，用这种方式可以确保用户对数据的正确访问。

对游标中的数据是逐行处理的，每次处理指针当前指向的行。在修改游标中的数据时，也是对当前行进行修改，然后将修改后的结果写入数据库。PL/SQL 提供了一种修改游标当前行的机制，如果在 UPDATE、DELETE 语句中使用 WHERE CURRENT OF 子句，可以确保只对游标当前行进行修改。WHERE CURRENT OF 子句将修改操作限定在游标的当前行。

例如，某部门要为员工增加工资，增加的幅度为 10%，但只限于工资最低的 5 名员工。如果本部门员工总数不足 5 人，则为所有员工都增加工资。考虑用下面的 PL/SQL 块实现这个操作：

```
set serveroutput on;
DECLARE
    CURSOR cur_8(d_no emp.deptno%type) IS
    SELECT ename,sal,hiredate FROM emp WHERE deptno=d_no ORDER BY sal
    FOR UPDATE;
    e_count integer :=0;
    e cur_8%rowtype;
BEGIN
    open cur_8(30); --打开游标，将部门编号30作为参数
    fetch cur_8 INTO e;
    while cur_8%FOUND loop
        exit when e_count>=5;
        UPDATE emp set sal = sal*1.1 WHERE CURRENT OF cur_8;
        e_count := e_count+1;
        fetch cur_8 INTO e;
    END loop;
    commit;
    dbms_output.put_line('增加工资的员工人数: '|| e_count);
    close cur_8;
END;
/
```

[000638]

运行结果如图 7-68 所示。

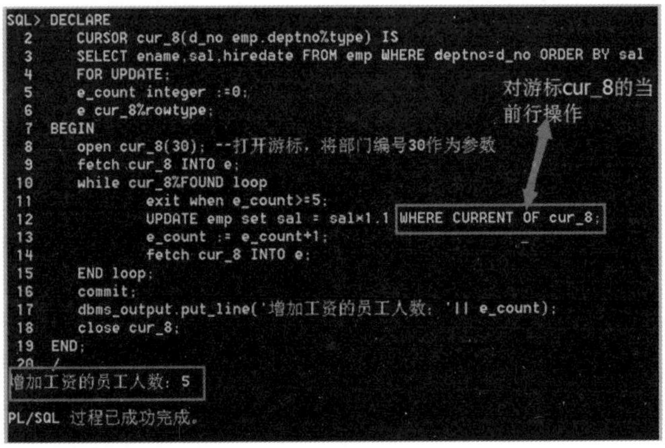

图 7-68

再来考虑下面的 PL/SQL 块,它的功能同样是为某部门工资最低的 5 名员工增加工资。
不过现在要用 FOR 循环来处理游标中的行。

```
set serveroutput on;
DECLARE
    CURSOR cur_9(d_no emp.deptno%type) IS
    SELECT ename,sal,hiredate FROM emp WHERE deptno=d_no
    ORDER BY sal-- 确保员工按照工资从低到高的顺序排列。
    FOR UPDATE; -- 给游标数据加锁。
    e_count integer := 0;
BEGIN
    for e in cur_9(30) loop
        exit when e_count>=5;
        UPDATE emp set sal=sal* 1.1 WHERE CURRENT OF cur_9; --修改员工工资
        e_count := e_count+1;
    END loop;
    dbms_output.put_line ('增加工资的员工人数: '|| e_count);
END;
/                                                              [000639]
```

运行结果如图 7-69 所示。

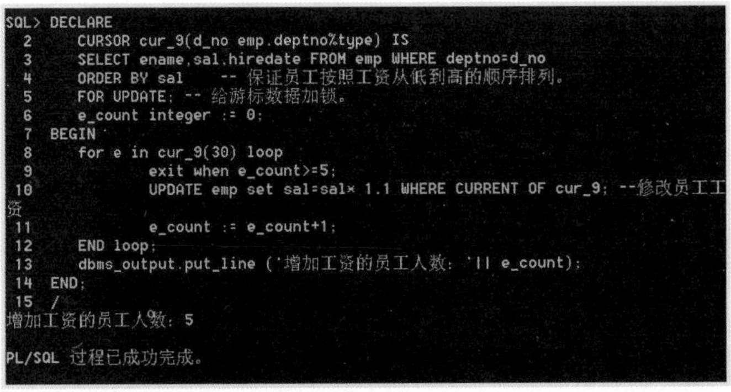

图 7-69

通过 WHERE CURRENT OF 子句，不仅可以修改游标的当前行，还可以删除游标的当前行，实际的结果是从数据库中删除了当前行。例如，要删除游标 cur_9 的当前行时，可以使用以下语句：

```
DELETE FROM emp WHERE CURRENT OF cur 9;
set serveroutput on;
DECLARE
    CURSOR cur_10(d_no emp.deptno%type) IS
    SELECT ename,sal,hiredate FROM emp WHERE deptno=d_no
    ORDER BY sal-- 确保员工按照工资从低到高的顺序排列。
    FOR UPDATE; -- 给游标数据加锁。
    e_count integer := 0;
BEGIN
    for e in cur_10(30) loop
        exit when e_count>=5;
        delete from emp WHERE CURRENT OF cur_10; --删除员工
        e_count := e_count+1;
    END loop;
    rollback; -- 不能真的删除了。
    dbms_output.put_line ('删除员工人数: '|| e_count);
END;
/                                                          [000640]
```

运行结果如图 7-70 所示。

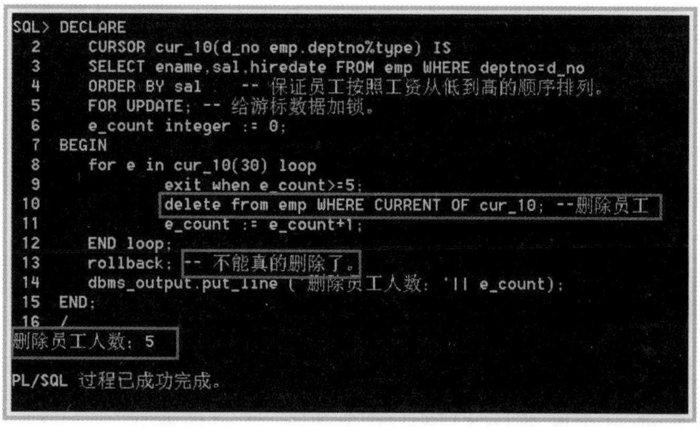

图 7-70

7.8 触发器

触发器是一种特殊的存储过程，它在创建后就存储在数据库中。触发器的特殊性在于它是建立在某个具体的表之上的，而且是自动激发执行的，如果用户在这个表上执行了某个 DML 操作（UPDATE、INSERT、DELETE)，触发器就被激发执行。

触发器常用于自动完成一些数据库的维护工作。例如，触发器可以具有以下功能：

（1）可以对表自动进行复杂的安全性、完整性检查；

（2）可以在对表进行 DML 操作之前或之后进行其他处理；

（3）进行审计，可以对表上的操作进行跟踪；

（4）实现不同节点间数据库的同步更新。

7.8.1 触发器的使用

触发器是依附于某个具体的表的特殊存储过程，它在某个 DML 操作的激发下自动执行。在创建触发器时应该仔细考虑它的相关信息。具体地说，应该考虑以下几个方面的问题：

（1）触发器应该建立在哪个表之上；

（2）触发器应该对什么样的 DML 操作进行响应；

（3）触发器在指定的 DML 操作之前激发还是在之后激发；

（4）对每次 DML 响应一次，还是对受 DML 操作影响的每一行数据都响应一次。

在确定了触发器的实现细节后，现在即可创建触发器。创建触发器的语法格式为：

```
CREATE [OR REPLACE] TRIGGER 触发器
BEFORE|AFTER|INSTEAD OF DELETE | INSERT | UPDATE [OF 列名]
ON 表名
[FOR EACH ROW [WHEN 条件]]
BEGIN
PL/SQL 语句;
END;
```

用户如果要在自己的模式中创建触发器，需要具有 CREATE TRIGGER 系统权限。如果希望能够在其他用户的模式中创建触发器，需要具有 CREATE ANY TRIGGER 系统权限。

在创建触发器的语法结构中，用方括号限定的部分是可选的，可以根据需要选用。创建触发器的命令是 CREATE TRIGGER，根据指定的名字创建一个触发器。OR REPLACE 子句的作用是如果已经存在同名的触发器，则删除它，并重新创建。

触发器可以是前激发的（BEFORE），也可以是后激发的（AFTER）。如果是前激发的，则触发器在 DML 语句执行之前激发。如果是后激发的，则触发器在 DML 语句执行之后激发。用 BEFORE 关键字创建的触发器是前激发的，用 AFTER 关键字创建的触发器是后激发的，这两个关键字只能使用其一。INSTEAD OF 子句仅用于视图上的触发器。

触发器可以被任何 DML 命令激发，包括 INSERT、DELETE 和 UPDATE。如果希望其中的一种、两种或三种命令能够激发该触发器，则可以指定它们之间的任意组合，两种不同命令之间用空格分开。如果指定了 UPDATE 命令，还可以进一步指定当表中的哪个列受到 UPDATE 命令的影响时激发该触发器。

当在指定的表上执行指定的 DML 命令时，将会激发触发器，触发器将对这样的操作进行必要的响应。触发器可能对每次单独的 DML 操作响应一次，也可能对每次 DML 操作所影响的每一行数据响应一次。如果对每次单独的 DML 操作响应一次，触发器执行的次数与受影响的行数无关，这样的触发器叫作语句级触发器。如果对受影响的每一行数据都响应一次，那么触发器执行的次数等于受影响的行数，这样的触发器叫作行触发器。

FOR EACH ROW 子句的作用是指定创建的触发器为行触发器。如果没有这样的子句，则创建的触发器为语句级触发器。

由关键字 BEGIN 和 END 限定的部分是触发器的代码，也就是触发器被激发时所执行的代码。代码的编写方法与普通 PL/SQL 块的编写方法相同。在触发器中可以定义变量，也可以进行异常处理，如果发生异常，就执行相应的异常处理程序。

例如，下面创建的触发器是为了监视用户对表 EMP 中的数据所进行的删除操作。如果有这样的访问，则输出相应的信息。

```
CREATE OR REPLACE TRIGGER del_trg BEFORE DELETE ON emp
BEGIN
    dbms_output.put_line ('您正在对表emp进行删除操作');
END;
/                                                          [000641]
```

如果在表 emp 上进行 DELETE 操作，则激发这个触发器，例如：

```
SQL>set serveroutput on;
    DELETE FROM emp;
    rollback;                                              [000642]
```

运行结果如图 7-71 所示。

从触发器的执行情况可以看出，无论用户通过 delete 命令删除 0 行、1 行或者多行数据，这个触发器只对每次 delete 操作激发一次，所以这是一个典型的语句级触发器。

图 7-71

如果一个触发器不再使用，那么可以删除它。删除触发器的语法为：

```
DROP TRIGGER 触发器
```

例如，要删除刚才创建的触发器 del_trg，使用的语句为：

```
SQL>DROP TRIGGER del_trg                                  [000643]
```

触发器的创建者和数据库管理员可以使触发器失效。触发器失效后将暂时不起作用，直到再次使它有效。使触发器失效的命令格式为：

```
ALTER TRIGGER 触发器 DISABLE
```

触发器失效后只是暂时不起作用，它仍然存在于数据库中，使用命令可以使它再次起作用。使触发器再次有效的命令格式为：

```
ALTER TRIGGER 触发器 ENABLE
```

例如，下面的两条命令先使触发器 del_trg 失效，然后使其再次有效：

```
SQL>ALTER TRIGGER del_trg DISABLE
SQL>ALTER TRIGGER del_trg ENABLE                              [000644]
```

7.8.2　语句级触发器

如果一个触发器在用户每次进行 DML 操作时被激发而且执行一次，而不管这个 DML 操作影响了多少行数据，这个触发器就是语句级触发器。

语句级触发器有前激发和后激发两种形式。前激发触发器是在 DML 操作执行之前被激发执行，后激发触发器是在 DML 操作执行之后被激发执行。无论是哪种形式，触发器都将执行一次。

例如，创建一个前激发触发器 emp_tri，当用户对表 EMP 的 DEPTNO 列进行 UPDATE 操作时该触发器将被激发。创建该触发器的语句为：

```
CREATE OR REPLACE TRIGGER emp_tri BEFORE UPDATE OF deptno ON emp
BEGIN
    dbms_output.put_line('您正在修改表 emp 的 deptno 列。');
END;
/                                                             [000645]
```

如果执行下面的 UPDATE 语句：

```
SQL>set serveroutput on;
    UPDATE emp set deptno=10 WHERE deptno=30;
    rollback;                                                [000646]
```

运行结果如图 7-72 所示。

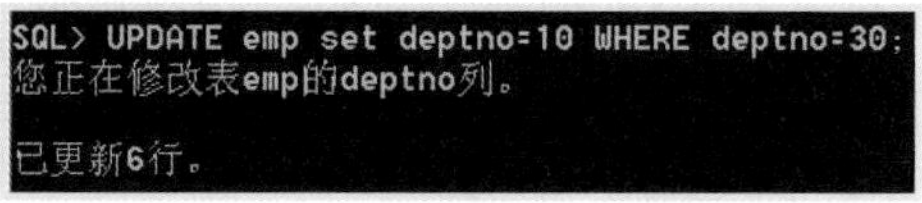

```
SQL> UPDATE emp set deptno=10 WHERE deptno=30;
您正在修改表emp的deptno列。

已更新6行。
```

图 7-72

从 UPDATE 语句的执行结果可以看出，实际受影响的有 6 行数据，但是触发器只执行了一次。实际上不管这条语句影响了一行、两行还是多行，或者没有影响任何行，这个触发器都将在 UPDATE 语句执行之前被激发执行一次。再考虑下面的 UPDATE 语句，相信会对语句级触发器的执行有更深的理解。这次修改一个根本不存在的部门编号 3。

```
SQL>UPDATE emp SET deptno=10 WHERE deptno=3;                 [000647]
```

如果更关心用户对表所实施的访问本身，而不是该次访问影响的数据行数，这时可以在表上创建语句级触发器。

在触发器中可以使用 3 个条件谓词，这 3 个谓词用来判断当前所执行的操作。它们是：

- INSERTING：如果激发触发器的操作是 INSERT，则结果为真，否则为假；
- UPDATING：如果激发触发器的操作是 UPDATE，则结果为真，否则为假；
- DELETING：如果激发触发器的操作是 DELETE，则结果为真，否则为假。

这 3 个条件谓词通常作为 IF 语句的条件，用来判断用户当前所进行的操作。

如果要对用户在表 emp 上进行的所有 DML 操作进行监视，可以在这个表上创建一个触发器，将用户的所有 DML 操作作为日志记录下来。为此，先创建一个表 emp_log，它的结构及各列的意义如表 7-15 所示。

表 7-15

列	类　　型	说　　明
oper_user	Char(20)	操作用户
oper_type	Char(20)	操作类型
oper_time	Char(30)	操作时间

```
SQL>CREATE TABLE emp_log(oper_user char(20),oper_type char(20),oper_time
char(30));                                                    [000648]
```

然后，在表 emp 上创建一个后激发的触发器 emp_dml_tri。只要用户在表上进行 DML 操作，这个触发器就会将执行这个操作的用户以及操作类型和操作时间记录在表 emp_log 中，而不管这样的操作影响了多少行数据。

```
CREATE OR REPLACE TRIGGER emp_dml_tri  AFTER  INSERT OR UPDATE OR DELETE
ON emp
    DECLARE
        dml_type char(10);
    BEGIN
        if INSERTING then
            dml_type :='INSERT';
        elsif UPDATING then
            dml_type :='UPDATE';
        elsif DELETING then
            dml_type :='DELETE';
        END if;
        INSERT  INTO emp_log VALUES(user,dml_type,to_char(SYSDATE,'yyyy-mm-
dd hh24:mi:ss'));
    END;
    /                                                         [000649]
```

如果用户在表 emp 上进行了以下 DML 操作：

```
SQL>DELETE FROM emp WHERE deptno=2000;
    UPDATE emp set sal=sal+100;
    INSERT   INTO   emp(empno,ename,job,deptno)   VALUES(9999,'SMITHf',
'SALES',20);
    COMMIT;                                                   [000650]
```

那么这 3 个操作的信息都将被记录在表 emp_log 中。查询表 emp_log，将得到类似如下的结果：

```
SQL>SELECT * FROM emp_log;                                    [000651]
```

运行结果如图 7-73 所示。

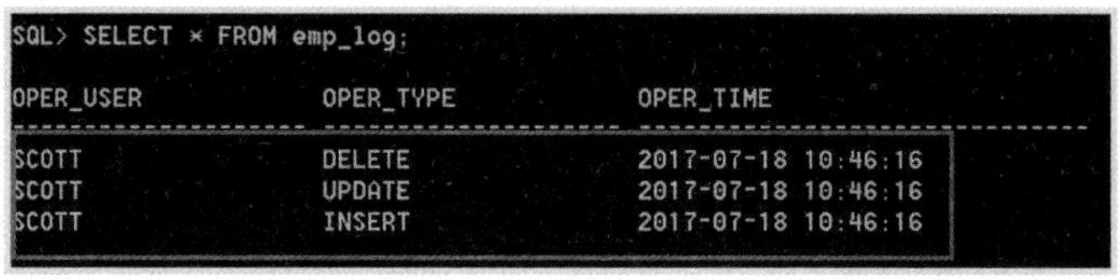

```
SQL> SELECT × FROM emp_log;

OPER_USER          OPER_TYPE          OPER_TIME
----------------   ----------------   --------------------
SCOTT              DELETE             2017-07-18 10:46:16
SCOTT              UPDATE             2017-07-18 10:46:16
SCOTT              INSERT             2017-07-18 10:46:16
```

图 7-73

7.8.3 行触发器

如果在某个表上创建了一个触发器，在对这个表进行 DML 操作时，每影响一行数据，该触发器都将被激发执行一次，那么这个触发器就是行触发器。首先看一个非常简单的触发器的例子：

```
CREATE OR REPLACE TRIGGER emp_tri_1 AFTER DELETE ON emp FOR EACH ROW
BEGIN
    dbms_output.put_line('1 行已经被删除');
END;
/                                                            [000652]
```

这个触发器是后触发的。如果对表 emp 进行 DELETE 操作，将激发这个触发器的执行。

在创建触发器时使用了 FOR EACH ROW 子句，因此这个触发器是行触发器，例如，如果执行了以下的 DELETE 语句，执行结果为：

```
SQL>DELETE FROM emp WHERE deptno=20;                        [000653]
```

执行结果中的最后一行是 SQL*Plus 的统计信息，表明有 6 行受到 DELETE 语句的影响。从触发器执行的输出信息可以看出，触发器确实执行了 6 次。也就是说，触发器执行的次数等于受 DML 操作影响的数据行数。

如果 DML 操作没有影响任何一行数据，那么触发器将不执行。例如，如果要根据一个不存在的 deptno 列的值从 emp 表中删除行，结果如下：

```
SQL>DELETE FROM emp WHERE deptno=200;                       [000654]
```

可见，如果 DML 语句没有影响任何行，触发器将不会执行。

如果更关心 DML 语句对每行数据的访问情况，而不是 DML 操作本身的信息，那么在表上创建行触发器更合适。

在创建行触发器时，可以指定一些条件，这样只有当特定的数据受到 DML 语句影响时，触发器才被激发执行。创建触发器时，可以在 FOR EACH ROW 子句之后使用 WHEN 子句指定条件。

例如，重新考虑上面简单的行触发器。如果只对部门 30 进行监视，只有当从表 emp 中删除 deptno 列值为 10 的行时，才激发触发器。这个触发器可以这样创建：

```
CREATE OR REPLACE TRIGGER emp_tri_2  AFTER DELETE ON emp FOR EACH ROW WHEN
(OLD.deptno=10)
    BEGIN
        dbms_output.put_line('1 行已经被删除（OLD.deptno=10）...');
    END;
    /                                                              [000655]
```

如果执行两次 DELETE 操作，分别删除 deptno 为 10 和 20 的行，执行结果为：

```
SQL>DELETE FROM emp WHERE deptno=10;                              [000656]
```

运行结果如图 7-74 所示。

```
SQL>DELETE FROM emp WHERE deptno=20;                              [000657]
```

运行结果如图 7-75 所示。

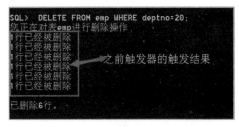

图 7-74   图 7-75

可见，当从表 emp 中删除部门 10 的员工时，触发器被激发，而删除其他部门的员工时，没有激发触发器。

在行触发器中，同样可以使用条件谓词 INSERT、UPDATING 和 DELETING，以判断当前所进行的 DML 操作。

行触发器通常用于对用户的 DML 操作进行合法性检查，使得用户修改数据的操作必须按照一定的规则进行。

为了能够比较修改前和修改后的数据，在触发器的可执行代码中，可以使用两个关联行——NEW 和 OLD。它们分别表示触发器被激发时，当前行的新数据和原数据。

NEW 表示修改后的行，通过 NEW 可以引用新行中各个列的值，如 NEW.ename。

OLD 表示修改前的行，通过 OLD 可以引用原来各个列的值，如 OLD.ename。

对于 UPDATE 命令，OLD 表示原来的行，NEW 表示修改后的行。

对于 INSERT 命令，OLD 没有意义，NEW 表示新写入的一行。

对于 DELETE 命令，NEW 没有意义，OLD 表示被删除的一行。

在触发器的可执行代码中，如果要通过 OLD 和 NEW 引用某个列的值，要在前面加上 ":"，在其他地方，则不用使用 ":"。

【示例 7-32】创建一个比较复杂的触发器，这个触发器对表 emp 上的 DML 操作进行监视。

这个触发器需要满足以下要求：

- 在 DML 操作执行之前进行合法性检查；
- 如果要从表 emp 中删除一行数据，不能删除部门 30 的员工。如果是其他部门的员工，则删除这行数据，并把这一行数据在另一个表中进行备份；
- 如果要写入一行数据，要确保这个员工的工资高于 1 000；
- 如果修改表 emp 的 sal 列，应确保新工资比原工资要高，并把员工的工资变化情况记录在另一个表中。

为此，需创建两个表，一个是 del_action，用来保存从表 emp 中删除的行，它的结构与表 emp 相同。可以使用下面的语句创建一个空表 del_action:

```
SQL>CREATE TABLE del_action AS SELECT * FROM emp WHERE deptno=0;[000658]
```

第二个表是 update_action，用来记录员工工资的变化情况。

这个表中各个字段定义如表 7-16 所示。

表 7-16

列	类　型	意　义
empno	NUMBER(4)	员工号
ename	VARCHAR2(10)	员工姓名
old_sal	NUMBER(7,2)	原工资
new_sal	NUMBER(7,2)	新工资
update_time	CHAR(20)	工资更改的时间
oper_user	CHAR(10)	执行 DML 操作的用户

```
SQL>CREATE  TABLE  update_action(empno  number(4),ename  varchar2(20),
old_sal  number(7,2),new_sal  number(7,2),update_time   char(20),oper_user
char(20));                                                    [000659]
```

现在，可以按照上面的要求创建触发器。

```
create or replace trigger emp_dml_tri_1 before insert or delete or update
of sal ON emp FOR EACH ROW
    BEGIN
        if INSERTING then
            if :new.sal is null or :new.sal<1000 then
            dbms_output.put_line('新员工的工资不得低于1000元...');
            END if;
        END if;
        if UPDATING then
            if :new.sal<=:old.sal then
            dbms_output.put_line('员工'||:old.empno ||'的工资没有增加...');
            else
                INSERT  INTO  update_action  VALUES(:old.empno,:old.ename,:
old.sal,:new.sal,
                to_char(SYSDATE,'yyyy-mm-dd hh24:mm:ss'),user);
```

```
            END if;
        END if;
        if DELETING then
            if :old.deptno=30 then
                dbms_output.put_line('部门'||:old.deptno ||'的员工不得删除');
            else
                INSERT INTO del_action VALUES(:old.empno,:old.ename,:old.job,
                    :old.mgr,:old.hiredate,:old.sal,:old.comm,:old.deptno);
            END if;
        END if;
    END;
    /                                                              [000660]
```

在触发器中指定的规则与表上的约束不同。约束是一种强制性的规则，如果 dml 操作违反了约束，那么这次 DML 操作是无效的，对数据将不做任何修改。如果 DML 操作违反了触发器的规则，触发器将按照既定的方法进行响应，但是它并不阻止 DML 语句的执行。

例如，如果用户执行下面的 DELETE 语句，从表 emp 中删除数据：

```
SQL>set serveroutput on;
    DELETE FROM emp WHERE deptno=30;                              [000661]
```

一方面，触发器按照既定的方法进行响应，结果是正确的。另一方面，DELETE 语句却顺利执行了。这是因为，触发器只能对用户的 DML 操作进行合法性检查，但并不能阻止 DML 操作的执行，它并不是一种强制性的规则。

如果触发器在检查到不合规定的 DML 操作时，抛出一个异常，那么这次 DML 操作对数据所做的修改是无效的，也就是说，触发器阻止了 DML 语句的执行。例如，把上面的触发器 emp_dml_tri_1 重新进行定义，则可以确保不合规定的 DML 操作不会影响任何数据。创建新的触发器的代码如下：

```
create or replace trigger emp_dml_tri_1 before insert or delete or update
of sal ON emp FOR EACH ROW
    BEGIN
        if INSERTING then
            if :new.sal is null or :new.sal<1000 then
                -- dbms_output.put_line('新员工的工资不得低于1000元...');
                raise_application_error (-20000,'新员工的工资不得低于1000元...');
            END if;
        END if;
        if UPDATING then
            if :new.sal<=:old.sal then
                --dbms_output.put_line('员工'||:old.empno ||'的工资没有增加...');
                raise_application_error (-20001, '公司员工'||:old.empno ||'的工
资没有增加...');
            else
                INSERT INTO update_action VALUES(:old.empno,:old.ename,:old.
sal,:new.sal,
                    to_char(SYSDATE,'yyyy-mm-dd hh24:mm:ss'),user);
            END if;
        END if;
        if DELETING then
```

```
        if :old.deptno=30 then
            -- dbms_output.put_line('部门'||:old.deptno ||'的员工不得删除');
            raise_application_error (-20002, '部门'||:old.deptno ||'的员工
不得删除...');
        else
            INSERT INTO del_action VALUES(:old.empno,:old.ename,:old.job,
            :old.mgr,:old.hiredate,:old.sal,:old.comm,:old.deptno);
        END if;
    END if;
END;
/                                                            [000662]
```

这样，如果用户执行了不合规定的 DML 操作，触发器将抛出相应的异常，并终止触发器的执行，用户的 DML 操作不会对表中的数据造成任何改变。例如，如果用户试图修改员工的工资，使每个人的工资比原来少 100。

```
SQL>UPDATE emp set sal=sal - 100;                           [000663]
```

运行结果如图 7-76 所示。

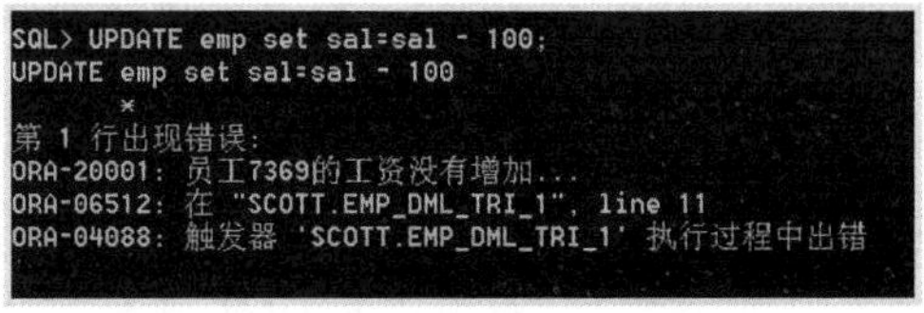

图 7-76

再看一个例子：如果加入了异常捕获，如果用户执行了不合规定的 DML 操作，触发器将抛出相应的异常，并被捕获，用户的 DML 操作将会对表中的数据造成改变。例如，如果用户试图修改员工的工资，使每个人的工资比原来少 100。将上面的例子加入异常捕获，代码如下：

```
create or replace trigger emp_dml_tri_1 before insert or delete or update
of sal ON emp FOR EACH ROW
    DECLARE
        out_of_range1   EXCEPTION;
        out_of_range2   EXCEPTION;
        out_of_range3   EXCEPTION;
        PRAGMA EXCEPTION_INIT(out_of_range1,-20000);
        PRAGMA EXCEPTION_INIT(out_of_range2,-20001);
        PRAGMA EXCEPTION_INIT(out_of_range3,-20002);
    BEGIN
        if INSERTING then
            if :new.sal is null or :new.sal<1000 then
                -- dbms_output.put_line('新员工的工资不得低于 1000 元...');
                raise_application_error (-20000,'新员工的工资不得低于 1000 元...');
            END if;
        END if;
        if UPDATING then
            if :new.sal<=:old.sal then
                --dbms_output.put_line('员工'||:old.empno ||'的工资没有增加...');
                raise_application_error (-20001, '公司员工'||:old.empno ||'的工
资没有增加...');
```

```
            else
                INSERT INTO update_action VALUES(:old.empno,:old.ename,:old.
sal,:new.sal,
                to_char(SYSDATE,'yyyy-mm-dd hh24:mi:ss'),user);
            END if;
        END if;
        if DELETING then
            if :old.deptno=30 then
                -- dbms_output.put_line('部门'||:old.deptno ||'的员工不得删除');
                raise_application_error (-20002, '部门'||:old.deptno ||'的员工
不得删除...');
            else
                INSERT INTO del_action VALUES(:old.empno,:old.ename,:old.job,
                :old.mgr,:old.hiredate,:old.sal,:old.comm,:old.deptno);
            END if;
        END if;

    EXCEPTION
        WHEN out_of_range1 THEN
            dbms_output.put_line('错误代码: ' || SQLCODE);
            dbms_output.put_line ('错误信息: ' || SQLERRM);
        WHEN out_of_range2 THEN
            dbms_output.put_line('错误代码: ' || SQLCODE);
            dbms_output.put_line ('错误信息: ' || SQLERRM);
        WHEN out_of_range3 THEN
            dbms_output.put_line('错误代码: ' || SQLCODE);
            dbms_output.put_line ('错误信息: ' || SQLERRM);
END;
/
SQL>UPDATE emp set sal=sal - 100;                              [000664]
```

说明不合触发器规定的 DML 操作被执行了，造成数据的改变。因此，为了确保不合触发器规定的 DML 操作不被执行，在触发器代码中不要加入异常捕获。

7.8.4 视图上的触发器

视图是建立在一个或多个表之上的虚表。视图中的数据来自对基表的查询。对于简单视图，可以对其进行 DELETE、UPDATE 和 INSERT 等 DML 操作。如果是复杂视图，则不允许对其执行 DML 操作。

在视图上也可以建立触发器。建立视图触发器的语法为：

```
CREATE [OR REPLACE] TRIGGER 触发器 INSTEAD OF
DELETE | INSERT | UPDATE [OF 列名]
ON 视图
[FOR EACH ROW]
BEGIN
PL/SQL 语句;
END;
```

与表上的触发器相比，视图上的触发器既不是前触发（before)的，也不是后触发（AFTER）的，而是"INSTEAD OF"类型的。"INSTEAD OF"的意思是当在视图上进行

DML 操作时，不去执行指定的 DML 语句，而是执行触发器的代码，这样对视图进行的 DML 操作根本就不会执行，取代它执行的是触发器的代码。

视图上的触发器都是行触发器，因此，在创建触发器时，"FOR EACH ROW"子句可以省略。对视图进行 DML 操作时，受影响的每一行数据都会激发触发器执行一次。在触发器中也可以使用关联行 NEW 和 OLD。

如果是简单视图，可以对其进行 DML 操作。在简单视图上建立触发器的目的一般是为了进行安全校验，例如，可以在简单视图上建立触发器，禁止某些 DML 操作，或者将一些 DML 操作转化为其他的操作。

现在，首先用下面的 SQL 语句在表 emp 上建立一个简单视图 view_1。

```
CREATE OR REPLACE VIEW view_1 AS SELECT ename,empno,sal,deptno FROM emp;
```
[000665]

接下来，在视图 view_1 上建立一个触发器 tri_emp_view_1，如果对这个视图进行 DELETE 或者 UPDATE 操作时，将激发这个触发器。

```
CREATE OR REPLACE TRIGGER tri_emp_view_1 INSTEAD OF DELETE OR UPDATE ON
view_1 FOR EACH ROW
BEGIN
    if deleting then
        if :old.deptno=30 then
            raise_application_error(-20001,'部门 30 的员工不能删除...');
        END if;
    END if;
    if updating then
        if :new.sal<=:old.sal then
            raise_application_error(-20002 ,'读员工的工资没有增加');
        END if;
    END if;
END;
/
```
[000666]

这个触发器的目的是当删除部门 30 的员工时抛出异常，或者减少员工的工资时抛出异常。如果执行下面的 DML 语句：

```
SQL>DELETE FROM view_1 WHERE deptno=30;
```
[000667]

如果执行下面的 DML 语句：

```
SQL>DELETE FROM view_1 WHERE deptno<>30;
```
[000668]

执行结果表明，最后一条 DML 语句似乎已经顺利执行，但是查询视图 view_1 的结果表明这条 DML 语句并没有执行。这是因为当对视图执行规定的 DML 命令时，将激发触发器，DML 操作不会真正执行，取代它执行的是触发器的代码。在上面的触发器中，仅仅对删除部门 30 的操作进行判断，而对其他部门的删除操作没有做任何进一步的处理，所以会得到数据已被删除的假象。这一点与表上的触发器是完全不同的，使用时要特别小心。

如果对上述视图进行 UPDATE 操作，将得到同样的结果。如果减少员工的工资，将产生一个异常。如果增加员工工资，表面上看 UPDATE 操作已经执行成功，实际上工资并没有修改。

如果是复杂视图，则不能在视图上进行 DML 操作。复杂视图是建立在多个表之上的视图，或者是使用了分组函数的视图。

考虑用以下 SQL 语句创建的视图：

```
CREATE OR REPLACE VIEW view_2
AS SELECT emp.ename,emp.empno,emp.sal,emp.deptno,dept.dname FROM emp,
dept WHERE emp.deptno=dept.deptno;                              [000669]
```

如果要在这个视图上执行 DML 操作，将会发生错误。例如：

```
SQL>INSERT INTO view_2 VALUES('SMITH',7799,2000,10,'SALES');    [000670]
```

如果在这个视图上创建一个触发器，那么当在这个视图上进行 DML 操作时，将激发触发器的执行。如果在触发器中指定了其他操作，DML 语句就会以其他方式执行，这样就把用户的 DML 语句转化为其他的 SQL 语句。

例如，对于视图 view_2 上的 INSERT 操作，可以将其转化为另一条 INSERT 语句，用于向 emp 表中插入一行。当然，如果在写入数据时指定的部门号在表 dept 中不存在，触发器的执行就会发生错误。对于 DELETE 操作，可以将其转化为另一条 DELETE 语句，仅从 EMP 表中删除相关部门的员工。创建这个触发器的语句为：

```
CREATE OR REPLACE TRIGGER tri_1 INSTEAD OF INSERT OR DELETE ON view_2 FOR
EACH ROW
    BEGIN
        if INSERTING then
            INSERT INTO emp(ename,empno,sal,deptno) VALUES(:new.ename,:new.
empno,:new.sal,:new.deptno);
        END if;
        if DELETING then
            DELETE FROM emp WHERE empno=:old.empno;
        END if;
END;
/                                                              [000671]
```

创建触发器后，视图上的 DML 语句就可以顺利执行了。当然，DML 语句本身并没有执行，而是转化为另外的 DML 语句执行。例如，再执行刚才的 INSERT 语句：

```
SQL>INSERT INTO view_2 VALUES('SMITH',7799,2000,10,'SALES');    [000672]
```

在视图上进行的 DML 操作还得遵守基表上的完整性约束。例如，如果在视图 view_2 上执行 INSERT 操作，如果指定的部门号在 dept 表中不存在，或者指定的员工号在表 emp 中已经存在，都将违反完整性约束。例如：

```
SQL>INSERT INTO view_2 VALUES('PANDA',8800,2000,95, 'DEVELOP');[000673]
```

发生错误的原因是在表 dept 中不存在部门 95，从而违反了两个表间的关联完整性。

7.8.5　与触发器有关的数据字典

触发器是一种特殊的存储程序，从被创建之时起，触发器就被存储在数据库中，直到被删除。触发器与一般存储过程或者存储函数的区别在于触发器可以自动执行，而一般的存储过程或者存储函数需要调用才能执行。

与触发器有关的数据字典如表 7-17 所示。

表 7-17

数据字典名	描 述
USER_TRIGGERS	存储当前用户所拥有的触发器
DBA_TRIGGERS	存储管理员所拥有的触发器
ALL_TRIGGERS	存储所有的触发器
USER_OBJECTS	存储当前用户所拥有的对象，包括触发器
DBA_OBJECTS	存储管理员所拥有的对象，包括触发器
ALL_OBJECTS	存储数据库中所有的对象，包括触发器

例如，要想了解触发器 TRI_1 的类型、触发事件、所基于的对象类型和名称、状态等信息，可以查询视图 user_triggers。

```
SQL>SELECT trigger_type, triggering_event,base_object_type,TABLE_NAME,
Status FROM user_triggers WHERE trigger_name= 'TRI_1';          [000674]
```

触发器中的代码可以从数据字典视图 user_triggers 的 trigger_body 列中获得，如果想查看触发器的代码，可以对这个列进行检索。例如：

```
SELECT trigger_body FROM user_triggers WHERE trigger_name= 'TRI_1'; [000675]
```

触发器的信息也可以从其他视图中获得。例如，视图 user_objects 记录了当前用户所拥有的所有对象，其中包括触发器。在这个视图中，object_type 列的值为 TRIGGER 的对象。

```
SELECT * FROM user_objects ;                                    [000676]
```

7.9 本章小结

本章至此已告一段落，在本章主要讲解了"PL/SQL 中的变量""PL/SQL 中的流控制""PL/SQL 如何访问数据库""子程序设计""存储过程与存储程序""异常处理""游标的应用"以及"触发器"等。这些内容都很重要，是 Oracle 数据库开发的基础和必备知识。对于刚刚踏入门槛的读者来说，短时间内掌握这些东西是不现实的，需要一个渐进的过程。对于有了一定开发基础的朋友，应重点关注具体细节了，如自定义变量的使用，其中集合变量应倍加关注。对于初学者来说，重点关注概念性的东西，把本章的示例一一搞清，有了这个基础，才能往深处走。

另外，在这里要说明的是：在应用项目开发过程中，要充分利用本章介绍的这些数据库技术和潜力，把一些负担或者说功能从应用程序中分离出来，转嫁到数据库里，这是没问题的，数据库足可以应对，尤其是 Oracle，不必担心数据库负担过重的问题。这样做的好处是能够最大限度地减少应用程序中很多不必要的麻烦，从而提高开发效率。

接下来进入本书最后一章，第 8 章数据库的导入/导出及闪回。

第 8 章　Oracle 数据库的导入/导出及闪回

导入与导出是 Oracle 提供的实用工具，利用这种工具，可以在不同用户、不同数据库之间移植数据。导出意味着把数据库中的数据写入一个操作系统文件，导入意味着把导出文件中所包含的数据写入数据库。导出文件是一个二进制文件，只能通过导入工具读取它的内容。

导入与导出一般是成对使用的。在以下情况中，导入与导出是很好的解决方案：

- 在不同的数据库之间移植数据；
- 对表进行重新组织，如消除表中的碎片和链接；
- 在不同的用户之间传输数据；
- 对数据库进行一次逻辑备份；
- 对表进行类型转换：如把普通表转换为分区表，或者反过来。

利用导入与导出工具可以在不同的数据库之间移植数据，如不同硬件平台、不同操作系统、不同版本的数据库。例如，生产系统最初使用的是 Windows 系统中的单机版 Oracle11g 的数据库，现在要对数据库进行升级，将其移植到 Linux 或 Windows 系统中 RAC 环境下的 Oracle 11g 数据库中，先将数据从原来的数据库中导出，然后将其导入已经建好的 RAC 数据库中。

利用导入与导出工具可以对表进行重新组织，消除表中的碎片和链接，从而提高数据库的访问性能。很多生产系统在投入使用一段时间之后，系统的性能逐渐降低，最终导致用户无法忍受。其中可能的原因之一就是数据库中的数据量越来越大，在表中产生了很多的存储碎片和链接。在这种情况下，先把相关的表导出，然后把这个表删除，最后导入该表，在导入的过程中，表中的数据重新排列，这样就消除了碎片和链接。如果把表放置在本地管理表空间中，就可以有效防止存储碎片。

如果希望把普通表转换为分区表，可以先把原来的表导出，然后按照要求创建分区表，把数据导入分区表中，最后把原来的表删除。把分区表转换为普通表的方法类似。

在生产系统出现性能问题时，很多工程师把解决问题的重点放在如何提高 CPU、内存的访问性能上。实践证明，CPU、内存的调整空间很有限，更换速度更快的 CPU、增加新的内存，这种可能性并不大，而且这种调整将是无休止的。而对系统磁盘 I/O 的调整空间则很大，调整的效果也很明显，例如，在表空间中创建多个数据文件，并把它们放置在不同的磁盘上，或者放置在磁盘阵列的 RAID 盘上，创建分区表；把表放置在本地管理的表空间上；在表上创建合适的索引；对表进行重新组织等。

8.1　导入/导出工具的用法

利用导入导出工具，可以以不同的模式对数据进行导入导出。在不同的场合，可以选择不同的导入导出模式。Oracle 提供了以下几种导入导出模式：

- 对单个表进行导入导出：包括表的结构和数据，以及表上的权限、约束、触发器等；
- 对单个用户进行导入导出：包括这个用户拥有的所有数据库对象；
- 对表空间进行导入导出；
- 对整个数据库进行导入导出：导出数据库中除 SYS 用户之外其他用户的数据库对象。

在导出数据时，可以使用常规路径导出和直接路径导出两种方式。常规路径导出方式通过 SELECT 命令将数据读到数据高速缓存中，经过格式转换后再写入导出文件。而直接路径导出方式在把数据读入数据高速缓存时，就采用与导出文件相同的格式，所以不需要经过格式转换，直接把数据从数据高速缓存写入导出文件。因此，在导出大量数据时，采用直接路径导出要比采用常规路径导出方式快很多。

导入导出工具实际上是两个可执行文件，即在操作系统中执行的命令行工具。利用 exp 命令对数据进行导出，利用 imp 命令对数据进行导入。这两个命令的格式相同，命令格式如下：

```
exp 用户名/口令 参数=参数值
```

其中，用户名是能够登录数据库的有效用户，它在数据库中需要具有相关的权限。在这两条命令中还要使用若干个参数。在操作系统中，以下面的方式执行这两条命令，可以分别获得这两条命令的详细用法：

```
shell> exp help=y
```

从命令的执行结果可以看出，在 exp 和 imp 中可以使用若干个参数，其中有些参数有默认值，在参数后面的圆括号中指定。如果不特别指定，在导入或导出数据时就采用默认的参数值。导入或导出数据时采用的常用参数如表 8-1 所示。

表 8-1

常用参数	描　　述
USERID	指定执行导入/导出操作的数据库用户，该参数名称可以省略
FILE	指定导出所产生的文件，导入时要读这个文件
TABLES	指定要导入/导出的表
OWNER	指定要导入/导出的用户
BUFFER	以字节为单位，指定缓冲区的大小。缓冲区越大，导入/导出的效率越高
FULL	指定是否要对整个数据库进行导入/导出
GRANTS	指定是否导出表上的权限
ROWS	指定是否只导入/导出表的结构和表上的对象，而不导入/导出表中的数据
DIRECT	指定是否使用直接路径导出方式
RECORDLENGTH	在以直接路径方式导出数据时，指定缓冲区的大小

在 imp/exp 命令行中，如果需要指定多个参数，为了简化命令的书写，可以考虑把这些参数放在一个参数文件中，在命令行中只要指定这个参数文件即可。参数文件是一个文本文件，每行包含一个参数。需要注意的是，如果把用户名和口令也放在参数文件中，那么必须放在第一行，而且需要通过 USERID 参数指定。例如，下面是一个参数文件的例子，这个文件用于导出 scott 用户的两个表。

```
USERID=scott/tiger
FILE=d:\scott.dmp
TABLES=(dept,emp)
DIRECT=N                                            [000677]
```

假设这个文件存储在 d:\目录下，如图 8-1 所示。

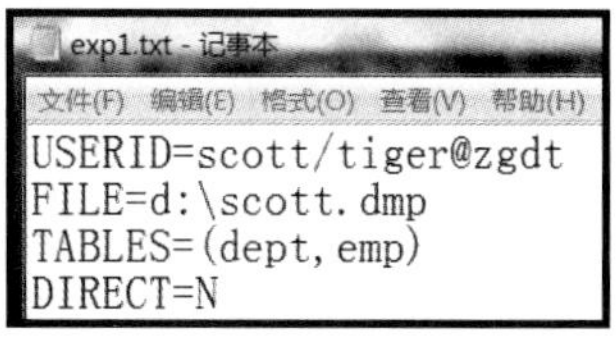

文件名为 exp1.txt，这样在进行导出时，相应的命令行就可以简化为下面的形式：

```
shell>exp PARFILE=d:\exp1.txt        [000678]
```

图 8-1

在 imp/exp 命令行中，需要指定有效的数据库用户（执行导入/导出操作的用户）。在有些情况下，需要以 SYS 用户登录数据库，这时用户名和口令需要采用以下特殊的格式：

```
'SYS/password AS SYSDBA'
```

例如：

```
shell>exp  'SYS/password@zgdt  AS  SYSDBA' FILE=d:\scott.dmp  DIRECT=N
OWNER=(scott)                                                       [000679]
```

注意：通过 SYS 或 SYSTEM 用户导出指定用户的对象，一旦命令行中指定了 owner 参数（导出指定账户），则不能含有 FULL=Y 或 TABLES=（表 1，表 2，...）的字样。

无论什么情况下，"FULL=Y"和"TABLES=（....）"不能同时出现在命令行中。

如果希望对用户的口令进行保密，在命令行及参数文件中不要指定用户名和口令，在执行 imp/exp 命令时，命令将提示输入用户名和口令，这样口令就不会在屏幕上显示了。

在对数据进行导出时，将产生一个二进制的导出文件，这个文件无法通过一般的文本编辑器进行查看，但是可以通过 imp 命令显示这个文件的内容。例如：

```
shell>imp scott/tiger@zgdt file=d:\exr2.dmp SHOW=y FULL=y        [000680]
```

在执行这条命令后，大家会发现这个文件中只包含一些 SQL 语句。实际上，表的结构及表上的索引等对象，都导出为 CREATE 语句，而表中的数据导出为 INSERT 语句。在导入数据时，就是要把这些 SQL 语句执行一次。

8.2　表的导入与导出

普通用户可以导出自己的表，如果希望导出其他用户的表，必须在数据库中具有 EXP_FULL_DATABASE 系统权限，这个权限默认已经指定给所有的 dba 用户。例如，下面的语句导出 scott 用户的 dept 表和 emp 表：

```
shell>exp scott/tiger@zgdt FILE=d:\scott1.dmp TABLES=(dept,emp) [000681]
```

下面的语句导出 scott 用户的 dept 表，但不导出表中的数据和索引：

```
shell>exp scott/tiger@zgdt FILE=d:\scott2.dmp TABLES=dept ROWS=N INDEXES=N
                                                                        [000682]
```

下面的语句导出分区表 sales_3 上的 4 个分区 P1、P2、P3 和 P4：

```
shell>exp  scott/tiger@zgdt   FILE=d:\scott3.dmp   TABLES=(sales_3:p1,
sales_3:p2, sales_3:p3,sales_3:p4)                          [000683]
```

如果 zgdt 用户获得了 EXP_FULL_DATABASE 系统权限，就可以导出其他用户的表。例如，下面的语句以 zgdt 用户导出 scott 用户的全部对象：

首先给 zgdt 赋予 EXP_FULL_DATABASE 系统权限：

```
SQL>grant EXP_FULL_DATABASE to zgdt;
shell>exp zgdt/zgdt@zgdt OWNER=(scott) FILE=d:\scott4.dmp    [000684]
```

注意：如果以某用户导出其他用户的对象，如果指定了 owner 参数，则只能全部导出，命令行中不能出现 tables=（...）和 full=Y 的字样。

如果以某用户导出其他用户中的某对象，命令中不能含有 owner 参数。例如，以 zgdt 用户导出 scott 用户中的表 dept 和 emp，其命令如下：

```
shell>exp zgdt/zgdt@zgdt FILE=d:\scott4.dmp tables=(scott.dept,scott.emp)
                                                                        [000685]
```

如果自己导出自己的某些对象，命令中可以指定 tables 参数。例如：

```
shell>exp scott/tiger@zgdt FILE=d:\scott4.dmp tables=(dept,emp) [000686]
```

导入数据意味着先通过 CREATE 语句创建表以及表上的索引、约束等对象，然后通过 INSERT 语句将数据写入表中。普通用户可以从自己导出的文件中导入自己的表。例如：

```
SHELL>imp scott/tiger@ZGDT FILE=D:\scott5.DMP  rows=y TABLES=(dept,emp)
                                                                        [000687]
```

如果要导入的表已经存在，导入操作将失败。所以在导入前，要确保在执行导入操作的用户的模式中，不存在这样的表。如果要向一个已经存在的表中导入数据，需要在 imp 命令中指定 IGNORE 参数的值为 Y。还需要注意的是，表上的约束和触发器都可能导致导入失败，所以在导入前可以先删除表上的约束或触发器，或者将它们置为 DISABLE 状态。

即使一个表不属于某个用户，这个用户可以将这个表从导出文件中导入到自己的模式。通过这种方法，可以在不同用户之间传递数据。例如，通过下面的语句，从导出文件中将 scott 用户的 dept 表导入到 zgdt 账户：

```
SHELL>imp zgdt/zgdt@zgdt FILE=D:\scott4.DMP TABLES=(dept)    [000688]
```

前面提到了，一个用户为了能够导出其他用户的表，需要具有 **exp_full_database** 系统权限。为了从这样的导出文件中导入一个表，imp 命令中的用户也必须具有特殊的 IMP_FULL_DATABASE 系统权限，否则，即使是表的所有者，也不能从这个文件中导入表。例如，假设 zgdt 用户获得了 IMP_FULL_DATABASE 系统权限，下面的语句用于将 scott 用户的 emp 表从 scott4.dmp 文件中导入到自己的模式中。

```
SQL>grant IMP_FULL_DATABASE to zgdt;
shell>exp scott/tiger@zgdt FILE=d:\scott5.dmp tables=(dept,emp)
shell>imp zgdt/zgdt@zgdt FILE=d:\scott5.dmp TABLES=(emp) FROMUSER=scott
TOUSER=zgdt                                                  [000689]
```

假设希望在两个用户之间传输数据，但是执行导出和导入操作的是另外两个不相同的用户，这样在导入数据时经常会出现错误。在对数据库进行升级，或者在不同数据库之间移植数据时，这是经常困扰工程师的一个问题。在这里对这种复杂的关系进行一个简单的总结：

（1）一个用户在导出其他用户的表时，需要具有 exp_full_database 系统权限。

（2）如果一个用户希望从这样的导出文件中导入一个表，需要具有 IMP_FULL_DATABASE 系统权限，而且需要通过参数 FROMUSER 指定表的所有者。

（3）如果一个用户希望从这样的导出文件将一个表导入到另外一个用户的模式中，需要具有 IMP_FULL_DATABASE 系统权限，而且需要通过参数 FROMUSER 指定表的所有者，通过参数 TOUSER 指定目标用户的名称。如果不指定 TOUSER 参数，则导入到当前用户自己的模式中。

例如，先以 SYS 用户导出 scott 用户的 dept 表，该操作所对应的命令是：

```
SHELL>exp 'SYS/password@zgdt AS SYSDBA' FILE=d:\scott6.dmp TABLES=
(scott.dept)                                                [000690]
```

为了从文件 scott6.dmp 中将表 dept 导入数据库，imp 命令中的用户必须具有特殊的 IMP_FULL_DATABASE 系统权限。假设 zgdt 用户获得了 IMP_FULL_DATABASE 系统权限，下面的命令将 scott 用户的 dept 表导入到 user2 的模式中：

```
SHELL>imp zgdt/zgdt@zgdt FILE=d:\scott6.dmp TABLES=(dept) FROMUSER=
scott touser=user2                                          [000691]
```

或

```
SHELL>imp zgdt/zgdt@zgdt FILE=d:\scott6.dmp FROMUSER=scott touser=user2
```

下面的命令将 scott 用户的 dept 表导入到 scott 的模式中：

```
SHELL>imp zgdt/zgdt@zgdt FILE=d:\scott6.dmp FROMUSER=scott TABLES=(dept)
TOUSER=scott                                                [000692]
```

8.3　Oracle 数据库导入/导出模式

Oracle 数据库导入/导出模式主要有用户模式和数据库模式，接下来详细介绍。

1. 用户模式的导入与导出

用户的导出意味着把一个用户所拥有的对象全部导出，如表、索引、存储过程等。在导入时，可以选择导入所有的对象，或者只导入部分对象。例如，下面的命令用于导出 SCOTT 用户的所有对象：

```
SHELL>exp scott/tiger@zgdt FILE=u_scott1.dmp OWNER=scott GRANTS=y ROWS=y
                                                              [000693]
```

下面的语句用于从导出文件 u_scott1.dmp 中导入表 dept：

```
SHELL>imp scott/tiger@zgdt FILE=u_scott1.dmp TABLES=(DEPT)    [000694]
```

一个用户可以从另外一个用户导出的文件中导入自己所需的数据库对象。如果要在两个用户模式之间进行导入与导出，而执行导入与导出操作的是其他用户，那么同样需要注意 IMP_FULL_DATABASE 和 EXP_FULL_DATABASE 系统权限的问题。

2. 数据库模式的导入与导出

数据库的导出意味着把数据库中除 SYS 用户所拥有的对象之外的其他数据库对象全部导出。

数据库的导入意味着把导出文件中的数据库对象全部导入。执行导出操作的用户需要具有 EXP_FULL_DATABASE 系统权限，同样，执行导入操作的用户需要具有系统权限 IMP_FULL_DATABASE。例如，下面两条命令分别用于导出和导入整个数据库：

```
SHELL>exp 'SYS/password@zgdt AS SYSDBA' FULL=y FILE=d:\dba.dmp GRANTS=y
ROWS=y
SHELL>imp 'SYS/password@zgdt AS SYSDBA' FULL=y IGNORE=y FILE=d:\dba.dmp
                                                              [000695]
```

如果要导出数据库中所有的对象，而且这些对象分别属于不同的用户，放在不同的表空间中，那么导出整个数据库是最好的选择。这种方法也常常用来在不同版本、不同操作系统下的数据库之间移植数据。

8.4　表空间的导入与导出

表空间的导出是指把表空间的结构和数据文件导出，表空间的导入就是把表空间的结构和数据文件写入数据库，这意味着在数据库中产生了一个新的表空间。利用表空间的导入与导出可以在不同的数据库之间移植一个表空间。在导出表空间时，不需要导出表空间中的表，所以这种方法比导出表空间中所有的表要快得多。

如果要在不同的数据库中移植数据，而这些数据都存储在同一个表空间中，那么最有效的方法就是对这个表空间进行导入与导出。首先在原来的数据库中导出这个表空间，把表空间的结构信息导出到一个文件中，这个文件称为元数据文件。然后把表空间中的数据文件和这个元数据文件一起复制到目标数据库中，然后根据元数据文件的内容把表空间导入到数据库中，这样表空间中所有的数据库对象都被导入到目标数据库中。

利用 imp/exp（导入/导出）方法移植表空间时，要求源数据库与目标数据库必须具有相同的字符集，在目标数据库中不能有同名的表空间，而且表空间要满足"自包含"的条件。"自包含"是指与当前表空间中的数据库对象相关的其他数据库对象，也要位于当前表空间中。当以下情况之一存在时，表空间不满足"自包含"的条件：

- 在当前表空间中有 SYS 用户创建的表；
- 在其他表空间中有一个表，这个表上的索引位于当前表空间中；
- 某个分区表的一部分分区位于当前表空间中；
- 当前表空间中的某个表上的 LOB 列位于其他表空间中。
- 两个具有主键—外键关联关系的表分别位于当前表空间和另一个表空间中。

在导出表空间之前，应对它进行检查，看它是否满足"自包含"的条件。如果有上述情况之一存在，应该把相关的数据库对象移出或移入当前表空间。Oracle 提供了一个程序包，利用这个包中存储过程对表空间进行检查。这个存储过程的执行格式如下：

```
SQL>BEGIN
    DBMS_TTS.TRANSPORT_SET_CHECK(ts_list=>'USERS', incl_constraints=>TRUE);
    END;
/                                                              [000696]
```

在这个存储过程中，第一个参数指定要检查的表空间名称，第二个参数的值为 TRUE。检查结果可以从数据字典视图 transport_set_violations 中获得。例如，下面的检查结果表明，在当前表空间中存在 SYS 用户创建的表：

```
SQL>SELECT * FROM transport_set_violations;                   [000697]
```

如果表空间满足"自包含"的条件，即可对它进行导出操作。导出的步骤如下：

（1）在源数据库中将表空间置为 READ ONLY 状态。例如：

```
ALTER TABLESPACE USERS READ ONLY;                             [000698]
```

（2）利用 EXP 命令将表空间的结构信息导出到元数据文件中。

（3）将表空间中的数据文件和元数据文件复制到目标数据库所在的系统中。

（4）利用 IMP 命令将表空间导入到目标数据库中。

（5）在源数据库中将表空间置为 READ WRITE 状态。例如：

```
ALTER TABLESPACE USERS READ WRITE;                            [000699]
```

在导出表空间时，要求用户具有 EXP_FULL_DATABASE 系统权限，在导入表空间时，用户需要具有 IMP_FULL_DATABASE 系统权限。例如，下面两条命令分别用来在两个数据库中对表空间 users 进行导出和导入操作：

```
SHELL>exp 'SYS/password@zgdt AS SYSDBA' FILE=d:\ts_users.dmp TRANSPORT_
TABLESPACE=Y TABLESPACES=users
    SHELL>imp 'SYS/password@zgdt AS SYSDBA' FILE=d:\ts_users.dmp TRANSPORT_
TABLESPACE=Y DATAFILES=(uers01.dbf)                           [000700]
```

在这两条命令中用到了另外三个参数，这三个参数仅仅在对表空间进行导入/导出时才使用。这三个参数的含义如表 8-2 所示。

表 8-2

表空间进行导入/导出使用的参数	描　述
TABLESPACES	指定要导出的表空间，如 TABLESPACES=(users，data)
TRANSPORT_TABLESPACE	指定是否导入或导出表空间的元数据
DATAFILES	在导入表空间时指定表空间的数据文件

利用 imp/exp（导入/导出）工具虽然可以在不同数据库之间移植表空间，但是 Oracle 建议使用 Data pump 工具对表空间进行导入/导出。还可以在不同的操作系统平台下移植表空间，这时需要对数据文件的格式进行转换，这种转换要借助于 RMAN 工具才能完成。

8.5　Oracle 数据泵的使用

数据泵导出导入（EXPDP 和 IMPDP）是 Oracle 10g 引入的最新数据泵（DataDump）技术，其作用如下：

- 实现逻辑备份和逻辑恢复；
- 在数据库用户之间移动对象；
- 在数据库之间移动对象；
- 实现表空间搬移。

EXP 和 IMP 是客户端工具程序，它们既可以在客户端使用，也可以在服务端使用。

EXPDP 和 IMPDP 是服务端的工具程序，它们只能在 Oracle 服务端使用，不能在客户端使用。

IMP 只适用于 EXP 导出的文件，不适用于 EXPDP 导出文件；IMPDP 只适用于 EXPDP 导出的文件，而不适用于 EXP 导出文件。

8.5.1　为何选择数据泵方式

相对于 exp/imp 方式，数据泵（expdp/impdp）更快，且能导出空表；相对于 rman、dg 等方式，数据泵操作更加简单。此外，在数据量不大、可停库的情况下，数据泵方式可以保证数据的完整性。

注意：exp/imp 与 expdp/impdp 的区别如下。

（1）exp 和 imp 是客户端工具程序，它们既可以在客户端使用，也可以在服务端使用。

（2）expdp 和 impdp 是服务端的工具程序，它们只能在 Oracle 服务端使用，不能在客户端使用。

（3）imp 只适用于 exp 导出的文件，不适用于 expdp 导出文件；impdp 只适用于 expdp

导出的文件，而不适用于 exp 导出文件。

（4）对于 10g 以上的服务器，使用 exp 通常不能导出 0 行数据的空表，而此时必须使用 expdp 导出。

8.5.2 目标库环境准备

目标库环境准备，主要是为演示数据泵的使用准备必要的环境，需要在目标库上建立必要的表空间、用户（并赋权）、表数据及数据备份目录，同时，源库上也要创建和目标库一致的数据备份目录。

1．目标库上的操作

下面的这些操作是为演示 Oracle 数据泵的使用而准备的环境，具体操作过程如下。

（1）创建临时表空间

```
SQL>create temporary tablespace sp_temp
tempfile 'D:\app\Administrator\oradata\dalin\user_temp.dbf'
size 50m
autoextend ON
next 50m maxsize 20480m
extent management local
/                                                    [000701]
```

注意：根据实际情况调整表空间大小等参数以及规划临时表空间、回滚表空间等相关规划。

（2）创建数据表空间

```
SQL>
create tablespace sp_data
datafile 'D:\app\Administrator\oradata\dalin\user_data.dbf '
size 50m
autoextend ON
next 50m maxsize 20480m
extent management local
/
create tablespace sp_data1
datafile 'D:\app\Administrator\oradata\dalin\user_data1.dbf '
size 50m
autoextend ON
next 50m maxsize 20480m
extent management local
/
create tablespace sp_data2
datafile 'D:\app\Administrator\oradata\dalin\user_data2.dbf '
size 50m
autoextend ON
next 50m maxsize 20480m
```

```
extent management local
/
create tablespace sp_data3
datafile 'D:\app\Administrator\oradata\dalin\user_data3.dbf '
size 50m
autoextend ON
next 50m maxsize 20480m
extent management local
/
create temporary tablespace bk_temp
tempfile 'D:\app\Administrator\oradata\dalin\bk_temp.dbf'
size 50m
autoextend ON
next 50m maxsize 20480m
extent management local
/
create tablespace bk_data
datafile 'D:\app\Administrator\oradata\dalin\bk_data.dbf '
size 50m
autoextend ON
next 50m maxsize 20480m
extent management local
/
create tablespace bk_data1
datafile 'D:\app\Administrator\oradata\dalin\bk_data1.dbf '
size 50m
autoextend ON
next 50m maxsize 20480m
extent management local
/
create tablespace bk_data2
datafile 'D:\app\Administrator\oradata\dalin\bk_data2.dbf '
size 50m
autoextend ON
next 50m maxsize 20480m
extent management local
/
create tablespace bk_data3
datafile 'D:\app\Administrator\oradata\dalin\bk_data3.dbf '
size 50m
autoextend ON
next 50m maxsize 20480m
extent management local
/                                                         [000702]
```

（3）建立用户，并指定默认表空间

```
SQL>create user ganchch identified by 123456 default tablespace sp_data
temporary tablespace sp_temp
/
```

```
    create user ganchch1 identified by 123456 default tablespace sp_data
temporary tablespace sp_temp
    /
    create user ganchch2 identified by 123456 default tablespace sp_data
temporary tablespace sp_temp
    /
    create user gan identified by 123456 default tablespace bk_data temporary
tablespace bk_temp
    /
    create user gan1 identified by 123456 default tablespace bk_data1 temporary
tablespace bk_temp
    /
    create user gan2 identified by 123456 default tablespace bk_data2 temporary
tablespace bk_temp
    /
    create user gan3 identified by 123456 default tablespace bk_data3 temporary
tablespace bk_temp
    /                                                              [000703]
```

（4）给用户授予权限

```
SQL>grant connect,resource to ganchch, ganchch1, ganchch2
/
grant create database link to ganchch, ganchch1, ganchch2
/
grant DBA to ganchch, ganchch1, ganchch2
/
grant connect,resource to gan,gan1,gan2,gan3
/
grant create database link to gan,gan1,gan2,gan3
/
grant DBA to gan,gan1,gan2,gan3
/                                                              [000704]
```

注意：赋权给多个用户的情况下，各个用户名称间用 "," 分隔即可。

（5）在 gan 用户下创建一张表并加入数据

首先通过 "sqlplus gan/123456@dalin" 登录数据库，然后执行下面语句。

```
SQL>
create table t_t1(a number(10,2) null,b number(10,2) null,c number(10,2)
null,d number(10,2) null)
/
begin
   for i in 1 .. 3000 loop
     insert into t_t1 values(mod(i,2),i/2,dbms_random.value(1,300),i/4);
   end loop;
  end;
/
commit;
/                                                              [000705]
```

2. 创建数据备份目录（源库和目标库）

备份目录需要使用操作系统用户创建一个真实的目录，然后登录 oracle dba 用户，创建逻辑目录，指向该路径。这样 Oracle 才能识别这个备份目录。

（1）在操作系统上建立真实的目录

```
mkdir D:\app\Administrator\backup                              [000706]
```

（2）登录 Oracle 管理员用户

```
$ sqlplus /nolog
SQL>conn /as sysdba                                           [000707]
```

（3）创建逻辑恢复目录

```
SQL>drop directory abackup;
create directory  abackup as 'D:\app\Administrator\admin\dalin\backup';
                                                             [000708]
```

（4）查看目录是否已经创建成功

```
SQL>
col OWNER format a6
col DIRECTORY_NAME for a20
col DIRECTORY_PATH for a30
select * from dba_directories;                               [000709]
```

注意：在数据库中已经提前建好了目录对象 DATA_PUMP_DIR。如果在使用 expdp 导出时，不指定目录对象参数，Oracle 会使用数据库默认的目录 DATA_PUMP_DIR，不过如果想使用这个目录，用户需要具有 exp_full_database 权限才行。

（5）用 sys 管理员给指定用户赋予在该目录的操作权限

```
SQL>grant read,write ON directory abackup to ganchch;
grant read,write ON directory abackup to ganchch1,ganchch2;
grant read,write ON directory abackup to GCC;                [000710]
```

8.5.3 Oracle 数据泵导入/导出操作

下面，列举了 Oracle 数据泵（expdp 和 impdp）导出与导入操作的命令范本，这些范本已经过实测，读者可根据自己的实际情况采用哪个范本。这些范本介绍如下。

1. expdp 导出操作

在进行 expdp 操作前，要确保已经创建数据备份路径，若没有则按照"目标库环境准备"中的说明进行创建，导出操作如下。

注：若 CPU 资源充足强烈推荐开启并行参数，可以大大节省导入、导出的时间。

（1）全量导出

"full=y"，全量导出整个数据库。

```
expdp ganchch/123456@dalin dumpfile=expdp1.dmp directory = ABACKUP full=y
```

```
logfile = expdp1.log                                             [000711]
```

注：普通用户做全库导出，需要有 "exp_full_database" 权限。

```
SQL>grant exp_full_database to scott;
```

（2）按账户导出

以 "schemas=账户名 1,账户名 2,..." 导出账户。

```
expdp ganchch/123456@dalin schemas=gcc dumpfile=expdp2.dmp directory=
ABACKUP logfile=expdp2.log                                       [000712]
```

（3）按表空间导出

以 "tablespaces=表空间 1,表空间 2,... " 导出表空间。

```
expdp ganchch/123456@dalin tablespaces=TB-CRM-DATA,SP_DATA dumpfile=
expdp3.dmp directory= ABACKUP logfile=expdp3.log                 [000713]
```

（4）按表导出

以 "tables=表 1,表 2,... " 导出表。

```
expdp ganchch/123456@dalin tables= CHEPB,CHEPBTMP dumpfile=expdp4.dmp
directory= ABACKUP logfile=expdp4.log                            [000714]
```

（5）按查询条件导出

在导出命令中加入 "query=查询条件"，导出满足查询条件的表数据。

```
expdp ganchch/123456@dalin tables=GCC.CHEPB query= \" WHERE ID>=0 and
ID<=99999999999990 \"  dumpfile=expdp7.dmp directory= ABACKUP logfile=
expdp7.log                                                       [000715]
```

注意：命令中 "query=" 后面内容中的双引号要通过 "\" 进行转义。如果在导出命令中加入查询条件，则 tables 参数必须存在，表示导出表。

（6）并行进程 parallel 全库导出

```
Expdp ganchch/123456@dalin directory= ABACKUP dumpfile= expdp7.dmp
parallel=40 job_name= job1 full=y                                [000716]
```

2．impdp 导入

数据泵导入需注意以下几点要求：

- 确保数据库软件安装正确，字符集、数据库版本等与源库一致，尽量避免因此类因素导致操作失败；
- 确保数据库备份目录已提前建好，若没有，参考前面的说明建立该目录；
- 提前将源库导出的数据文件传递到目标库的备份目录下，并确保导入时的数据库用户对该文件有操作权限。

（1）全量导入

即导入命令中加入 "full=y"，将备份文件全部内容导入到目标库。

```
impdp ganchch/123456@dalin directory= ABACKUP dumpfile=expdp1.dmp full=y;
                                                                 [000717]
```

（2）同名账户导入

将备份文件中，与目标库同名的账户导入，例如，把备份文件中的账户 gcc 导入到目标库账户 gcc 下。先将 gcc 用户导出，命令如下：

```
expdp 'SYS/123456@dalin AS SYSDBA' schemas=gcc dumpfile=expdp2.dmp
directory= ABACKUP logfile=expdp2.log                          [000718]
```

然后再导入到 gcc 账户，命令如下：

```
impdp 'SYS/123456@dalin AS SYSDBA' schemas=gcc directory= ABACKUP
dumpfile=expdp2.dmp logfile=impdp2.log                          [000719]
```

（3）非同名账户导入

非同名账户导入是指把备份文件中的某个账户导给目标库中非同名账户，非同名账户导入分为以下 3 种情况。

① 从源库 gcc 账户中把表 CHEPB 和 CHEPBTMP 导入到目标库 gan 账户中。

先将源库 gcc 账户导出，命令如下：

```
expdp 'SYS/123456@dalin AS SYSDBA' schemas=gcc dumpfile=expdp2.dmp
directory= ABACKUP logfile=expdp2.log                          [000720]
```

然后再导入到 gan 账户，命令如下：

```
impdp 'SYS/123456@dalin AS SYSDBA' tables=gcc.chepb,gcc.chepbtmp
remap_schema=gcc:gan directory= ABACKUP dumpfile=expdp2.dmp logfile=impdp2.
log;                                                           [000721]
```

② 将源库表空间 bk_data 导入到目标库表空间 bk_data2。

先将源库 bk_data 表空间导出，命令如下：

```
expdp 'SYS/123456@dalin AS SYSDBA' tablespaces=BK_DATA dumpfile=expdp3.
dmp directory= ABACKUP logfile=expdp3.log                      [000722]
```

注意：要确保 bk_data 表空间中存在对象，否则抛出 ORA-31655 错误。

然后将表空间 bk_data 导入到 bk_data2，bk_data 表空间里的用户 gan 导给 gan2，命令如下。

```
impdp 'SYS/123456@dalin AS SYSDBA' remap_schema=gan:gan2 remap_tablespace
= '(bk_data:bk_data2)' FULL=Y directory= ABACKUP dumpfile= EXPDP3.DMP
logfile=impdp3.log table_exists_action=replace                 [000723]
```

③ 将表空间 bk_data、bk_data2 导入到表空间 bk_data3 并生成新的 oid 防止冲突。

先将 bk_data、bk_data2 表空间导出，命令如下：

```
expdp 'SYS/123456@dalin AS SYSDBA' tablespaces=BK_DATA,BK_DATA2
dumpfile=expdp4.dmp directory= ABACKUP logfile=expdp4.log       [000724]
```

然后将表空间 bk_data、bk_data2 导入到 bk_data3，将 gan、gan1、gan2 三个用户的全部对象导给 gan3，命令如下：

```
impdp 'SYS/123456@dalin AS SYSDBA' remap_schema= gan:gan3,gan1:gan3,
gan2:gan3 remap_tablespace = '(bk_data:bk_data3,bk_data2:bk_data3)' FULL=Y
transform=oid:n directory= ABACKUP dumpfile=expdp4.dmp logfile=impdp4.log
```

```
table_exists_action=replace                                              [000725]
```

（4）只导入表空间

这里必须选取备份文件 expdp4.dmp。

```
impdp 'SYS/123456@dalin AS SYSDBA' tablespaces= BK_DATA directory= ABACKUP
dumpfile=expdp4.dmp logfile=impdp3.log table_exists_action=replace[000726]
```

（5）追加导入

这里必须选取备份文件 expdp2.dmp。

```
impdp 'SYS/123456@dalin AS SYSDBA' directory= ABACKUP dumpfile=expdp2.dmp
schemas=gcc table_exists_action= APPEND logfile=impdp2.log;          [000727]
```

table_exists_action：导入对象已存在时执行的操作。有效关键字:SKIP,APPEND, REPLACE 和 TRUNCATE。默认为 SKIP。格式：TABLE_EXISTS_ACTION= {SKIP|APPEND|TRUNCATE|REPLACE}。当设置该选项为 SKIP 时，导入作业会跳过已存在表处理下一个对象；当设置为 APPEND 时，会追加数据，为 TRUNCATE 时，导入作业会截断表，然后为其追加新数据；当设置为 REPLACE 时，导入作业会删除已存在表，重建表并追加数据。

注意：TRUNCATE 选项不适用于簇表和 NETWORK_LINK 选项。

8.5.4　expdp（导出）及 impdp（导入）命令参数说明

在 8.5.3 节，介绍了 expdp（导出）及 impdp（导入）命令的范本，在本节具体介绍它们涉及的关键字参数。

1. expdp（导出）关键字参数及其相关命令解释说明

在 8.5.3 节的 expdp 命令范本中，用到了一些参数，如 tables、full、schemas 及 tablespaces 等。Oracle 给 expdp 设定的参数很多，在此还是有必要介绍一下。

（1）Expdp（导出）关键字参数及其说明

Expdp（导出）关键字参数说明如表 8-3 所示。

表 8-3

Expdp 关键字参数	描　述
ATTACH	连接到现有作业，例如 ATTACH[=作业名]。例如：Expdp system/manager attach=SYS_EXPORT_SCHEMA_02
COMPRESSION	减小转储文件内容的大小，其中有效关键字值为：ALL,(METADATA_ONLY), DATA_ONLY 和 NONE
CONTENT	指定要导出的数据，其中有效关键字值为：(ALL),DATA_ONLY 和 METADATA_ONLY。当设置 ConTENT 为 ALL 时，将导出对象定义及其所有数据；为 DATA_ONLY 时，只导出对象数据，为 METADATA_ONLY 时，只导出对象定义。例如，只导出表结构： Expdp system/manager directory=bak dumpfile=TEST_NAV_ZH_CN20150506.dmp schemas=table1,table2,table3,table4 ConTENT=METADATA_ONLY

Expdp 关键字参数	描　　述
DATA_OPTIONS	数据层标记，其中唯一有效的值为：使用 CLOB 格式的 XML_CLOBS-write XML 数据类型
DIRECTORY	供转储文件和日志文件使用的目录对象，即逻辑目录
DUMPFILE	目标转储文件(expdp.dmp)的列表，例如 DUMPFILE=expdp1.dmp,expdp2.dmp
ENCRYPTION	加密部分或全部转储文件，其中有效关键字值为：ALL,DATA_ONLY, METADATA_ONLY,ENCRYPTED_COLUMNS_ONLY 或 NONE
ENCRYPTION_ALGORITHM	指定应如何完成加密，其中有效关键字值为：(AES128),AES192 和 AES256
ENCRYPTION_MODE	生成加密密钥的方法，其中有效关键字值为：DUAL,PASSWORD 和 (TRANSPARENT)
ENCRYPTION_PASSWORD	用于创建加密列数据的口令关键字
ESTIMATE	计算作业估计值，其中有效关键字值为：(BLOCKS)和 STATISTICS
ESTIMATE_ONLY	指定是否只估算导出作业所占用的磁盘空间，默认值为 N。设置为 Y 时，导出作业只估算对象所占用的磁盘空间，而不会执行导出作业，为 N 时，不仅估算对象所占用的磁盘空间，还会执行导出操作。例如： Expdp scott/tiger@orcl ESTIMATE_ONLY=y NOLOGFILE=y
EXCLUDE	排除特定的对象类型，格式：EXCLUDE=object_type[:name_clause][,...]，例如 EXCLUDE=TABLE:EMP。例如：EXCLUDE=[object_type]:[name_clause],[object_type]: [name_clause]。 Expdp scott/tiger DIRECTORY=dump DUMPFILE=a.dup EXCLUDE=VIEW, TABLE:EMP
FILESIZE	以字节为单位指定每个转储文件的大小，指定导出文件的最大尺寸，默认为 0（表示文件尺寸没有限制）
FLASHBACK_SCN	指定导出特定 SCN 时刻的表数据。格式：FLASHBACK_SCN=scn_value。Scn_value 用于标识 SCN 值，FLASHBACK_SCN 和 FLASHBACK_TIME 不能同时使用。例如： Expdp scott/tiger DIRECTORY=dumpDUMPFILE=a.dmp FLASHBACK_SCN=358523
FLASHBACK_TIME	指定导出特定时间点的表数据，注意，FLASHBACK_SCN 和 FLASHBACK_TIME 不能同时使用。格式：FLASHBACK_TIME="TO_TIMESTAMP (time_value)"。例： Expdp scott/tiger@orcl DIRECTORY=dump DUMPFILE=a.dmp FLASHBACK_TIME= "TO_TIMESTAMP('25-08-200414:35:00','DD-MM-YYYYHH24:MI:SS')"
FULL	导出整个数据库(默认值：N)
HELP	显示帮助消息(默认值：N)
INCLUDE	包括特定的对象类型，例如 INCLUDE=TABLE_DATA
JOB_NAME	要创建的导出作业的名称
LOGFILE	日志文件名(默认值：export.log)
NETWORK_LINK	链接到源系统的远程数据库的名称
NOLOGFILE	不写入日志文件(默认值：N)
PARALLEL	更改当前作业的活动 worker 的数目

续上表

Expdp 关键字参数	描　述
PARFILE	指定参数文件
QUERY	用于导出表的子集的谓词子句。--QUERY=[schema.][table_name:]query_ clause
REMAP_DATA	指定数据转换函数，例如 REMAP_DATA=EMP.EMPNO:REMAPPKG.EMPNO
REUSE_DUMPFILES	覆盖目标转储文件(如果文件存在)(默认值：N)
SAMPLE	要导出的数据的百分比
SCHEMAS	要导出的方案的列表(登录方案)
STATUS	在默认值(0)将显示可用时的新状态的情况下，要监视的频率（以秒计）作业状态
TABLES	标识要导出的表的列表 - 只有一个方案。--[schema_name.]table_name [:partition_name][,…]
TABLESPACES	标识要导出的表空间的列表
TRANSPORTABLE	指定是否可以使用可传输方法，其中有效关键字值为：ALWAYS,(NEVER)
TRANSPORT_FULL_CHECK	验证所有表的存储段(N)
TRANSPORT_TABLESPACES	要从中卸载元数据的表空间的列表
VERSION	要导出的对象的版本，其中有效关键字为：(COMPATIBLE),LATEST 或任何有效的数据库版本

（2）expdp 相关命令说明

如果使用 expdp 的相关命令，必须进入 expdp 的命令交互模式，进入方法：如果目前正处于导出的交互界面，按 Ctrl+C 组合键退出当前交互导出模式，出现"Export>"，此时，即可输入表 8-4 中的命令，但退出之后，导出操作不会停止；如果当前处在 shell 窗口下，可以重新进入 expdp 的命令交互模式，即在 shell 下，输入 expdp 'gcc/gcc@127.0.0.1:1521/数据库全名' attach=SYS_EXPORT_SCHEMA_01 或 expdp 'gcc/gcc@服务名（一般为数据库实例名）' attach=SYS_EXPORT_SCHEMA_01，其中"SYS_EXPORT_SCHEMA_01"为当前导出作业名称，"gcc"为导出时登录的账户。

默认情况下，expdp 导出的作业名称为 SYS_EXPORT_XXXX_n，XXXX 有可能是 TABLE（表级别）、FULL（全库级别）或 SCHEMA（账户脚本），n 可以是 01 或 02 等，01 表示第一个导出作业，02 表示第 2 个导出作业。当然，也可以在导出命令中使用 JOB_NAME 指定当前作业的名称。

Expdp 相关命令及说明如表 8-4 所示。

表 8-4

Expdp 相关命令	描　述
ADD_FILE	向转储文件集中添加转储文件
CONTINUE_CLIENT	返回记录模式。如果处于空闲状态，将重新启动作业
EXIT_CLIENT	退出客户机会话并使作业处于运行状态

续上表

Expdp 相关命令	描 述
FILESIZE	后续 ADD_FILE 命令的默认文件大小（字节）
HELP	给出关键字解释及命令说明。例如：expdp -help
KILL_JOB	分离和删除作业
PARALLEL	更改当前作业的活动 worker 的数目。PARALLEL=<worker 的数目>
_DUMPFILES	覆盖目标转储文件(如果文件存在)(N)
START_JOB	启动/恢复当前作业
STATUS	在默认值(0)将显示可用时的新状态的情况下，要监视的频率（以秒计）作业状态。STATUS[=interval]
STOP_JOB	顺序关闭执行的作业并退出客户机。STOP_JOB=IMMEDIATE 将立即关闭数据泵作业。例如： 查看作业：SQL>select job_name,state from dba_datapump_jobs; 连接到作业：Expdp 'gcc/gcc@dalin2'attach=SYS_EXPORT_SCHEMA_01 停止当前作业：Export>stop_job=immediate

2．impdp（导入）关键字参数及其相关命令解释说明

在上节的 impdp 命令范本中，用到了一些参数，如 tables、full、schemas、tablespaces 及 table_exists_action 等。Oracle 给 impdp 设定的关键字参数很多，在此简要介绍一下。

（1）impdp（导入）关键字参数解释说明

impdp 关键字说明如表 8-5 所示。

表 8-5

impdp 关键字参数	描 述
ATTACH	连接到现有作业,例如 ATTACH[=作业名]
CONTENT	指定要卸载的数据,其中有效关键字值为:(ALL),DATA_ONLY 和 METADATA_ONLY
DATA_OPTIONS	数据层标记，其中唯一有效的值为：SKIP_CONSTRAINT_ERRORS-约束条件错误不严重
DUMPFILE	要从(expdp.dmp)中导入的转储文件的列表，例如：DUMPFILE=expdp1.dmp, expdp2.dmp
ENCRYPTION_PASSWORD	用于访问加密列数据的口令关键字。此参数对网络导入作业无效
ESTIMATE	计算作业估计值，其中有效关键字为：BLOCKS 和 STATISTICS
EXCLUDE	排除特定的对象类型，例如：EXCLUDE=TABLE:EMP
FLASHBACK_SCN	指定导入特定 SCN 时刻的表数据
FLASHBACK_TIME	用于获取最接近指定时间的 SCN 的时间
FULL	从源导入全部对象(Y)
HELP	显示帮助消息(N)
INCLUDE	包括特定的对象类型，例如：INCLUDE=TABLE_DATA

续上表

impdp 关键字参数	描　　述
JOB_NAME	要创建的导入作业的名称
LOGFILE	日志文件名(import.log)
NETWORK_LINK	链接到源系统的远程数据库的名称
NOLOGFILE	不写入日志文件
PARALLEL	更改当前作业的活动 worker 的数目
PARFILE	指定参数文件
PARTITION_OPTIONS	指定应如何转换分区，其中有效关键字为：DEPARTITION,MERGE 和(NONE)
QUERY	用于导入表的子集的谓词子句
REMAP_DATA	指定数据转换函数，例如：REMAP_DATA=EMP.EMPNO:REMAPPKG.EMPNO
REMAP_DATAFILE	在所有 DDL 语句中重新定义数据文件引用。格式：REMAP_DATAFILE= source_datafile:target_datafile。 Oracle 在线文档解释： 英文： Remapping datafiles is useful when you move databases between platforms that have different file naming conventions. The source_datafile and target_datafile names should be exactly as you want them to appear in the SQL statements WHERE they are referenced. Oracle recommends that you enclose datafile names in quotation marks to eliminate ambiguity ON platforms for which a colON is a valid file specification character 中文：在具有不同文件命名约定的平台之间移动数据库时，重新映射数据文件非常有用。源数据文件和目标数据文件的名称应与您希望它们出现在引用它们的 SQL 语句中的名称完全相同。Oracle 建议将数据文件名用引号括起来，以消除冒号是有效文件规范字符的平台上的歧义
REMAP_SCHEMA	将一个方案中的对象加载到另一个方案
REMAP_TABLE	将源表数据映射到不同的目标表中，如 REMAP_TABLE=EMP.EMPNO: REMAPPKG.EMPNO。例如： impdp　orcldev/oracle@orcl　DIRECTORY=backup_path　dumpfile=oracldev.dmp remap_table=TAB_TEST:TEST_TB 数据导入到 TEST_TB 表中，但是该表的索引等信息并没有相应的创建，需要手动初始化
REMAP_TABLESPACE	将表空间对象重新映射到另一个表空间
REUSE_DATAFILES	如果表空间已存在，则将其初始化(N)
SCHEMAS	要导入的方案的列表
SKIP_UNUSABLE_INDEXES	跳过设置为无用索引状态的索引
SQLFILE	将所有的 SQL DDL 写入指定的文件
STATUS	在默认值(0)将显示可用时的新状态的情况下，要监视的频率（以秒计）作业状态
STREAMS_CONFIGURATION	启用流元数据的加载。值为 Y/N，STREAMS_CONFIGURATION =Y 表示启用，STREAMS_CONFIGURATION =N 表示不启用

impdp 关键字参数	描　　述
TABLE_EXISTS_ACTION	导入对象已存在时执行的操作。有效关键字：(SKIP),APPEND,REPLACE 和 TRUNCATE。默认为 SKIP。格式：TABLE_EXISTS_ACTION={SKIP|APPEND|TRUNCATE|REPLACE}，当设置该选项为 SKIP 时,导入作业会跳过已存在表处理下一个对象；当设置为 APPEND 时，会追加数据，为 TRUNCATE 时，导入作业会截断表，然后为其追加新数据；当设置为 REPLACE 时，导入作业会删除已存在表，重建表并追加数据，注意，TRUNCATE 选项不适用于簇表和 NETWORK_LINK 选项
TABLES	标识要导入的表的列表
TABLESPACES	标识要导入的表空间的列表
TRANSFORM	对象的元数据转换。有效转换关键字为：SEGMENT_ATTRIBUTES（段属性，值：Y/N）,STORAGE（存储子句，值：Y/N）,OID（对象 ID，值：Y/N）和 PCTSPACE（值：Y/N）。该关键字可以去掉表空间和存储子句，例如：segment_attributes:n 对所有对象去除段属性；segment_attributes:n:table 对表去除段属性
TRANSPORTABLE	用于选择可传输数据移动的选项。有效关键字为：ALWAYS 和(NEVER)。仅在 NETWORK_LINK 模式导入操作中有效
TRANSPORT_DATAFILES	按可传输模式导入的数据文件的列表
TRANSPORT_FULL_CHECK	验证所有表的存储段(N)
TRANSPORT_TABLESPACES	要从中加载元数据的表空间的列表。仅在 NETWORK_LINK 模式导入操作中有效
VERSION	要导出的对象的版本，其中有效关键字为：(COMPATIBLE),LATEST 或任何有效的数据库版本。仅对 NETWORK_LINK 和 SQLFILE 有效

（2）impdp 相关命令说明

如果使用 impdp 的相关命令，必须进入 impdp 的命令交互模式，进入方法：如果目前正处于导入的交互界面，按 Ctrl+C 组合键退出当前交互导入模式，出现"Import>"，此时，即可输入表 8-6 中的命令，但退出之后，导入操作不会停止；如果当前处在 shell 窗口下，可以重新进入 impdp 的命令交互模式，即在 shell 下，输入 impdp 'gcc/gcc@127.0.0.1:1521/数据库全名' attach=SYS_IMPORT_SCHEMA_01 或 impdp 'gcc/gcc@服务名（一般为数据库实例名）' attach=SYS_IMPORT_SCHEMA_01，其中 "SYS_IMPORT_SCHEMA_01"为当前导入作业名称，"gcc"为导入时登录的账户。

默认情况下，impdp 导入的作业名称为 SYS_IMPORT_XXXX_n，XXXX 有可能是 TABLE（表级别）、FULL（全库级别）或 SCHEMA（账户脚本），n 可以是 01 或 02 等，01 表示第一个导入作业，02 表示第 2 个导入作业。当然，也可以在导入命令中使用 JOB_NAME 指定当前作业的名称。

impdp 相关命令说明如表 8-6 所示。

注意：关于 expdp 及 impdp 更为详细的介绍，请读者参阅其他章节。

表 8-6

impdp 相关命令	描　述
CONTINUE_CLIENT	返回记录模式。如果处于空闲状态，将重新启动作业
EXIT_CLIENT	退出客户机会话并使作业处于运行状态
HELP	关键字及交互命令说明
KILL_JOB	分离和删除作业
PARALLEL	更改当前作业的活动 worker 的数目。PARALLEL=<worker 的数目>
START_JOB	启动/恢复当前作业。START_JOB=SKIP_CURRENT 在开始作业之前将跳过作业停止时执行的任意操作
STATUS	在默认值(0)将显示可用时的新状态的情况下，要监视的频率（以秒计）作业状态。STATUS[=interval]
STOP_JOB	顺序关闭执行的作业并退出客户机。STOP_JOB=IMMEDIATE 将立即关闭数据泵作业

8.5.5　错误及处理

数据泵的使用有可能会报出一些错误，下面介绍两个较为典型的错误 ORA-39112 和 ORA-39346。

1．ORA-39112 错误

导出正常，导入数据时，只成功导入部分记录等数据，另外的部分提示 ora-39112 错误，经查是因为导出的用户数据中，有部分记录的表使用的索引在另一表空间中，该表空间在目标库中还未创建，所以导致该失败。

造成该问题的可能原因如下。

（1）在目标库中，目标 schema（账户模式）和别的用户相互授权了，可是导出的 dmp 中没有包含所有的用户，导入时对应用户没有创建。

（2）表空间问题，目标库中账户下某个表的索引没有在它的默认表空间里，这样要在目标库创建好对应的表空间。也就是说，如果在源库把 a 用户下的某个表的权限授给 b，那么在把 a 用户用数据泵导进目标库时，它会在目标库中检测有没有用户 b。

解决方法：在导入时，添加参数：TRANSFORM=segment_attributes:N（去掉段属性），配合 table_exists_action=replace 参数，重新导入即可。

TRANSFORM=segment_attributes:n 在导入时，会将数据导入默认的表空间中。

2．ORA-39346 错误

导入过程中，如果报出"ORA-39346:data loss in character set conversion for object SCHEMA_EXPORT/PROCEDURE/PROCEDURE"，则说明对象字符串字符集转换数据丢失。这个问题往往是 11g 源库（11g 下导出的 dmp 文件）导入到 12c 目标库时发生。

解决方法是：在执行 impdp 时使用 exclude=table_statistics 选项来忽略此错误，例如：impdp gcct/gcct tables=gcc_t directory=exp_dir exclude=table_statistics，在导入操作完成后，

重新获取表统计信息（SQL> exec dbms_stats.gather_table_stats ('gcct', 'gcc_t',method_opt=> 'FOR ALL COLUMNS');）。

8.5.6　通过 dblink 来使用数据泵

通过 dblink 来使用数据泵，这样省掉了导出的步骤，直接从源库向目标库导入。首先创建一个 dblink（数据库连接），然后即可实施导入操作。具体说明如下。

创建 dblink（数据库连接），SQL 如下：

```
drop public database link dblink1
/
create public database link dblink1
  connect to gcc identified by "gcc"
  using '(DESCRIPTION =
    (ADDRESS_LIST =
      (ADDRESS = (PROTOCOL = TCP)(HOST = 127.0.0.1)(PORT = 1521))
    )
    (CONNECT_DATA =
      (SERVICE_NAME = dalin.workgroup)
    )
  )'
/                                                            [000728]
```

注意：创建 DBLINK 默认是用户级别的，对当前用户有效。只有当需要对所有用户有效时，再建立公有的 DBlink 对象（pulic 参数）。

1. 通过 dblink 向目标库导表

```
Impdp 'SYS/123456@dalin AS SYSDBA' network_link=dblink1 remap_tablespace
= '(USERS:bk_data3)' remap_schema=gcc:gan3 tables=GCC.CHEPB,GCC.CHEPBTMP
TABLE_EXISTS_ACTION=replace                                  [000729]
```

或

```
Impdp gcc/gcc@dalin network_link=dblink1 remap_tablespace = '(USERS:bk_data3)'
remap_schema=gcc:gan3 tables=CHEPB,CHEPBTMP  TABLE_EXISTS_ACTION=replace
```

注意：GCC.CHEPB、GCC.CHEPBTMP 属于 USERS 表空间。

2. 通过 dblink 向目标库导入整个用户

```
Impdp 'SYS/123456@dalin AS SYSDBA' network_link=dblink1 remap_tablespace =
'(USERS:bk_data3)' remap_schema=gcc:gan3 TABLE_EXISTS_ACTION=replace  [000730]
```

或

```
Impdp gcc/gcc@dalin network_link=dblink1 remap_tablespace = '(USERS:bk_
data3)' remap_schema=gcc:gan3 TABLE_EXISTS_ACTION=replace
```

3. 用一个 schemas 去覆盖另一个 schemas

```
impdp 'SYS/123456@dalin  AS  SYSDBA' network_link=  dblink1 remap_
tablespace='(USERS:bk_data2)' remap_schema=gcc:gcc10 schemas= gcc  [000731]
```

如果 gcc10 这个用户存在，那么该操作完成之后，gcc10 这个用户的权限、密码等都不会变化。如果 gcc10 这个用户不存在，那么该操作完成之后，就会创建一个 gcc10 的用户，并且没有任何权限，注意，密码和 gcc 的密码相同。

4．将源库某用户所拥有的全部对象导入到目标库

当导入 schemas（要导入的方案列表）时，会把属于这个用户的所有对象，包括 SEQUENCE、FUNCTION、PROCEDURE、主键、索引等都一并过去，看下面的导入命令。

```
impdp 'SYS/123456@dalin AS SYSDBA' network_link= dblink1 remap_tablespace=
'(USERS:bk_data2)' remap_schema=gcc:gcc9  tables= gcc.chepb, gcc.chepbtmp
table_exists_action=replace                                    [000732]
```

gcc.chepb 和 gcc.chepbtmp 表的主键和索引也会导过去，并且导入后的主键、索引名字和 gcc.chepb 及 gcc.chepbtmp 对应的名字相同。

注意：8.5 节中的导入、导出及其他相关示例代码均在 Windows 下 Oracle 11g 测试通过，读者可以借鉴使用。

8.6　Oracle 11g exp 不能导出空表的解决方法

Oracle 11g 数据库在默认情况下空表不允许被导出（EXP），下面说明这个问题的解决方法和步骤。

（1）以导出目标用户身份进入 SQL*Plus。

（2）制作分析文件

通过下面的命令来制作分析文件。

```
SQL>SPOOL D:\KBFX1.TXT
select 'analyze table '||table_name||' compute statistics;' from user_tables;
spool off                                                      [000733]
```

这条命令将在 D 盘下生成 KBFX1.TXT 文件，打开这个文件，如图 8-2 所示。

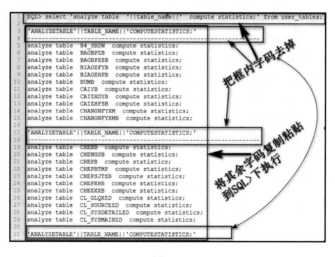

图 8-2

（3）去掉所有框中标识的字码，将修正后的字码先复制（Ctrl + A 再 Ctrl + C），然后通过鼠标右键粘贴到"SQL>"下执行。

（4）在"SQL>"下输入下面的命令。

```
SQL>SPOOL D:\KBFX2.TXT
select 'alter table '||table_name||' allocate extent;' from user_tables
WHERE num_rows=0;
spool off                                                    [000734]
```

这条 sql 执行后会在 D 盘生成 kbfx2.txt，内容如图 8-3 所示。

图 8-3

（5）去掉所有框中标识的字码，将修正后的字码先复制（Ctrl + A 再 Ctrl + C），然后通过鼠标右键粘贴到 SQL 窗执行。

（6）以管理员身份登录，修改 deferred_segment_creation=false。

```
SQL>CONN SYS/PASSWORD@ZGDT
SQL>alter SYSTEM set deferred_segment_creation=false;        [000735]
```

至此，EXP 即可将空表导出。

8.7 闪回（Flashback）技术在数据库恢复中的应用

Flashback 是从 Oracle 10g 开始出现的一种技术，利用这种技术，可以很方便地查看数据库中过去某个时刻的数据，或者把数据库恢复到过去某个时刻的状态，还可以恢复被误删除的表。 为了使用 Flashback 技术，数据库必须满足以下条件。

- 数据库必须是处于归档日志模式。
- 在参数文件中通过下面两个初始化参数指定一个快速恢复区的路径及大小。

```
DB_RECOVERY_FILE_DEST
DB_RECOVERY_FILE_DEST_SIZE
```

- 以 SYS 用户登录实例，执行下面的命令。

```
SQL>ALTER DATABASE FLASHBACK ON;                            [000736]
```

快速恢复区是一个目录或者一个 ASM 磁盘组，在这个位置将保存一段时间内所有的归档日志文件。每次数据库服务器对重做日志文件进行归档时，都将在这个位置产生一个归档日志文件。

Flashback 的基本原理就是利用过去的重做日志还原数据。下面的两条命令分别用于指定快速恢复区的大小及路径（注意两条命令的顺序）。

```
SQL>ALTER SYSTEM SET DB_RECOVERY_FILE_DEST_SIZE=2G;
SQL>ALTER SYSTEM SET DB_RECOVERY_FILE_DEST=' D:\app\Administrator\
flash_recovery_area\';                                      [000737]
```

查看一下这两个参数的值：

```
SQL>show parameter recovery                                    [000738]
```

利用 Flashback 技术，对数据库可以进行如下操作：

- 数据库的 Flashback：把整个数据库恢复到过去某个时刻；
- 表的 Flashback：把某个表恢复到过去某个时刻；
- Flashback drop：还原对表的 drop 操作；
- Flashback 查询：查询数据库在过去某个时刻的数据；
- Flashback 事务查询：查询某个表在过去某个时间段的事务。

8.7.1　回收站的应用

当用户删除表、索引等数据库对象时，数据并没有被立即删除，而是放在回收站中。回收站实际上是一个数据字典视图，从这个视图中可以查看被删除的表的信息。回收站中的每个对象都被指定了一个复杂的、唯一的名称。

为了在一个会话中使用回收站，登录用户必须在 SQL*Plus 中执行下面的命令：

```
SQL>ALTER SESSION SET recyclebin=ON;                          [000739]
```

为了在会话中取消回收站的使用，登录用户必须在 SQL*Plus 中执行下面的命令：

```
SQL>ALTER SESSION SET recyclebin=off;                         [000740]
```

为了在整个数据库中使用或者取消回收站的功能，SYS 用户必须在 SQL*Plus 中执行下面的命令：

```
SQL>ALTER SYSTEM SET recyclebin=ON;
SQL>ALTER SYSTEM SET recyclebin=off;                          [000741]
```

回收站就是一些数据字典视图，普通用户可以从视图 user_recyclebin 或者 RECYCLEBIN 查看属于自己的被删除的对象。SYS 用户可以从视图 dba_recyclebin 查看整个数据库内所有被删除的对象。例如：

```
SQL>DROP TABLE TABLE_TEMP_2 CASCADE CONSTRAINTS;
SQL>SHOW recyclebin;
SELECT object_name,original_name,type FROM recyclebin;        [000742]
```

在查询结果中可以看到被删除对象在回收站的名称、原来的名称以及对象类型等。例如，在上面的查询结构中，有一个表，被删除之前的名称是 table_temp_1，在回收站中的名称是 BIN$kDhdL3PzTaq5RDnl68V72Q==$0。

假设用户创建了一个数据库对象 tl，然后将其删除，后来又创建了一个同名的数据库对象，又将其删除，这两个对象都将被放在回收站中。尽管两个数据库对象最初的名称相同，但是在回收站中的名称是不同的。通过回收站中的名称可以查询这些对象中被删除之前的数据。例如：

```
SQL>SELECT * FROM "BIN$yxBIdC4bSNi0pWcR40uE4A==$0";           [000743]
```

如果一个数据库对象是被误删除的，可以利用 FLASHBACK 命令将其从回收站中恢复。例如，下面的命令用于恢复表：

```
SQL>FLASHBACK TABLE "BIN$yxBIdC4bSNi0pWcR40uE4A==$0" TO BEFORE DROP;[000744]
```

假设用户删除一个数据库对象后又重新创建了一个同名同类型的数据库对象，那么在恢复被删除的数据库对象时就会遇到名称冲突的问题。在恢复数据库对象时还可以更改它的名称。例如：

```
SQL>FLASHBACK  TABLE  "BIN$kDhdL3PzTaq5RDn168V72Q==$0"  TO  BEFORE  DROP
RENAME TO table_1;                                              [000745]
```

如果觉得一个数据库对象确实没有存在的必要了，可以利用 PURGE 命令将其从回收站中删除，这样可以节省磁盘空间。例如：

```
SQL>PURGE TABLE TABLE_TEMP_2;
SQL>PURGE TABLE "BIN$YUSCKHvMTMSOjHtoe1HPcA==$0";               [000746]
```

如果确定要删除一个数据库对象，可以在 DROP 命令中使用 PURGE 关键字，这样就不会将其放在回收站中。例如：

```
SQL>DROP TABLE table_temp_3  CASCADE CONSTRAINTS PURGE;         [000747]
```

8.7.2　闪回技术在表上的应用

使用 Oracle 数据库时，难免会碰到一些问题，例如：

（1）如何回滚已经 commit 了的数据。

（2）如何查询已经被覆盖掉的数据[update]，或者被 delete 了的数据。

（3）如何将数据恢复到某个时间点。

这时，就可以使用 Flashback 相关语句解决相关问题。

关于 Flashback，从 9i 到 10g 再到 11g，Oracle 对 Flashback 功能进行了进一步的扩展（12c 中的 Flashback 除兼容之前版本外，增加了 CDB 与 PDB 数据库的闪回），利用 Flashback 可做到：

- 闪回数据库（flashback database），简单理解就是把数据库闪回到某个以前的时间点，能恢复到的最早的 SCN，取决于 Flashback Log 中记录的最早 SCN；
- 回收数据库表（flashback drop），用于表误 drop 后恢复，类似 Windows 的回收站；
- 闪回表记录（flashback query），用于数据表记录的恢复；
- 闪回数据库表（falshabck Table）。

下面，重点介绍 Flashback（闪回）技术在表上的应用。

flashback 查询用于恢复被误删除的表行数据，但是用户在表上执行其他的 DML 语句误操作（insert 或 update），则不能直接使用 flashback 查询将表数据恢复到先前时间点，从 Oracle 10g 开始，使用 flashback table 语句将表恢复到先前时间点，通过使用该特征，可以避免执行基于时间点的不完全恢复。注意，如果要在某个表上使用 flashback table 特征，则要求必须具有以下条件：

- 用户必须具有 flashback any table 系统权限或 flashback 对象权限；

- 用户必修在表上具有 select insert delete 和 alter 权限；
- 必须合理设置初始化参数 undo_retention，以确保 UNDO 信息保留足够时间；
- 必须激活行移动特征：alter table table_name enable row movement；。

（1）检查是否启动了 flash recovery area

`SQL>show parameter db_recovery_file` [000748]

如图 8-4 所示，说明已启动了 flash recovery area（恢复区）。

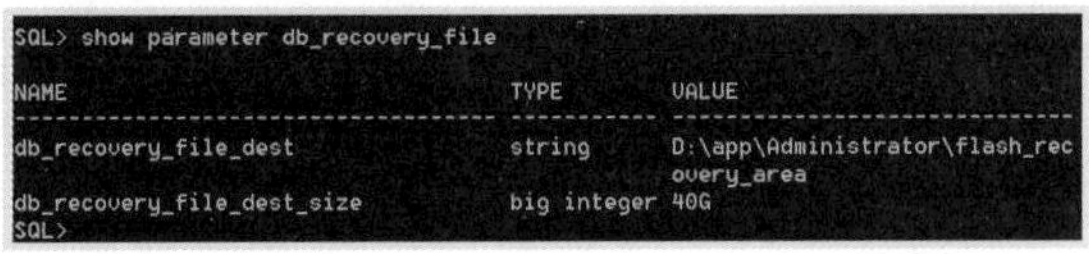

```
SQL> show parameter db_recovery_file

NAME                                 TYPE        VALUE
------------------------------------ ----------- ------------------------------
db_recovery_file_dest                string      D:\app\Administrator\flash_rec
                                                 overy_area
db_recovery_file_dest_size           big integer 40G
SQL>
```

图 8-4

（2）检查是否启用了归档

`SQL>archive log list;` [000749]

执行结果如图 8-5 所示，说明已启用了归档。

（3）检查 flashback database 是否打开，默认是关闭的。

`SQL>select flashback_ON from v$database;` [000750]

执行结果如图 8-6 所示，说明 flashback database 是关闭的。

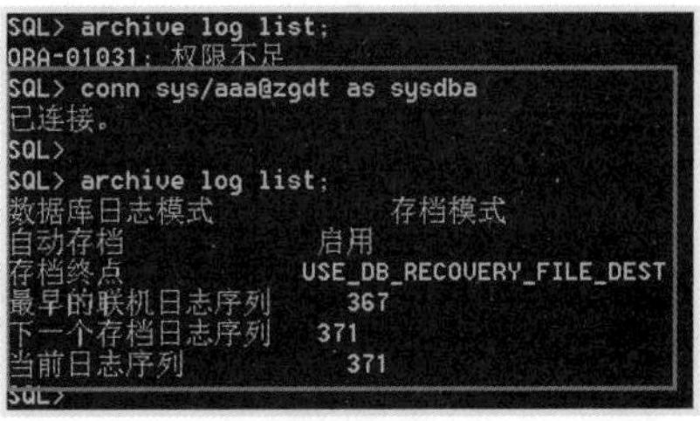

```
SQL> archive log list;
ORA-01031: 权限不足
SQL> conn sys/aaa@zgdt as sysdba
已连接。
SQL>
SQL> archive log list;
数据库日志模式               存档模式
自动存档                     启用
存档终点                     USE_DB_RECOVERY_FILE_DEST
最早的联机日志序列            367
下一个存档日志序列            371
当前日志序列                 371
SQL>
```

图 8-5

（4）检查当前的 scn

`SQL>SELECT CURRENT_SCN FROM V$DATABASE;` [000751]

执行结果如图 8-7 所示，说明当前 SCN 为 6073967。

图 8-6

图 8-7

（5）检查当前的时间

`SQL>select to_char(sysdate,'yyyy-mm-dd hh24:mi:ss') time from DUAL;`[000752]

执行结果如图 8-8 所示，当前时间为 2017 年 10 月 19 日。

图 8-8

（6）查看 SCN 和 timestamp 之间的对应关系

`SQL>select scn,to_char(time_dp,'yyyy-mm-dd hh24:mi:ss')from sys.smon_scn_time order by scn;` [000753]

执行结果如图 8-9 所示。

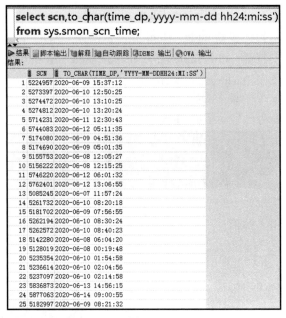

图 8-9

（7）恢复到时间点，或者恢复到 SCN，命令如下。

```
SQL>flashback database to timestamp to_timestamp('20-06-09 08:21:32'
,'yy-mm-dd hh24:mi:ss');
SQL>flashback database to scn 5182997;                         [000754]
```

（8）利用 Flashback 技术，可以查询表在过去某个时刻的数据（现在有可能将过去某个时刻的数据更新或删除了），例如：

```
SQL>SELECT * FROM emp AS OF timestamp to_timestamp('2020-06-16
13:30:00','YYYY-MM-DD HH24:MI:SS');                            [000755]
```

执行结果如图 8-10 所示。

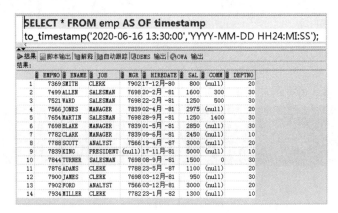

图 8-10

利用 Flashback 技术，还可以很方便地把表中的数据恢复到过去某个时刻，而不会影响数据库中其他数据。在恢复之前，需要在表上执行"激活行移动特征"命令：

```
SQL>ALTER TABLE emp ENABLE ROW MOVEMENT;                        [000756]
```

执行结果如图 8-11 所示。

```
SQL> ALTER TABLE emp ENABLE ROW MOVEMENT;
表已更改。
```

图 8-11

同时还要求当前用户对这个表具有 FLASHBACK、INSERT、ALTER、DELETE 和 SELECT 等权限。下面的命令用来把表 emp 中的一行数据恢复到指定的时刻：

```
SQL>INSERT INTO emp (SELECT * FROM emp AS OF TIMESTAMP to_timestamp
('2020-06-16 13:30:00', 'YYYY-MM-DD HH24:MI:SS') WHERE empno=7369);
commit;
SELECT * FROM  emp;                                             [000757]
```

8.7.3　Flashback 技术在数据库恢复中的应用

利用 Flashback 技术，可以把整个数据库恢复到过去某个时刻，或者恢复到过去某个 SCN。例如，某个非常重要的表被误删除了，在回收站中也没有这个表的信息。为了恢复这个表，只能利用 Flashback 技术把整个数据库恢复到删除表的时刻之前，这个表就被恢复了。表被删除的准确时间可以通过分析日志来获得。当然，为了恢复这个被误删除的表，代价也是比较大的，因为数据库被恢复到过去某个时刻，所有的表都回到过去这个时刻的状态，所有还要采用其他方法解决这个问题。

下面的命令用于把数据库恢复到指定的时刻：

```
SQL>FLASHBACK DATABASE TO TIMESTAMP to_timestamp('2020-06-16 18:13:00',
'YYYY-MM-DD HH24:MI:SS');                                       [000758]
```

下面的语句用于把数据库恢复到指定时刻之前一秒：

```
SQL>FLASHBACK DATABASE TO BEFORE TIMESTAMP to_timestamp('2020-06-16
13:15:00','YYYY-MM-DD HH24:MI:SS');                             [000759]
```

注意：ORA-03113 通信通道的文件结尾解决

由于恢复区空间不足的问题导致 ORA-03113 错误的发生。

第一步：设置 Oracle 实例环境变量

```
c:\>set ORACLE_SID=要修复的数据库实例名
```

第二步：登录 SQL*Plus

```
c:\>sqlplus / AS SYSDBA
```

第三步：执行下面命令

```
SQL>SHUTDOWN abort
SQL>startup mount
```

第四步：修改恢复区字节大小为 40G

```
SQL>alter SYSTEM set db_recovery_file_dest_size=42949672960 ---这里是改为 40G。
```

```
SQL>alter database open
SQL>exit                                                        [000760]
```

第五步：进入 rman

```
c:\>rman target /
```

第六步：清理无效的 expired 的 archivelog

RMAN>crosscheck archivelog all; -- 运行这个命令可以把无效的 expired 的 archivelog 标出来。

RMAN>delete expired archivelog all; -- 直接全部删除过期的归档日志。

RMAN>delete noprompt archivelog until time "SYSDATE -3"; -- 清理 3 天前， 也可以直接用一个指定的日期来删除。   [000761]

8.8 本章小结

本章至此已告一段落，对于 exp/imp 数据库导出与导入，这是必须掌握的，也较为常用；expdp/impdp（数据泵）大部分情况用于数据迁移，尤其是数据规模达到一定量级时，作者曾经使用这个工具迁移了 2T 的数据。关于闪回（Flashback）操作，往往都是在误删情况下实施，其技术和原理要去深入理解。